武器装备研制
工艺管理与控制

主　审　熊艳才

主　编　殷世龙
副主编　白　松
　　　　薛　焱
　　　　史一宁

国防工业出版社
·北京·

图书在版编目(CIP)数据

武器装备研制工艺管理与控制/殷世龙主编.—北京:国防工业出版社,2018.1
ISBN 978-7-118-11482-9

Ⅰ.①武… Ⅱ.①殷…②白… Ⅲ.①武器装备-研制-工艺管理 Ⅳ.①TJ

中国版本图书馆 CIP 数据核字(2017)第 330164 号

※

国防工业出版社出版发行
(北京市海淀区紫竹院南路23号 邮政编码100048)
三河市众誉天成印务有限公司印刷
新华书店经售

*

开本 710×1000 1/16 印张 31 字数 578 千字
2018 年 1 月第 1 版第 1 次印刷 印数 1—5000 册 定价 110.00 元

(本书如有印装错误,我社负责调换)

国防书店:(010)88540777　　发行邮购:(010)88540776
发行传真:(010)88540755　　发行业务:(010)88540717

前　言

武器装备研制的装备制造过程中,工艺技术是制造工程技术的重点,工艺过程是保证和控制产品质量的核心过程;质量检验则是产品实物质量判定、把关和处置的基础,也是承研承制单位质量管理的重点。装备研究开发、小批试生产能力形成及技术、质量管理的开展,也都离不开制造工艺、工艺管理和工艺质量检验工作。我们有些产品设计是世界第一流的,但是做出来的产品缺乏竞争力,就是因为在制造过程中没有重视工艺技术和工艺管理,使得产品的一致性、稳定性受到很大的影响。产品设计和制造工艺是构成装备生产的密切相关的两大技术支柱,它们相辅相成、缺一不可。工艺工作和设计工作必须是相提并重,紧密配合,忽略了哪一方都会给部门、企业,甚至给国家、给人民带来灾难。正如一块和田美玉石,不经工艺雕琢加工,就变不成光彩夺目的工艺品一样。

以多品种、小批量生产为特征的现代生产,使军工企业生产组织、计划、协调、控制及现场管理、物质管理、品质管理等工作变得更为重要和复杂。在工厂的管理上,如何使规模、效益与多样化需求相结合,就成为现代企业工艺管理中的一个突出的问题。本书即从以上特点出发,根据国家相关法规、标准的要求,吸收多企业经营管理方式及经验,结合国内相关企业传统的优秀管理方法编著而成。

本书的编审人员,是长期从事装备研制、生产的装备设计与管理,工艺设计与工艺管理和质量管理的高级工程技术人员,是工作在装备研制生产第一线的第三方质量监督人员。他们具有丰富的理论和实践经验,为本书的编写付出了辛勤的劳动,也在编写过程中,从中将相关知识进一步归纳整理,使得书中内容更贴近实践,期待提高各相关单位其武器装备研制工程管理、工艺管理和质量管理的能力,在装备的研制、生产过程中发挥着规范、传授和引领作用。

用于指导装备研制的丛书包括《武器装备研制工程管理与监督》《武器装备研制质量管理与审核》和本书《武器装备研制工艺管理与控制》,自2012年第一本出版以来,涵盖了军工企业装备研制工作的方方面面。内容编排上注重管理思维的形成与实际操作方法、技巧、流程的运用,将复杂的管理理论用平实的文字与实际操作结合起来,条理清晰,语言简练,深入浅出。丛书的出版引起了很大的反响,许多院校和专门的培训机构,军工企业的培训管理部门以此丛书作为培训的教材,许多技术设计、工艺设计和质量管理等技术人员以及应届毕业生以它作为提高研制能力、自我提升管理水平的办公桌前的工具书,从而以匠心精神研制、生产出顶用、管用和好用的武器装备。

本书由中国航空发动机集团有限公司北京航空材料研究院熊艳才主审;殷世龙主编,白松、薛焱、史一宁副主编;殷波、王刚(军通局)、张晓峰、庞禛、殷涛参加了本书的编写;王刚(上海局)、石永红对书中相关章节进行了专审。

衷心感谢中国电科电子科学研究院陆军院士的技术支持和大力帮助。感谢空军驻上海、北京、军械通用装备军事代表局和中国航空发动机集团有限公司北京航空材料研究院在本书编写过程中提供的支持和帮助,感谢中国人民解放军驻中国航空无线电电子研究所军事代表室总代表李锋,中国人民解放军驻061基地军事代表室,中国科学院电子学研究所王刚、张志强、徐建斌等的大力协助。感谢无锡市雷华科技有限公司、上海市埃威航空电子有限公司,特别对空军沈阳局牛克力、西安局陆寿根同志、战友提出的宝贵意见和建议,在此表示衷心感谢。

编者
2017.10

目 录

第一章 工艺管理综论 ... 1
第一节 工艺 ... 1
一、工艺简述 ... 1
二、工艺内涵 ... 1
三、工艺工作 ... 3
四、现代工艺的发展 ... 5
五、装备研制生产中的墨菲定律 ... 8
第二节 工艺管理 ... 12
一、工艺管理工作 ... 12
二、工艺管理的基本任务 ... 13
三、工艺管理工作的内容 ... 14
四、产品工艺管理工作 ... 16
第三节 工艺设计 ... 18
一、工艺设计简述 ... 18
二、装备研制工艺设计 ... 19
三、型号工艺网络图的绘制 ... 21
四、产品工艺工作设计 ... 41
第四节 工艺控制管理 ... 47
一、工艺控制简述 ... 47
二、工艺控制内容及要求 ... 48
三、工艺控制的步骤 ... 50
四、工艺控制方法 ... 53
五、工艺管理及控制的思考 ... 56
第五节 工艺管理术语及说明 ... 58
一、一般术语及定义 ... 59

二、典型表面加工术语及定义 …………………………………… 94
　　三、冷作、钳工、装配和试验术语及定义 …………………… 100

第二章　装备研制工艺工作策划 …………………………………… 112
第一节　装备研制的工艺准备策划 ………………………………… 112
　　一、工艺准备的目的和任务 …………………………………… 112
　　二、工艺管理体制、机构和职责 ……………………………… 114
　　三、工艺准备的计划与控制 …………………………………… 116
　　四、工艺准备工作程序 ………………………………………… 132
第二节　装备研制产品结构工艺性审查策划 ……………………… 134
　　一、产品结构工艺性审查目的与原则 ………………………… 134
　　二、产品结构工艺性审查对象与方式 ………………………… 136
　　三、产品结构工艺性审查时机与程序 ………………………… 136
　　四、设计图样工艺性审查内容及要求 ………………………… 142
第三节　装备研制零件结构工艺性审查策划 ……………………… 147
　　一、零件结构的铸造工艺性审查 ……………………………… 147
　　二、零件结构的锻造工艺性审查 ……………………………… 149
　　三、零件结构的冷冲压工艺性审查 …………………………… 150
　　四、零件结构的焊接工艺性审查 ……………………………… 152
　　五、零件结构的切削加工工艺性审查 ………………………… 153
　　六、零件结构的热处理工艺性审查 …………………………… 155
　　七、零件快速原型制造的审查 ………………………………… 156
第四节　面向制造的设计技术 ……………………………………… 157
　　一、面向制造的设计技术综述 ………………………………… 157
　　二、计算机辅助 DFM 系统 …………………………………… 159
　　三、产品的 DFM 技术及主要内容 …………………………… 161
第五节　工艺质量检验与管理策划 ………………………………… 166
　　一、工艺质量检验概述 ………………………………………… 166
　　二、工艺质量检验分类及要求 ………………………………… 168
　　三、工艺质量检验的依据 ……………………………………… 172
第六节　质量检验机构及管理 ……………………………………… 175
　　一、质量检验机构的设置 ……………………………………… 175

二、检验文件及管理 ………………………………………… 178
　　三、不合格管理 …………………………………………… 182
　　四、检验人员的管理 ………………………………………… 183
　　五、检验信息的收集及统计分析 ……………………………… 184

第三章　装备研制工艺(技术)设计及管理 …………………… 187
第一节　装备研制工艺设计综述 ………………………………… 187
　　一、装备研制工艺设计内涵 ………………………………… 187
　　二、工艺设计类型简介 ……………………………………… 193
　　三、工艺文件分类、审核及标准化审查 ……………………… 206
　　四、产品标识和可追溯性要求 ……………………………… 216
第二节　工艺总方案设计 ………………………………………… 221
　　一、工艺总方案的概念 ……………………………………… 221
　　二、研制过程工艺总方案的类型 ……………………………… 222
　　三、工艺总方案的编制及编制程序 …………………………… 223
第三节　工艺标准化文件设计 …………………………………… 225
　　一、工艺标准化文件概述 …………………………………… 225
　　二、工艺标准化文件的构成 ………………………………… 226
　　三、工艺标准化文件编制的一般要求 ………………………… 229
第四节　工艺规程设计 …………………………………………… 230
　　一、工艺规程的概念 ………………………………………… 230
　　二、工艺规程的类型 ………………………………………… 231
　　三、工艺规程设计的要素 …………………………………… 233
　　四、工艺规程文件的类型 …………………………………… 234
　　五、工艺规程的设计程序 …………………………………… 235
　　六、工艺规程的审批程序 …………………………………… 237
　　七、工艺规程设计范例 ……………………………………… 238
第五节　作业指导技能设计 ……………………………………… 247
　　一、识图技能 ………………………………………………… 247
　　二、部分量规仪器的使用 …………………………………… 255
　　三、检验标准 ………………………………………………… 275
　　四、检验方法 ………………………………………………… 286

- 第六节　工艺装备设计 ... 295
  - 一、工艺装备的概念 ... 295
  - 二、工艺装备的类型 ... 296
  - 三、工艺装备设计的内容 ... 296
  - 四、工艺装备设计程序 ... 298
  - 五、工艺装备验证 ... 302
  - 六、工艺验证书的格式和填写 ... 305
  - 七、工艺装备制造与使用的管理 ... 306
- 第七节　计算机辅助工艺装备设计 ... 311
  - 一、辅助工艺装备设计概述 ... 311
  - 二、辅助机床夹具设计 ... 313
  - 三、辅助制造中的刀具系统 ... 319
- 第八节　首件鉴定工作的设计 ... 323
  - 一、首件鉴定的概念 ... 323
  - 二、首件鉴定的范围、内容和要求 ... 324
  - 三、首件鉴定的程序 ... 325
  - 四、首件鉴定的记录 ... 327
  - 五、首件鉴定质量控制 ... 330
- 第九节　工艺质量检验工作设计 ... 331
  - 一、工艺质量检验程序及一般要求 ... 332
  - 二、进货检验及程序 ... 334
  - 三、外协含外包产品的验收检验及程序 ... 337
  - 四、工序检验及程序 ... 337
  - 五、特种检验（无损探伤检验）程序及要求 ... 339
  - 六、固定项目提交检验及要求 ... 340
  - 七、最终产品（成品）检验及程序 ... 341

第四章　装备研制工艺和工艺标准化评审 ... 344
- 第一节　装备研制工艺评审综述 ... 344
  - 一、工艺评审的概念 ... 344
  - 二、工艺评审的一般要求 ... 344
  - 三、工艺优化与工艺评审 ... 345

第二节　工艺文件的评审 ·················· 347
一、工艺总方案的评审 ·················· 347
二、工艺说明书的评审 ·················· 350
三、关键件、重要件、关键工序的工艺文件评审 ·················· 350
四、特殊过程工艺文件的评审 ·················· 357
五、采用新工艺、新技术、新材料、新设备的评审 ·················· 373

第三节　外购器材的工艺管理及评价 ·················· 374
一、外购器材工艺管理及评审综述 ·················· 374
二、外购器材的工艺质量控制要求 ·················· 375
三、外购器材的保管制度 ·················· 377
四、外购器材的保管人员的资格考核 ·················· 378

第四节　工艺评审的组织管理 ·················· 379
一、管理职责 ·················· 379
二、评审组的组成 ·················· 379
三、评审组的职责 ·················· 379

第五节　工艺评审的评审程序 ·················· 379
一、准备工作 ·················· 379
二、组织评审 ·················· 380
三、结论处置 ·················· 380
四、工艺评审文件资料的管理 ·················· 380

第六节　工艺标准化评审 ·················· 386
一、工艺标准化评审概述 ·················· 386
二、工艺标准化评审的内容 ·················· 387
三、工艺标准化评审程序 ·················· 387
四、工艺标准化评审的管理 ·················· 388
五、产品研制阶段工艺标准化工作项目一览表 ·················· 389

第五章　工艺定额及其管理 ·················· 391
第一节　工时定额的确定 ·················· 391
一、一次性定额 ·················· 391
二、工时定额的作用 ·················· 391
三、工时定额的组成 ·················· 393

第二节　装备研制材料定额概述 …………………………………… 395
　　一、什么是定额？ ………………………………………………… 395
　　二、工艺定额的组成？ …………………………………………… 395
　　三、装备研制对工艺定额的要求 ………………………………… 396

第三节　材料消耗工艺定额的编制（材料定额） ………………… 396
　　一、材料消耗工艺定额编制范围 ………………………………… 396
　　二、材料消耗工艺定额编制原则 ………………………………… 396
　　三、材料消耗工艺定额编制依据 ………………………………… 396
　　四、材料消耗工艺定额编制方法 ………………………………… 396
　　五、产品材料消耗工艺定额的程序（用技术计算法编制） …… 397
　　六、材料消耗工艺定额的修改 …………………………………… 397

第四节　劳动消耗工艺定额的制定（劳动定额） ………………… 398
　　一、劳动定额的制定范围 ………………………………………… 398
　　二、劳动定额的形式 ……………………………………………… 398
　　三、制定劳动定额的基本原则 …………………………………… 398
　　四、制定劳动定额的依据 ………………………………………… 398
　　五、劳动定额的制定方法 ………………………………………… 398

第五节　型材、管材、板材、机械加工件和锻件材料消耗工艺定额
　　　　确定的方法 …………………………………………………… 399
　　一、选料法 ………………………………………………………… 399
　　二、下料利用率法 ………………………………………………… 399
　　三、下料残料率法 ………………………………………………… 400
　　四、材料综合利用率法 …………………………………………… 400

第六节　各种计算公式 ……………………………………………… 400
　　一、铸件成品率计算法 …………………………………………… 400
　　二、可回收率计算法 ……………………………………………… 400
　　三、不可回收率计算法 …………………………………………… 400
　　四、炉耗率计算法 ………………………………………………… 401
　　五、金属液收得率计算法 ………………………………………… 401
　　六、金属炉料与焦炭化计算法 …………………………………… 401

第六章 装备研制生产现场的工艺管理 … 402
第一节 装备研制生产现场工艺管理综论 … 402
一、生产现场工艺管理的概念 … 402
二、生产现场工艺管理及目标 … 402
三、生产现场工艺管理内容及要求 … 403

第二节 装备研制生产现场的工序管理 … 404
一、工序质量控制点设置原则 … 404
二、工序质量控制点的主要工作 … 405
三、生产提供过程质量控制 … 407
四、装备研制生产的批次管理 … 412

第三节 装备研制生产现场定置管理 … 414
一、定置管理的目的 … 414
二、定置管理的目标 … 415
三、定置管理的范围 … 415
四、定置管理的程序 … 415

第四节 装备研制生产现场工艺纪律管理 … 416
一、工艺纪律控制的要求 … 416
二、工艺纪律控制的内容 … 419
三、工艺纪律检查的实施 … 420

第五节 装备研制生产现场工艺技术管理 … 421
一、工艺技术管理概述 … 421
二、工艺技术管理的重点范围 … 422
三、装备研制阶段工艺技术管理 … 423
四、装备研制的生产性分析 … 424

第七章 装备研制与生产工艺控制 … 434
第一节 装备研制与生产工艺控制综述 … 434
一、装备研制与生产工艺控制的必要性 … 434
二、装备研制与生产工艺控制的依据 … 435
三、装备研制与生产工艺控制的基本要求 … 435
四、装备研制与生产工艺控制的风险分析 … 436

五、装备研制与 GJB 9001C–2017《质量管理体系要求》对工艺管理的要求 …………………………………………………… 438

第二节　方案阶段工艺控制的主要工作 …………………………………… 441
　　一、方案阶段工艺工作项目 ………………………………………… 441
　　二、新产品工艺性分析和结构审查 ………………………………… 441

第三节　工程研制阶段工艺控制 …………………………………………… 443
　　一、工程研制阶段工艺工作项目 …………………………………… 443
　　二、完成设计状态试制图样的工艺性审查 ………………………… 444
　　三、实施试制准备状态检查 ………………………………………… 445
　　四、加强试制过程质量控制 ………………………………………… 447
　　五、生产图样的工艺性审查 ………………………………………… 456
　　六、实施生产准备状态检查 ………………………………………… 457

第四节　设计定型阶段工艺控制 …………………………………………… 465
　　一、设计定型阶段工艺控制项目 …………………………………… 465
　　二、组织关键性生产工艺考核 ……………………………………… 465
　　三、实施小批试生产生产性分析 …………………………………… 468

第五节　生产定型阶段工艺控制 …………………………………………… 468
　　一、生产定型与工艺鉴定的关系 …………………………………… 468
　　二、生产定型阶段工艺控制工作 …………………………………… 468
　　三、工艺鉴定的内容及要求 ………………………………………… 468
　　四、组织工艺鉴定工作 ……………………………………………… 470
　　五、工艺和生产条件考核 …………………………………………… 474

第六节　装备研制工艺管理与控制案例 …………………………………… 475
　　一、某型起动机液压离合器齿圈断裂故障 ………………………… 475
　　二、某型导弹发射架固定螺栓断裂故障 …………………………… 476
　　三、某型发动机四级涡轮盘爆裂故障情况 ………………………… 476

参考文献 ……………………………………………………………………… 477

第一章 工艺管理综论

第一节 工 艺

一、工艺简述

工艺是劳动者利用生产工具对各种原材料、半成品进行加工或处理(如量测、切削、热处理、检验等),最后使之成为产品的方法,是人类在劳动中积累起来并经过总结的操作技术经验。

根据技术上进步、经济上合理的原则,研究各种原材料、半成品、成品的加工方法和过程是一门科学,这门科学也称工艺学。各种工程学科都有自己的工艺学,如机械制造工艺学、食品制造工艺学、造纸工艺学等。工艺如果按工艺特点分,可分为工序和工步。

工序亦称"作业",是工艺过程的一个组成部分,是指一个(或一组)工人在一个工作地上(如一台机床或一个装配位置)对一个(或几个)劳动对象所完成的一切活动的总和。如在冲压弹簧片时,工人在一台冲床进行冲压的全部操作,就叫做"冲压弹簧片"工序。产品生产一般要经过若干道工序,如制造弹簧片可分为落料、冲压、热处理等几道工序。

工步是按工艺特点划分的一个组成部分,其特征是设备的工作规范、工艺性质、加工面和所用工具都不变。如果这些因素中有一个发生变化,就出现另一个新的工步。如砂型工人手工制型时,先填满上型箱,然后填满下型箱,这是一个工序的两个工步;车床工人先车削工件的一个端面,然后在不改变车床工作规范的情况下,用同一车刀车削工件的另一端面,这是车削工序的两个工步。

二、工艺内涵

工艺与制造在我国是有区别的。根据对工艺的定义,工艺可以习惯地理解为产品进入生产后涉及产品生产过程诸多因素的方法和过程;而制造则是产品从概念设计到生产、销售,直到服务这样一个全过程中涉及的整个技术体系。工艺工作包括工艺技术和工艺管理这两个互为补偿,相互依存的两部分内容。工艺内涵可以从以下几个方面表述:

（一）历史的工艺概念

工艺是把人们的思考和设想变为产品实物的手段和方法；后来，普遍的说法是：把人们的设计变为实物产品的技术和方法。例如过去手工打铁这类传统的手艺等等。所以，工艺在人类文明史中已有很悠久的历史了。

（二）工艺与技术

工艺是指劳动者利用生产工具对原材料、半成品进行加工或处理，最后使之成为产品的方法，是人类在劳动中积累起来并经过总结的操作技术经验；技术是泛指根据生产实践经验和自然科学原理而发展成的各种操作方法与技能。广泛地讲，除操作技能外，还包括相应的生产工具和其他物资设备，以及生产过程或作业程序、方法。因此，工艺与技术的涵义相近或相同。

（三）工艺技术的发展

工艺技术的发展是伴随着人类文明社会的发展而发展的，是人类社会生产力发展的推进器，到手工业时代，工艺技术就已经具有很高的水平，很多工匠主宰着先进的产品生产和制造，例如，生产和打仗用的刀具就靠铁匠的手艺，谁的手艺水平高谁就能制作出锋利的刃器，谁就有了克敌制胜的法宝。到了工业化时代，由于产品经济的发展，工艺技术有了史无前例的技术进步和模式、管理等根本性发展，现代工艺技术才真正成为社会生产力的支撑和动力。

（四）现代工艺技术特点

首先，为适应产品的社会化需求，工艺技术逐渐变成一门制造技术，不再是少数能工巧匠的"专利"，变成了可用文字总结记载下的文件化了的一系列"技术和方法"，产生对此的管理，形成了不同作用的"工艺文件"。

与此同时人们普遍感到人手的功能和能力已经满足不了制造各类产品、满足各类工艺技术的需要，于是工艺装备的设计制造又成为一个新兴的产业。

另外，随着工业化的进展，工艺在工厂的地位越来越突出，技术需求越来越广，成为产品制造过程的不可或缺的技术工作。很多工厂对工艺工作的管理日益重视，逐渐形成和构建起了专门的工艺管理机构和系统，出现了多种的管理模式。

随着现代工艺技术的发展，其种类越来越多，也就出现了工艺门类的区别，一般来说，现代工艺技术分为五大类：

一是通用工艺技术：车、钻、铣、刨、磨、镗、刮等；

二是热加工技术：锻、铸、焊、轧制、压延、热处理等；

三是表面处理技术：喷砂、喷漆、喷镀、化学表面处理等；

四是特种工艺技术：超声振动光饰、激光加工等；

五是电子工艺技术：电火花、电子切割、电脉冲等。

现代工艺技术的发展和社会生产力发展的需求，一些高等院校及高职高专和承研承制单位内部逐渐设立起工艺技术的专业教育、培训教育等。

(五) 我国机械制造工艺发展的回顾

我国机械制造具有悠久的历史,早在公元200年左右,我国就制成生产纺织品的纺织机械。公元260年左右,我们的祖先应用了轮系原理创造了木制齿轮。利用水力转动的机械(古老的水力机械)以加工谷物。

汉代就已经有了用铜和铁制成的轴承,同时还制成了运输工具——木牛流马。在明朝就发明了和现代铣削加工相似的机械加工方法,即用马匹拖动类似铣刀的工具加工天文仪器上的铜环。中国古代科学技术的发展,在世界科学史中占有特殊的地位。中国是世界上最早进入封建社会的国家,从战国到秦汉的数百年间,中国科学技术的许多门类都形成了具有特色的体系,在许多方面超过了西方。又经过汉、唐千余年的发展到宋、元(公元十世纪到十四世纪)期间达到了高峰。英国科学史家李约瑟在《中国科学技术史》中说:"在公元三世纪至十三世纪之间(中国)保持一个西方所望尘莫及的科学知识水平……,中国的这些发明和发现远远超过同时代的欧洲,特别是十五世纪以前更是如此。

我国的四大发明——火药、指南针、印刷术、造纸术,大大加速了近代文明在欧洲的兴起,马克思在1863年1月28日给恩格斯的信中称这些为"资产阶级发展的必要前提"。在技术方面,铸铁、瓷器、丝绸都居于领先位置。在数学和天文学以及其他自然科学方面亦均有许多重要的贡献,如圆周率的计算、高次方程的数值解法,天、地象记录仪,历法、地图学、水利工程、建筑等等。中医和中药直至现代仍是举世公认的医药宝库。总的说,直到西方近代科学产生之前,在长达一千数百年的封建社会里,中国的科学及技术在许多方面和同时期的西方相比都处于领先地位。

十年动乱,工艺技术管理首当其冲被破坏殆尽,加上工业体制没有竞争,极大阻碍了工艺技术的发展。这个左右企业命脉的工艺技术管理学科,尚不被决策人所重视,科研管理部门抓进度,而忽视了研制程序的项目及产品质量;社会和企业的"企业管理学习班"却只字不提工艺管理,似乎非常看重企业外的项目管理、EMBI管理学习班,对于其内部的在职培训班,往往由于工作忙,交付产品时间紧,常常以两、三小时的如生产管理、经济管理、计划管理讲座而结束;而对装备研制需要的如工程管理(设计管理)、技术状态管理、质量管理和工艺管理等培训的内容,却没有培训计划、大纲和教材,总认为几次案例讲座搞好了,就包含了工程管理(设计管理)、技术状态管理、质量管理和工艺管理的培训内容,企业就可以高枕无忧了,这种错误的认识至今不在少数。

三、工艺工作

(一) 工艺工作的作用

工艺工作在装备研制中的作用从以下几个方面体现。

1. 工艺技术是制造能力的核心技术

在市场经济尤为进步、武器装备跨越式发展的时代,武器装备的承研承制单位的竞争力主要取决于设计开发能力、工程制造能力、质量保证能力和组织管理能力等。其工程制造能力着重体现在:

(1) 工程制造能力的基本构成:工艺设备能力、工艺技术水平、人员素质、工程管理能力;

(2) 工艺技术的核心作用:运用工艺技术提高产品的可生产性、设计生产流程和工艺分工、运用工艺技术保证设计的实现、设计工程要素的管理控制技术和方法等;

(3) 工程技术水平的衡量要素:设计开发的实现程度、掌握与制造本单位产品有关的工艺技术齐全程度、技术能力、工艺技术开发能力、工艺控制能力等。

2. 工艺技术是质量保证的技术基础

基于技术基础的三个要素:

(1) 工艺过程和质量控制过程的一致性;

(2) 质量过程的技术支持:一是工序要素(即0、5、10等)的技术要求的明确;二是工序能力的技术参数水平的精确;

(3) 过程稳定性的技术保证:控制要求、试验要求、检验要求及验证要求等的一致性等。

3. 工艺技术是装备研制的支持力

体现支持力的四个方面:

(1) 设计开发的实现能力;

(2) 产品试制过程的难易;

(3) 试验工艺设计;

(4) 平稳实现向小批试生产和批生产的转换等。

4. 工艺技术是工程管理的支撑力

(1) 运用工艺技术缩短新产品试制周期;

(2) 科学的流程设计和工艺分工降低试制成本;

(3) 工艺稳定性是减少质量成本的基础。

5. 工艺技术在装备发展中的作用

(1) 增强竞争力;

(2) 提高诚信度;

(3) 开拓产品开发能力;

(4) 提高人员整体素质;

(5) 为精益制造、精细化生产创造基础。

（二）工艺工作的基本任务

工艺工作的基本任务是：

1. 设计文件的工艺性审查

参与新产品开发的技术论证和技术方案分析，针对型号工艺工作的特点，对型号的设计方案、设计图样进行工艺分析、审查，形成工艺分析文件或报告。

2. 编制新产品工艺总方案

在开展新产品设计的工艺分析或审查的基础上，组织并进行新产品试制的生产方案及工艺总体规划的制定，编制型号工艺总方案、提出生产线建设或技术改造总体方案等，并进行流程设计、工艺分工的策划、工装设计和工艺试制工作。按照GJB 1269A《工艺评审》的要求，对工艺总方案进行评审。

3. 提供生产工艺技术文件

开展生产工艺技术研究。为新产品的研制和生产做好工艺技术准备工作。编制及规定样机试制的工艺标准化综合要求等文件，作为指导工程研制阶段工艺标准化工作的型号标准化文件，也作为编制工艺标准化大纲的基础性文件。与此同时，成套提供各种工艺技术资料，并组织完成新产品制造过程的工艺工作。

4. 分析研究工艺薄弱环节

分析新产品工艺技术特点及薄弱环节，提出有关技术改造方案和技术措施计划。

5. 开展研制工艺试验工作

开展工艺试验。形成产品的工艺技术措施，进行工艺技术攻关，研究解决新产品试制工艺关键和难点。

6. 研究推广"三新"技术

研究并推广国内外新工艺、新技术、新材料，努力提高工艺、工装、理化测试的技术水平，大力推广工艺现代化管理技术。

7. 研究引进国外工艺标准

研究、引进国内外先进的工艺标准，编制基础性工艺技术文件。

8. 培训考核工艺技术人员

培训考核工艺技术人员，不断提高工艺技术人员的工作能力和业务水平。

四、现代工艺的发展

（一）装备自行设计对工艺管理的要求

新时期武器装备正朝着高性能、高可靠性、低成本的方向发展。由此，装备在制造设计中采取了许多措施来满足上述要求，如进一步提高结构效率、降低结构重量。从航空装备的发展不难看出，飞机通过减小机翼厚度及展弦比；发动机大量采用轻型整体结构、大幅度减少零件数量;采用高增压比压气机,提高压气机效率,使压气机增压比从1.2～1.3增到1.6以上;复合材料和钛合金材料用量的同步增加,这些都是切实可行的措施。为了提高推力、争取高性能,航空产品设计中十分注意提高涡轮前的温度,如下一代发动机涡轮前的温度要求到1650度~1760度,比先前的F-100提高了250度以上。为了提高航空产品的可靠性,延长使用寿命,在大量采用高效轻量化结构的同时,注意新结构和新材料的使用来提高它的耐久性。另外为了降低成本,尽量减少昂贵的战略材料用量,采用先进的、高效的制造技术提高生产效率,实现生产过程的自动化来降低材料和制造费用。

（二）装备发展变更对工艺管理的要求

我国武器装备的发展及变更是十分明显的,我国武器装备的发展在经历了引进修理,测绘仿制的模式后,正步入自主式研制及大步伐发展变更的时期,同时也是对工艺管理提出新要求的时期。

对于民品来说,真正好的设计,是用独特的视角和智慧,不断修正生活里各式各样的需求,为生活提供美感。使用,是设计的最终归属。

对于武器装备来说,是追求顶用、管用和好用为目的。使应用过程完善和满意。顶用、管用和好用,才是工艺设计的最终归属。武器装备是在变更的过程中发展起来的,每次、每项的变更都离不开对工艺管理即材料和工艺设计的要求。如航空发动机已经变更了很多代,由老式的活塞式发动机(装入第二次世界大战时期带螺旋桨的老式飞机上)变更为现代的喷气式发动机。喷气式发动机包含四类(涡桨发动机、涡轮喷气发动机、涡轴发动机、涡轮风扇发动机),它们的共同特点是复杂和精密。说它复杂,是因为航空发动机的工作原理涉及到科学技术和工程技术几乎所有的专业领域;而说它精密,是因为发动机整体狭小,工作环境苛刻,要求在有限的空间里,装下上万个零部件,通过精细的工艺管理,实现复杂的功能。

涡轮风扇发动机(涡扇发动机),是现代航空发动机的王者,通过风扇结构调节气压,实现更大推力,同时在高速和低速范围内,都能稳定工作。现在先进航空器都在使用涡扇发动机,尤其是大型客机和高性能战斗机,如我国的C919等先进客机,也开始选用LEAP系列涡扇发动机。可见在装备发展的变更中,同时对工艺管理提出更高的要求,也是这一行业长江后浪推前浪的必然。

（三）制造技术及工艺管理发展的探索

俄罗斯设计师克里尤金说,世界是不断发展的。新技术正在迅速吞噬旧的技术。感谢那些先进的材料和设计,它们正以超快的速度改变着世界。如3D打印技术是最近几年备受关注的新技术之一,据悉,3D打印技术应用于飞机制造以飞机部件的3D数字模型结合材料学、飞机结构等技术,通过计算机设计完成飞机部件数字切片,将信息传递到3D打印机上,再经分层加工与叠加成型技术生成飞机部件实体,所制部件一次成型,实现了对所需部件的精确复制。

对于民用产品而言,世界首款3D打印超级跑车"刀锋"已横空出世,其搭载一台可使用汽油或压缩天然气的双燃料700马力发动机,只需2秒钟即可轻松破百米,是货真价实的超级跑车。来自美国的DM公司是"刀锋"的设计制造者,他们并不是3D打印整个车辆,而是只打印铝制的"节点"结构,然后再通过现成的碳钎维管材将其组装在一起。这些材料和设计的发展,正是装备发展的探索。

如东方航空技术有限公司于2015年成功将3D打印制造的飞机舱门手柄盖板、飞机座位指示牌等客舱部件装到全新的波音777-300ER型客机上执行正常航班飞行,东航由此成为我国民航首家运用3D打印技术制造飞机部件的航空企业。飞机及高性能发动机性能要求的改进,对制造技术及工艺管理提出了更新、更高的要求,因此也促进了航空制造技术的发展。就航空发动机而言,当今及今后一段时间内航空制造技术主要将围绕以下方面发展。

1. 大力发展精密制坯技术

毛料精化和近无余量的制坯技术是航空发动机制造技术的重要发展趋势。精锻、精铸、精轧技术的利用和发展,使材料利用率大大提高(从20%~30%提高到80%);机械加工量明显减少(减少到原来的1/5~1/10),如钛合金压气机叶片精锻单面余量可以达0.1~0.25,镍基涡轮叶片毛坯单面余量0.2~0.35,精轧压气机叶片单面剩0.1~0.24的抛光余量或剩0.4~0.5的磨削余量,精铸涡轮叶片单面余量已达到0.05~0.1,合格率也达到70%以上。另外,精铸中定向凝固和单晶技术制造出来的涡轮叶片,对提高涡轮前的温度、延长使用寿命、提高可靠性具有明显的效益。

另外,粉末冶金和热等静压制坯技术的应用(涡轮盘用得比较多,国外还有用于压气机盘和涡轮轴的),提高了盘、轴件的抗疲劳强度;整体叶片盘的等温锻,把转子锻成带叶片粗形的近无余量的整体件,再用机械加工或电解加工,大大节省材料和加工工时,提高发动机的性能;精密环形件轧制技术,用闪光对焊焊出高质量的环形坯件,冷轧成形,用于制造机匣件、壳体件、燃烧室、带凸缘的薄壁板构件和火焰筒等。这些方法可以制造出轴向宽度大的整体精密环形件、精度高,经过轧制晶粒得以细化,提高了物理性能。还有强镦毛坯精化技术,节约材料,细化晶粒,生产效率也大大提高。

2. 加强发展材料工艺

高性能发动机恶劣的工作条件,要求采用新型材料满足其高温强度、抗腐蚀和抗疲劳强度的同时,减轻重量,提高推重比的要求。例如热端部件材料发展超耐热合金;发展热障陶瓷涂层材料;发展陶瓷结构材料;涡轮叶片将广泛应用定向凝固、单晶、快速凝固粉末合金和陶瓷材料;涡轮导向叶片可能由陶瓷或陶瓷复合材料构成；热障涂层在热端部件(燃烧室、导向叶片等)获得广泛应用；冷端压气机部件则向复合材料方向发展。

由此可见，在武器装备的研制和发展变更中，应不断开展和应用新材料工艺，才能满足高性能航空发动机的要求。

3. 应用及开发新结构工艺

根据高性能发动机对结构效率的要求，发动机的结构将发生重大变化。将大量采用整体结构、蜂窝结构和钣焊结构。多孔层板结构、复合材料叠层结构、薄壁结构、整体压气机转子、整体叶片盘、带有更加复杂冷却结构的涡轮叶片等，这些新型的、轻型的结构和更加复杂的冷却结构要求开发相应的加工工艺和加工设备。

4. 应用特种加工技术和特种焊接技术

装备制造特种加工技术是高性能发动机的关键制造技术，如计算机控制的电子束和激光束打小孔技术，难加工材料的电解加工(如涡轮叶片和机匣的电解加工；钛合金零、部件的电解加工；涡轮部件深、细冷却孔的电液流加工等)。特种焊接技术如惯性磨擦焊、真空电子束焊、扩散焊、激光技术和数控技术相结合的高效多用途加工设备，用于钛合金、耐热合金、复合材料、陶瓷材料的精密切割，打孔、焊接、局部热处理及表面强化等。

5. 大力发展表面防护技术

表面防护涂层可以弥补结构和材料的不足，对提高发动机性能和使用寿命至关重要。目前高性能发动机广泛采用的表面涂层有四种：抗撞击涂层(多用爆炸喷涂，涂层材料一般为碳化钨钴，常用于涡轮叶片、叶冠阻尼面)；抗磨蚀涂层(多用等离子或低压等离子方法在叶片与盘榫槽之间，静子叶片与安装槽之间喷涂抗腐蚀涂层)；封严涂层(等离子喷涂、喷涂 ZrO_2/Co CrAly 陶瓷材料)；热障涂层(常用低压等离子喷涂和物理气相沉积方法)。

6. 制造过程实现高度计算机化

随着先进的信息采集、信息转换、信息传输和计算机信息处理手段的发展，装备制造产品的生产过程将实现高度的计算机工程化。装备制造技术将成为高度计算机工程化的制造技术，主要表现为制造过程的自动化、网络化、柔性化和集成化。设计—制造—管理过程计算机工程自动化的所谓"未来工厂"必将实现。装备制造工业的总体效能、市场竞争及应变能力也将会显著提高。

五、装备研制生产中的墨菲定律

本节围绕新形势下武器装备在研制生产中，常易出现或发生的墨菲现象，用现代质量管理的新思维，提出了研究"墨菲定律"客观条件存在时的注意事项和防范措施，仅供科研生产管理人员和质量监督人员参考。

（一）装备研制生产中的墨菲现象

国际航空界公认的"墨菲定律"，在我国武器装备的研制生产中也是不可忽视的。由美空军上尉工程师爱德华·默菲在1949年总结的墨菲定律描述："凡是有可能搞错的地方，就一定会有人搞错，而且是以最坏的方式发生在最不利的时机"。此哲理的缘由是：在产品的形成过程中存在着"可能导致产品质量缺陷"的因果链：即"隐患与薄弱环节"。由此可见，"凡是有可能搞错的地方，就一定会有人搞错"，这并非算命先生的"诳语"，而是的确存在的"许多主观和客观因素"的必然结果。

装备研制过程有一系列法规、标准规定、指导及约束着武器装备的研制生产和试验工作，尤其是《武器装备质量管理条例》一文，围绕武器装备的论证、研制、生产与试验、维修质量管理和质量监督共计有61条规定，对如何进行论证、研制、生产与试验、维修质量管理和质量监督使用了"应当"类的命令语句共计58次，应该是武器装备质量管理条例的强制性规定了。其中，法律责任和附则占了10条，警句占了7条。武器装备质量管理的法规文件既规定了"应当"如何做，告诫大家必须重视产品质量，同时，也明确了违反本条例规定的法律责任，提醒人们："墨菲现象"在武器装备研制生产中出现的概率是很高的。承担武器装备研制生产的各级管理者和工程技术人员，必须认真研究"墨菲现象"可能出现的条件并采取相应的防范措施，以确保武器装备研制生产的质量。

（二）墨菲定律的预防性事项研究

要做到未雨绸缪，我们必须在研究墨菲定律可能发生的条件时，要认真总结其复现规律；重视"隐患及薄弱环节"，防范墨菲定律的应验性，减少和避免事故及事故征候的发生。本书认为应注意以下四个方面：

1. 重视信息对"三边"的支持

国防建设随着以信息化为核心的新军事变革和军队装备建设的需求，武器装备研制生产采用的并行工程管理、迭代研制和"三边"（边研制、边生产、边验证）方式，确实能缩短武器装备研制生产周期。但是，如果没有建立信息传递的快速通道，就是"超常规，不超程序"，也将难以实现武器装备的迅速发展。因为武器装备研制生产管理系统的任一怠慢（一般情况下这种怠慢最后都集中反映在工艺管理及控制上）都会导致技术信息不能及时、正确或规范、有效地传递给操作者，使"墨菲现象"得不到及时处理或纠正，就会发生"本不应该发生的事"。历次的事故表明，制度是绝情的、管理是无情的、执行是合理的。有法不依、有标准不执行、工艺管理落后、松懈、信息传递失常所造成的事故是主流，真正对技术认识不到位而造成事故的现象是极少见的。

2. 经验绝不能替代法规

为确保武器装备研制生产的计划节点，操作者（特别是那些具有一定工作经历的操作者)在遇到自己熟悉的工件时,往往会无视法规而凭自己的经验去处理那些"本来是不相同的事";如果现场管理者也"轻信经验"而不严格执法,就必然会导致工作程序和生产秩序的混乱。经验者认为,工艺规程中"按图加工"就能出合格产品,按"制造与验收技术条件"和"工艺规程"检验最终产品就能保证产品质量,这些本身就是经验的或过时的做法,他们可能致使"本来不应该出现的错误"在不经易时发生。过去的经验可能就是现在的教训,装备研制生产的要求变了,环境要求变了,使用要求变了,标准的要求也变了,只是因为本单位的质量管理体系文件及程序文件没有变,做法就是不变,这就是"经验"作怪,说到底就是有法不依、凭经验操作。

3. 疲劳作业不是对事业的奉献

基于武器装备研制生产的紧迫性、严肃性,承制单位常年倡导"加班加点",而忽视了对职工的精神养护和岗中培训。当然,经济加政治攻势,使得操作者也乐于"奉献"。但天长日久,精神上长期处于紧张状态,体力上的疲劳造成精力上的分散,再加上承制单位对贯彻新法规、新标准缺乏岗中有计划的层次培训,工作上产生"错、忘、漏"也是"法律之外情理之中"的事。

为贯彻落实武器装备研制生产安全发展建设的理念,进一步加强武器装备系统研制和生产交付过程质量管理,树立对装备事业的长远性建设和确保部队战斗力形成的奉献精神,应注重以下几个方面的问题:

(1) 坚持战斗力标准,进一步提高装备质量标准和要求。坚持以战斗力标准作为研制生产中谋划决策、组织指挥、处理各种工作关系的基本依据,作为指导工作实践、规范工作行为的基本准则,作为检查、考核、评价质量工作的唯一标准,把战斗力标准真正落实到研制生产的各项工作、各个方面、各个环节,使其成为装备质量工作不断发展的源动力。

(2) 树立系统集成思想,改进和完善武器装备研制生产管理机制。在武器装备的研制和生产中,贯彻系统集成思想,实施系统论证、系统设计、系统试验、系统调试、系统测试、系统考核,形成系统集成的管理机制。

(3) 追求"工作无差错",努力实现"产品无缺陷"。每一项工作都要极端地一层为一层负责,准确落实,质量管理工作严密细致、具体到位。切实做到装备论证科学合理,研制过程有法和标准可依,研制试验和定型(鉴定)试验无遗留问题、交付产品无质量隐患、服务保证及时高效。

4. 强化管理不是为了考评

在产品形成过程中许多问题是明摆着的,但现场管理者不是发现不了,而是发现了,解决不了。特别是有交付任务的厂、所,标语或口头上都知道"军工产品、质量第一",但是缺乏贯彻国家政策的力度,实际操作起来折扣是一打再打,试验内容简化、试验项目颠倒、专项评审走形式,重技术指标的满足、轻技术状态管理实施过程的控制,缺少技术状态基线文件,仍然认为技术状态管理正常。不这么做产品难以按时交付。此外,上级对干部的考核标准也不以"实际能力、工作绩效"为重点,而是将宪章赋予职工的"参与管理"延伸为"全员考评",相应的细则也大多是印象型条款。管理者为了自己的支持率,工作上就免不了找方法润滑。明知道是5%的人造成了100%的不合格,也不肯对这5%的人进行惩罚;最多是给合格品制造者加点薪或奖金,以示对制造缺陷者的"严惩"。以此发展,使得同类错误的复现律增加,也就在所难免了。

(三) 墨菲定律的防范措施及研讨

从某研究所某型号产品收到的外场质量信息来看,外场反馈的产品缺陷大多是发生在制造过程中"有可能搞错的地方"。从统计结果分析,这些"失误性工作"的比例还不到总工作量的1‰,而且多数错误是在其他产品中曾经出现过的,而我们又恰恰没有对这些"失误"进行教育和总结,致使同样错误在不同产品中重复出现。承制方是否应该立个有操作性的规矩,在武器装备研制生产中实行"质量问责制"? 也就是说,对工程质量而言,除了强调"下级对上级负责"外,上级还必须不断的对下级"问责"。这是防范性保障,而不是等发现"羊丢了,再去补羊圈上的窟窿";我们只有脚踏实地的把"层层负责、集体把关"落实到实处,把墨菲定律出现的概率降到最小,产品才能满足使用方要求。否则,部队得到产品后,就会形成有"装备"无"战斗力"的现象。由此,管理者必须引起足够的重视,为竞争而来的市场提供系统的保障,才有可能实现"基业常青"。本书提出对实行质量问责制的见解及想法是:

1. 提倡依法治企,不能依人定责

试行"质量问责制"贵在统一思想,统一认识;管理工作必须下决心花大力气,牢固树立"依法治企"意识;像《道路交通法》那样,宁可失于严,不可失于宽地处理1‰的失误。事先立好规矩、划定责任比例,依法赏罚;不能等问题出现了再因人定责。

2. 落实爱岗敬业,激活工作热情

提倡岗位责任制,把"自己的事干好",不把问题交给下一道工序;用"质量问责制"激活各级人员的敬业意识。建立工艺纪律检查制度,制定年度工艺纪律检查计划,开展分级、分类的工艺纪律检查活动。及时总结工艺技术经验,细化和完善工艺规程,使主导工艺逐步成熟并严格控制更改和超越。管理者一要理顺管理关系大胆施政;二要依法规范下属的行为及时问责;三要关心职工生活,不断激活工作热情。

3. 开展两观教育 宣传生存关系

在企业内部大力开展进行质量和诚信教育的同时,还应大力弘扬用户观、市场观教育,让广大技术人员和职工牢记:"质量关系到产品的命运,产品关系到企业的命运,企业关系到全体员工的命运,员工掌握着企业的命运"这个市场生存的因果链。必须牢固树立"两观意识",靠质量打造品牌、凭保障赢得市场。

4. 加强状态管理 理顺工作基线

针对武器装备研制的螺旋式发展及"边研制、边生产、边试用"的现状,承制方必须及时理顺技术状态,方案阶段抓好型号技术状态的标识,工程研制阶段抓好型号技术状态的控制和纪实,设计定型阶段抓好型号技术状态的审核,给生产管理者和操作者一个清晰的技术基线,按照国军标的有关规定,重点作好每试验批产品的技术状态管理工作(每试验批是指未定型的产品);在某一时期内相对冻结技术状态,加快制造工艺的研究及完善,实行研制、生产活动的"相对分离"。否则,产品出厂后批次中的状态不清或者状态多样,企业将背上沉重的"服务"包袱,从而落得保障不利的名声。

第二节　工　艺　管　理

一、工艺管理工作

(一) 工艺管理工作简述

随着工业化的进展,工艺在装备承研承制单位的地位越来越突出,工艺技术需求已成为产品研制及制造过程不可或缺的技术工作,由此对工艺工作的管理日益受到重视,逐渐形成和构建起了专门的工艺管理机构和系统,出现了多种的管理模式。工艺管理存在的意义已在两个方面充分体现:

(1) 工艺管理是发展装备技术的基础。工艺工作是装备制造技术的重要组成部分,是装备从原理变成实物,图样变成样件,成果转化为生产力的桥梁,是发展装备技术的重要基础工作。

(2) 工艺管理是产品质量管理的根本保证。先进的工艺技术不仅可以保证产品的质量,降低废品率而且可以改善劳动条件,提高生产效率等重要基础工作。

(二) 工艺管理的类型

工艺管理是装备研制工程管理的重要组成部分。现代工艺管理工作的类型主要有三大类:

第一类:综合性工艺管理;

第二类:产品生产工艺准备管理;

第三类:制造过程工艺控制管理。

(三) 工艺管理的原则

1. 规范性

工艺技术、工艺设计、工艺过程等有关产品设计的实现和产品质量,必须一丝不苟、十分严密、规范到位、执行到位。

2. 先进性

工艺技术、工艺装备、工艺方法等都处于发展之中,工艺标准也在不断提高,在保证设计技术实现,满足成本控制要求的前提下,要始终追求工艺技术的先进性和先进管理技术的运用。

3. 连续性

工艺制度、工艺技术文件、成熟工艺方法等,应尽可能保持适度稳定,不随意变更、更改和超越,也应保持其可追溯性。

4. 稳定性

追求和尽可能地使工艺过程趋于稳定和保持稳定,这是工艺管理、工艺控制、工艺执行所必须遵守的原则,工艺过程的稳定是产品质量稳定的前提和基础。

(四) 工艺管理机构和人员

1. 工艺管理体系

为了加强工艺管理,提高工艺水平,承研承制单位应建立健全统一、有效的工艺管理体系。凡承担装备研制和批生产的承研承制单位,必须设立独立的工艺管理部门,明确工艺管理职能,建立系统管理及设计与工艺紧密结合的并行管理机制,配备与研制生产任务相适应的工艺管理机构和工艺技术人员。

2. 工艺管理机构

承研承制单位应本着有利于提高产品质量和工艺水平的原则,结合承研承制单位的规模和生产类型,建立健全有效的工艺管理机构,一般从三个方面考虑。

(1) 组建属于承研承制单位管理层面上的工艺管理机构,形成适宜的工艺分级管理模式(一般管理模式:大或特大型承研承制单位为三级管理,中等承研承制单位为两级管理,小型承研承制单位为一级管理);

(2) 明确各级机构职能:工艺管理、工艺设计、工艺实施、工艺研究;

(3) 制定管理制度和程序,形成运行机制(工艺制度包括:工艺文件管理规定,工艺评审管理、工艺纪律检查、工艺试验管理)。

3. 工艺管理人员

承研承制单位应根据产品复杂程度和工作任务大小配备相应素质和数量的工艺管理人员。

二、工艺管理的基本任务

工艺管理的基本任务应结合承研承制单位的实际情况,应用现代管理科学理论和信息化技术,对各种工艺工作进行规划、计划、组织和控制,使之按一定的原则、程序和方法协调有效地进行,以保证产品质量、提高生产效率、降低环境影响,实现经济效益和社会效益协调发展。其基本任务体现在以下四个方面：

（一）总体工艺策划

组织新产品研制生产的总体工艺策划,工艺分析、评审、审查、审签工作。

（二）组织工艺攻关

组织工艺攻关和工艺改进。

（三）日常工艺管理

日常工艺管理即工艺技术工作开展的管理(含上岗培训、专业基础培训等)、工艺纪律检查考核等。

（四）不合格品审理

组织或参加装备研制过程,在设计、工艺和产品质量方面的评审与处置工作。

三、工艺管理工作的内容

（一）综合性工艺管理工作

综合性工艺管理的主要工作体现在七个方面：

1. 编制工艺发展规划

各承研承制单位编制工艺发展规划的目的,是为了提高承研承制单位的工艺水平,适应产品发展需要,并结合本单位的战略目标编制,同时纳入单位的总体发展规划。编制工艺发展规划应贯彻远近结合、先进与适用结合、技术与经济结合的方针;同时,必须有相应的配套措施和实施计划。

工艺发展规划的种类一般有工艺发展措施规划和工艺组织措施规划。工艺发展措施规划如：新工艺、新装备研究开发规划,技术攻关规划等;工艺组织措施规划如：工艺路线调整规划,工艺技术改造规划等。

2. 编制工艺改造计划

主要包括工艺设备更新,工艺改造项目的规划、论证、评审和工艺设计等。

3. 编制生产布局计划

主要包括工艺布局及其调整、工艺流程设计等。

4. 建立管理制度

组织、制定、贯彻工艺标准和工艺管理制度。

5. 开展工艺活动

组织开展工艺技术改造和合理化建议活动。

6. 开展信息管理

开展工艺情报信息的搜集、整理、分析研究及工艺信息管理。

7. 开展技术研究与创新

主要内容包括：

（1）工艺发展规划中的研究开发项目；

（2）生产工艺准备中新技术、新工艺、新材料、新装备的试验研究；

（3）为解决现场生产中重大产品质量问题或有关技术问题而需进行的攻关性试验研究；

（4）对引进项目进行验证性试验研究。

（二）产品生产工艺准备管理

装备研制进入方案阶段时，产品生产工艺准备管理工作就已经开展了。以常规武器装备研制程序为例，在工程研制阶段按样机区分的两个状态中（初样机状态用"C"标识和正样机状态用"S"标识）；按工程研制阶段的工作内容区分，主要是进行新产品的"设计"状态也称工程设计状态（参见 GJB 2993 5.5.1）和新产品的"试制与试验"状态也称样机制造状态（参见 GJB 2993 5.5.2）。由此可见，产品生产工艺准备管理工作，主要在论证、方案、工程研制和设计定型（或鉴定）阶段内完成，其内容包括十一个方面：

（1）新产品开发和老产品改进工艺调研及改进产品的工艺考察。

（2）分析与审查产品结构工艺性。

（3）设计工艺总方案。

（4）设计工艺路线。

（5）设计工艺规程和其他有关工艺文件。

（6）工艺优化与工艺评审。

（7）编制材料消耗工艺定额。

（8）设计制造专用工艺装备并进行生产验证和通用工艺装备标准的制定。

（9）进行工艺验证。各种必要的技术验证，能确保产品投产后的制造过程运行正常，质量稳定。技术验证包括工艺验证、工艺标准验证、工时定额验证等。

（10）进行工艺总结。

（11）进行工艺整顿。

（三）制造过程工艺控制管理

（1）科学的分析产品零部件的工艺流程，合理地规定投产批次和数量。

（2）监督和指导工艺文件的正确实施。

（3）及时发现和纠正工艺设计上的差错；不断总结工艺实施过程中的各种先进经验，并加以实施和推广，以求工艺过程的最优化。

（4）确定工艺质量控制点，规定有关管理和控制的技术内容，进行工序质量重点控制。

（5）配合生产部门搞好文明生产和定置管理；按工艺要求，保证毛坯、原材料、半成品、工位器具、工艺装备等准时供应。

四、产品工艺管理工作

（一）产品综合性工艺管理

产品综合性工艺管理工作是工艺管理工作的龙头，是为领导决策提供体制、机制、管理模式、发展战略、实现目标、措施步骤等重大工艺管理问题的顶层策划，是保证工艺管理、工艺技术、工艺装备、工艺队伍同步协调发展，提高承研承制单位生产能力和增强承研承制单位竞争力的最重要的管理工作之一。

1. 主要工作内容

（1）贯彻执行上级有关工艺工作的决定、规章制度、政策规定、管理办法和工作规范，制定、贯彻相应的工作规范和实施细则；

（2）组织建立健全工艺管理体系，充分发挥其职能和作用；

（3）协同有关部门加强工艺队伍建设和人员的专业培训；

（4）组织编制和落实工艺技术发展规划和工艺工作年度计划，提出工艺工作经费预算；

（5）对所属单位的工艺工作实施统一管理，负责指导、检查、监督、考核所属部门的工艺工作。

2. 完成的主要文件资料

（1）工艺工作规章制度，政策规定和工作规范；

（2）工艺技术发展规划、工艺工作年度计划、工艺工作经费预算报告。

（二）产品基础性工艺管理

产品基础性工艺管理工作是为工艺工作提供科学、规范和有效的管理原则、依据和标准，是十分重要的工艺管理工作。一般内容包括制定工艺法规、工作程序、工艺标准和工艺信息传递等方面的工作。

1. 主要工作内容

（1）负责工艺文件的管理，贯彻工艺文件审批的技术责任制，合理、可行的工艺文件要及时冻结工艺技术状态；

（2）负责工艺装备的技术管理，建立健全申请、设计、制造、使用、保管、检定、返修、增补和完善工艺装备的一整套规章制度；

（3）贯彻有关国家标准、国家军用标准、行业标准和工艺技术标准，协助组织制定、修订有关工艺技术标准；

（4）负责工艺情报（信息）工作的管理。

2. 完成的主要文件资料

（1）工艺文件管理制度；

（2）工艺装备管理制度；

（3）有关标准资料；

(4) 工艺情报(信息)资料。

(三) 产品过程工艺管理工作

产品过程工艺管理工作是工艺管理工作的主线,它贯穿于装备研制、批生产的全过程,是保证产品质量优异、高效、快速、低成本的生命线。

1. 主要工艺工作

(1) 有计划地组织工艺人员参加设计方案论证,设计评审,有关地面试验及飞行试验和定型工作;

(2) 组织实施各阶段(或状态)设计文件工艺性审查和会签;

(3) 组织编制产品工艺总方案和工艺路线,工艺标准化综合要求(设计定型后改编为工艺标准化大纲)、工艺规程、材料消耗工艺定额等全套工艺文件,设计制造专用工艺装备和非标准设备,负责工艺技术协调,完成各项工艺准备工作;

(4) 制定工艺质量控制措施,编制并细化关键件、重要件、关键工序的工艺规程及有关工艺文件;

(5) 组织工艺攻关;

(6) 组织各阶段的工艺评审及首件鉴定;

(7) 组织相关阶段(或状态)试制和生产准备状态检查,并完成工艺总结工作;

(8) 组织做好生产现场技术服务,不断改进、优化、完善和稳定工艺;

(9) 参与产品质量分析活动和产品质量评审;

(10) 组织产品工艺(生产)定型工作;

(11) 各阶段(或状态)产品工艺技术文件的归档工作。

2. 主要文件资料

(1) 设计文件工艺性审查报告;

(2) 产品工艺总方案和工艺路线,工艺标准化综合要求(工艺标准化大纲)、工艺规程、材料消耗工艺定额文件等全套工艺文件;

(3) 专用工艺装备和非标准设备设计文件;

(4) 工艺攻关报告;

(5) 工艺评审资料;

(6) 首件鉴定资料;

(7) 试制准备状态检查报告(试制前);

(8) 试制工艺总结报告;

(9) 生产准备状态检查报告(设计定型或设计鉴定前);

(10) 产品工艺(生产)定型文件、资料;

(11) 每一批次生产的工艺总结及资料。

第三节 工 艺 设 计

工艺设计是工艺工作的主要内容,它是组织、实施产品研制、生产和改进改型的依据,它对保证研制和生产进度、保证产品质量,降低成本都有重要的作用。

一、工艺设计简述

(一) 工艺设计概念

以装备研制为例,工艺设计是在型号研制或产品改进改型等全过程中为实现规定的研制任务、质量指标和研制进度所采取的流程安排、技术措施、组织形式、保证条件等一系列的计划、要求和规定。

工艺设计可以是对整个型号的总体研制流程的规划设计,也可以是其中部件的研制规划设计,还可以是具体零件的工艺流程设计。

(二) 工艺设计的基本要求

工艺设计的基本要求是合理性、经济性和先进性。它们三者之间是互相关联、互相影响,不能截然分开的,在进行工艺设计时要具体问题具体分析,进行综合平衡。其内容分别是:

(1) 合理性就是要在规定的期限内,利用现有资源和潜力,辅以必要的技术改造,充分发挥行业和专业优势,保质保量地完成研制和生产任务;

(2) 经济性就是要在保证质量和进度或产量的前题下,尽可能降低成本,如缩短流程、减低加工难度、减少专用工装品种和数量,节约主、辅材料的消耗率等;

(3) 先进性就是在条件允许时,尽可能采用先进工艺和技术,采用先进的管理方法,不断提高制造水平和管理水平,以适应现代军工产品技术发展水平越来越高以及质量要求越来越严的需求。

(三) 工艺设计的特点

装备研制的工艺设计过程既符合一般的机械产品的工艺设计规律,大致分为四个状态,即毛坯制造状态、零组件加工状态、装配状态和试验状态;符合一般的电子产品的工艺设计规律,大致也分为五个状态,即零组件选取状态、组装状态、系统调试状态、应力筛选状态和试验状态。也有自己突出的特点,这些特点是由军工产品本身及其生产特点,以及军工产品的技术发展要求所决定的。装备研制本身及其生产的特点主要表现为:

(1) 军工产品的技术战术性能要求高,因而元器件、零部件和整机的技术复杂、严格、制造精度高、质量等级高;

(2) 为了减轻重量、少占用空间,许多零件构形复杂,壁薄,增加了制造的难度;

(3) 使用的材料品种多,加工工艺要求复杂;
(4) 更新换代快,研制和改进改型装备的工作量很大,而生产批量并不大;
(5) 多采用通用、高效、先进的加工设备,工艺过程细致而严密;
(6) 要求行业分工和专业化分工,开展广泛的协作。

上述特点决定了在军工产品的制造过程中工艺工作的复杂、细致和责任重大。

二、装备研制工艺设计

工艺设计是武器装备研制的重点工作之一,它贯穿于武器装备研制的每一个阶段及状态,虽然我国的武器装备研制有三种类型(常规武器装备研制程序、战略武器装备研制程序和人造卫星研制程序),但作为武器装备研制中工艺设计工作的参入时机是一样的,只是主机和辅机参入的时机有所区别,可在编写过程中区分。下面以常规武器装备研制程序为例,重点提示装备研制的方案阶段、工程研制阶段和定型阶段的工艺工作的主要内容,并编制装备研制工艺工作主要内容一览表,供参考。

(一) 工艺管理模式

武器装备研制中工艺设计工作的参入时机也是工艺人员实施工艺管理工作的开始,下面从三个主要阶段,分别简述其各阶段的工艺管理工作内容:

方案阶段:依据新产品方案设计的总体技术方案,综合分析实现工艺方案的技术途径,对拟采用的新技术、新材料、新工艺进行研究。重大技术改造项目论证和相关研究试验工作。原理样机(模型样机)设计,参加设计方案论证、评审工作,对产品的特点、结构、特性要求的工艺分析及说明提出意见和建议;对设计图样、技术文件进行工艺性审查,并形成工艺分析和工艺性审查报告,确定工艺技术关键问题的攻关意见,开展工艺设计及工装和非标设备的设计制造。

按 GJB 2993《武器装备研制项目管理》的要求,开展工艺设计工作,拟定工艺总方案(或编制试制工艺总方案)等工艺文件,并按 GJB 1269A《工艺评审》要求进行评审,保证工艺设计的正确性、可行性、先进性、经济性和可检验性。

工程研制阶段:按 GJB 2993《武器装备研制项目管理》规定,除主机和舰船外,工程研制阶段包括两个状态,即设计状态和试制与试验状态。设计状态研制出的样机称初样机(习惯用 C 标识);试制与试验状态试制出的样机称正样机(习惯用 S 标识)。

在工程研制阶段,工艺工作应编制工艺路线、材料消耗定额,确定重要零部件的工艺方案,编制工艺规程,设计工装和非标设备,开展工艺评审。在设计状态后期应进行试制准备状态的检查;正样机设计,稳定工艺,开展不同层次产品的首件鉴定,确定关键件重要件项目和关键工序,对关键件重要件工艺规程和质量控制卡有关内容进行评审,正样机完成首件鉴定。

定型阶段:此定型阶段包括设计定型和生产定型,由于其定型前工作内容一样,故称定型阶段。设计定型阶段会议审查前,开展生产准备状态检查、定型文件和关键性生产工艺考核的生产性审查,编制完善全套工艺文件,完成专用工装、非标设备的设计鉴定或生产定型后,针对工艺总方案,完善生产条件,补充工装、设备,修编批生产工艺文件,修订材料定额。

（二）工艺工作一览表

武器装备研制工艺工作一览表见表1-1：

表1-1　武器装备研制工艺工作一览表

- 企业管理
  - 管理职责
  - 资源管理
  - 产品实现 → 工艺管理
    - 工艺基础
      - 工艺管理制度
      - 工艺发展规划
      - 技术改造计划
      - 工艺标准化
      - 工艺信息管理
      - 工艺纪律
    - 生产工艺准备
      - 工艺调查研究
      - 工艺性分析与审查
      - 工艺总方案的设计
      - 工艺路线的安排
      - 试制准备状态检查
      - 工艺文件的编制
      - 工艺定额的确定
      - 专用工艺装备的设计和验证
      - 工艺验证及工艺总结
      - 选择外包方确定控制要求
    - 生产现场工艺准备
      - 分析毛坯件零件以及产品的工艺流程
      - 确定投产批次和数量
      - 毛坯原材料半成品工位器具和工艺材料
      - 及时提供工艺装备
      - 指导工艺文件的正确实施
      - 及时提供和纠正工艺设计错误
      - 及时总结完善工艺
      - 生产准备状态检查及生产性分析
      - 确定工序质量控制点
      - 开展工艺纪律管理
      - 做好过程记录
      - 建立技术档案
      - 监督外包产品质量
  - 测量分析和改进
- 质量管理体系

三、型号工艺网络图的绘制

（一）网络图的种类

本章节依据 JB/T5056.2《网络计划技术　网络图的绘制规程》，直接引用了绘制规程中的要求和程序以及箭线式和节点式网络图的绘制方法。供广大工艺技术人员在装备研制的工艺策划中参选。

（二）网络图的绘制要求

网络图的绘制一般由填写作业清单、时间计算表及绘制网络图三部分工作组成。

1. 作业清单

1) 作业清单格式

作业清单的格式见表1-2：

表1-2　作业清单的格式

序号	作业编号	作业名称	作业时间	作业代号	紧前作业代号	备注

2) 作业清单填写方法

(1) 序号：按作业的先后顺序进行编号。

(2) 作业编号：按作业在网络中所处的位置进行编号。箭线式网络图用两个事项编号加"—"表示，如①—②，②—⑤；节点式网络图用阿拉伯数字表示，如1，2，3。

(3) 作业名称：对作业内容的命名。

(4) 作业时间：用阿拉伯数字加圆点表示，如四天半，用4.5天表示。

(5) 作业代号：用大写的英文字母或用大写的英文字母加阿拉伯数字表示的作业名称。

(6) 备注：对作业时间的约束或对作业有关要求进行说明。

2. 时间计算表

1) 时间计算表格式

(1) 箭线式网络图时间计算表格式见表1-3。

表1-3　箭线式网络图时间计算表格式

事项编号	作业时间 t	事项最早开放时间 t_E	事项最晚结束时间 t_L	事项时差 S
作业时间指事项紧前作业时间				

(2) 节点式网络图时间计算表格式见表1-4。

表1-4 节点式网络图时间计算表格式

编号	作业时间 t	最早开始时间 ES	最早结束时间 EF	最晚开始时间 LS	最晚结束时间 LF	总时差 TF

2）时间值的确定

（1）作业时间的确定有两种方法。

① 经验法，按实际的经验确定。

② 估计法。按式(1-1)进行运算：

$$t = \frac{a + 4m + b}{6} \tag{1-1}$$

式中 t——作业时间；
a——最客观的时间；
b——最保守的时间；
m——可能的时间。

（2）事项时间的确定。

① 事项最早时间开始按式(1-2)进行计算。

$$t_{E(j)} = \max[t_{E(i)} + t_{(i,j)}] \quad j = 2,3,4,\cdots,n \tag{1-2}$$

式中 $t_{E(j)}$——箭头事项最早开始时间；
$t_{E(i)}$——箭尾事项最早开始时间；
$t_{(i,j)}$——作业时间；
max——括号中各和数的最大值。

② 事项最晚结束时间按式(1-3)进行计算。

$$t_{L(i)} = \min[t_{L(j)} - t_{(i,j)}] \quad (i = n-1, n-2, n-3, \cdots, 1) \tag{1-3}$$

式中 $t_{L(i)}$——尾事项最晚结束时间；
$t_{L(j)}$——箭头事项最晚结束时间；
$t_{(i,j)}$——作业时间；
min——括号中各差数最小值。

（3）作业起止时间的确定。

① 最早开始时间按式(1-4)进行计算。

$$ES_{(j)} = \max[ES_{(i)} + t_{(i)}] \quad (i < j) \tag{1-4}$$

式中 $ES_{(j)}$——最早开始时间；
$ES_{(i)}$——紧前作业最早开始时间；

$t_{(i)}$——紧前作业的作业时间；

max——括号中各和数的最大值。

② 最晚结束时间按下面式(1-5)进行计算。

$$LF_{(j)} = \min[LF_{(k)} - t_{(k)}] \quad (j < k) \quad (1-5)$$

式中 $LF_{(j)}$——最晚结束时间；

$LF_{(k)}$——紧后作业最晚结束时间；

$t_{(k)}$——紧后作业的作业时间；

min——括号中各差数的最小值。

③ 最早结束时间按式(1-6)进行计算。

$$EF_{(j)} = ES_{(j)} + t_{(j)} \quad (1-6)$$

式中 $EF_{(j)}$——最早结束时间；

$ES_{(j)}$——最早开始时间；

$t_{(j)}$——作业时间。

④ 最晚开始时间按式(1-7)进行计算。

$$LS_{(j)} = LF_{(j)} - t_{(j)} \quad (1-7)$$

式中 $LS_{(j)}$——最晚开始时间；

$LF_{(j)}$——最晚结束时间；

$t_{(j)}$——作业时间。

(4) 时差。

① 事项时差按式(1-8)进行计算。

$$S_{(i)} = t_{L(i)} - t_{E(i)} \text{ 或 } S_{(j)} = t_{L(j)} - t_{E(j)} \quad (1-8)$$

式中 $S_{(i)}$——箭尾事项时差；

$t_{L(i)}$——箭尾事项最晚结束时间；

$t_{E(i)}$——箭尾事项最早开始时间；

$S_{(j)}$——箭尾事项时差；

$t_{L(j)}$——箭尾事项最晚结束时间；

$t_{E(j)}$——箭尾事项最早开始时间。

② 总时差按式(1-9)进行计算。

$$TF_{(j)} = LF_{(j)} - EF_{(j)} = LS_{(j)} - ES_{(j)} \quad (1-9)$$

式中 $TF_{(j)}$——总时差；

$TF_{(j)}$——最晚结束时间；

$EF_{(j)}$——最早结束时间；

$LS_{(j)}$——最晚开始时间；

$ES_{(j)}$——最早开始时间。

3）时间值确定的方法

最早开始时间从网络起始事项（起始作业）算起，从左向右按照事项编号（作业编号）顺序，由小到大逐个计算，直到终止事项（终止作业）为止。

最晚结束时间从网络终止事项（终止作业）算起，从右向左按照事项编号（作业编号）的反顺序，由大到小逐个计算，直到起始事项（起始作业）为止。

3. 绘制网络图

1）绘制原则

（1）箭线一般从左到右，不应有自环线；

（2）图形符号的大小，比例均应适当，同一符号在一个网络图上大小一致；

（3）图形的文字说明均从左向右的方向书写；

（4）事项编号和作业编号应用阿拉伯数字表示；

（5）时间应用阿拉伯数字加圆点表示，如四天半，用4.5天表示；

（6）箭线一般应与水平线平行；

（7）事项编号和作业编号应左端较右端序号为小。

2）绘制要求

（1）箭线式网络图的绘制要求。

① 无时间坐标网络图的箭线应有足够的长度，以便填写有关内容；

② 尽量避免箭线互相交叉，必需交叉时可使用"过桥"表示，如图1-1所示。

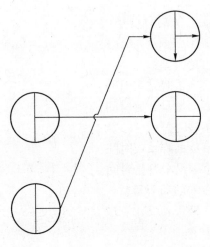

图1-1 箭线互相交叉"过桥"表示

③ 箭线连接两个事项时，其箭头和箭尾的延长线应分别通过事项符号的中心，如图1-2所示。

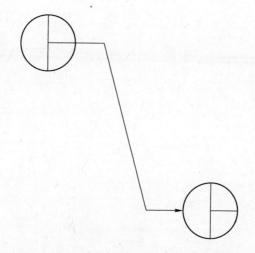

图 1-2　箭线连接两个事项时箭头和箭尾表示法

④ 两事项之间如果有多条箭线,除一项作业外,其余作业应增加事项予以分开,如图 1-3 所示。

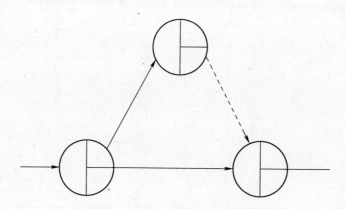

图 1-3　两事项之间多条箭线表示法

⑤ 一个事项发出两个以上作业时,推荐按图 1-4 所示;一个事项同时进入两个以上作业时,推荐按图 1-5 所示;无时间坐标的网络图按图 1-6 所示。

⑥ 箭线之间应尽量均布。

(2) 节点式网络图的绘制要求。

① 箭线发出方式如图 1-7 所示。

② 箭线进入方式如图 1-8 所示。

③ 作业之间的箭线连接可采用五种方式,如图 1-9 所示。

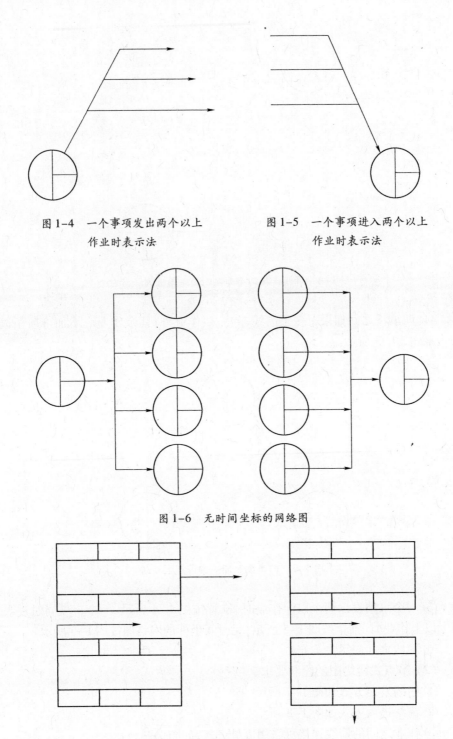

图1-4 一个事项发出两个以上作业时表示法

图1-5 一个事项进入两个以上作业时表示法

图1-6 无时间坐标的网络图

图1-7 节点式网络图箭线发出方式

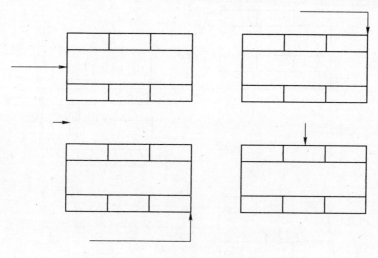

图1-8 节点式网络图箭线进入方式

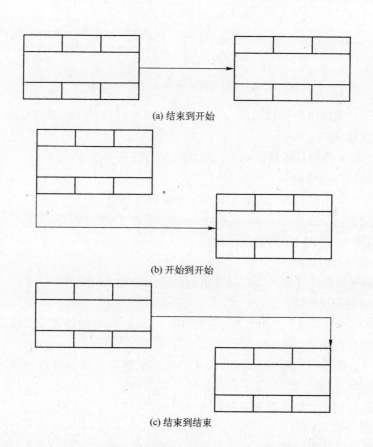

(a) 结束到开始

(b) 开始到开始

(c) 结束到结束

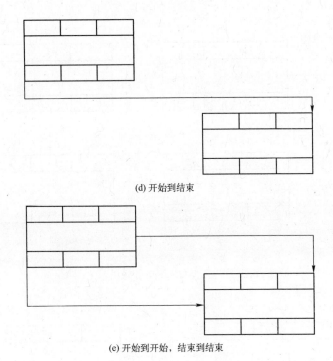

(d) 开始到结束

(e) 开始到开始，结束到结束

图 1-9 作业之间的箭线连接可采用五种方式

（三）网络图的绘制程序

1. 目标分离

把工程或计划总体目标按工作程序分解为若干个作业。

2. 填写作业清单

确定各个作业之间的先后衔接关系和各作业时间。

3. 绘制网络草图

根据作业清单绘制网络草图。

4. 填写时间计算表

根据网络草图计算各项时间并进行作业编号和事项编号。

5. 确定关键线路

根据时间计算表中事项时差为零的事项或总时差为零的作业，确定关键线路。

6. 优化网络

对网络草图在工期完工时间、作业时间的估算以及资源合理利用等方面进行反复检查、调整与修改，最后达到目标要求。

（四）网络计划（图）编制指南

1. 网络计划的含义

网络计划是用网络图来表达装备研制活动的进度以及他们内在的相互关系

的计划形式,特别适用于一次性的大型项目,如新型号研制、大型课题研究、重大试验和基本建设项目等。由于网络计划具有系统层次性,可以协调需要与可能、总体与局部、性能、成本与进度的关系,动态反映实际情况的可控性和可调整性,所以它不仅可以成为向上级汇报的主要依据;并能对下属和各个协作单位起监控作用,还可以对整个项目起跟踪、控制和分析的重要作用,是一种非常有用的手段。

2. 网络计划技术的特点

1)系统性

它把计划项目的各种活动、资源(人、财、物)和约束(各活动之间在物理上、工程上和逻辑上的制约),经过组合分解,统筹安排,有机地构成一个整体,用网络模型形象地反映出来,力求在一定的资源和约束条件下,达到工程周期最短的目的。也就是说,它把计划对象作为一个系统来观察、分析和处理。这是与传统管理方法的根本区别。

2)协调性

经过反复的综合平衡,保证计划的协调性,是计划工作的基本要求。编制和实施计划的过程,是解决大量矛盾和协调各种关系的过程。网络计划技术可以根据需要将任务进行不同程度的分解细化,并比较清楚、周密地表示各项活动、分系统之间的协调关系。

3)动态性

网络计划技术把计划的执行过程看成是一个动态的过程,根据分析定期的反馈信息,经常调整、滚动,往后串推,反复循环,逐渐"逼近目标",最终达到目标。

4)可控性

网络计划技术不仅是一种计划管理方法,而且还是一种控制工程进度的手段。突出表现在它能预测出计划网络中的关键活动、关键线路,为管理人员提供了一种可能——只要抓住、控制住关键线路,就抓住并控制住了整个计划。

5)科学性

网络计划技术把数学中的网络、数理统计知识与工程计划管理结合,提供比较全面、准确的信息,便于管理人员从大量非肯定、肯定型的因素中,找出和掌握客观规律,正确地进行预测、决策。对于大型的复杂的网络计划,可用计算机来计算和处理大量数据,提高管理效率,同时,有利于实现管理自动化。

3. 编制方法

1)网络图的构成

网络图由活动、事项和线路三部分构成:

(1)活动:是指一项工程的研究、设计、制造、试验、管理、使用等方面需要有人力、物力参加,经过一定时间后才能完成的具体内容的一个实践过程,在网络图上用箭线来表示。图1-10即表示一项活动,箭线上面的文字说明活动的内容,箭线下面的数字表示活动所需的时间。

此外,还有一种虚设的活动,称为虚活动。它不消耗资源和时间,仅表明一项活动和另一些活动之间的相互依存和相互制约的逻辑联系。虚活动用虚箭线表示,图 1-11 所示为 A、B、C、D 四项活动,其中 C 要等到 A 完工后开始,而 D 要等 A、B 都完工后才能开始。

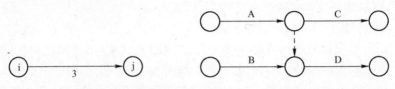

图 1-10　表示一项活动的关系图　　图 1-11　表示多项活动的关系图

(2) 事项:表示某一项活动的开始或结束,在网络图上用圆圈表示,它是两个或两个以上箭线的交接点,所以又称"结点"。事项不消耗资源,也不占用时间,只代表某项活动的开始或结束的瞬间。

如图 1-10 所示,事项 i 表示结构设计发图的开始;j 表示结构设计发图的结束。

(3) 线路和关键线路:线路是指从起点开始顺着箭头所指方向,连续不断地到达终点的一条通道。

在图 1-12 中,从 起点①连续不断地走到终点⑥的各条线路就是:

a. ①→②→④→⑥
b. ①→②→③→④→⑥
c. ①→②→③→④→⑤→⑥
d. ①→③→④→⑥
e. ①→③→④→⑤→⑥
f. ①→③→⑤→⑥

各条线路所需的周期就是对应线路上各活动时间之和。例如在各条线路的周期分别是:

a. 1+2+5=8
b. 1+3+6+5=15
c. 1+3+6+0+3=13
d. 5+6+5=16
e. 5+6+0+3=14
f. 5+5+3=13

比较上述各条线路所需周期,可以找到所需周期最长的线路称为关键线路。如图 1-12 中①→③→④→⑥为关键线路。位于关键线路上的活动,称为关键活动,这些活动完成的期限直接影响着整个工程的周期。通常关键活动在网络图上用黑粗箭线或双箭线表示。

关键线路是变化的,在一定条件下,关键线路与非关键线路有可能互相转化。例如,采取一定的技术组织措施,可将关键活动提前完成,那么处于非关键线路上的非关键活动有可能变成关键性活动了。

2) 绘制网络图的基本要求

为了能正确地绘制网络图,要引进几个概念:

(1) 活动的串联:指网络图中一定顺序的活动之间的相互依存和制约的逻辑关系。如图 1-13 中,活动 1-3、3-4、3-5、1-2、2-4、4-5 及 1-3、3-5 称为活动的串联关系。

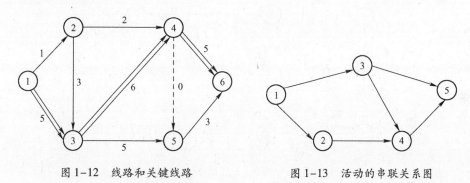

图 1-12　线路和关键线路　　　　图 1-13　活动的串联关系图

(2) 活动的并联:也叫活动的平行关系。是指网络图中一个活动分成两个或两个以上的分活动同时进行,而又相互依存和相互制约的逻辑关系。

如图 1-14 中把工装制造这一活动,分解成工装制造 1、工装制造 2、工装制造 3,即三个分活动同时进行。

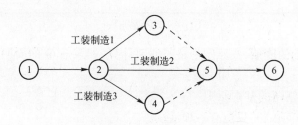

图 1-14　活动的并联关系图

(3) 活动的交叉:指网络图中两个或两个以上的活动,一部分一部分地交错进行,且相互依存和相互制约的逻辑关系。如试验件设计 A 和试验件加工 B 两项活动,可以设计一部分、加工一部分地交错进行,以缩短试验件设计和加工的总周期。设 $A = a_1 + a_2 + a_3$,$B = b_1 + b_2 + b_3$,则其画法如图 1-15 所示。

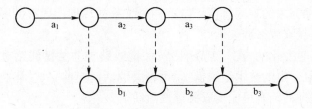

图 1-15　活动的交叉关系图

（4）活动的合并：指网络图中，将两个或两个以上的活动简化、合并成一个更大的活动，而被简化、合并的活动又有相互制约的逻辑关系。如图 1-16 的 A 和 B 所示。

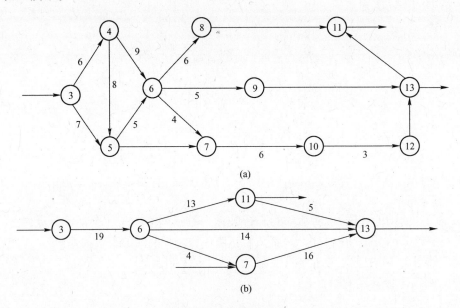

图 1-16　活动的合并

合并后活动的周期，按原图中最长线路计算，如③—⑥ 的周期应为 6 + 8 + 5 = 19。

3）绘制网络图的基本原则

（1）两个事项之间只能有一项活动。

（2）按照惯例，绘制网络图都是从左边开始，向右边延伸。因此事项从左向右加以编号，左边编号小于右边编号。也就是说代表每一项活动的箭线，其箭尾的编号必须小于箭头的编号。由于每一项活动都包含着时间消耗，所以，它同时标志着时间流向是自左向右。

（3）串联的活动不能彼此独立地进行，前面的活动不完成，后面的活动就不能开始。

(4) 并联的活动可以彼此独立地平行进行。

(5) 指向同一事项的许多活动中,任一活动不完成,后面的活动就不能开始。

(6) 网络的始点没有任何指向活动,只有引出活动;网络的终点没有任何引出活动,只有指向活动。

(7) 网络图必须是非循环的,即不允许出现返回到已走过的事项上去活动。例如图 1-17 示的活动④→①是不允许的。因为由于活动④—①的存在,就形成了一个封闭圈,它代表反向时间流,这是不符合规定的。

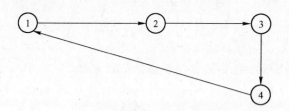

图 1-17　循环的网络图示意

(8) 两事项之间若有几项并联的活动,不允许直接并联起来,必须设置新的事项号,通过这些新设的事项,用虚箭线连系起来。如图 1-18 所示。

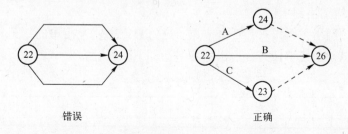

错误　　　　　　　　　　正确

图 1-18　两事项之间若有几项并联活动的关系

以上是绘制网络图必须遵循的基本原则。此外,为了画好网络图,还有一些属于技术性的要求。如网络图应全面反映工程计划的活动内容,并符合其程序关系和依从关系;图面应力求简明、整齐、清晰;箭线尽可能不画成交叉线。另外,网络图还应对工程计划的重要结点及评审点有明确的表示,等等。

4. 网络图的绘制

1) 绘制网络图前的准备

网络计划是以网络图来表示的一种计划形式,在绘制网络图之前,必须进行以下工作:

(1) 任务的分解,列出全部活动的明细表。

在绘制网络图之前,应将任务进行分解,即将一项总的任务分解为许多具体的活动。任务分解的粗细程度根据网络图的级别而定。对于领导机关来说,重要的是纵观全局,掌握关键,因此可以分解得粗一些(即零级网络图)。对于科研单位或基层来说,要据此组织和指挥科研工作,解决具体问题,因此应分解得细一些(即一级或二级网络图)。

工程任务经分解以后,要列出全部活动的明细表,表中说明每项活动的名称及其代号。这里强调"全部活动",即不仅包括主要活动,还要包括次要的辅助活动。有时为组织平行交叉作业,一项较大规模的活动,需要划分为几项活动,这些活动也应分别列出。总之,要把所有的活动都列入明细表,不要遗漏。

(2) 进行活动分析,确定各项活动的先后顺序和相互关系对于活动明细表中的每一项活动,都要认真地进行分析,主要有以下三个方面。

① 该项活动开始前,有哪些活动必须先期完成?
② 该项活动在进行过程中,有哪些活动可以与之平行交叉地进行?
③ 该项活动完成后,有哪些活动应紧接着开始?

(3) 估算各项活动的周期。

目前用得最多的是以时间为主的网络计划,因此在任务分解和活动分析的基础上,要尽可能客观地对各项活动的周期进行估算,以便确定关键线路,并加以控制。

2) 网络图绘制示例

大型的网络图可以有几百个节点。这里只能举一个简单的例子,以说明基本方法。试验台修理任务分解明细表 1-5 如下所列。

表 1-5 试验台修理任务分解明细表

活动编号	活动内容	活动周期(周)	活动代号	紧前活动代号
①→②	分解	1	A	
②→④	清洗	1	B	A
④→⑤	检查	1	C	B
③→⑦	电器检查	2	D	A
⑦→⑩	电器修理	4	E	D
⑩→⑬	电器安装	3	F	E
⑬→⑭	电器调试	1	G	F
⑤→⑨	零件修理	4	H	C
⑨→⑪	台架调整	2	I	H
⑪→⑰	部件组装	4	J	I

(续)

活动编号	活动内容	活动周期(周)	活动代号	紧前活动代号
⑥→⑧	零件加工	3	K	C
⑫→⑮	变速箱组装	2	L	K
⑮→⑯	调试	1	M	L
⑰→⑱	总装试车	2	N	J

根据上列明细表即可依次绘制计划网络图，一般为了直观起见，可以在网络图的上部或下部附设时间坐标，如图 1-19 所示。

（五）网络图的绘制示例

1. 箭线式网络图

（1）某鼓风机加工计划作业清单见表 1-6。

表 1-6 某鼓风机加工计划作业清单

序号	作业编号	作业名称	作业时间天	作业代号	紧前作业代号	备注
1	①—②	转子划线	2	A	——	
2	②—③	墙板划线	2	B	A	
3	②—④	转子刨平面	3	C	A	
4	③—⑤	壳体划线	2	D	B	
5	④—⑥	墙体刨加工	5	E	C	
6	④—⑦	转子粗精刨	6	F	C	
7	⑤—⑧	壳体刨加工	7	G	D	
8	⑥—⑨	墙板镗孔	4	H	E	
9	⑦—⑩	转子粗精刨	10	I	F	
10	⑦—	大轴加工	5	J	F	
11	⑧—	其他配件加工	2	K	G	
12	⑨—	齿轮加工	2	L	H	
13	⑩—	壳体钻孔	7	M	I	
14	—	墙板钻孔	10	N	J	
15	—	壳体组合	3	O	N	
16	—	转子平衡	7	P	K	
17	—	转子研磨	3	Q	P	
18	—	转子组合	2	R	K、O、Q、N	
19	—	风车装配	3	S	R	
20	—	试验	2	T	S	
21	—	打包入库	1	V	T	

（2）某鼓风机加工计划网络图，见图 1-20。

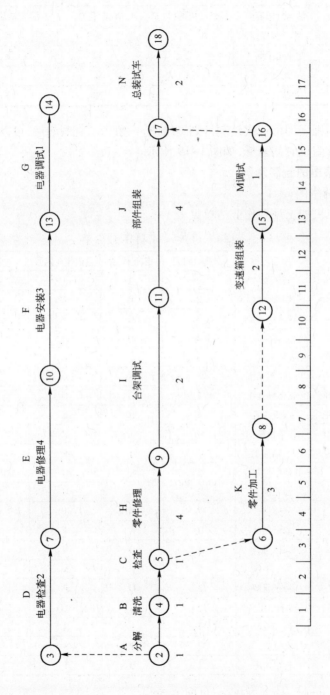

图1-19 上部或下部附设时间坐标

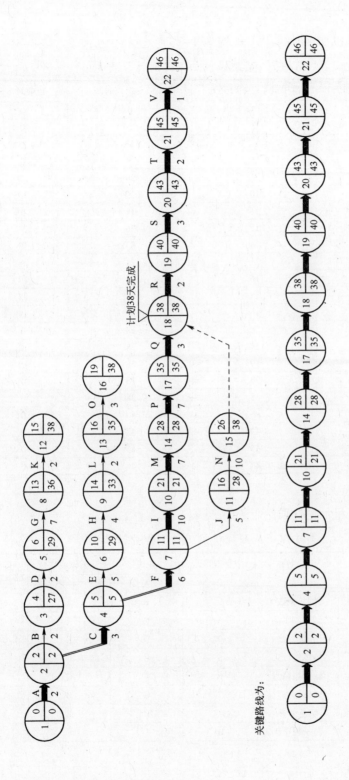

关键路线为：

图1-20 某鼓风机加工计划网络图

（3）某鼓风机加工时间计算表，见表1-7。

表1-7 某鼓风机加工时间计算表

编号	作业时间天	事项最早开始时间 t_E	事项最晚结束时间 t_L	事项时差 S
1	0	0	0	0
2	2	2	2	0
3	2	4	27	23
4	3	5	5	0
5	2	6	29	23
6	5	10	29	19
7	6	11	11	0
8	7	13	36	23
9	4	14	33	19
10	10	21	21	0
11	5	16	28	12
12	2	15	38	23
13	2	16	35	19
14	7	28	28	0
15	10	26	38	12
16	3	19	38	19
17	7	35	35	0
18	3	38	38	0
19	2	40	40	0
20	3	43	43	0
21	2	45	45	0
22	1	46	46	0

2. 节点式网络图

（1）某鼓风机加工计划作业清单，见表1-8。

表1-8 某鼓风机加工计划作业清单

序号	作业编号	作业名称	作业时间天	作业代号	紧前作业代号	备注
1	1	转子划线	2	A	——	
2	2	墙板划线	2	B	A	
3	3	转子刨平面	3	C	A	
4	4	壳体划线	2	D	B	
5	5	墙体刨加工	5	E	C	
6	6	转子粗精刨	6	F	C	
7	7	壳体刨加工	7	G	D	
8	8	墙板镗孔	4	H	E	
9	9	转子粗精刨	10	I	F	

(续)

序号	作业编号	作业名称	作业时间天	作业代号	紧前作业代号	备注
10	10	大轴加工	5	J	F	
11	11	其他配件加工	2	K	G	
12	12	齿轮加工	2	L	H	
13	13	壳体钻孔	7	M	I	
14	14	墙板钻孔	10	N	J	
15	15	壳体组合	3	O	N	
16	16	转子平衡	7	P	K	
17	17	转子研磨	3	Q	P	
18	18	转子组组合	2	R	K、O、Q、N	
19	19	风车装配	3	S	R	
20	20	试验	2	T	S	
21	21	打包入库	1	V	T	

（2）某鼓风机加工计划网络图，见图1-21。

（3）某鼓风机加工计划时间计算表，见表1-9。

表1-9 某鼓风机加工计划时间计算表

编号	作业时间天	最早开始 ES	最早结束 EF	最晚开始 LS	最晚结束 LF	总时差 TF
1	2	0	2	0	2	0
2	2	2	4	25	27	23
3	3	2	5	2	5	0
4	2	4	6	27	29	23
5	5	5	10	24	29	19
6	6	5	11	5	11	0
7	7	6	13	29	36	23
8	4	10	14	29	33	19
9	10	11	21	11	21	0
10	5	11	16	23	28	12
11	2	13	15	36	38	23
12	2	14	16	33	35	19
13	7	21	28	21	28	0
14	10	16	26	28	38	12
15	3	16	19	35	38	19
16	7	28	35	28	35	0
17	3	35	38	35	38	0
18	2	38	40	38	40	0
19	3	40	43	40	43	0
20	2	43	45	43	45	0
21	1	45	46	45	46	0

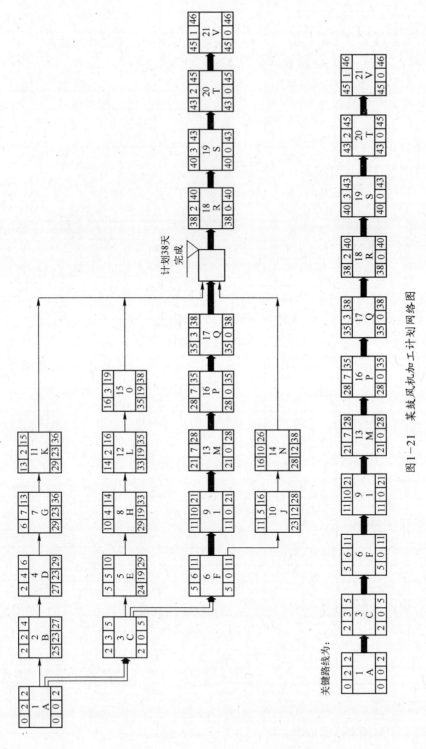

图 1-21 某鼓风机加工计划网络图

四、产品工艺工作设计

产品工艺工作程序的设计是工艺管理工作的顶层策划,也是工艺设计的重要环节。承制单位应按 GJB 1269A 的要求,组织编制型号研制工艺周期和网络计划。

产品工艺工作程序中的"产品"是一种特殊描述,既然是工艺工作程序,此时还称不上是产品,应称"型号"较合适,由于法规、标准都为产品,下文都以产品表述。其程序描述了产品工艺设计的项目内容、程序和相应阶段(或状态)主要工作提示。为了增加工艺人员对型号工艺网络图的了解,专门增加了型号工艺网络图的绘制一节,供在工艺管理中学习参考。同时,这也是工艺管理人员必须了解、掌握的工作项目内容和基本程序,也是搞好工艺管理工作的基础。产品工艺工作是从新产品研制的方案阶段及技术开发(常规武器装备研制程序的方案阶段)状态的工艺调研开始到产品包装交付入库或出厂结束。

(一) 产品工艺工作设计原则

1. 先进合理

编制了科学、合理的工艺总要求及工艺规范,工艺总方案、工艺指令性文件、全套工艺规程规范性强、操作合理。

2. 方便控制

关键工序和特殊工艺考核报告、关键(重要)零部件工艺说明、工装设计图样及一览表齐全,方便控制。

3. 质量稳定

原材料、外购器材质量可靠、有稳定的供货来源。生产文件齐全、完整、准确,能有效指导生产。产品质量保证大纲及"六性大纲"和最终产品的检验规程、进货产品的质量控制文件及验收规程齐全规范,确保生产全程受控。产品质量证明文件及履历本、合格证文实相符,满足使用方要求。

4. 经济高效

工艺流程科学、稳定、经济、高效,满足生产质量和生产纲领要求。

(二) 产品工艺工作内容

产品工艺工作的内容主要是围绕产品形成过程,从产品工艺设计调研开始,一直到产品的工艺总结及工艺整顿等,过程中所需的规范性、指导性、操作性的工艺性文件和主要过程的控制流程,体现在以下 15 个方面。

1. 产品工艺设计调研

在武器装备研制的方案阶段,工艺人员应开展对型号的研制情况进行调研,其内容包括:

(1) 了解该产品的结构及用户对产品的相关要求;

(2) 了解同类产品或类似产品的工艺方法及工艺水平;

（3）收集相关或类似工艺标准和资料；

（4）对产品全寿命周期的可制造性、可维修性、安全性、经济性、再利用性等进行分析。

2. 产品方案设计工艺性分析

在武器装备研制的方案阶段，型号工艺技术人员应协助型号设计部门，依据型号研制总要求及技术协议书的规定，制定设计方案或总体技术方案，并对产品设计方案或总体技术方案的工艺合理性和可行性进行分析和评价。使设计方案或总体技术方案更具有科学性、可行性、系统性、规范性、指导性、操作性和经济性。

3. 产品结构工艺性审查

产品结构工艺性审查是工艺人员对产品设计工艺性进行审查，并签署审查意见的过程。GJB 2993《武器装备研制项目管理》中明确要求"应及早开展工艺设计，拟定工艺总方案等工艺文件，并按 GJB 1269A 进行工艺评审，保证工艺设计的正确性、可行性、先进性、经济性和可检验性"。并依据 GJB 1269A 项目评审内容，对新研制型号的"特点、结构、特性要求的工艺分析及说明"的情况报告及相关文件进行评审，证明该型号的工艺设计工作已经开始。

4. 工艺总方案设计

工艺总方案是针对产品型号而制定的工艺总体研制计划的流程。它是根据产品设计要求、生产类型和企业生产能力，提出工艺技术准备的具体项目、落实措施和实施进度的指令性工艺文件，是指导新产品研制各项工艺工作开展的依据。工艺总方案属动态管理文件，即在装备研制和批生产过程中，应根据研制阶段及状态的工作进展情况适时修订、完善，以能在工程项目的寿命周期内连续使用。

GJB 2993《武器装备研制项目管理》5.4 方案阶段的管理中，明确规定"提出试制工艺总方案，并按照 GJB 1269A 进行工艺评审工作。"工艺总方案设计的主要内容是工艺总方案的编制原则、依据、工艺总方案的分类、内容和设计、审批的程序等。

5. 工艺总方案评审

工艺总方案评审是工艺评审的重点项目之一，在装备研制的每一个阶段或状态，编制的工艺总方案应实施动态管理，即进行研制阶段或状态的过程评审。GJB 1269A《工艺评审》4.3 款规定，承制方应针对具体产品确定产品的工艺设计的阶段，设置评审点，并列入型号研制计划网络图，组织分级、分阶段的工艺评审。未按规定要求进行工艺评审或评审未通过，则工作不得转入下一阶段。

工艺总方案是对产品工艺准备工作起指导作用的纲领性文件，也是制定生产计划、估算成本的重要参考文件。由此，分级、分阶段对工艺总方案评审时，应注重评审目的、评审依据和评审内容。

6. 工艺路线设计

工艺路线设计仅仅是工艺总方案评审内容和要求中的一项内容。GJB 1269A《工艺评审》5.1.1 工艺总方案的评审中指出,应"对产品制造分工路线的说明"进行评审。

产品制造分工路线实际上就是工艺路线。工艺路线设计在装备研制的工艺管理过程中,包含两个方面的内容,一是工艺工作的路线所涉及项目的各种表格的设计;二是工艺工作的工作流程设计。

7. 工艺标准化综合要求设计

在武器装备研制过程中,对新研制型号的产品,承制单位应编制工艺标准化综合要求;需进行生产定型的产品,承制单位应编制工艺标准化大纲。工艺标准化综合要求,它规定了样机试制工艺标准化要求,是指导工程研制阶段工艺标准化工作的型号标准化文件,也是编制工艺标准化大纲的基础性文件;工艺标准化大纲规定了生产定型工艺标准化要求,是指导生产(工艺)定型阶段工艺标准化工作必备的型号标准化文件。

以常规武器研制为列,在工程研制阶段组织编制工艺标准化综合要求,用于指导产品研制的工艺标准化工作;在生产(工艺)定型阶段初期,根据批量生产的要求,进一步修改和补充工艺标准化综合要求,形成工艺标准化大纲,用于指导产品生产(工艺)定型阶段的工艺标准化工作。

工艺标准化综合要求由承制单位的技术负责人组织标准化和工艺等有关人员编制;工艺标准化大纲由承制单位的总工程师(或总工艺师)组织相关部门编制。而后,应按 GJB/Z 113《标准化评审》规定的工艺标准化评审要求,对工艺标准化综合要求或工艺标准化大纲进行评审。

8. 工艺规程设计

工艺规程是规定产品或零部件制造工艺过程和操作方法等的工艺文件,是直接指导现场生产操作的重要工艺技术文件(是编制操作性文件随件流转卡的依据),也是满足生产图样及有关技术说明书要求、保证产品工艺质量的控制性文件。

工艺规程的类型繁多,在装备研制工作中,一般有七种类型,即:一是按研制阶段分类;二是按主要加工方法分类;三是按零部组件的复杂相似程度分类;四是按工艺流程分类;五是按专用工艺规程分类;六是按通用工艺规程分类;七是按标准工艺规程分类。

工艺规程设计时一般应考虑工艺规程的类型、设计的要素、基本要求、主要依据、文件形式及其使用范围、设计程序和工艺规程的审批程序等内容。

9. 工艺装备设计

工艺装备简称工装,是产品制造过程中所用各种工具的总称。包括刀具、夹具、模具、量具、检具、辅具、钳工工具和工位器具等。

工艺装备的类型繁多,从工艺装备的性质通常分为通用工艺装备、标准工艺装备、专用工艺装备、成组工艺装备、可调工艺装备、组合工艺装备和跨产品借用工艺装备等七种。单从使用角度分为通用加工、专用工装和非标准设备三大类。

工艺装备设计的内容一般包括工艺装备设计规则、工艺装备设计程序两个方面。

10. 工艺装备验证

工艺装备验证规则规定了机械制造工艺装备(工装)验证的目的、范围、依据、类别、内容、程序以及如何修改的内容等。

11. 工艺定额编制

定额是在一定的生产技术条件下,一定的时间内,生产经营活动中,有关人力、物力、财力利用及消耗所应遵守或达到的数量和质量标准。工艺定额是在一定生产条件下,生产单位产品或零件所需消耗的材料总重量。

在武器装备研制过程中,工艺定额由材料消耗工艺定额(材料定额)和劳动消耗工艺定额(劳动定额)组成。构成产品的主要材料和产品生产过程中所需的辅助材料均应编制消耗工艺定额文件;凡能计算考核工作量的工种和岗位均应制定劳动定额。编制材料消耗工艺定额应在保证产品质量及工艺要求的前提下,充分考虑经济合理地使用材料,最大限度地提高材料利用率,降低材料消耗。

12. 工艺验证

凡是通过小批试生产鉴定的方式、考核工艺技术的正确性、合理性和适应性的全部工作,统称为工艺技术验证。

工艺验证规定了工艺验证的范围、基本任务、主要验证内容和验证程序。工艺验证应符合 GB/T 24737.8－2012 的规定。

13. 生产现场工艺管理

现代工业企业是一个复杂的制造系统(设计、验证、生产、测试、试验和检验等),整个生产过程始终贯穿着工艺活动,企业产品的生产是在车间内进行的,车间是企业的基本生产单位。因此,加强生产现场及车间的工艺管理,是实现产品设计、保证产品质量、发展生产、降低消耗、提高生产率的重要手段。

生产现场的工艺管理必须了解生产现场的工艺管理的基本任务和管理的基本要求,掌握生产现场的工艺管理的主要内容,以及生产现场的工艺服务及工艺服务任务和工艺服务方法;策划好车间工艺布局与物流管理。生产现场工艺管理的主要内容主要体现在对生产现场工艺管理的目标制定、生产现场工艺管理主要内容及要求、工序质量控制和生产现场的定置管理。

14. 工艺文件审核及标准化审查

工艺文件是组织生产、指导生产,进行工艺管理、质量管理和经济核算等的主要技术依据。成套的工艺文件是设计定型(设计鉴定)和生产定型(生产鉴定)的依据之一。

工艺文件要根据产品的生产性质、生产类型、产品的复杂程度、重要程度及生产的组织形式进行编制。工艺文件的编制应按两个阶段进行。一是在工程研制阶段的试制与试验状态,设计性工艺文件主要是验证产品的设计(结构、功能)和关键工艺,要求具备零、部、组件工艺过程卡片及相应的工艺文件,满足小批试生产的基本条件。二是在生产定型阶段的前期,生产性工艺文件主要是验证工艺过程和工艺装备是否满足批量生产的要求,不仅要求工艺文件正确、成套,在定型时还必须完成会签审批、归档手续,并通过标准化审查。

工艺文件审核及标准化审查规定了工艺文件的分类及管理、工艺文件审核和标准化审查的项目、内容和要求。

15. 工艺总结与工艺整顿

产品在工程研制阶段的试制与试验状态及工装验证、工艺验证结束后,进行工艺总结,并完成总结报告;然后根据工装验证、工艺验证和工艺总结,分析存在的问题,制定整改措施,修改有关工艺装备和工艺文件。工艺总结一般考虑以下内容:

1) 工艺技术总结的目的

工艺技术总结贯穿于工艺技术工作的各个阶段和各个方面,搞好工艺技术总结是搞好工艺工作、开展工艺试验、攻克技术关键、解决现场问题、积累技术经验的好方法。工艺技术部门必须十分重视这方面的工作,工艺技术人员也应自觉养成作好记录、写好总结的良好习惯,为企业积累一笔宝贵的技术财富。

2) 工艺技术总结的内容

工艺技术总结一般包括:新品试制状态以及零、部、组件试制记录的整理和总结,关键零、部、组件技术难点及解决措施,生产图样的工艺性审查总结,工艺评审总结,新产品工艺技术资料的编制及工艺装备配置情况总结,技术关键的确定、攻关及遗留问题的总结,新工艺、新技术、新材料鉴定应用情况总结,首件鉴定验收情况总结,生产定型中工艺定型工作总结,等等。

3) 工艺技术总结的管理

(1) 工艺技术总结结合日常技术工作的开展进行,同时也要结合零、部、组件试制、攻关、工艺试验、研制攻关课题的完成情况及时进行。

(2) 工艺技术总结是企业的宝贵技术财富,应该及时进行总结归档,工艺技术部门要把此项工作作为自己日常工作的一部分,认真开展此项工作,具体的收交、编印、归档、交流由科技档案部门实施。

(3) 工艺技术总结有一部分是上级有关部门、有关会议、评审验收产品或项目的汇报材料;也有一部分可以在原来总结的基础上进一步编辑出版一些论文集,供企业内部广大技术人员学习、参考或开展技术交流用。

(4) 工艺技术总结水平的高低,推广应用价值的高低,也直接反映工艺技术人员技术水平的高低,反映企业技术管理水平的高低。因此技术总结是工艺技术人员考核和晋升技术职称的依据之一,也是企业提高管理水平的有效方法。

(三) 产品工艺工作流程图

产品工艺工作流程图,见图1-22。

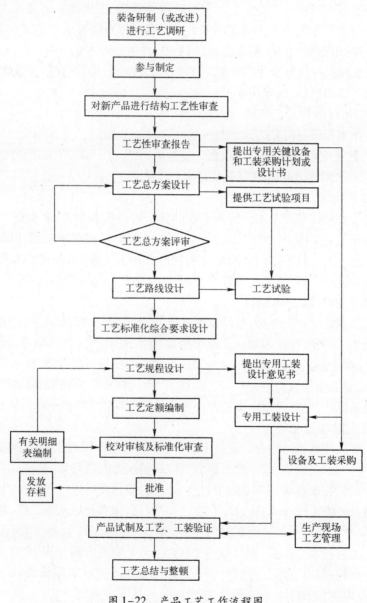

图1-22 产品工艺工作流程图

第四节　工艺控制管理

工艺控制管理实际上就是产品形成过程中的质量控制过程的管理，产品在研制过程中的质量要求，实质上就是产品形成过程的工艺质量控制要求。例如，铸造、锻造、热处理、装配、试验过程的质量控制要求，在某种意义上讲也就是他们的工艺质量控制要求即工艺控制管理的内容。所以讲工艺控制管理，实质上就是工艺质量控制工作，也是产品质量控制的首要环节。

一、工艺控制简述

（一）控制目的与依据

武器装备研制过程中应对原材料准备，工艺设备与工艺装备、零部组件的制造、试验、检验和包装以及人员素质、技术文件等全过程进行全面的工艺质量控制。

《武器装备质量管理条例》要求，武器装备研制、生产单位应当严格执行设计评审、工艺评审和产品质量评审制度并且应当实行图样和技术资料的校对、审核、批准的审签制度，工艺和质量会签制度，标准化审查制度；对产品的关键件或者关键特性、重要件或者重要特性、关键工序、特种工艺编制质量控制文件，并对关键件、重要件进行首件鉴定。

在武器装备的生产方面，要求武器装备研制、生产单位的工艺文件和质量控制文件经审查批准；制造、测量、试验设备和工艺装置依法经检定或者测试合格；元器件、原材料、外协件、成品件经检验合格；工作环境符合规定要求；操作人员经培训并考核合格；法律、法规规定的其他要求。

在生产的批次管理中，要求武器装备研制、生产单位应当建立产品批次管理制度和产品标识制度，严格实行工艺流程控制，保证产品质量原始记录的真实和完整。

在产品的过程和最终检验方面，要求武器装备研制、生产单位应当按照标准和程序要求进行进货检验、工序检验和最终产品检验；对首件产品应当进行规定的检验；对实行军检的项目，应当按照规定提交军队派驻的军事代表（以下简称军事代表）检验。

在武器装备研制、生产单位的制度建设和技术运用方面，要求建立不合格产品处置制度和运用统计技术，分析工序能力，改进过程质量控制，保证产品质量的一致性和稳定性。

在产品的交付前，要求武器装备研制、生产单位交付的武器装备及其配套的设备、备件和技术资料应当经检验合格；交付的技术资料应当满足使用单位对武器装备的使用和维修要求。新型武器装备交付前,武器装备研制、生产单位还应当完成对使用和维修单位的技术培训等。

（二）控制原则

（1）工艺部门应当建立健全的质量管理体系,即在质量手册和程序文件中,有工艺管理和工艺策划的规定及要求,保证文件化质量体系与装备研制生产的工艺技术质量保证的一致性;并按照其职责对装备的论证、研制、生产、试验和维修实施工艺质量控制,确保产品的研制工艺质量符合要求。

（2）装备研制、生产、试验和维修应当执行军用标准以及其他满足武器装备质量要求的国家标准、行业标准和企业标准;鼓励采用适用的国际标准和国外先进标准。

（3）装备研制、生产、试验和维修应当依照计量法律、法规及国家军用标准和其他有关规定,实施计量保障和监督,确保武器装备和检测设备的量值准确和计量单位统一。

（4）装备研制、生产、试验和维修应当建立工艺控制质量信息系统和信息交流制度,及时记录、收集、分析、上报、反馈、交流工艺质量控制的信息,实现质量信息资源共享,并确保质量信息安全,做好保密工作。

（三）控制范围与目的

（1）工艺控制的范围。一般是指研制产品以及与其配套的计算机软件、专用元器件、配套产品、原材料等的工艺质量控制。

（2）工艺控制的目的。是依照有关法律、法规及标准,编制形成相应的工艺文件对产品形成的全过程、保持和恢复等过程实施控制,保证研制生产交付的产品的一致性和稳定性。

二、工艺控制内容及要求

GJB 6387《武器装备研制项目专用规范编写规定》中规定了材料规范编制应有明确的工艺性能要求;工艺规范编写中除了一般要求中的环境要求、安全防护要求和人员要求外,工艺规范重点规定了工艺控制应在产品的不同层次,分别规定各种因素的控制要求。一般包括以下几个方面。

（一）工艺材料控制

工艺材料控制是规定专用工艺涉及的材料规定的要求,包括:

（1）材料的性能和应控制的关键特性及其公差等;

（2）有毒材料及易燃材料的限制要求。

（二）工艺设备与工艺装备控制

工艺设备与工艺装备控制是指规定专用工艺涉及的设备与装备的要求,包括设备与装备的性能,应控制的关键特性及其设计极限等。列出或说明为保证工艺产生的效果符合规定要求所必需的工艺设备与工艺装备的名称、型号与规格（或代号）等，包括较为特殊的仪器、仪表和专用工具等。

（三）零件控制

零件控制是规定重要零件完工后的表面状态、形状（含直线度、圆弧度、平面度和圆柱度等）和尺寸容差的要求（可引用有关的图纸目录），以及检验合格后的标记要求。除非图纸另有规定，应明确重要零件生产及检验所采用的各类工艺标准和验收标准。

（四）制造控制

1. 编制制造大纲

依据相应专用规范（指研制规范、产品规范或材料规范）所含实体和工艺规范以及工艺总方案的设计要求，提出实体制造大纲（GJB/Z 106A《工艺标准化大纲编制指南》规定，设计定型前为工艺标准化综合要求；设计定型后为工艺标准化大纲）。制造大纲的主要内容包括：

（1）制造过程中各个阶段和各道工序的组织管理计划要求；

（2）工艺方案、工艺规程、工艺路线和工艺装备等工艺技术保障要求；

（3）物资计划、资源组织和物资仓库管理等物资供应保障要求；

（4）制造所需的水、电、气、汽、起重、运输及劳动保护、消防、安全等后勤保障要求。

2. 编制工艺规程

依据工艺规范、材料规范、工艺总方案、工艺标准化综合要求和产品规范所含实体的制造工艺过程和工艺参数等重要要求，编制工艺规程。

3. 编制随件流转卡

按照工艺标准化综合要求和工艺规程实体必需的制造工序，编制随件流转卡。详细记录投料、加工、装配、交付过程中投入产出的数量、质量状况及操作者和检验者，并明确各道工序的操作要求和完工要求，建立工艺路线图（表）。

4. 规定相应专用规范

相应专用规范所含实体的加工质量要求，包括与所需要的加工质量标准相关的必要要求、缺陷的消除要求和最终产品的外观要求。

5. 规定生产图样

当相应专用规范所含实体中的全部零件或某些零件的精确设计需要控制时，应明确与其有关的全部生产图样目录（包括下一层次的），并按其进行制造与组装。

（五）包装控制

1. 执行工艺规范和产品规范

依据工艺规范和产品规范规定的所含实体的包装形式和密封要求，包括完工后的中间产品及最终产品能在运输和贮存过程中有效避免环境的和机械的损伤。

2. 包装件上应清楚地做出耐久的标记和说明

(1) 采用的工艺规范编号；
(2) 承制方全称；
(3) 制造日期；
(4) 中间产品工件号或最终产品名称；
(5) 订制单编号；
(6) 数量。

3. 编制防护包装工艺规程

依据工艺规范和产品规范规定实体防护包装的要求，实体防护包装的工艺规程一般应包括的主要工艺有：

(1) 清洁、干燥；
(2) 涂覆防护剂；
(3) 裹包、单元包装、中间包装。

4. 编制装箱工艺规程

依据工艺规范和产品规范规定实体装箱的要求，实体装箱的工艺规程主要工艺一般应包括：

(1) 包装箱制造（并有检验文件及通过使用方检验）；
(2) 箱内内装物的缓冲、支撑、固定与防水；
(3) 封箱。

（六）对产品质量的工艺控制

(1) 凡投入使用的器材必须具有合格标记或质量证明文件，未经复验证明合格的器材不准投入使用；
(2) 凡技术文件对器材有筛选或其他特殊要求时，必须在使用前按规定进行，合格后，方准投入使用；
(3) 承制单位应制订器材代用制度；
(4) 承制单位和器材供应单位对器材使用过程中出现的质量问题应建立有效的质量信息跟踪反馈制度；
(5) 器材在使用过程中出现的质量问题，承制单位应进行分析研究。必要时进行鉴定。

三、工艺控制的步骤

工艺控制就是工艺工作根据工艺顶层策划形成的一种管理活动。每一个产品层次的每一个阶段或状态都有其工作的内容，这些工作内容都是工艺控制的对象,其阶段或状态的不同,工艺控制的内容是不一样的。由此可见,工艺控制步骤的建立对产品全过程的工艺管理是十分必要的。一般应包括以下内容及步骤。

（一）工艺管理策划

充分贯彻国家军用标准的要求,在质量手册和程序文件中,增加工艺管理或工艺策划的规定及要求,确保装备研制生产的工艺管理及工艺文件与文件化的质量管理体系及程序文件的一致性。

工艺管理策划是工艺管理工作的顶层活动。作为产品形成的关键部门,实施顶层策划是非常有必要的,也是必须的。工艺管理策划首先要明确策划的目的和基本任务;对工艺管理体制、机构和职责应根据企业的装备研制、生产、试验和修理情况,在质量手册及程序文件中规定。根据企业装备研制、生产、试验和修理的特点,编制型号研制的网络图或路线图,做好装备研制的工艺准备、装备研制产品结构工艺性审查、装备研制零件结构的工艺性审查、面向制造的设计技术和工艺准备的计划与控制等工艺管理顶层的工艺管理策划工作。

（二）工艺管理实施

产品研制生产过程中要形成工艺文件体系(即工艺管理文件、工艺技术文件、型号工艺管理文件及项目表、生产工艺文件等)。特别是要根据产品技术质量特点,形成专门的生产工艺规程的编制要求,明确规定工艺规程的编制内容,使工艺规程起到"规范生产流程、规范工艺技术要求、规范操作行为、规范质量控制及检验要求"的作用,成为产品生产过程中的唯一指令性技术文件。

（三）工艺管理评价

工艺管理评价是由工艺管理水平评价指标体系即一个由若干因数组合而成的指标体系,是多层次的和比较繁杂的;大多数指标的优劣难以定量评定,具有明显的模糊性。对工艺管理水平进行多因素综合评价,建立并采用模糊综合评价方法比较适宜。

（四）工艺管理信息处理

在企业信息化网络中,积极探索并建立装备体系工艺控制和工艺信息管理系统;加强科研生产过程中的工艺信息管理工作;建立和规范产品在使用中工艺管理信息的收集反馈、分析研究和处理报告制度;建立产品的工艺管理信息数据库,运用统计和数据分析技术,促进装备工艺质量控制的改进工作,推动质量体系的有效运行,提高研制生产过程的工艺控制能力和质量管理水平。

（五）工艺管理记录

承制单位应当具备研制、生产、检验、试验、使用、服务全过程的记录。所有的工艺管理活动,都应当如实记录下来,用以证明本单位对合同中提出的质量保证要求予以满足的程度,证明产品质量达到的水平,并为今后合同投标提供客观依据。

全过程的工艺管理记录,是质量形成过程的历史记载。一旦发生质量问题,可以通过记录查明情况,找出原因和责任者,有针对性地采取防止重复发生的有效措施。

工艺管理记录是质量信息的基础资料,通过对记录的归纳、整理、统计、分析,取得反映客观实际的数据。只有具备完整可靠的记录,经过加工、整理,才能取得准确的质疑信息,使工艺管理和质量管理决策建立在客观的基础上,从而使管理活动增强针对性,提高有效性。

承制单位应在研制、生产、检验、试验、使用、服务全过程的实施要求中,以提高质量可追溯性为目的,建立健全工艺管理记录。并保持其系统性、完整性、正确性,文字与数据的记载正规、清晰。妥善保管全过程的工艺管理记录,规定与产品寿命相适应的保管期限,进行科学分类,便于随时查询。

(六) 技术状态更改

在生产过程中实施技术状态管理的目的,旨在使生产的武器装备技术状态达到"文文一致,文实相符",即生产使用的成套技术资料对技术状态的规定,无论是现场使用的还是资料室保存的,都是协调一致、现行有效的;交付使用的产品,都符合技术资料所规定的特性。

在生产过程中实施技术状态管理的重点,是控制技术状态的更改及其贯彻执行。对技术资料进行有效的控制,保证生产、检验现场和各职能部门所使用的图样、工艺规程和技术文件是现行有效的;更改前要充分考虑其对系统和相邻、相关的零部组件的影响及相关的工程更改,并经论证、试验、履行审批程序。所有技术状态更改必须记录论证、试验、审批和执行更改的情况及其后效。

根据相关法规、标准的要求,控制技术状态更改和审签技术资料,必须做到以下四个方面:

1. 对已经定型的产品图样、技术文件、试验规程等,不得擅自修改或者增减如因生产和使用上的需要,必须变更时,应当视不同情况,按下列规定处理。

(1) 勘误性的修改,由工厂处理,并通知使用方。

(2) 影响产品战术技术性能、结构、强度、互换性、通用性的修改,使用方必须参加验证试验和鉴定,并按军工产品定型工作分级管理的规定办理;需联合上报审批的,未经批准,涉及的产品不能装上整机或出厂。

(3) 其他一般性修改、补充,由使用代表和工厂按双方协商制定的规定处理。

(4) 变更产品图样,应遵守承制、承试方关于图样管理制度的规定。

2. 使用代表应参加实物技术标准的更改、补充选定,并签署标准样件(标准

实样)的卡片

3. 使用代表应对材料代用和更改实行控制

4. 使用代表应当参加重要工艺更改的试验和鉴定工作,参加重要外协件(成品)转厂生产的质量鉴定,参加故障分析,并按规定会签报告

四、工艺控制方法

(一) 参加论证

实施对装备型号研制的工艺控制,首先应参加对武器装备型号研制的论证工作,论证研究要定性、定量分析相结合,在定性分析的基础上通过经验比较、量化分析及计算机模拟等,对拟定的方案(工艺性审查报告等)进行综合评价和分析比较,并不断修改和完善论证方案,提高论证结论的准确性。

论证中,要充分掌握对高新技术成果的应用情况,并对发展趋势进行预测,及时采用高新技术研究成果,使论证和提出的新型(或改型)武器装备性能先进,具有可装备性和可使用性。武器装备论证工作,一般分为四个状态:任务下达状态、论证研究状态、审查与报批状态、归档状态。每一状态都有其特定任务和目标,一般情况下只有完成前一状态的任务后方可转入下一阶段工作,特殊情况下,可根据具体论证项目的特点和要求,将各状态工作互相交叉进行,但最后都应达到和满足相关规范规定的要求。

(二) 风险评估

风险评估是项目风险管理中风险规划、风险评估、风险应对和风险监控四项内容之一(GJB/Z 171《武器装备研制项目风险管理指南》),也是指挥和控制武器装备研制项目的协调活动之一。

风险规划是确定一套完整全面、有机配合、协调一致的策略和方法并将其形成文件的过程。这套策略和方法用于持续开展风险评估、选择和实施风险应对措施,监控风险变化情况并配置必要的资源。

风险评估包括风险识别、风险分析和风险评价的全过程。装备研制过程中的工艺管理风险也渗透其全过程,尤其在装备研制的工程研制阶段,工艺管理风险尤为突出,随着装备研制工作的深入,工艺管理风险才逐步减少。从装备研制的方案阶段开始,工艺人员参加对型号总体设计方案进行设计评审前即工艺性审查时,应针对产品特点、性能进行工艺性审查分析,并在工艺性分析报告中,编制工艺管理的风险评估即风险识别、风险分析和风险评价的内容。作为设计方案评审通过和阶段风险管理的内容之一。转阶段(或状态)评审时,应将装备研制各阶段(或状态)的工艺管理风险情况,作为阶段(或状态)评审的内容之一。

(三) 参加评审

所谓评审,就是确定主题事项达到规定目标的适宜性、充分性和有效性所进

行的活动。在装备研制过程中,工艺人员应组织型号研制过程中分级分阶段(或状态)的工艺评审及首件鉴定工作;应参加围绕型号研制所进行的与产品质量有关要求的分级分阶段评审工作,包括装备研制过程的设计和开发评审、质量评审(设计和产品质量评审等)以及对技术复杂、质量要求高的产品,进行可靠性、维修性、保障性、测试性和安全性以及计算机软件、元器件、原材料等专题评审;质量管理体系要求的管理评审;顾客要求评审,等等。签署或会签对装备设计、管理、产品质量、工作质量以及质量管理体系是否正常运行的意见建议等文件。

(四) 参加试验

工艺人员应按有关标准的规定,参加试验大纲(试验方案)及试验规程的编制、评审和会签工作,在实施过程中,严禁降低试验条件、改变试验程序和方法、放宽判定标准。工艺人员在型号研制过程中,一是应组织并参加型号工程(工艺)验证性试验,掌握装备研制过程的功能、性能指标特性的确定或满足情况;二是依据《中国人民解放军装备科研条例》,参加并协助型号的研制试验,为检验装备研制总体技术方案和关键技术提供依据,通过试验提供客观证据证明规定要求已得到满足的认定;三是参加并协助型号的定型(鉴定)性试验,参加试验前、中和试验后的评审工作,参加试验过程指标测试、问题的处理和过程记录等工作,为装备定型(鉴定)提供依据。

(五) 审签文件

工艺人员在装备研制中,应按照 GJB 906《成套技术资料质量管理要求》、GJB 726A《产品标识和可追溯性要求》的要求,编制、审签和批准工艺文件。按照工艺规范的要求,完成工艺总方案、工艺标准化综合要求、工艺规程及随件流转卡等工艺文件的编制,形成型号工艺文件体系,规范研制工作。

在装备研制过程中,一是对承制单位提供的设计图样和文件、试验文件和质量管理体系的程序文件按相关规定进行审查会签;二是对定型(鉴定)的成套技术资料、定型(鉴定)文件进行审查认可;三是对不进行生产定型的产品,在设计定型(鉴定)时,应在有关设计定型文件中明确生产时的工艺、生产条件要求;四是对定型(鉴定)遗留的问题,协助相关部门处理,并验证其有效性。

(六) 工艺验证

凡需批量生产的装备,在研制样机试制完成设计定型或设计鉴定后,即小批试生产前,均需通过小批试生产进行工艺验证。工艺验证的基本任务是,通过小批试生产考核工艺文件和工艺装备的合格性和适应性,以保证批量生产的产品一致性好、质量稳定、成本低廉,满足部队作战使用要求。

工艺验证的主要内容,一是工艺关键件的工艺路线和工艺要求是否合理、可行;二是所选用的设备和工艺装备是否满足工艺要求;三是检验手段是否满足要求;四是装配路线和装配方法能否保证产品精度及质量;五是劳动安全和污染是否符合相关法规、标准要求。

（七）节点控制

节点控制是武器装备研制过程中阶段审查的重要手段之一，GJB 2993《武器装备研制项目管理》要求在研制过程中的重要节点上为确定现阶段工作是否满足既定要求所进行的审查，该审查是决定本阶段工作能否转入下一阶段（或状态）的正式审查。标准中所规定的技术审查，实质是将研制过程中的项目按节点进行控制，并为技术状态基线的形成、确定、发展和落实而进行的技术审查。

工艺管理的节点控制，应根据武器装备的技术复杂程度、承制单位的能力、经费和进度等综合情况进行剪裁，并在合同或技术协议书中指定技术状态项并对节点审查项目和内容作出具体规定。例如：《常规武器装备研制程序》第十六条规定："…正样机完成试制后，由研制主管部门会同使用部门组织鉴定，…"。GJB 907A 中 5.1 规定，工程研制阶段正样机（S 状态）完成后，产品质量评审的先决条件是，必须完成设计评审、工艺评审及首件鉴定。正样机完成了首件鉴定后，才能进行产品质量评审。此条既规定了工艺管理的节点控制内容，又规定了产品质量节点控制的条件及内容。

（八）组织首件鉴定

首件鉴定是工艺鉴定的一种形式，工艺鉴定是一项大量的、细致的工作，在新产品试制状态就应进行工作，在设计定型前应完成工艺鉴定工作量的百分之七十；在生产定型前再完成余下的百分之三十。

工程研制阶段后期，工艺管理的主要工作之一就是组织首件鉴定，其鉴定内容应符合 GJB 1269A《工艺评审》和 GJB 908A《首件鉴定》的相关要求。首件鉴定的范围：一是试制产品；二是在生产（工艺）定型前试生产中首次生产的新的零、部、组件，但不包括标准件、借用件；三是在批生产中产品或生产过程发生了重大变更之后首次加工的零、部、组件；四是顾客在合同中要求进行首件鉴定的项目。

承制单位应建立首件鉴定的程序，明确职责，对试制或小批试生产中首次制造的零、部、组件进行全面的检查和试验，以证实规定的过程、设备和人员等要求能否持续地制造出符合设计要求的产品；首件鉴定产品的生产过程所采用的制造方法应能代表随后小批试生产或批生产产品的生产制造方法并在受控条件下进行；首件鉴定的内容应包括与产品有关的所有特性及其过程的要求，对组件和正样机进行首件鉴定时.其配套的零件及部件、组件应是经首件鉴定合格的零件及部件、组件；首件鉴定不合格时，应查明不合格产生的原因，采取相应的纠正措施，并重新进行首件鉴定，或对鉴定不合格的项目重新进行首件鉴定。首件鉴定不合格的零件或部件、组件不能批量投产。

（九）参加产品定型或鉴定

产品的定型或鉴定包括设计定型（或鉴定）和生产定型（或鉴定）工作。设计定型(或鉴定)是考核产品与研制总要求的符合性；研制程序的规范性；作战训练的适用性；技术状态的一致性和生产条件的完备性。生产定型(或鉴定)是考核产品质量稳定性和成套批量生产条件,符合批量生产的标准。

在设计定型(或鉴定)考核时,工艺部门应协助相关部门检查设计定型样品、参入提出设计定型试验申请、协助设计定型试验、参入提出设计定型申请、接受设计定型审查、完善设计定型文件并协助上报。

在生产定型(或鉴定)的考核内容,首先是工艺鉴定。工艺管理部门应主动做好工艺鉴定准备工作,抓紧组织对工艺文件,零、部、组件,工艺装备,电子计算机软件,新材料、新工艺、新技术,技术关键问题的解决和互换、替换性检查的鉴定。而后协助相关部门考核生产条件、检查生产定型试验产品、了解部队试用情况、申请生产定型试验、对生产定型试验大纲提出意见、参入生产定型试验、申请生产定型、接受生产定型审查、修改生产定型文件并上报。

（十）收集并处理工艺信息

《武器装备质量管理条例》规定,武器装备研制、生产单位应当对产品的关键件或者关键特性、重要件或者重要特性、关键工序、特种工艺编制质量控制文件,并对关键件、重要件进行首件鉴定。由此,可以证明与装备研制质量有关要求的工艺文件体系的文件,如:指令性工艺文件;生产性工艺文件;管理性工艺文件;基础性工艺文件等都属于质量信息文件,必须按 GJB 1686A《装备质量信息管理通用要求》实施动态管理。

术语中规定,反映装备质量要求、状态、变化和相关要素及相互关系的信息,包括数据、资料、文件等,统称装备质量信息。在收集并处理质量信息方面,GJB 1686A《装备质量信息管理通用要求》为订购方和承制单位开展装备质量信息管理工作提供了依据,该标准适用于各类装备全系统全寿命质量信息管理。

其装备质量信息管理的目的、装备质量信息管理的任务、装备质量信息管理应遵循的原则、装备质量信息管理的标准化要求和应遵守的安全保密要求等内容在《武器装备研制工程管理与监督》一书中叙述,此书不再赘述。

五、工艺管理及控制的思考

（一）工艺工作机制有待完善

承担装备研制和批生产任务的部分企业的工艺工作机制不能适应"多种型号并举,研制生产并重"的格局,尽管并行工程的理论已得到广泛认可,但大部分企业开展并行工程的环境和条件并未完全成熟,仍采用设计到制造的串行工作模式,尤其是设计,主要着眼于性能指标,而对工艺可行性、质量稳定性考虑不多,设计工艺协同不到位,面向制造的设计能力不足；工艺管理系统的管理职能、管理权限不明确,指挥、协调、控制力度弱,工作推动难度大,工艺师没有从源头进入研制工作的主渠道,工艺在型号研制生产全过程中的应有作用未能充分发挥,没有形成高水平的工艺创新平台。追究其原因,这些承制单位没有设立独立的工艺管理部门,工艺管理职能不明确,建立系统管理及设计与工艺紧密结合的并行管理机制,配备与研制生产任务相适应的工艺管理和工艺技术人员不到位。在武器装备研制的方案阶段,产品技术方案形成之后,型号工艺性分析报告和按有关国家军用标准的要求,编制完成的型号工艺总方案以及工程研制阶段编制的工艺标准化综合要求的文件不到位,造成对工艺管理工作没有顶层文件及规范性文件作指引。

(二) 工艺工作总体策划滞后

编制工艺总方案的时间滞后,周期不够,造成工艺总方案在装备研制中,对工艺工作的规范性差,指导、约束作用不强。有的企业把工艺调研,甚至把编制工艺总方案当作一种负担,不是在武器装备研制的方案阶段制订工艺总方案并贯彻执行,而是为了应对体系认证检查及各种评审而仓促编制,失去了编制工艺总方案的意义,起不到应有的作用。在产品设计定型时,对关键性生产工艺考核实施要求不明确、不落实,缺失检查监督。设计定型后的生产工艺多是研制工艺的简单移植,工艺装备基本是研制装备的简单放大,工艺管理粗放、关键工艺得不到有效控制、某些工艺攻关没有突破,大量落后的工艺仍然应用于批生产等问题,由此不按要求进行关键性生产工艺考核,导致一系列工艺难题和质量隐患在设计定型后的小批试生产交付的装备上暴露。进一步来说,由于工艺管理工作的滞后,试制样品与制造产品的关系认识不足,没有运用、掌握好工艺管理的理论、方法,不能正确处理、解决样品与批产品之间,即一个产品与一批产品的大难题,就是每批装备质量的一致性和稳定性问题。

(三) 工艺技术不适应装备跨越式发展的需求

工艺技术总体水平不适应装备研制和批量生产的需要,缺乏深入的工艺基础研究,工艺技术储备不足。企业对先进制造技术和先进管理方法的应用不广泛,现今稳定的新工艺应用缓慢,工艺技术总体生产效率不高,产品质量一致性差;适应快速研制的柔性生产能力,如设备能力、工序能力、流程合理性、工艺文件的完整性、准确性以及工艺工作的标准化等不足,批生产工装系数低,工艺规程设计跟不上或不适应多品种生产的特点,起不到规范生产流程、规范工艺技术要求、规范质量检验点及质量控制要求、规范操作行为(工夹模测)的作用,不能成为产品生产过程中的唯一指令性技术文件,使得工艺设计、工艺准备工作滞后于产品的制造。

工艺技术需要不断更新,需要在工艺工作、技术设计和质量控制的实践中学习、总结提高,才能为装备质量的一致性和稳定性打好技术基础,适应装备跨越式发展的需求。

（四）工艺队伍素质应满足装备发展要求

在以制造业为主的企业，工艺工作量是设计工作量的 4~5 倍，但在多数企业，工艺队伍与设计队伍的比例不协调。有经验的老工艺专家、工艺骨干大量退休，工艺人才出现青黄不接、后续乏人，工艺队伍出现"两多两少"，即年轻人多、低职称技术人员多；高素质工艺人员少，高职称工艺人员少的局面。在决策层、管理层和执行人员中的工艺素质不高，工艺技术人员掌握的工艺技术、工艺标准、工艺质量、工艺管理等方面的知识老化，工人的工艺素质差，这些已对企业的工艺水平产生了较为严重的影响，其原因还是单位的重视程度不够所造成。

个别企业质量与进度的关系没有处理好，错误地认为是工艺管理工作拖了装备研制的后腿；还有一种错误的认识是试验及试验考核拖了装备研制的后腿，认为研制时间短，试验及试验考核的时间太长，从装备研制的活动内容上有个误区，不知道承制单位产品实现后的技术验证，是能实现或基本能实现为目的，满足研制总要求及技术协议书的指标要求；后者是要满足使用要求。所有的性能功能、电源特性、电磁兼容、环境要求和可靠性指标必须要在承制单位进行试验考核符合要求后，再提交使用单位参加国家性质的、在使用部队进行的使用考核。

第五节　工艺管理术语及说明

工艺术语是以 GB/T 4863《机械制造工艺基本术语》、GJB 1405A《装备质量管理术语》和相关国家军用标准、行业标准及其法规的术语及定义，组成了一般术语及定义、典型表面加工术语及定义和冷作、钳工、装配和试验术语及定义三大类共计 19 个方面的术语。

一般术语及定义其内容包括：基本概念术语、工艺质量管理术语、生产对象术语、工艺方法术语、工艺要素术语、工艺文件术语、工艺装备与工件装夹术语七种；

典型表面加工术语及定义其内容包括：孔加工术语、外圆加工术语、平面加工术语、槽加工术语、螺纹加工术语、齿面加工术语、成形面加工和其他加工相关术语八种；

冷作、钳工、装配和试验术语及定义其内容包括：冷作常用术语、钳工常用术语、装配常用术语和试验常用术语四种。

为了帮助读者方便查阅术语和对部分术语的正确理解、应用，作者将工艺术语全部放在第一章第五节。对部分工艺术语增加了"理解说明"，力求能帮助读者加深对部分术语的理解及应用。

一、一般术语及定义

（一）基本概念术语

1. 工艺

GB/T 4863 中把工艺定义为"使各种原材料、半成品成为产品的方法和过程"。标准化词典中对工艺的定义是"指人、机器、材料、方法、环境、计量与检测六大影响因素对产品质量综合起作用的过程"。

2. 机械制造工艺

各种机械的制造方法和过程的总称。

3. 典型工艺

根据零件的结构和工艺特征进行分类、分组，对同组零件制订的统一加工方法和过程。

4. 产品结构工艺性

产品在能满足设计功能和精度要求的前提下，制造、维修的可行性和经济性。

5. 零件结构工艺性

零件在能满足设计功能和精度要求的前提下，制造的可行性和经济性。

6. 工艺性分析

在产品技术设计阶段（指产品研制的方案阶段工作），工艺人员对产品结构工艺性进行分析和评价的过程。

7. 工艺性审查

在产品工作图设计阶段（状态），工艺人员对产品和零件结构工艺性进行全面审查并签署审查意见或建议的过程。

8. 可加工性

在一定生产条件下，材料加工的难易程度。

9. 生产过程

将原材料转变为成品的全过程。

10. 工艺过程

改变生产对象的形状、尺寸，相对位置或性质等，使其成为成品或半成品的过程。

11. 工艺文件

指导工人操作和用于生产、工艺管理等的各种技术文件。

12. 工艺路线

产品和零部件在生产过程中，由毛坯准备到成品包装入库，经过承研承制单位各有关部门或工序的先后顺序。

13. 工艺设计

编制各种工艺文件和设计工艺装备等的过程。

14. 工艺要素

与工艺过程有关的主要因素。

15. 工艺参数

为了达到预期的技术指标,工艺过程中所需选用或控制的有关量。

16. 工艺准备

产品投产前所进行的一系列工艺工作的总称。

理解说明 其主要内容有对设计图样进行工艺性分析和审查;拟定工艺总方案,编制各种工艺文件设计、制造和调整工艺装备,设计合理的生产组织形式等。

17. 工艺试验

为考查工艺方法、工艺参数的可行性或材料的可加工性等而进行的试验。

18. 工艺验证

通过试生产,检验工艺设计的合理性。

19. 工艺管理

科学地计划、组织和控制各项工艺工作的全过程。

20. 工艺系统

在机械加工中由机床、刀具、夹具和工件所组成的统一体。

21. 工艺纪律

在生产过程中,有关人员应遵守的工艺秩序。

22. 关键过程(关键工序)

对形成产品质量起决定作用的过程。

理解说明 关键过程一般包括形成关键、重要特性的过程,加工难度大、质量不稳定、易造成重大经济损失的过程等。

23. 特殊过程(特种工艺)

直观不易发现、不易测量或不能经济地测量的产品内在质量特性的形成过程。

理解说明 特殊过程亦称特种工艺,通常包括:化学、冶金生物、光学、电子等过程。在机械加工中,常见的有铸造、锻造、焊接、表面处理、热处理以及复合材料的胶接等过程。

24. 可追溯性

追溯所考虑对象的历史、应用情况或所处场所的能力。

理解说明 当考虑产品时,可追溯性涉及:

——原材料和零部件的来源;

——加工过程的历史；
——产品交付后的分布和场所。

25. 成组技术

将承研承制单位的多种产品、部件和零件,按一定的相似性准则,分类编组,并以这些组为基础,组织生产各个环节,从而实现多品种中小批量生产的产品设计、制造和管理的合理化。

26. 自动化生产

以机械的动作代替人工操作,自动地完成各种作业的生产过程。

27. 数控加工

根据被加工零件图样和工艺要求,编制成以数码表示的程序输入到机床的数控装置或控制计算机中,以控制工件和工具的相对运动,使之加工出合格零件的方法。

28. 适应控制

按照事先给定的评价指标自动改变加工系统的参数,使之达到最佳工作状态的控制。

29. 工艺过程优化

根据一个(或几个)判据,对工艺过程及有关参数进行最佳方案的选择。

30. 工艺数据库

储存于计算机的外存储器中以供用户共享的工艺数据集合。

31. 生产纲领

承研承制单位在计划期内应当生产的产品产量和进度计划。

32. 生产类型

承研承制单位(或车间、工段、班组、工作地)生产专业化程度的分类,一般分为大量生产、成批生产和单件生产三种类型。

33. 生产批量

一次投入或产出的统一产品(或零件)的数量。

34. 生产周期

生产某一产品(或零件)时,从原材料投入到出产品一个循环所经过的日历时间。

35. 生产节拍

流水生产中,相继完成两件制品之间的时间间隔。

36. 工艺数据

在产品工艺设计过程中产生的数据。

37. 工艺流程

生产对象由投入到产出,经过一定顺序排列的加工、搬运、检验、停放、贮存的过程。

38. 流程图

表示生产过程事物各个环节进行顺序的简图。

39. 虚拟制造

一种新的制造技术,它以信息技术、仿真技术、虚拟现实技术为支持,在产品设计或制造系统的物理实现之前,就能使人体会或感受到未来产品的性能或者制造系统的状态,从而可以做出前瞻性的决策与实施方案。

40. 柔性制造技术

采用计算机技术、电子技术、系统工程理论和现代管理科学与方法,能快速响应市场需求且能适应生产环境变化的自动化制造技术。

41. 可复用工艺设计

通过对工艺设计规则和已有工艺设计信息等知识重用的方式完成工艺设计,同时通过对工艺设计结果的有效管理达到设计知识的可复用性。

42. 计算机辅助制造

一个生产过程,其中信息处理系统用来指导和控制制造。

43. 计算机辅助工艺规划设计

利用计算机生成零件工艺规程的过程。

44. 绿色制造

一种综合考虑环境影响和资源消耗的现代制造模式,其目标是使得产品从设计、制造、包装、运输、使用到报废处理的整个生命周期中,对环境负面影响最小,资源利用率最高,并使承研承制单位经济效益和社会效益协调优化。

45. 绿色加工

在不牺牲产品的质量、成本、可靠性、功能的前提下,充分利用资源,尽量减轻加工过程对环境产生有害影响的程度,其内涵是指在加工过程中实现优化、低耗、高效及清洁化。

46. 敏捷制造

通过动态联盟的方式,把优势互补的承研承制单位联合在一起,用最经济的方式组织承研承制单位活动,并参加竞争,迅速响应市场瞬息万变的需求。这种联盟式的承研承制单位按照市场和产品的变化随时做出相应的调整,并不是一成不变的,因此也称为"虚拟承研承制单位"。它将改变承研承制单位的价值观、业务流程和承研承制单位文化。

47. 再制造

使报废产品经过拆卸、清洗、检验、翻新修理和再装配后,而恢复到或者接近于新产品的性能标准的一种资源再利用的方法。

48. 定置管理

一种科学的承研承制单位生产现场管理方式。

理解说明 主要内容是制定先进合理的工艺流程,充实完善必要适用的工位器具与运输装置,把生产现场所有的物品放置在规定的位置,建立物流和信息流管理系统,使物流的运行处于受控状态,实现人、物、场所在时间和空间上的优化组合,做到区域分明、物标对应、按签定置、有序操作。以达到提高劳动生产率,保证产品质量,实现安全生产和文明生产的目的。

49. 修理工艺纪律

航空修理人员在技术和工艺方面必须遵循的行为准则。

理解说明 主要是各项技术管理制度、修理技术和工艺文件等。目的是建立正常修理秩序,提高、保证修理质量。

50. 修理深度

对故障件的修理程度。由修理工厂的技术水平和修理能力决定。

51. 翻修工艺流程

装备翻修从始至终的实施程序。

理解说明 又称"修理工艺路线"。用以明确装备在厂内各车间、班组之间的流转关系;调整劳动组织和工艺布置;计算翻修劳动量;编制成套零备件组单。通常按照保证装备翻修质量,有效地利用工厂设备和厂房面积,以及流程最短、效率最高的原则,采用优选法制订。翻修工艺流程的表达形式有:①工序流程图,以产品为对象,以工序为基础,用网络图或表格形式表明流程,有时还可以加注生产周期、成本费用等数量指标;②流程程序图,在工序流程图中增加标明运输、库存等因素;③生产流程图,将流程程序图叠加于工作区域的平面图上,表明现实的流程路线。

52. 修理工艺设计

确定修理生产过程中的工艺分工、工艺路线和工艺布置的总称。

理解说明 工艺设计的基本原则是专业相对集中,分工明确,产品流转方便,厂房、设备利用充分,生产安全,人员配备合理等。

53. 工序能力分析

对生产过程的各道工序上的设备、工艺、操作方法、原材料、操作者依据环境等要素进行审查和评价的活动。

理解说明 目的是评价这些要素与产品的工序质量指标要求的适合程度。

54. 工序能力指数

衡量生产过程对产品质量满足程度的一个综合性指标。

理解说明 又称"工序能力系数""工程能力指数""工艺能力指数"。以 C_P 值表示。影响 C_P 值的主要因素有:操作者、机器设备、原材料、方法和环境。

（二）工艺质量管理术语

1. 工序质量

又称作业质量。一个（或一组）工人在一个工作地点，对一个（或一组）零件连续进行的全部工作（作业）的质量。

理解说明 工序质量是整个生产过程正常、稳定地生产合格产品的基础。受操作者、机器设备、原材料、工作方法和环境等因素的影响。通常用"工序能力指数"来评价。

2. 工序控制

为确保产品质量，对生产工序（过程）采取的管理手段。

理解说明 主要对工序中影响产品质量的人（操作者）、机（机器设备）、料（材料或半成品）、法（法规、方法）、环（环境）等因素进行控制，工程上一般简称4M1E 控制。

3. 工艺评审

军工产品研制过程中，从技术上和经济上，有组织地对加工制造方法的设计进行审查、评价的活动。

理解说明 评审的主要内容有工艺总方案、生产说明书等指令性工艺文件；采用的新工艺、新技术、新材料、新设备以及批量生产的工序能力。评审在各项工艺设计付诸实施之前进行。评审由承制单位技术负责人全面负责，工艺部门组织实施。评审须有明确结论，并形成书面报告。

4. 工艺质量评审

对工艺总方案、生产说明书等工艺文件，关键件、重要件、关键工序的工艺规程，特种工艺技术文件的正确性、合理性、先进性、可行性、可靠性、安全性和可检验性进行评审、分析与评价的过程。

5. 首件鉴定

对试制、小批试生产、批量生产、设计和工艺重大更改、非连续批次生产的或合同中有专门规定的第一件产品进行检查考核和评价的活动。

理解说明 目的是确定生产工艺和设备能否生产出符合设计要求的产品。内容包括技术文件的正确性；符合设计要求的程度；检测设备、工艺设备和计量器具是否符合规定；首件操作者技术水平是否合格；以及质量记录是否完整等。鉴定由承制单位的工艺部门负责，质量部门、技术部门和驻厂军事代表参加。鉴定合格后，按 GJB 908A 要求，填写首件鉴定的相关证明文件。

6. 偏离许可

产品实现前，偏离原规定要求的许可。

理解说明 允许对一定数量或者一定时间内生产的产品可以不符合规范、图样或其他文件所规定特性或设计要求的认可文件。

通常必须在投产前经过正式批准并发布。偏离不同于更改。经批准的技术状态更改需要对受影响项目的标识文件作相应的更改,而偏离许可不需要考虑有关规范或图样的更改。

7. 让步(超差特许)

对使用或放行不符合规定要求的产品的许可。

理解说明 让步有时亦称超差特许。让步通常仅限于在商定的时间或数量内,对含有不合格特性的产品的交付。

8. 放行

对进入一个过程的下一阶段的许可。

9. 预防措施

为消除潜在不合格或其他潜在不期望情况的原因所采取的措施。

理解说明 采取预防措施是为了防止发生,而采取纠正措施是为了防止再发生。

在研制、批生产和维修过程中,为消除潜在的质量问题产生的原因所采取的方法和手段。目的是防止产生不合格品、缺陷,或发生其他不希望的情况。

10. 纠正措施

为消除已发现的不合格或其他不期望情况的原因所采取的措施。

理解说明 采取纠正措施是为了防止再发生,而采取预防措施是为了防止发生。

11. 分层质量控制

对产品分层次进行质量控制的方法。

理解说明 一般将组成产品的单元件或产品加工工序,按其技术特性区分为"关键""重要"和"一般"三个层次。不同的层次,采取不同的质量控制措施。目的是分清主次,控制重点,保证产品质量的稳定性和可追溯性。

12. 固定项目提交检验

对产品生产过程中的一些重要项目,由企业检验合格后,提交给驻厂军事代表进行例行检验的过程。

理解说明 是实施质量监督的手段之一。具体项目主要有产品的关键件、重要件、关键工序、生产中质量不稳定项目以及装配后不易检验的项目。通常选定项目的具体做法是,由驻厂军事代表提出,与承研承制单位协商确定,并根据产品质量变化适时调整。检验结果,填写在项目提交单上,及时通报承研承制单位有关部门。

13. 产品复核性检验

指第三方对承制方产品检验工作质量进行的专项工作。

理解说明 《中国人民解放军驻厂军事代表工作条例实施细则(航空类)》

第四十七条要求,军事代表应了解工厂质量保证组织机构设置和实施分级管理的情况,支持其充分发挥质量职能;协助工厂质量审核部门,按照《质量管理手册》的要求,对工厂的质量管理和测试、检验、计量、理化、标准化、外购器材、外场服务等机构的工作质量进行检查;对工厂产品检验工作质量进行复核性检验;对质量管理问题较多的业务技术部门和单位,实施重点检查和监督。

14. 返工

为使不合格品符合要求所采取的措施。

理解说明 是生产过程中对不合格品处置的一种类型。

15. 返修

对不合格品按批准的特定程序进行的补充加工。

理解说明 GJB 1405A《装备质量管理术语》第4.43条中"返修"的定义"为使不合格产品满足预期用途而对其所采取的措施"。在过去的很长一段时间,普遍的理解很简单,返修能满足预期用途,但不符合规定的要求,属不合格品。随着装备建设的快速发展,返修这一概念应用的频次逐渐增加,对该概念的认识也逐渐发生着变化。GJB 1405A 第4.43条注释中就已提到"返修包括对以前是合格的产品,为重新使用所采取的修复措施,如作为维修的一部分。"

返工与返修都是返回原试制、生产单位去处理的意思。返工只适用在同一个单位内部试制、生产过程的范围适用,是对不合格品处理使其变为合格品的过程。返修适用的范围较广,在同一个单位内部试制、生产过程中使用时,返修是对不合格品处理使其满足预期用途的过程,虽然产品还是不合格品,但已能满足预期用途,经过让步放行或让步接收手续可继续开展后续工作。在产品已交付上层次承制单位,未最终交付部队之前,出现了事故、故障等质量问题或因其他原因,需要返回承制单位修理时,也称为返修。此时返修应经上层次承制单位质量部门同意,办理相关手续,并在产品履历书上记录。在产品已交付部队后,因质量问题、使用问题、战损等情况,需要返回承制单位修理时,也称为返修,有时也称送修。一般以新品、堪用品、待修品和废品等装备质量等级来描述。此时返修工作应与部队办理交接手续,产品经军代表检验验收合格,并通过履历本记录,返修周期一般不超过一个月。

(三) 生产对象术语

1. 原材料

投入生产过程以创造新产品的物质。

2. 主要材料

构成产品实体的材料。

3. 辅助材料

在生产中起辅助作用而不构成产品实体的材料。

4. 关键材料

武器装备项目所必需的、国内在质量或数量方面无法满足需求的、国外供应又具有潜在风险的材料,它应被列入国家国防储备物资计划。

5. 毛坯

根据零件(或产品)所要求的形状、工艺尺寸等而制成的供进一步加工用的生产对象。

6. 铸件

将熔融金属浇入铸型,凝固后所得到的具有一定形状、尺寸和性能的金属零件或零件毛坯。

7. 锻件

金属材料经过锻造变形而得到的工件或毛坯。

8. 焊接件

用焊接的方法而得到的结合件。

9. 冲压件

用冲压的方法制成的工件或毛坯。

10. 工件

又称"制件"。加工过程中的生产对象(零件或组合件)。

11. 工艺关键件

技术要求高,工艺难度大的零、部件。

12. 外协件

委托其他承研承制单位完成部分或全部制造工序的零、部件。

13. 试件

为试验材料的力学、物理、化学性能、金相组织或可加工性等而专门制作的样件。

14. 工艺用件

为工艺需要而特制的辅助件。

15. 在制品

在一个承研承制单位的生产过程中,正在进行加工、装配或待进一步加工、装配或待检查验收的制品。

16. 半成品

在一个承研承制单位的生产过程中,已完成一个或几个生产阶段,经检验合格入库尚待继续加工或装配的制品。

17. 初样机

武器装备研制在工程研制阶段前期设计、制造的样机。可以是一个系统、一种部件,也可以是整机。

理解说明 《常规武器装备研制程序》第十四条的规定。主要用于试验、验证关键设计、制造技术。初样机试制完成后，经由研制主管部门或研制单位会同使用部门组织鉴定性试验和评审，证明基本达到规定的战术技术指标要求，即可进行正样机的试制。

18. 正样机

武器装备研制在工程研制阶段设计、制造的正式样机。数量根据情况而定。

理解说明 《常规武器装备研制程序》第十四条的规定。正样机试制完成，经设计评审、工艺评审及首件鉴定和产品质量评审通过，确认具备设计定型试验条件后，即可向军工产品定型委员会提出申请设计定型试验的报告，并建议装备研制的工程研制阶段转入设计定型阶段。

19. 最终产品（成品）

指组装好或已完成生产且准备好交付/部署的产品。

理解说明 准备好交付是指承制单位已按检验规程的要求，通过检验并合格。

20. 货架产品

可直接从市场或相关单位购置的系统、设备、单元，即无需进行研制、试验和评价工作，或者只稍作改进、试验或评价便能满足装备需要的产品。

21. 合格品

通过检验质量特性符合标准要求的制品。

22. 不合格品

通过检验质量特性不符合标准要求的制品。

23. 废品

不能修复又不能降级使用的不合格品。

24. 制成品

已完成所有处理和生产的最终物料。

25. 制成品放弃

对偏离标准的产品技术规范的确认。

26. 装配件

由零件、组合件通过多种形式的装配而连接在一起形成的单元。

理解说明 装配件可分为拆卸性装配件和不可拆卸性装配件，而且可由更小的装配件组成。

27. 实样

作为技术标准的实物。是图样的补充。

理解说明 对于无图零件或几何形状复杂难以用图样描述其外形的零件，一般用实样作为技术标准。航空技术装备的翻修，配制无图零件一般按旧件实样制作。对于更换有配合尺寸或需协调形位参数的零件,一般以旧件为实样,确定配合尺寸和形位参数。

28. 标准样件(标准实样)

选定作为产品验收标准的实物。

理解说明 在技术标准难以用文字或图样表达或零件形状难以用常规量具测量的情况下选用标准样件。标准样件要妥善保管并定期进行检查,如发现变化,需重新选定。

《中国人民解放军驻厂军事代表工作条例实施细则(航空类)》规定,军事代表应参加实物技术标准的更改、补充选定,并签署标准样件(标准实样)的卡片。

29. 生产性

设计和生产规划若干特征或要素的综合,好的生产性能使设计的产品在符合质量和性能要求的前提下,按规定的产量,经过一系列权衡,以尽可能少的费用和最短的时间制造出来。

30. 生产性分析

在满足性能和生产率要求的前提下,对备选的设计、材料、工艺和制造技术方案进行比较,以确定最经济地生产该产品用的制造工艺和材料。

(四)工艺方法术语

1. 铸造

熔炼金属,制造铸型,并将熔融金属浇注铸型,凝固后获得的具有一定形状、尺寸和性能的金属零件毛坯的成形方法。

2. 锻造

在加压设备及工(模)具的作用下,使坯料、铸锭产生局部或全部的塑性变形,以获得一定几何形状、尺寸和质量的锻件的加工方法。

3. 焊接

通过加热或加压,或两者并用,并且用或不用填充材料,使工件达到结合的一种方法。

4. 热处理

将固态金属或合金在一定介质中加热、保温和冷却,以改变其整体或表面组织,从而获得所需要性能的加工方法。

5. 表面处理

改善工件表面层的力学、物理或化学性能的加工方法。

理解说明 对工件用物理或化学方法进行加工,使其表面获得防护、修复和强化的膜层的各种方法的总称。按使用的方法可分为:①电化学处理,利用电极反应在工件表面形成镀覆层,包括电镀和阳极化。②化学处理,在没有外电流通过的情况下,利用物质间的化学反应在工件表面形成镀覆层,包括化学镀和化学转化膜处理。③热加工处理,利用高温下材料熔融或热扩散在工件表面形成镀覆层,包括热浸镀、热喷镀、热烫印和化学热处理等。④高真空处理,利用材料在高真空下气化或受激离子化而在工件表面形成镀覆层,包括真空镀、溅射镀、离子镀、化学气相镀等。⑤其他物理处理,利用其他物理方法使工件表面获得膜层,包括冲击镀、激光表面加工、涂饰、包覆和喷丸等。航空技术装备修理中,广泛使用各种表面处理,恢复机件保护层、修复磨损处和改善机件性能等。

6. 表面涂覆

用规定的异己材料,在工件表面上形成涂层的方法。

7. 粉末冶金

将金属粉末(或与非金属粉末的混合物)压制成形和烧结等形成各种制品的方法。

8. 注射成型

将粉末或粒状塑料,加热熔化至流动状态,然后以一定的压力和较高的速度注射到模具内,以形成各种制品的方法。

9. 机械加工

利用机械力对各种工件进行加工的方法。

10. 压力加工

使毛坯材料产生塑性变形或分离而无切屑的加工方法。

11. 切削加工

利用切削工具从工件上切除多余材料的加工方法。

12. 车削

工件旋转作主运动,车刀作进给运动的切削加工方法。

13. 铣削

铣刀旋转作主运动,工件或铣刀作进给运动的切削加工方法。

14. 刨削

用刨刀对工件作水平相对直线往复运动的切削加工方法。

15. 钻削

用钻头或扩孔钻头在工件上加工孔的方法。

16. 绞削

用铰刀从工件孔壁上切除微量金属层,以提高其尺寸精度和表面粗糙度的方法。

17. 锪削

用锪钻或锪刀刮平孔的端面或切出深孔的方法。

18. 镗削

镗刀旋转作主运动,工件或镗刀作进给运动的切削加工方法。

19. 插削

用插刀对工件作垂直相对直线往复运动的切削加工方法。

20. 拉削

用拉刀加工工件内、外表面的方法。

21. 推削

用推刀加工工件内表面的方法。

22. 铲削

切除有关带齿刀具的切削齿背以获得后面和后角的加工方法。

23. 刮削

用刮刀刮除工件表面薄层的加工方法。

24. 磨削

用磨具以较高的线速度对工件表面进行加工的方法。

25. 研磨

用研磨工具和研磨剂,从工件上研去一层极薄表面层的精加工方法。

26. 珩磨

利用珩磨工具对工件表面施加一定压力,珩磨工具同时作相对旋转和直线往复运动,切除极小余量的精加工方法。

27. 超精加工

用细粒度的磨具对工件施加很小的压力,并作往复振动和慢速纵向进给运动,以实现微量磨削的一种光整加工方法。

28. 抛光

利用机械、化学或电化学的作用,使工件获得光亮、平整表面的加工方法。

29. 挤压

坯料在封闭膜腔内受三向不均匀压应力作用下,从模具的孔口或缝隙挤出,使之横截面积减小,成为所需制品的加工方法。

30. 旋压

一种加工金属空心回转体的工艺方法,在坯料随旋压模具或旋压工具绕坯料转动中,旋压工具与坯料相对进给,使坯料受压并产生连续的局部变形或分离。它包括普通旋压、变薄旋压和分离旋压。

31. 轧制

金属材料(或非金属材料)在旋转轧辊的压力作用下,产生连续塑形变形,获得所需要的截面形状并改变其性能的方法。按轧辊轴线与轧制线间和轧辊转向的关系不同,可分为纵轧、斜轧和横轧三种。

32. 滚压

用滚压工具对金属坯料或工件施加压力,使其产生塑性变形,从而将坯料成形或滚光工件表面的加工方法。

33. 喷丸

用小直径的弹丸,在压缩空气或离心力等作用下,告诉喷射工件,进行表面强化和清理的加工方法。

34. 喷砂

用高速运行的砂粒喷射工件,进行表面清理,除锈或使表面粗化的加工方法。

35. 冷作

在基本不改变材料断面特征的情况下,将金属板材、型材等加工成各种制品的方法。

36. 冲压

使板料经分离或成形而得到制件的工艺。

37. 铆接

借助铆钉形成的不可拆连接。

38. 粘结

借助黏结剂形成的连接。

39. 钳加工

一般在钳台上以手工工具为主,对工件进行的各种加工方法。

40. 电加工

直接利用电能对工件进行加工的方法。

41. 电火花加工 – EDM

在一定的介质中,通过工具电极和工件电极之间的脉冲放电的电蚀作用,对工件进行加工的方法。

42. 电解加工(电化学加工) – ECM

利用金属工件在电解液中所产生的阳极溶解作用,而进行加工的方法。

43. 电子束加工 – EBM

在真空条件下,利用电子枪中产生的电子经加速、聚焦,形成高能量大密度的细电子束以轰击工件被加工部位,使该部位的材料熔化和蒸发,从而进行加工,或利用电子束照射引起的化学变化而进行加工的方法。

44. 离子束加工

利用离子源产生的离子,在真空中经加速聚焦而形成高速高能的束状离子流,从而对工件进行加工的方法。

45. 等离子加工

利用高温高速的等离子流使工件的局部金属熔化和蒸发,从而对工件进行加工的方法。

46. 电铸

利用金属电解沉积,复制金属制品的加工方法。

47. 激光加工

利用功率密度极高的激光束照射工件的被加工部位,使其材料瞬间熔化或蒸发,并在冲击波作用下,将熔融物质喷射出去,从而对工件进行穿孔、蚀刻、切割,或采用较小能量密度,使加工区域材料熔融粘合,对工件进行焊接。

48. 超声波加工

利用产生超声振动的工具,带动工件和工具间的磨料悬浮液,冲击和抛磨工件的被加工部位,使其局部材料破坏而成粉末,以进行穿孔、切割和研磨等。

49. 高速高能成形

利用化学能源、电能源或机械能源瞬时释放的高能量,使材料成形为所需零件的加工方法。

50. 纳米加工

在纳米量级上对被加工件进行的从上到下去除材料的加工方法。

51. 精密加工

指尺寸精度和表面粗糙度可达微米级、亚微米级、分子级、纳米级或更高精度的切削加工方法。

52. 特种加工

直接借助电能、热能、声能、光能、电化学能、化学能以及特殊机械能等多种能量且其复合应用以实现材料切除的加工方法。

53. 高速切削

一般指主轴转速高于 6000r/min 的切削。

54. 高压水切割

射流水或磨料水混合物在高压下,从喷嘴中射出进行的切割。

55. 快速原型 -(RP)

一种基于离散堆积成型思想的新型技术,是集计算机、数控、激光和新材料等最新技术而发展起来的先进的产品研究与开发技术,快速原型制造(RPM)技术是使用 RP 技术的总称。

56. 硬态切削

工件经淬火热处理后采用除磨料以外的刀具对工件进行切削加工的工艺方法。

57. 干式切削

在切削或磨削过程中不使用任何切削液的新的工艺方法。

58. 立体印刷

液态材料在一定波长和强度的紫外线的照射下迅速发生光聚合反应,分子量急剧增大,材料从液态转变成固态的一种快速原型方法。

59. 分层实体制造

根据CAD模型各层切片的平面几何信息,进行分层实体切割并逐层迭加形成零件实体的一种快速原型方法。

60. 选择性激光烧结

用二氧化碳类红外激光对已预热(或未预热)的金属粉末或者塑料粉末一层层地扫描加热,使其达到烧结温度,最后烧结出由金属或塑料制成立体结构的一种快速原型方法。

61. 熔融沉积成形

将丝状供料在喷头内加热融化,控制喷头沿零件截面轮廓和填充轨迹运动,将熔化的材料挤出沉积成实体零件的超薄层,并与周围材料凝结在一起由下而上逐层堆积形成零件实体的一种快速原型方法。

62. 覆层工艺

用规定的异己材料,在工件表面上形成涂层的方法。

63. 真空沉积

在真空状态下,实现基体表面金属或其他镀料材料沉积的方法。

64. 热浸镀

将金属制件浸入熔融的金属中以获得金属涂层的方法。

65. 转化膜

通过化学或电化学手段,使金属表面形成稳定的化合物膜层的技术。也就是使金属钝化。

66. 热喷涂

一种表面强化技术。它采用电弧、等离子弧、燃气-氧气等形式的热源,将被喷涂的涂层材料熔化或半熔化,并在气流的作用下使之雾化成微细熔滴或高温颗粒,以很高的飞行速度喷射到经过处理的基体表面,形成具有某种功能的涂层。

67. 等离子喷涂

在惰性气体保护下,随等离子弧向排列整齐的纤维喷射金属粉末形成涂层的方法。

68. 复合加工

直接或最终利用两种或两种以上能量(包括机械能、电能、热能、化学能等)对各种工件进行加工的方法。

69. 振动切削

将振动机械能加工和机械切削相结合的复合加工方法。

70. 电解磨削

电解加工与机械磨削相结合的一种复合加工工艺。

71. 加热机械切削

将热能加工和机械切削相结合的复合加工方法。

72. 超声研磨

将超声加工与机械研磨相结合的一种复合加工方法。

73. 超声电火花加工

将超声加工与电火花加工相结合的一种复合加工方法。

74. 爆炸索切割

利用爆炸索爆炸产生的能量对工件进行分割的加工方法。

75. 超声电解复合加工

用超声振动改善电解加工过程的加工工艺。

76. 电解电火花复合加工－EDM

利用电火花放电蚀除工件上高点的钝化膜,使电解加工的加工精度和生产率都保持在一定水平上的工艺方法。

77. 电解研磨

将电解加工与机械研磨相结合的一种复合加工方法,用来对外圆、内孔、平面进行表面光整加工以至镜面加工的工艺。

78. 直接成形技术

制造过程中无需进行切削加工而直接产生合格产品的加工方法。

79. 液压成形

用液体(水或油)作为传压介质,而使板材按模具形状产生塑性变形的方法。

80. 爆炸成形

利用炸药爆炸时所产生的高能冲击波,通过不同介质使坯料产生塑性变形的方法。

81. 喷丸成形

利用高速气流喷出细小钢(铁)丸,使板件拱曲而成形的方法。

82. 粗化

利用粗化剂、粗化液以及其他方法和手段使工件具有要求粗糙度的工艺。

83. 强化

借助外力对工件表面进行强化处理,以改变其表面层机械、物理性能的加工方法。

84. 微细加工

微细加工技术是指制造超小尺寸(尺度)零件的生产加工技术。

85. 硅微细加工

以硅材料为基础材料制作各种微机械零件的加工方法。

86. 光刻加工

利用照相复制与化学腐蚀相结合的技术,在工件表面制取精密、微细和复杂薄层图形的化学加工方法。

87. 电镀

用电解方法在工件表面上沉积一层其他金属或含金的工艺。

理解说明 目的是增加机件的防腐蚀性,提高耐磨性、导电性和增加美观等。通常使用的电镀类型有镀铜、镀铸、镀铬、镀铜锡含金等。塑料、半导体、陶瓷等非金属机件表面,经过适当处理形成导电层后,也可以进行电镀。在航空装备研制、修理中,广泛使用电镀。

88. 喷涂

用高速气流将熔融的金属或非金属吹散成雾状微粒,喷射到工件表面上形成覆盖层的加工工艺。

理解说明 目的是得到耐热、绝热、耐磨和耐腐蚀等功能的覆盖层。按使用的热源不同分为气喷涂、电喷涂。在航空装备研制、修理中,多采用火焰喷涂、爆炸喷涂和离子喷涂,以修复磨损和恢复镀层。

89. 刷镀

一种无需常规电镀糟的特殊电镀工艺。

理解说明 通常是将工件作为阴极,阳极由金属棒和包在棒外的纤维织物构成,纤维织物与镀液供应管道相连接,用以储存电镀液。电镀时,金属棒接通电源阳极,并使纤维织物在工件表面往复移动,电流通过阳极金属棒驱使织物中的电镀液趋向阴极(工件),金属就沉积在工件表面。刷镀可以不拆卸机件即能修复机件表面的缺陷和进行大型机件的局部修理。在装备研制、航空修理工作中,广泛应用。

90. 离子镀

根据气体放电理论建立起的一种金属覆盖工艺。

理解说明 在高真空容器中适量充入惰性气体(如氩),并仍维持相当高的真空度,接通负电压,使金属蒸发源(阳极)与镀件(阴极)之间产生辉光放电,建立起低电压气体放电的等离子区和阴极区;通电蒸发源使金属气化,金属蒸气进入等离子区后,在高速电子的轰击下部分电离,金属离子在电场作用下获得加速,射在工件上而沉积成膜。离子镀膜与工件(金属或非金属)的结合牢固,且在工艺过程中不产生废液,不污染环境。一般用于制作防护镀层、装饰镀层、耐磨镀层和耐高温镀层。

91. 喷塑

利用静电作用将塑料粉末涂敷于工件表面上,通过塑化形成覆盖层的工艺。

理解说明 喷塑具有适应性强、涂层厚度均匀、能获得较好的装饰效果、易于操作等特点。

92. 喷漆

用喷枪将有机涂料喷射到工件表面而形成覆盖层的加工工艺。

理解说明 喷漆具有防护、装饰等作用,飞机常用于喷涂机体外表和识别标志等。飞机翻修时,一般都要除去旧漆层,喷涂新漆层。

93. 阳极氧化

利用电解作用使金属机件的表面形成氧化薄膜的工艺。

理解说明 简称"阳极化"。阳极化薄膜起防腐蚀作用,并可用作金属表层装饰色彩的底层。飞机、精密仪器、无线电器材等使用的铝、镁、钛及其合金等机件,常用此工艺加工。

94. 磷化

在钢铁工件表面覆上一层不溶性磷酸盐保护膜的工艺。

理解说明 通常将工件浸于由硝酸锌与磷酸铁锰配成的溶液中进行磷化。磷化膜呈灰黑色,多孔隙,经重铬酸盐溶液和锭子油浸渍后具有抗腐蚀性,较高的电绝缘性,较好的润滑性和对熔融金属没有粘附力等特性。在装备研制、修理中,主要用于高强度钢机件(如导管、气瓶等)的防护,用作油漆底层和用于要求绝缘的零件的表面处理。

95. 发蓝

钢铁工件在空气中加热或浸入氧化性溶液中,使表面形成一层氧化膜的工艺。

理解说明 氧化膜通常呈蓝或黑色。膜层经充填处理和吸附防锈油后,能提高抗蚀性和润滑性。在装备研制、修理中,主要用于在润滑条件下工作和定期涂油的零件,如发动机传动机匣内的齿轮、衬套,枪炮零件等。发蓝没有氢脆问题,可用于弹簧、细钢丝、薄钢片等的防护处理。

96. 防锈

保护金属表面免受大气、海水等侵蚀所采取的措施。

97. 喷高温陶瓷涂层

在工件表面覆盖耐高温陶瓷层的工艺。

理解说明 通常是将玻璃料、三氧化二铬、黏土混合研磨制成的釉浆喷涂于工件表面,经高温焙烧获得。陶瓷层能承受高温、高压,又能抗腐蚀。在装备研制、翻修中,主要用于燃烧室火焰筒、加力燃烧室点火器、稳定器、加力调节片、涡轮导向器叶片等热端部件的表面处理。

98. 涂磨耗涂层

将起密封作用的涂料涂敷于工件表面的工艺。

理解说明 磨耗涂层在涂敷后,将所要密封的间隙封满,利用机件与涂层的相对磨擦,磨去多余的涂料,得到磨配状态的涂层,起到良好的密封作用,故称磨耗涂层。航空发动机修理中,用于压缩器叶片相对的机匣表面、轮盘环形齿相对的整流环内环表面、压缩器静止叶片组件内缘板等处。

99. 表面强化

改善工作表面性能,提高疲劳强度和耐磨性的工艺。

理解说明 通常可分为:①热处理法,包括化学热处理,表面合金化,表面淬火,气相沉积,盐炉沉积,真空溅射沉积等。②冷变形法,包括喷丸,挤压,滚压等。在装备研制、修理中,一般用于叶片、起落架等机件的受力部位的表面加工。

100. 喷丸强化

将丸粒高速喷射到工件表面使其表面硬化的加工工艺。

理解说明 喷射的丸粒一般有玻璃丸、铸铁丸、铸钢丸、钢丸等。喷射到经机械加工和热处理后的工件表面,增加表面材料的位错密度和表面压力,从而提高其对塑性变形、断裂的抗力,提高其疲劳强度。按加工方法不同分为:干喷丸、水喷丸和旋板强化三种。在装备研制、修理中,一般用于起落架构件、压缩器叶片、涡轮叶片、发动机机匣、齿轮、活塞、连杆、曲轴、螺旋桨桨叶和旋翼桨毂等受力部位的表面处理。

101. 挤压强化

在工件表面加压,使其产生塑性变形的强化工艺。

理解说明 挤压强化一般用于孔内壁和端面的强化。通常是将一个具有过盈的心棒,施压从孔中通过或挤压孔边端面,产生与孔同心的环形变形区,使之具有残余应力,提高疲劳强度,同时,挤压还提高孔壁精度和表面质量,减少应力集中,从而达到强化效果。在装备研制、修理中常用于飞机机翼大梁螺栓孔和直升机旋翼接头连接孔的强化。

102. 热处理

将固态金属或合金采用适当方式加热、保温和冷却,以获得所需要的组织结构与性能的工艺。

理解说明 通常可分为:①整体热处理,有退火、正火、回火等。②表面热处理,有火焰淬火、激光淬火和感应加热等。③化学热处理,即通过改变工件表面化学成分、组织和性能的热处理,有渗碳、渗氮、渗金属等。飞机和发动机的绝大多数金属结构零件都需要进行热处理,才能保证正常工作,此外,这种工艺方式也可改善玻璃及其制品的性能。

103. 固溶热处理

将合金加热到相变温度,保温一段时间,使溶质组织充分溶解,然后快速冷却,以获得过饱和固溶体的一种工艺。

理解说明　目的是提高材料的力学性能。常用于铝合金的热处理。

104. 调质

钢件淬火及高温回火的复合热处理工艺。

理解说明　目的是使工件获得强度和韧性良好配合的综合力学性能。多用于含碳量 0.3%~0.6% 的碳钢和合金钢(调质钢)。

105. 退火

将金属或合金加热到适当温度,保持一定时间,然后随炉缓慢冷却的热处理工艺。

理解说明　加热温度、保温时间取决于材料的成分和处理的目的。退火的目的通常是消除冷、热加工引起的内应力,以降低脆性;使分子组织均匀,晶粒细化;软化金属,便于冷加工;改善力学性能和电、磁等其他性能。改变金属组织,使具有一定的电、磁或其他性能,退火也可用于玻璃及其制品。

106. 回火

钢件淬火后,再加热到珠光体转变成奥氏体的临界温度以下的适当温度,保温一定时间,然后冷却到室温的热处理工艺。

理解说明　回火温度和保温时间根据不同的需要选择。目的是消除掉淬火后的内应力,提高韧性和获得需要的强度。

107. 淬火

将钢件加热到铁素体溶解成奥氏体的临界温度或珠光体转变成奥氏体的临界温度以上的适当温度,保持一定时间,然后以适当速度冷却获得马氏体和(或)贝氏体组织的热处理工艺。

理解说明　通常用以提高硬度和强度,改变其电、磁、抗蚀等物理与化学性能。淬火也可以用于玻璃,称为"钢化"。

108. 正火

将钢材或钢件加热到铁素体溶解成奥氏体的临界温度或渗碳体溶解成奥氏体的临界温度以上 30℃~50℃,保温适当的时间后,在静止的空气中冷却的热处理工艺。

理解说明　加热到奥氏体的临界温度以上 100℃~150℃ 的正火,称为高温正火。目的是细化晶粒,消除内应力,均匀组织等,以改善力学性能或为随后热处理做准备。

109. 时效处理

合金工件经固溶热处理后在高温或稍高于室温保温的处理工艺。

理解说明 目的是提高合金强度。在室温条件下的时效处理称自然时效处理;在高于室温条件下的时效处理称人工时效处理。自然时效,广泛用于铝合金;人工时效,用于铝合金、镁合金、钛合金、铍青铜、马氏体时效钢和沉淀硬化型不锈钢等。

110. 过时效处理

合金工件经固溶热处理后用比能获得最佳力学性能高得多的温度或长时间进行的时效处理。

理解说明 铝合金过时效后,出现非共格脱溶,使强度、硬度比时效处理后的低,但可提高其在高温工作条件下的适应性。在装备研制、修理中,对铝质叶片进行过时效处理,可减少高温剥蚀故障,延长使用寿命。

111. 渗铝

将铝渗入工件表面的化学热处理工艺。

理解说明 钢铁和镍基、钴基、钛基和铜合金渗铝后,能提高抗高温氧化能力,提高在硫化氢、含硫和氧化钒的高温燃气介质中的抗腐蚀能力。渗铝方法有:固体粉末渗铝、铝浴渗铝、喷镀渗铝、电解渗铝和气体渗铝等。在装备研制、修理中,常采用固体粉末渗铝法对发动机涡轮盘、涡轮叶片和铁合金零件进行处理。

112. 渗碳

使碳元素渗入碳钢工件表层的化学热处理工艺。

理解说明 将碳钢工件放在含有碳元素的介质中,加温到870℃~950℃,使活性碳渗入工件表面,随后淬火和低温回火,得到较高的表面硬度和疲劳强度,而中心部位仍保持固有韧性,从而改善工件的综合性能。渗碳方法有:气体渗碳、固体渗碳和液体渗碳等。

113. 渗氮

使活性氮元素渗入合金钢(铸铁)工件表层,形成表面富氮层的化学热处理工艺。

理解说明 通常是将工件放在通有氨的密封罐中,加热到500℃~650℃。氨分解所产生的活性氮渗入工件表层,以提高表面硬度、耐磨性、疲劳强度和抗蚀性。常用的有气体渗氮和离子渗氮。

114. 熔焊

将工件接口加热至熔化状态,不加压力完成焊接的工艺。

理解说明 通常是热源将待焊的两工件接口处迅速加热熔化,冷却后形成连续焊缝而将两工件连接成一体。根据加热方法或工艺的不同,可分为:气焊、手工电弧焊、埋弧焊、气体保护焊、电渣焊、铝热焊、电子束焊、等离子弧焊和激光焊等。在装备研制、修理中,气焊、气体保护焊和电弧焊应用较多。

115. 接触焊

在加压条件下，使两工件直接接触，通过电流加热，在固态下实现原子间接合的焊接工艺。

理解说明 通常是不加充填材料。有的接触焊（如扩散焊、高频焊、冷压焊）没有熔化过程。接触焊加热温度比熔焊低，加热时间短，热影响区小，可以用来焊成与母材同等强度的优质接头。接触焊中有点焊、滚焊、电阻焊、高频焊、爆炸焊、扩散焊、摩擦焊、冷压焊、超声波焊和旋转电弧焊等。在装备研制、修理中，常用的接触焊是点焊和滚焊。

116. 氩弧焊

以氩气为保护气体的电弧焊。

理解说明 氩气可保护连接处受电弧熔化的金属，避免空气中的氧和氮对焊缝的侵蚀。按照操作方法不同，有手工、自动和半自动等3种。按所用电极材料不同，有熔化极（或金属极）氩弧焊和非熔化极（或钨极）氩弧焊两种。用以焊接不锈钢、铝、铜、铁等有色金属或其合金时，可以获得良好的焊接质量。用脉冲电流进行氩弧焊时，可以焊接薄板。航空技术装备修理中，广泛用于各种箱体、壁板、支架、简体、叶片等的修理。

117. 等离子焊

用等离子弧作为热源来熔化两金属连接处的一种焊接工艺。

理解说明 等离子弧是气体由电弧加热产生离子化，高速通过水冷喷咀时受到机械压缩、热压缩及电磁收缩等效应得到较充分电离而形成的。等离子弧的稳定性、发热量和温度都高于一般电弧，具有较大的熔透力和焊接速度，而且能量高度集中，但温度梯度大。在装备研制、修理中，用于高温合金件、铝合金件和钛合金件等的焊接。

118. 真空电子束焊钳

利用真空中的高度集中的电子束作为热源的焊接工艺。

理解说明 由电子枪内的阴极发射电子，在电子流通路上装有聚焦器，使电子流聚成高度集中的电子束；并装有偏转器，使电子束能对准焊接件连接处。真空电子束焊的能量高度集中，焊接速度高，焊缝深而窄，工件热影响区和变形小，可焊接难熔、易氧化的金属和合金，焊缝无氧化、无气孔和夹渣，焊缝平整、致密，且易于实现程序控制。但焊前准备要求严，焊机成本高。在装备研制、修理中，常用于焊修涡轮叶片裂缝、裂纹。

119. 钎焊

钎料熔化而母材不熔化的一种连接工件的焊接工艺。

理解说明 利用熔点较焊件为低的焊料（填充金属）和焊件连接处一同加热（用加热炉、气体火焰、电烙铁、电流等）。焊料熔化后，渗入并填满连接处间隙而达到连接(焊件未经熔化)。按焊料熔点高低，分硬钎焊(又称"高温钎焊"，焊料熔点高于450℃)和软钎焊(又称"低温钎焊"，焊料熔点低于450℃)两类。钎焊的焊件金属组织、应力与变形都较小；可焊接尺寸精度要求较高和同时焊接多条焊缝；可焊接同种金属，异种金属，甚至非金属。在装备研制、修理中，一般用于焊修导线、导管、散热器、油滤和塑料件等。

（五）工艺要素术语

1. 工序

一个或一组工人，在一个工作地对同一个或同时对几个工件所连续完成的那一部分工艺过程。

2. 安装

工件(或装配单元)经一次装夹后所完成的那一部分工序。

3. 工步

在加工表面(或装配时的连接表面)和加工(或装配)工具不变的情况下，所连续完成的那一部分工序。

4. 辅助工步

由人和(或)设备连续完成的一部分工序，该部分工序不改变工件的形状、尺寸和表面粗糙度，但它是完成工步所必需的，如更换刀具等。

5. 工作行程

刀具以加工进给速度相对工件所完成一次进给运动的工步部分。

6. 空行程

刀具以非加工进给速度相对工件所完成一次进给运动的工步部分。

7. 工位

为了完成一定的工序部分，一次装夹工件后，工件(或装配单元)与夹具或设备的可动部分一起相对刀具或设备的固定部分所占据的每一个位置。

8. 基准

用来确定生产对象上几何要素间的几何关系所依据的那些点、线、面。

9. 设计基准

设计图样上所采用的基准。

10. 工艺基准

在工艺过程中所采用的基准。

11. 工序基准

在工序图上用来确定本工序所加工表面加工后的尺寸、形状、位置的基准。

12. 定位基准

在加工中用作定位的基准。

13. 测量基准

测量时所采用的基准。

14. 装配基准

装配时用来确定零件或部件在产品中的相对位置所采用的基准。

15. 辅助基准

为满足工艺需要,在工件上专门设计的定位面。

16. 工艺孔

为满足工艺(加工、测量、装配)的需要而在工件上增设的孔。

17. 工艺凸孔

为满足工艺的需要而在工件上增设的凸台。

18. 工艺尺寸

根据加工的需要,在工艺附图或工艺规程中所给出的尺寸。

19. 工序尺寸

某工序加工应达到的尺寸。

20. 尺寸链

互相联系且按一定顺序排列的封闭尺寸组合。

21. 工艺尺寸链

在加工过程中的各有关工艺尺寸所组成的尺寸链。

22. 加工总余量(毛坯余量)

毛坯尺寸与零件图的设计尺寸之差。

23. 工序余量

相邻两工序的工序尺寸之差。

24. 切入量(切入长度)

为完成切入过程所必须附加的加工长度。

25. 切出量(切出长度)

为完成切出过程所必须附加的加工长度。

26. 工艺留量

为工艺需要而增加的工件(或毛坯)的尺寸。

27. 切削用量

在切削加工过程中的切削速度、进给量和切削深度的总称。

28. 切削速度

在进行切削加工时,刀具切削刃上的某一点相对于待加工表面在主运动方向上的瞬时速度。

29. 主轴转速

机床主轴在单位时间内的转数。

30. 往复次数

在作直线往复切削运动的机床上,刀具或工件在单位时间内连续完成切削运动的次数。

31. 切削深度

一般指工件已加工表面和待加工表面间的垂直距离。

32. 进给量

工件或刀具每旋转一周或往复一次,刀具或工件在进给运动方向上的相对位移。

33. 进给速度

单位时间内工件与刀具在进给运动方向上的相对位移。

34. 切削力

切削加工时,工件材料抵抗刀具切削所产生的阻力。

35. 切削功率

切削加工时,为克服切削力所消耗的功率。

36. 切削热

在切削加工过程中,由于被切削材料层的变形、分离及刀具和被切削材料间的摩擦而产生的热量。

37. 切削温度

切削过程中切削区域的温度。

38. 切削液

为了提高切削加工效果而使用的液体。

39. 定额

在一定的生产技术条件下,一定的时间内,生产经营活动中,有关人力、物力、财力利用及消耗所应遵守或达到的数量和质量标准。

40. 产量定额

在一定生产条件下,规定每个工人在单位时间内应完成的合格品数量。

41. 时间定额

在一定生产条件下,规定生产一件产品或完成一道工序所需消耗的时间。

42. 作业时间

直接用于制造产品或零、部件所消耗的时间。可分为基本时间和辅助时间两部分。

43. 基本时间

直接改变生产对象的尺寸、形状、相对位置,在表面状态或材料性质等工艺过程所消耗的时间。

44. 辅助时间

为实现工艺过程所必须进行的各种辅助动作所消耗的时间。

45. 布置工作地时间

为使加工正常进行,工人照管工作地(如更换刀具、润滑机床、清理切屑、收拾工具等)所消耗的时间。

46. 休息与生理需要时间

工人在工作班内为恢复体力和满足生理上的需要所消耗的时间。

47. 准备与终结时间

为生产一批产品或零、部件进行准备和结束工作所消耗的时间。

48. 材料消耗工艺定额(材料定额)

在一定生产条件下,生产单位产品或零件所需消耗的材料总重量。

49. 劳动消耗工艺定额(劳动定额)

在一定的生产技术条件下,生产单位产品或完成一定工作量应该消耗的劳动量(一般用劳动或工作时间来表示)标准或在单位时间内生产产品或完成工作量的标准。

50. 材料工艺性消耗

产品或零件在制造过程中,由于工艺需要而损耗的材料。如铸件的浇口、冒口,锻件的烧损量,棒料等的锯口、切口等。

51. 材料利用率

产品或零件的净重占其材料消耗工艺定额的百分比。

52. 设备负荷率

设备的实际工作时间占其台时基数的百分比。

53. 加工误差

零件加工后的实际几何参数(尺寸、形状和位置)对理想几何参数的偏离程度。

54. 加工精度

零件加工后的实际几何参数(尺寸、形状和位置)与理想几何参数的符合程度。

55. 加工经济精度

在正常加工条件下(采用符合质量标准的设备、工艺装备和标准技术等级的工人,不延长加工时间)所能保证的加工精度。

56. 表面粗糙度

加工表面上具有较小间距和峰谷所组成的微观几何形状特征。

57. 工序能力

工序处于稳定状态时,加工误差正常波动的幅度。通常用6倍的质量特性值分布的标准偏差表示。

58. 工序能力指数(工序能力系数)

工序能力满足加工精度要求的程度。

理解说明 当工序处于稳定状态时,工序能力系数按下式计算:

$C_P = T/6\sigma$(质量特性值的平均值与公差中值相同时);

$C_{PK} = (1-K)T/6\sigma$(质量特性值的平均值与公差中值有偏移时)。

式中:T 为公差范围;σ 为标准偏差;K 为偏移系数。

(六)工艺文件术语

1. 工艺路线表

描述产品或零、部件工艺路线的一种工艺文件。

2. 车间分工明细表

按产品各车间应加工(或装配)的零、部件一览表。

3. 工艺卡片

按产品或零、部件的某一工艺阶段编制的一种工艺文件。它以工序为单元,详细说明产品(或零、部件)在某一工艺阶段中的工序号、工序名称、工序内容、工艺参数、操作要求以及采用的设备和工艺装备等。

理解说明

(1)工艺卡片概念:规定一种具体操作方法或加工参数的工艺文件,在指定的范围内具有通用性。

(2)工艺卡片用途:是对工艺规程或工艺说明书的细化和程序化,具有很强的可操作性,便于现场使用。

(3)工艺卡片类型:工艺卡片常用的有参数卡和操作卡两种。参数卡是规定某种加工在规定设备上所必须采用的加工参数,如焊接参数卡等。操作卡是规定某种操作所必须遵循的操作步骤,如清洗油封防锈操作卡。

(4)工艺卡片按产品或组、部件进行汇总,在目次前加上编写说明、材料汇总表、工序汇总表和设备及工艺装备汇总表,实际上是某一研制阶段的工艺文件,即工艺规程。

4. 工艺过程卡片

以工序为单位简要说明产品或零、部件的加工(或装配)过程的一种工艺文件。

5. 工序卡片

在工艺过程卡片或工艺卡片的基础上,按每道工序所编制的一种工艺文件。一般具有工序简图,并详细说明该工序的每个工步的加工(或装配)内容、工艺参数、操作要求以及所用设备和工艺装备等。

6. 典型工艺卡片

具有相似结构和工艺特征的一组零、部件所能通用的工艺卡片。

7. 典型工艺过程卡片

具有相似结构和工艺特征的一组零、部件所能通用的工艺过程卡片。

8. 典型工序卡片

具有相似结构和工艺特征的一组零、部件所能通用的工序卡片。

9. 调整卡片

对自动、半自动机床或某些齿轮加工机床等进行调整用的一种工艺文件。

10. 工艺守则

某一专业工种所通用的一种基本操作规程。

11. 工艺附图

附在工艺规程上用以说明产品或零、部件加工或装配的简图或图表。

12. 毛坯图

供制造毛坯用的,表明毛坯材料、形状、尺寸和技术要求的图样。

13. 装配系统图

表明产品零、部件间相互装配关系及装配流程的示意图。

14. 专用工艺装备设计任务书

由工艺人员根据工艺要求,对专用工艺装备设计提出的一种指示性文件,作为工装设计人员进行工装设计的依据。

15. 专用设备设计任务书

由主管工艺人员根据工艺要求,对专用设备的设计提出的一种指示性文件,作为设计专用设备的依据。

16. 组合夹具组装任务书

由工艺人员根据工艺需要,对组合夹具的组装提出的一种指示性文件作为组装夹具的依据。

17. 工艺关键件明细表

填写产品中所有工艺关键件的图号、名称和关键内容等的一种工艺文件。

18. 外协件明细表

填写产品中所有外协件的图号、名称和加工内容等的一种工艺文件。

19. 专用工艺装备明细表

填写产品在生产过程中所需要的全部专用工艺装备的编号、名称,使用零(部)件图号等的一种工艺文件。

20. 外购工具明细表

填写产品在生产过程所需购买的全部刀具和量具等的名称、规格与精度,使用零(部)件图号等的一种工艺文件。

21. 标准工具明细表

填写产品在生产过程中所需的标准工具的名称、规格与精度,使用零(部)

件图号等的一种工艺文件。

22. 组合夹具明细表

填写产品在生产过程中所需的全部组合夹具的编号、名称,使用零(部)件图号等的一种工艺文件。

23. 工位器具明细表

填写产品在生产过程中所需的全部工位器具的编号、名称,使用零(部)件图号等的一种工艺文件。

24. 材料消耗工艺定额明细表

填写产品每个零件在制造过程中所需消耗的各种材料的名称、牌号、规格、重量等的一种工艺文件。

25. 材料消耗工艺定额汇总表

将"材料消耗工艺定额明细表"中的各种材料按单台产品汇总填列的一种工艺文件。

26. 工艺装备验证书

记载对新工艺装备验证结果的一种工艺文件。

27. 工艺试验报告

说明对新的工艺总方案或工艺方法的试验过程,并对试验结果进行分析和提出处理意见的一种工艺文件。

28. 工艺总结

新产品经过试生产后,工艺人员对工艺准备阶段的工作和工艺、工装的试用情况进行记述,并提出处理意见的一种工艺文件。

29. 工艺文件目录

产品所有工艺文件的清单。

30. 工艺文件更改通知单

更改工艺文件的联系单和凭证。

31. 临时脱离工艺通知单

由于客观条件限制,暂时不能按原定工艺规程加工或装配,在规定的时间或批量内允许改变工艺路线或工艺方法的联系单和凭证。

32. 工艺决策

根据产品设计信息,利用工艺经验和具体的生产环境条件,确定产品的工艺过程。

33. 工艺信息模型

在计算机中对产品所涉及的工艺相关的所有数据的完整、一致和高效可存取的结构化描述,它包括产品及设计零部件信息、制造零部件信息、工艺要求、工艺过程、材料消耗定额、加工工时定额、设备和工艺装备、工艺辅料、装配物料清单、工艺文件、NC代码、工艺版本等数据。

34. 零件信息模型

在计算机中对零部件的几何形状、物理属性、管理属性、制造属性、使用属性等综合信息的完整、一致和高效可存取的结构化描述。

35. （零件）特征

具有一定几何形状、工程意义和加工要求的一组信息的集合,是构造零件几何形状和零件信息模型的基本信息单元。

36. 特征代号

用于表示零件特征的代号。

37. 工序图

工艺设计结果的图形表达。

38. 生产图设计

将经过方案设计确定的技术方案转变成可供制造样机用的图样和技术文件的具体设计。

理解说明 又称"关键设计（GJB 2993《武器装备研制项目管理》5.5.1.2要求,在关键设计审查通过后,方可转入试制与试验,但在现实的运行中也称详细设计）",是新型武器装备研制过程中工程研制阶段的主要工作之一。新飞机关键（习惯称详细）设计的主要内容有绘制各部件、各系统的总装图,部件和零件的设计及强度计算;结合设计进行结构和系统的局部试验;详细的气动性能计算、操纵性和安定性计算、重量和重心计算,外形和内部总体布置的修正和协调;全机强度试验的准备等。关键设计完成时,应给出全套生产用图样、零部件配套目录、外购成品清单和各种生产用的设计文件。

39. 工艺规范

对工艺过程中有关技术要求所做的一系列统一规定。

40. 工艺总方案

根据产品设计要求、生产类型和承研承制单位的生产能力,提出工艺技术准备工作具体任务和措施的指导性文件。

理解说明 GJB 2993 5.4.2条中要求,在装备研制的方案阶段,应提出试制工艺总方案（方案阶段的状态标识应是"F"）,并按照GJB 1269A《工艺评审》进行工艺评审工作。

工艺总方案应根据研制阶段和批生产的工作进展情况适时修订、完善,以能在寿命周期内连续使用。

41. 工艺标准化综合要求

规定样机试制工艺标准化要求,指导工程研制阶段工艺标准化工作的型号标准化文件,是编制工艺标准化大纲的基础。

理解说明 根据标准化的原理、规则和方法,对有关工艺方面的共同性问题进行优化、精简和统一。工艺标准化是文件标准化、要素标准化、装备标准化、术语标准化和符号标准化等,其目的是为了使产品生产过程能够切实保证产品的质量,同时又能提高效益、降低消耗。工艺标准化是承研承制单位标准化的一项主要内容,是标准化原理在工艺工作中的全面应用。承研承制单位要以最短的生产周期生产出市场需求的高质量产品,就必须加强工艺标准化工作。其内容分别是:

1) 工艺术语标准化

工艺术语是工艺领域内的共同技术语言,它是制定工艺标准、标志工艺文件和做好各项工艺工作的基础。工艺术语不统一,不仅会影响技术交流,甚至会影响生产技术工作的正常进行。

我国已制定了一批工艺方面的术语标准,如 GB/T 4863《机械制造工艺基本术语》等,对于一些工艺文件中常用的名词、术语、符号,做出了统一规定。

承制单位在工艺工作中,应该按照这些统一的规定使用名词、术语和符号。对国家或行业尚无统一规定的,应在本单位作出统一的规定。

2) 工艺要素标准化

工艺要素是工艺方法赖以实施的一系列重要因素,例如机械加工中的加工余量、工序尺寸及公差、切削用量等;塑料成型加工中的温度、时间、压力等因素。对这些因素进行统一和简化,制定出标准并加以贯彻,是达到工艺目的的重要保证。

3) 工艺文件标准化

工艺文件标准化,是运用标准化手段,对工艺文件的种类、格式、内容、填写方法和使用程序等实现标准化,并保证工艺文件的成套、完整和统一的标准化工作。

承制单位应根据自身的产品特点、专业化程度、设备和人员的技术水平等不同条件,制定出适合本企业使用的工艺文件格式,也可按具体情况在使用统一工艺文件格式的基础上,适当增补实用格式。例如,工艺规程标准化也称工艺规程典型化,是从研究产品结构形状和加工工艺着手,把具有相似的结构形状特征或加工工艺特征的零件归并在一起,研究其工艺上的共同特征,结合企业的实际生产技术条件,找出比较先进的工艺方案,形成指导生产的工艺文件。如热处理典型工艺规程、氧化典型工艺规程等。

在编制过程中,有的工序可以编制工序守则或操作说明书,作为通用化的工艺规程。

42. 工艺标准化大纲

规定生产定型工艺标准化工作要求、指导生产(工艺)定型阶段工艺标准化工作必备的型号标准化文件。

理解说明 在生产(工艺)定型阶段初期,根据批量生产的要求,进一步修改和补充工艺标准化综合要求,形成工艺标准化大纲,用于指导产品生产(工艺)定型阶段的工艺标准化工作。

43. 工艺规程

规定产品或零部件制造工艺过程和操作方法等的工艺文件。

44. 随件流转卡(随工流程卡)

在产品的批次管理中,用于记录工艺过程并作为可进行追溯的一种工艺文件。

理解说明 GJB 726A《产品标识和可追溯性要求》5.6.4 条可追溯性要求中明确,对实行批次管理的产品,组织应按批次建立随件流转卡,详细记录投料、加工、装配、交付过程中投入产品的数量、质量状况及操作者和检验者。产品的批次标识作为可进行追溯时的标识。

GJB 9001A《质量管理体系要求》7.5.3 标识和可追溯性条款中,按批次建立随工流程卡,详细记录投料、加工、装配、调试、检验的数量、质量、操作者和检验者,并按规定保存。

GJB 9001B《质量管理体系要求》7.5.3 条及 GJB 9001C《质量管理体系要求》8.5.2a)条款标识和可追溯性要求中,按批次建立记录,详细记录投料、加工、装配、调试、检验、交付的数量、质量、操作者和检验者,并按规定保存。

45. 图样

按专门规定的线条、符号、比例等规则表示物体的结构、规格、尺寸、形状及技术要求的图纸。

理解说明 图样,包括整机及零、部、组件结构图、安装图、随机工具图、地面设备图及各类工装图等。

46. 设计图样

根据 GJB 1405A 3.28 设计输出的定义可知,设计图样是以图样来表述设计输出的一种文件形式。

理解说明 设计图样是装备在研制过程中,产品设计定型之前的统称(如:GJB 1362A《军工产品定型程序和要求》7.2.1.q 产品全套设计图样),它包括技术、结构和工艺设计图样以及软件源程序。

因此,设计图样包含试制图样和生产图样。根据相关标准规定,设计图样在装备的工程研制阶段 C 状态,称试制图样;设计定型阶段称生产图样。

47. 试制图样

装备研制在工程研制阶段 C 状态,完成的全套图样称试制图样。

理解说明 GJB 2993《武器装备研制项目管理》5.5.1.1 应根据研制合同要

求开展设计工作,其主要任务包括,完成全套试制图样,……。

48. 生产图样

装备研制在设计定型阶段完成、确定的全套图样,称为生产图样。

理解说明 GJB 2993 5.6.2 定型阶段应最终确定产品规范、工艺规范、材料规范和软件规范的正式版本,并形成正式的全套生产图样、有关技术文件及目录。

49. 产品图样

装备研制在生产定型阶段形成的图样,称为产品图样。

理解说明 GJB 1362A 7.2.2g)生产定型文件要求,产品全套图样。显然,产品设计定型后的图样,应称产品图样。

50. 借用件

借用件是隶属编号的产品图样中,使用已有产品的组成部分。

51. 修理工艺规程

具有约束力和规范化的规定装备修理顺序和方法的技术文件。

理解说明 主要内容有:工艺方法、操作步骤、试验要求、检验标准等。对定型产品的修理工艺规程有通用修理工艺规程和专用修理工艺规程两类;对试修、试制、试改装和工艺方法不固定的产品,制订临时修理工艺规程。通常修理工艺规程由承修单位根据修理技术标准、承修单位具体工艺、技术水平制订,经承修单位总工艺师批准后执行。

52. 修理图样

用于对装备翻修施工工艺的图样。

理解说明 是编写修理规范和工艺规程的依据。通常是按照制造图样作局部更改而成。由承修单位技术部门绘制,经承修单位总工程师批准生效。

(七) 工艺装备与工件装夹术语

1. 工艺装备(工装)

工艺装备简称为工装。产品制造过程中所用的各种工具总称,包括:刀具、夹具、模具、量具、检具、辅具、钳工工具和工位器具等。

2. 工艺设备

完成工艺过程的主要生产装置,如:各种机床、加热炉、电镀槽等。

3. 通用工艺装备

能为几种产品所共用的工艺装备。

4. 标准工艺装备

已纳入标准的工艺装备。

5. 专用工艺装备

专门为某一产品所用的工艺装备。

6. 成组工艺装备

根据成组技术原理设计的用于成组加工的工艺装备。

7. 可调工艺装备

通过调整或更换个别零部件,能适用于多种工件加工的工艺装备。

8. 组合工艺装备

由可循环使用的标准零部件或专用零部件组装成易于联接、拆卸和重组的工艺装备。

9. 跨产品借用工艺装备

被其他产品借用的专用工艺装备。

10. 夹具

用以装夹工件(和引导刀具)的装置。

11. 组合夹具

由可循环使用的标准夹具零部件(或专用零部件)组装成易于联接、拆卸和重组的夹具。

12. 专用工艺装备设计任务书

由工艺人员根据工艺要求,对专用工艺装备设计提出的一种指示性文件,作为工装设计人员进行工装设计的依据。

13. 工艺装备验证

工装制造完毕后,通过试验、检验、试用,考核其合理性的过程。

14. 模具

用以限定生产对象的形状和尺寸的装置。

15. 刀具

能从工件上切除多余材料或切断材料的带刃工具。

16. 计量器具

用以直接或间接测出被测对象量值的工具、仪器、仪表等。

17. 辅具(机床辅具)

用以连接刀具与机床的工具。

18. 钳工工具

各种钳工作业所用工具的总称。

19. 工位器具

在工作地或仓库中用以存放生产对象或工具用的各种装置。

20. 装夹

将工件在机床上或夹具中定位、夹紧的过程。

21. 定位

确定工件在机床上或夹具中占有正确位置的过程。

22. 夹紧(卡夹)

工件定位后将其固定,使其在加工过程中保持定位位置不变的操作。

23. 找正

用工具(和仪表)根据工件上有关基准,找出工件在划线、加工或装配时的正确位置的过程。

24. 对刀

调整刀具切削刃相对工件或夹具的正确位置的过程。

25. "0批"工艺装备

在武器装备研制的工程研制阶段,为试制初样机所必须的最低数量的刀具、夹具、模具、量具的总称。

理解说明 合理地配备"0批"工艺装备,对保证初样机的质量、搞好技术协调关系很大,并能为正样机的试制和小批量试生产所必须的工艺装备打下基础。

26. "Ⅰ批"工艺装备

在"0批"工艺装备的基础上,为正样机试制必须增加的刀具、夹具、模具、量具的总称。

理解说明 合理选定其项目和数量,对于稳定产品质量,提供生产效率,缩短生产周期和达到一定的批量水平有很大的作用。

二、典型表面加工术语及定义

(一) 孔加工术语

1. 钻孔

用钻头在实体材料上加工孔的方法。

2. 扩孔

用扩孔工具扩大工件孔径的加工方法。

3. 绞孔

用绞刀从工件孔壁上切除微量金属层,以提高其尺寸精度和表面粗糙度的方法。

4. 锪孔

用锪削方法加工平底或锥形沉孔。

5. 镗孔

用镗削方法扩大工件的孔。

6. 车孔

用车削方法扩大工件的孔或加工空心工件的内表面。

7. 铣孔

用铣削方法加工工件的孔。

8. 拉孔

用拉削方法加工工件的孔。

9. 推孔

用推削方法加工工件的孔。

10. 插孔

用插削方法加工工件的孔。

11. 磨孔

用磨削方法加工工件的孔。

12. 珩孔

用珩磨方法加工工件的孔。

13. 研孔

用研磨方法加工工件的孔。

14. 刮孔

用刮削方法加工工件的孔。

15. 挤孔

用挤压方法加工工件的孔。

16. 滚压孔

用滚压方法加工工件的孔。

17. 冲孔

用冲模在工件或板料上冲切孔的方法。

18. 激光打孔

用激光加工原理加工工件的孔。

19. 电火花打孔

用电火花加工原理加工工件的孔。

20. 超声波打孔

用超声波加工原理加工工件的孔。

21. 电子束打孔

用电子束加工原理加工工件的孔。

（二）外圆加工术语

1. 车外圆

用车削方法加工工件的外圆表面。

2. 磨外圆

用磨削方法加工工件的外圆表面。

3. 珩磨外圆

用珩磨方法加工工件的外圆表面。

4. 研磨外圆
用研磨方法加工工件的外圆表面。

5. 抛光外圆
用抛光方法加工工件的外圆表面。

6. 滚压外圆
用滚压方法加工工件的外圆表面。

（三）平面加工术语

1. 车平面
用车削方法加工工件的平面。

2. 铣平面
用铣削方法加工工件的平面。

3. 刨平面
用刨削方法加工工件的平面。

4. 磨平面
用磨削方法加工工件的平面。

5. 珩平面
用珩磨方法加工工件的平面。

6. 刮平面
用刮削方法加工工件的平面。

7. 拉平面
用拉削方法加工工件的平面。

8. 锪平面
用锪削方法将工件的孔口周围切削成垂直于孔的平面。

9. 研平面
用研磨方法加工工件的平面。

10. 抛光平面
用抛光方法加工工件的平面。

（四）槽加工术语

1. 车槽
用车削方法加工工件的槽。

2. 铣槽
用铣削方法加工工件的槽或键槽。

3. 刨槽
用刨削方法加工工件的槽。

4. 插槽

用插削方法加工工件的槽或键槽。

5. 拉槽

用拉削方法加工工件的槽或键槽。

6. 推槽

用推削方法加工工件的槽。

7. 镗槽

用镗削方法加工工件的槽。

8. 磨槽

用磨削方法加工工件的槽。

9. 研槽

用研磨方法加工工件的槽。

10. 滚槽

用滚压工具,对工件上的槽进行光整或强化加工的方法。

11. 刮槽

用刮削方法加工工件的槽。

（五）螺纹加工术语

1. 车螺纹

用螺纹车刀切出工件的螺纹。

2. 梳螺纹

用螺纹梳刀切出工件的螺纹。

3. 铣螺纹

用螺纹铣刀切出工件的螺纹。

4. 旋风铣螺纹

用旋风铣头切出工件的螺纹。

5. 滚压螺纹

用一副螺纹滚轮,滚轧出工件的螺纹。

6. 搓螺纹

用一对螺纹模板(搓丝板)轧制出工件的螺纹。

7. 拉螺纹

用拉削丝锥加工工件的内螺纹。

8. 攻螺纹

用丝锥加工工件的内螺纹。

9. 套螺纹

用板牙或螺纹切头加工工件的螺纹。

10. 磨螺纹

用单线或多线砂轮磨削工件的螺纹。

11. 珩螺纹

用珩磨工具珩磨工件的螺纹。

12. 研螺纹

用螺纹研磨工具研磨工件的螺纹。

（六）齿面加工术语

1. 铣齿

用铣刀或铣刀盘按成形法或展成法加工齿轮或齿条等的齿面。

2. 刨齿

用刨齿刀加工直齿圆柱齿轮、锥齿轮或齿条等的齿面。

3. 插齿

用插齿刀按展成法或成形法加工内、外向轮或齿条等的齿面。

4. 滚齿

用齿轮滚刀按展成法加工齿轮、蜗轮等的齿面。

5. 剃齿

用剃齿刀对齿轮或蜗轮等的齿面进行精加工。

6. 珩齿

用珩磨轮对齿轮或蜗轮等的齿面进行精加工。

7. 磨齿

用砂轮按展成法或成形法磨削齿轮或齿条等的齿面。

8. 研齿

用具有齿形的研轮与被研齿轮或一对配对齿轮对滚研磨,以进行齿面的加工。

9. 拉齿

用拉刀或拉刀盘加工内、外齿轮等的齿面。

10. 轧齿

用具有齿形的轧轮或齿条作为工具,轧制出齿轮的齿形。

11. 挤齿

用挤轮与齿轮按无侧隙啮合的方式对滚,以精加工齿轮的齿面。

12. 冲齿轮

用齿轮冲模冲制齿轮。

13. 铸齿轮

用铸造方法获得齿轮。

(七) 成形面加工术语

1. 车成形面

用成形车刀按成形法或仿形法等车削工件的成形面。

2. 铣成形面

用成形铣刀按成形法或仿形法等铣削工件的成形面。

3. 刨成形面

用成形刨刀按成形法或仿形法等刨削工件的成形面。

4. 磨成形面

用成形砂轮按成形法或仿形法等磨削工件的成形面。

5. 抛光成形面

用抛光方法加工工件的成形面。

6. 电加工成形面

用电火花成形、电解成形等方法加工工件的成形面。

(八) 其他加工相关术语

1. 粗加工

以切除大部分加工余量为主要目的的加工。

2. 半精加工

粗加工与精加工之间的加工。

3. 精加工

使工件达到预定的精度和表面质量的加工。

4. 光整加工

精加工后,从工件上不切除或切除极薄金属层,用以提高工件表面粗糙度或强化其表面的加工过程。

5. 超精密加工

按照超稳定、超微量切除等原则,实现加工尺寸误差和形状误差在 $0.1\mu m$ 以下的加工技术。

6. 试切法

通过试切—测量—调整—再试切,反复进行到被加工尺寸达到要求为止的加工方法。

7. 调整法

先调整好刀具和工件在机床上的相对位置,并在一批零件的加工过程中保持这个位置不变,以保证工件被加工尺寸的方法。

8. 定尺寸刀具法

用刀具的相应尺寸来保证工件被加工部位尺寸的方法。

9. 展成法（滚切法）

利用工件和刀具作展成切削运动进行加工的方法。

10. 仿形法

刀具按照仿形装置进给对工件进行加工的方法。

11. 成形法

利用成形刀具对工件进行加工的方法。

12. 配作

以已加工件为基准，加工与其相配的另一工件，或将两个（或两个以上）工件组合在一起进行加工的方法。

13. 滚花

用滚花工具在工件表面上滚压出花纹的加工。

14. 倒角

把工件的棱角切削成一定斜面的加工。

15. 倒圆角

把工件的棱角切削成圆弧面的加工。

16. 钻中心孔

用中心钻在工件的端面加工定位孔。

17. 磨中心孔

用锥形砂轮磨削工件的中心孔。

18. 研中心孔

用研磨方法精加工工件的中心孔。

19. 挤压中心孔

用硬质合金多棱顶尖，挤光工件的中心孔。

20. 切断

把坯料或工件切成两段（或数段）的加工方法。

三、冷作、钳工、装配和试验术语及定义

（一）冷作常用术语

1. 排料（排样）

在板料或条料上合理安排每个坯件下料位置的过程。

2. 放样

根据构件图样，用1∶1的比例（或一定的比例）在放样台（或平板）上画出其所需图形的过程。

3. 展开

将构件的各个表面依次摊开在一个平面上的过程。

4. 号料

根据图样或利用样板、样杆等直接在材料上划出构件形状和加工界线的过程。

5. 切割

把板材或型材等切成所需形状和尺寸的坯料或工件的过程。

6. 剪切

通过两剪刃的相对运动，切断材料的加工方法。

7. 弯形

将坯料弯成所需形状的加工方法。

8. 压弯

用模具或压弯设备将坯料弯成所需形状的加工方法。

9. 拉弯

坯料在受拉状态下沿模具弯曲成形的方法。

10. 滚弯

通过旋转辊轴使坯料弯曲成形的方法。

11. 热弯

将坯料在热状态下弯曲成形的方法。

12. 弯管

将管材弯曲成形的方法。

13. 热成形

金属在再结晶温度以上进行的成形过程。

14. 胀形

板料或空心坯料在双向拉应力作用下，使其产生塑性变形取得所需制件的成形方法。

15. 扩口

将管件或空心制件的端部径向尺寸扩大的加工方法。

16. 缩口

将管件或空心制件端部加压，使其径向尺寸缩小的加工方法。

17. 缩颈

将管件或空心制件局部加压，使其径向尺寸缩小的加工方法。

18. 咬缝（锁接）

将薄板的边缘相互折转扣合压紧的连接方法。

19. 胀接

利用管子和管板变形来达到紧固和密封的连接方法。

20. 放边
使工件单边延伸变薄而弯曲成形的方法。
21. 收边
使工件单边起皱收缩而弯曲成形的方法。
22. 拔缘
利用放边和收边使板料边缘弯曲的方法。
23. 拱曲
将板料周围起皱收边,而中间打薄锤放,使之成为半球形或其他所需形状的加工方法。
24. 扭曲
将坯料的一部分与另一部分相对的扭转一定角度的加工方法。
25. 拼接
将坯料以小拼整的方法。
26. 卷边
将工件边缘卷成圆弧的加工方法。
27. 折边
将工件边缘压扁成叠边或压弯成一定几何形状的加工方法。
28. 翻边
将板件边缘或管件(或空心制件)的口部进行折边或翻扩的加工方法。
29. 刨边
对板件的边缘进行刨削的加工方法。
30. 修边
对板件的边缘进行修整的加工方法。
31. 反变形(预变形)
在焊接前,用外力把制件按预计变形相反的方向强制变形,以补偿加工后制件变形的方法。
32. 矫正(校形)
消除材料或制件的弯曲、翘曲、凸凹不平等缺陷的加工方法。
33. 校直
消除材质或制件弯曲的加工方法。
34. 校平
消除板材或平板制件的翘曲、局部凸凹不平等的加工方法。

(二) 钳工常用术语

1. 划线
在毛坯或工件上,用划线工具划出待加工部位的轮廓线或作为基准的点、线。

2. 打样冲眼

在毛坯或工件划线后,在中心线或辅助线上用样冲打出冲点的方法。

3. 锯削

用锯对材料或工件进行切断或切槽等的加工方法。

4. 錾削

用手锤打击錾子对金属工件进行切削加工的方法。

5. 锉削

用锉刀对工件进行切削加工的方法。

6. 堵孔

按工艺要求堵住工件上某些工艺孔。

7. 配键

以键槽为基准,修锉与其相配合的键。

8. 配重

在产品或零、部件的某一位置上增加重物,使其由不平衡达到平衡的方法。

9. 去重

去掉产品或零、部件上某一部分质量,使其由不平衡达到平衡的方法。

10. 刮研

用刮刀从工件表面刮去较高点,再用标准检具(或与其相配的件)涂色检验的反复加工过程。

11. 配研

两个相配合的零件,在其结合表面加研磨剂使其相互研磨以达到良好接触的过程。

12. 标记

在毛坯或工件上做出规定的记号。

13. 去毛刺

清除工件已加工部位周围所形成的刺状物或飞边。

14. 倒钝锐边

除去工件上尖锐棱角的过程。

15. 砂光

用砂布或砂纸磨光工件表面的过程。

16. 除锈

将工件表面上的锈蚀除去的过程。

17. 清洗

用清洗剂清除产品或工件上的油污,灰尘等脏物的过程。

(三) 装配常用术语

1. 装配

按规定的技术要求,将零件或部件进行配合和连接,使之成为半成品或成品的工艺过程。

2. 包装

确保产品在整个流通过程中质量不受损害而采取保护措施的过程。

理解说明 军工产品包装要求标准化、系列化和集装化,所用的材料、容器、包装技术、方法及外观识别均有严格的规定。

GJB 6387《武器装备研制项目专用规范编写规定》要求,包装应规定防护包装、装箱、运输、贮存和标志要求。若有适用的现行标准,则应直接引用或剪裁使用。若无标准可供引用,则应根据需要规定。特别要注意的是,装箱还应包括包装箱和箱内内装物的缓冲、支撑、固定、防水、封箱等要求,以及首先对包装箱的检验工作等。运输和贮存,包括运输和贮存方式、条件、装卸注意事项等,一定要在产品规范中明确。

3. 配套

将待装配产品的所有零、部件配备齐全。

4. 部装

把零件装配成部件的过程。

5. 总装

把零件和部件装配成最终产品的过程。

6. 调整装配法

在装配时用改变产品中可调整零件的相对位置或选用合适的调整件以达到装配精度的方法。

7. 修配装配法

在装配时修去指定零件上预留修配量以达到装配精度的方法。

8. 安装件

零件、组合件、装配件经过安装而形成的连接在最终产品上的零、部件。

9. 虚拟装配

根据产品结构形状、精度特性、装配的运动学和动力学原理等,在计算机中模拟真实的产品三维装配过程,并允许用户以交互方式进行拟实控制,以检验产品的可装配性。

10. 互换装配法

在装配时各配合零件不经修理,通过选择或调整即可达到装配精度的方法。

11. 分组装配法

在成批或大量生产中,将产品各配合副的零件按实测尺寸分组,装配时按组进行互换装配以达到装配精度的方法。

12. 压装

将具有过盈量配合的两个零件压到配合位置的装配过程。

13. 热装

具有过盈量配合的两个零件,装配时先将包容件加热胀大,再将被包容件装入到配合位置的过程。

14. 冷装

具有过盈量配合的两个零件,装配时先将被包容件用冷却剂冷却,使其尺寸收缩,再装入包容件使其达到配合位置的过程。

15. 吊装

对大型零、部件,借助于起吊装置进行的装配。

16. 试装

为保证产品总装质量而进行的各连接部位的局部试验性装配。

17. 装配尺寸链

各有关装配尺寸所组成的尺寸链。

18. 预载

对某些产品或零、部件在使用前所需预加的载荷。

19. 油封

在产品装配和清洗后,用防锈剂等将其指定部位(或全部)加以保护的措施。

20. 漆封

对产品中不准随意拆卸或调整的部位,在产品装调合格后,用漆加封的措施。

21. 拆卸

使用一定的工具和手段,解除对零部件造成各种约束的联接,将产品零部件逐个分离的过程。

22. 铅封

产品装调合格后,用铅将其指定部位封住的措施。

23. 启封

将封装的零、部件或产品打开的过程。

24. 装配顺序规划

在装配工序中应用人工智能的一项新技术。通过对装配工序的分解和分析,建立一个装配事例库。根据事例推理技术,从事例库中检索出相似的事例,利用认知和推理方法对几种装配事例进行模式匹配,经过人机交互修演,得到新的装配顺序,从而制定装配规划,使装配工作实现智能化。

（四）试验常用术语

1. 静平衡试验

调整产品或零、部件使其达到静态平衡的过程。

2. 动平衡试验

对旋转的零、部件，在动平衡试验机上进行试验和调整，使其达到动态平衡的过程。

3. 试车

机器装配后，按设计要求进行的运转试验。

4. 空运转试验

机器或其部件装配后，不加负荷所进行的运转试验。

5. 负荷试验

机器或其部件装配后，加上额定负荷所进行的试验。

6. 超负荷试验

按照技术要求，对机器进行超出定额负荷范围的运转试验。

7. 型式试验

根据新产品试制鉴定大纲或设计要求，对新产品样机的各项质量指标所进行的全面试验或检验。

8. 性能试验

为测定产品或其部件的性能参数而进行的各种试验。

理解说明　测定性能参数的试验，一般在产品的研制、修理、装配后进行。目的是检验产品的研制、修理、装配质量和调整性能参数。分为单件试验、配套试验和系统试验。

9. 寿命试验

按照规定的使用条件（或模拟其使用条件）和要求，对产品或其零、部件的寿命指标所进行的试验。

理解说明　耐久性是在规定的使用与维修条件下，直到极限状态前完成规定功能的能力。耐久性定量要求包含多个适用的参数，其参数指标包括：有用寿命、经济寿命、贮存寿命、总寿命、首翻期与翻修间隔期限等。因此，在装备的研制总要求中一般提耐久性的要求，分别包括以上几个方面。

10. 破坏性试验

按规定的条件和要求，对产品或其零、部件进行直到破坏为止的试验。

11. 温度试验

在规定的温度条件下，对产品或其零、部件进行的试验。

12. 压力试验

在规定的压力条件下，对产品或其零、部件进行的试验。

13. 噪声试验

按规定的条件和要求,对产品产生的噪声大小进行测定的试验。

14. 电气试验

将机器的电气部分安装后,按电气系统性能要求进行的试验。

15. 渗漏试验

在规定压力下,观测产品或其零、部件对试验液体的渗漏情况。

16. 气密性试验

在规定压力下,测定产品或其零、部件气密性程度的试验。

理解说明 也称气密试验。测定流体从系统或机件内部向外部,或从高压舱向低压舱渗透程度的试验。做气密试验时,一般假定试验过程中温度不变,增压对系统或机件不发生膨胀,不改变容积。航空技术装备的各系统中,通常采用的气密试验参数有:①保持一定压力的时间;②在一定初始压力下,在规定的时间内,允许压力的下降值;③在一定压力下的渗透率,或在规定时间内的渗透量。

17. 检测

用仪器设备对机载设备进行的检查和测试工作。目的是判明其功能和技术状况。

18. 检查

为掌握装备技术状态所进行的查看、检验和测量等工作。

19. 调整

变动装备上可调环节,使装备功能和性能参数达到规定要求的技术活动。

20. 校准

用标准仪器的输出值或测定值与各种测量装置的测定值进行比较,鉴定被测装置测定值的准确性,并修正其误差的技术活动。

21. 校验

用标准值核对被校仪表指标的工艺过程。必要时制定误差表,作为使用中修正读数的依据。如:转速表、罗盘校验等。

22. 调准

按照标准的参数或基准面、点等,恢复飞机或机载设备到规定工作状态的技术活动。

23. 试验

为了查看整机、部件、附件或系统的技术状态及质量而进行的动态运转和测量其参数的工艺过程。航空技术装备修理中,需要进行的试验很多,例如:飞机的试飞、发动机试车、枪炮试射、气密试验、强度试验、环境应力试验和抗电试验等。

24. 强度试验

验证在使用环境和载荷作用下的承载能力的试验。

理解说明 通常包括：静强度试验、疲劳试验、动力试验和热强度试验。在装备研制、修理中，对于液压、气压系统的附件和导管，气密座舱及座舱盖等承压机件，都要进行静强度试验。通常试验压力为工作压力的 1.5 倍。对于扩修件，除进行静强度试验外，还要根据其工作环境和载荷进行其他相应的强度试验。

25. 环境应力试验

产品或材料在储存、运输、使用的环境条件下，其内应力或性能承受环境条件变化的能力试验。

理解说明 通常包括：高温试验、低温试验、湿热试验、振动试验、盐雾试验等。

26. 抗电试验

对机电产品进行的耐电压的试验。

理解说明 通常是规定的电压加在机电产品的导电部分，经过规定时间后，以有无击穿现象来衡量。

27. 试车台试验

在试车台上对航空发动机进行性能检测的运转试验。

理解说明 在装备研制、修理过程中，发动机试车台试车的主要目的是考核研制、修理质量。一般分为：研制试车（工厂试车）、检验试车、附加试车、长期试车等。

28. 工厂试车

航空发动机经过分解、故障检查、修理、装配后为调整发动机性能和检查各系统工作状况进行的试车。

理解说明 又称研制试车，按技术标准规定的试车曲线进行。

29. 检验试车

航空发动机研制、翻修出厂前的最终试车。

理解说明 在承制、承修试车合格后，进行二次分解检查，重新组装后进行的试车。目的是检查研制、翻修质量。按技术标准规定的检验试车曲线实施。

30. 附加试车

为检查排除航空发动机故障的有效性，而在规定试车次数之外所增加的试车。

理解说明 在工厂试车或检验试车中出现无法在试车台架上排除的故障，将发动机从台架上卸下，排除故障后再进行的试车。通常按故障情况制订的试车曲线进行。

31. 长期试车

为确定翻修后的航空发动机（或机件）的翻修时限、总寿命或验证翻修工艺的试车。

理解说明 长期试车分为若干阶段进行,每一阶段时间和总工作时间,根据技术性能和可靠性要求确定。试车曲线要分解发动机进行故障检查和微分测量,对预定考核项目做出结论,编制长期试车报告。

32. 加速模拟试车

在保证起动、停车循环的前提下,以大负荷状态的短时间运转来替代小负荷状态的长时间运转的发动机试车。

理解说明 目的是尽早暴露缺陷、故障和薄弱环节,缩短试车时间,节约试车费用。

33. 加速任务试车

又称"等效试车"。发动机试车大纲能反映出飞行使用任务图谱的地面台架试车。

理解说明 加速任务试车大纲是在发动机整个设计任务循环的基础上,将其中对发动机零、部件损伤无影响或影响不大的状态全部删掉而得出的加速任务试车循环。目的是使地面台架试车能预先暴露出实际使用中可能出现的缺陷和故障,缩短研制周期和降低成本。通常,加速任务试车对一些高循环疲劳损伤的零、部件不适用,这些零、部件的问题只能用相应的模拟试验来发现。

34. 工艺试车

为验证扩修工艺和加深修理深度的可行性而进行的试车。

理解说明 其试车程序及要求一般与长期试车相同。

35. 寿命试车

为确定航空发动机翻修时限或总寿命而进行的试车。

理解说明 试车程序及要求与长期试车相同。

36. 测试

在运转过程中,用专用仪器测定技术参数的活动。以分析和评估其技术性能。

37. 自检

(1) 由操作者本人对自己完成的工作(或产品)的质量进行的检查;

(2) 由设备自身或内部的专门装置,按照预先设定程序,对自身功能和技术状况自动进行的检测。

38. 计量

用一个规定的标准已知量作单位,和同类型的未知量相比较而加以检定的过程。

理解说明 根据测量的原理和内容,可分为长度计量、电工计量等。

39. 计量管理

国家运用法律建立统一的计量制度并加以监督管理的一系列工作的总称。

理解说明　主要包括：制定计量法，以法定形式统一计量单位制；建立计量基准器具、计量标准器具，进行计量检定，对制造、修理、销售、使用计量器具进行监督管理等。《中华人民共和国计量法》规定，国务院计量行政部门对全国计量工作实施统一监督管理。

40. 国防计量与军事计量

国防计量与军事计量是国家计量工作的组成部分。

理解说明　国防计量在业务上接受国务院计量行政部门的指导。法规体系包括《国防计量监督管理条例》、《国防科技工业计量监督管理暂行规定》和《关于进一步加强国防科技工业计量工作的通知》等。

军事计量法规体系包括《中国人民解放军计量条例》、《军用校准和测试实验室认可管理规定》和《军事计量基层技术机构通用要求》等。

与计量相关的法律、法规和规章见下表。

与计量相关的法律、法规和规章

法律	《计量法》，1985年9月6日。定原则，如就地就近原则；计量检定必须执行计量检定规程；贸易结算、安全防护、医疗卫生、环境监测方面的强制检定目录。	12条：制造修理计量器具的单位，《制造计量器具许可证》或《修理计量器具许可证》。	33条：解放军和国防科技工业系统计量工作的监督管理办法由国务院、中央军委依据本法另行制定。	9条：强制检定的国务院制定办法。34条：国务院计量行政部门根据本法制定实施细则。
法规	《计量法实施细则》，1987年1月19日国务院批准。细化原则：如不受行政区限制；解放军和国防科技工业部门涉及本系统以外的适用本细则。依据《计量法》34条制定。	4条：计量基准器具国家鉴定合格；5条：计量标准器具计量检定合格。	11条：强制检定的，申请周期检定。12条：非强制检定的，单位规定定期检定。	61条：计量器具包括计量基准、计量标准、工作计量器具。计量检定是确定计量器具合格。计量认证是对技术机构进行考核和证明。
	《强制检定的工作计量器具检定管理办法》，1987年4月15日，国务院发布。依据《计量法》9条制定。	2条：列入本办法所附《强制检定的工作计量器具目录》的，实行定点定期检定。	5条：强制检定的登记造册，备案，申请周期检定。9条：发检定证书、检定合格证或加盖检定合格印。	《强制检定的工作计量器具目录》55种强制检定工作计量器具。注：不含基准器具和标准器具。
	《国防计量监督管理条例》，1990年4月5日，国务院中央军委，依据《计量法》33条制定。9条：可由国防计量技术机构强制检定，也可送地方计量行政部门强制检定。2条：包括使用部门必须执行。13条：包括使用单位、质量管理和保证安全的工作器具，必须计量检定。	8条：国防计量技术机构分三级，一级为：科工委批准的国防计量测试研究中心和计量一级站。	二级为：科工委批准的国防计量区域计量站、专业计量站和军工产品部门批准设置的计量站。	三级为：科工委计量管理机构认证的军工单位计量技术机构，接受一二级的业务指导。
		16条：包括使用单位的计量技术机构的计量标准器具、计量检定人员、环境条件和规章制度，经科工委认可发证。	17条：研制阶段计量保证。18条：试验阶段计量保证。19条：生产阶段计量保证。21条：定型阶段的计量保证。	20条：使用阶段计量保证，研制单位提出计量要求、手段和文件，使用单位接收产品时必须验收测试设备和文件。超期延寿等须有计量人员参与。
	《中国人民解放军计量条例》			

(续)

规章	《依法管理的计量器具目录》,1987年7月10日,国家计量局发布。	依据《计量法实施细则》61条和63条制定。含计量基准、计量标准和工作计量器具。	12大类中专业的10类:长度、热学、力学、电磁学、无线电、时间频率、声学、光学、电离辐射、物理化学。	12大类中特殊的2类:标准物质,专用计量器具(指计量基准、计量标准和工作计量器具的新产品)。
	《关于制备标准物质办理许可证的具体规定》,1988年4月20日,国家计量局发布。	依据《依法管理目录》第二条11项"标准物质"。	办理《制造计量器具许可证》的标准物质。定级:一级标准物质和二级标准物质。	
	《产品质量检验机构计量认证管理办法》,1987年7月10日,国家计量局发布。	依据《计量法》22条和《实施细则》第7章的规定制定。	适于为社会提供公证数据的产品质量检验机构。	认证内容:5条计量检定、测试设备的配备及准确度、量程;6条7条:环境和人员。
	《国防计量监督管理条例》,1990年7月13日,科工委发布。依据《国防计量监督管理条例》27条的规定。			
	《国防科技工业计量监督管理暂行规定》,2000年2月29日,科工委4号令,依据《计量法》制定。			
	《关于进一步加强国防科技工业计量工作的通知》			
	《军用校准和测试实验室认可管理规定》			
	《军事计量基层技术机构通用要求》			

第二章 装备研制工艺工作策划

装备研制工艺工作策划是装备研制工艺工作的顶层工作,每一个新型号的伊始,工艺策划需做大量的计划、准备工作。如:根据主要战术技术指标、使用要求和初步的总体技术方案对新型号初步的设计方案和设计图样等设计文件,工艺人员除了参加相关评审审查外,更重要的是首先要完成对新型号研制的性能、结构分析、调研,即产品结构工艺性审查、零件结构的工艺性审查、面向制造的设计技术的准备以及工艺准备计划与控制方式、方法的策划等报告的内容。

GJB 1269A《工艺评审》工艺总方案的评审中规定了评审产品研制的工艺准备周期和网络计划,以及实施过程的费用预算和分配原则等内容。由此可见,围绕工艺准备和编制网络计划是本章应研究的重点内容。

第一节 装备研制的工艺准备策划

工艺准备工作包括工艺技术工作和工艺管理工作。工艺准备是指工艺部门及人员在型号研制之初,从参加新产品的设计、工艺调研开始,经过产品结构工艺性审查和工艺设计,直至工艺验证、总结与整顿等一系列的工艺工作,简称工艺准备。

工艺准备的质量与效率,不仅影响产品质量,而且对生产组织,生产效率、制造成本和生产准备的技术状态有着直接影响。因此,工艺准备工作是生产技术准备工作的重要组成部分,是工艺管理工作的中心环节。也是工艺管理的基本职能在工艺准备工作中的体现。

工艺管理在工艺准备中的基本职能,就是对工艺技术进行计划、组织与控制,也就是保证建立科学的、完整的工艺准备体系与制度,制订和完善各项工艺准备工作的原则、方法、程序和计划,并对其进行分析、评价、协调与控制,达到预期的目的。

一、工艺准备的目的和任务

(一)工艺准备的目的

工艺准备的基本目的就是从承制单位的实际情况出发,为生产出满足使用方需求的产品,在工艺上采用最经济、最有效的制造方式与方法。

(二)工艺准备的任务

工艺准备的任务是:

(1) 制订工艺准备工作计划,确定工艺准备的工作内容、工作程序和准备周期;

(2) 确定工艺部门与相关部门的具体分工;

(3) 保证毛坯制造、零部件加工和产品装配能符合产品设计所规定的要求,降低返修率和废品率;

(4) 采用先进、适用的生产组织形式,充分合理地利用设备、工艺装备,尽可能提高劳动生产率;

(5) 降低物资消耗和动力消耗,提高材料利用率,大力推广先进工艺;

(6) 逐步实现操作和搬运的机械化(半机械化)或自动化(半自动化),改善劳动条件,减少或消除有毒(或粉尘、噪声、废水)作业,实现绿色制造。

(三) 工艺准备的主要内容

为了有利于生产技术准备工作的顺利开展和推动新产品的研究开发,在新产品开发或老产品改进的设计调研和总体方案讨论之初,即武器装备研制的方案阶段,工艺人员就应及早介入工艺准备的先期工作,了解研制型号以及用户对产品的需求,学习国内外先进工艺技术与管理经验,掌握工艺准备与设计准备之间的联系,工艺准备的基础性工作就是进行工艺调查与研究,为工艺准备奠定良好基础。一般应了解、掌握以下几个方面的内容:

(1) 了解设计类型,分清装备设计类型(改进设计、创新设计及技术引进设计等);

(2) 了解新产品或将改进的老产品的用途、范围、性能、精度、技术要求、基本结构、使用特点和标准化要求等;

(3) 掌握和了解国内外同类产品制造工艺水平和发展趋势,以及学习兄弟企业的先进生产技术、经验等;

(4) 了解设计者的构思以及设计中可能存在的问题与解决办法,了解该产品的标准化、系列化、通用化的要求等;

(5) 熟悉与产品有关的国家、地区或行业的标准体系要求;

(6) 搜集、整理和分析有关的工艺技术和工艺管理的资料和专利等,提出工艺可行性分析报告,针对主要技术问题提出建议。

工艺准备前期的调研和研究工作是促进工艺水平提高的关键,同时也为后期的工艺准备工作打下一定的基础,主要内容的详细介绍见各章节的有关内容。工艺准备的主要内容:

(1) 分析与审查产品结构工艺性;

(2) 设计与评价工艺方案;

(3) 设计与优选工艺路线;

(4) 工艺规程及其他工艺文件的设计和审批;

(5) 工艺定额的制订与管理;

（6）专用工艺设备和工艺装备的设计与评价；

（7）工艺验证；

（8）工艺总结；

（9）工艺整顿。

（四）工艺准备与相关部门的关系

武器装备研制的跨越式快速发展，重点体现在装备研制的并行工程工作和迭代研制深入发展的联系上。工艺准备工作虽然主要由工艺部门完成，但其涉及到企业的其他职能部门。只有各部门通力合作，密切配合，才能做好工艺准备工作。作为装备研制的质量管理体系中的每一个职责单位，在工艺准备中的协调、配合是十分重要的，这种协调、配合的内容和问题，恰恰是每一个职责单位应首先策划的研制工作之一，主要协调、配合的内容如：

（1）设计部门应保证型号设计的结构工艺性，并在工艺规范中提出一系列规定及工艺技术要求；

（2）质量管理部门应协作工艺部门策划好工序质量控制，建立质量控制的统一文件；

（3）设备、计量部门应及时提供有关资料，抓紧做好预检、制造或购置设备、工艺装备的准备工作；

（4）生产计划部门应对生产技术准备统一进行协调与控制，为工艺准备安排合理的周期；

（5）生产车间需及时反映试制意见，并做好小批试生产投产准备；

（6）劳动、教育部门要配备必须的生产人员，并进行工艺培训和工艺纪律教育；

（7）财务部门应提供产品成本和有关技术经济资料。

二、工艺管理体制、机构和职责

工艺管理的体制、机构和职责分工是开展工艺管理的基石，也是工艺准备工作的首要工作。目前，有个别企业的工艺管理体制、机构不能适应"多种型号并举，研制生产并重"的格局。尽管并行工程的理论已得到广泛认可，但是有部分企业开展并行工程的环境和条件并未完全成熟，企业仍采用设计到制造的串行工作模式，尤其是设计，主要着眼于性能指标，而对工艺可行性、批次的一致性和质量稳定性考虑不多，设计与工艺协同不到位，面向制造的设计能力不足；职责分工不明确，工艺管理系统的管理职能、管理权限不明确，指挥、协调、控制力度弱，工作推动难度大，工艺师没有从源头进入装备研制的主渠道，工艺管理在型号研制生产全过程中的应有作用未能充分发挥，没有形成高水平的工艺创新平台。这些需要在武器装备研制中更正、修改和完善。

（一）建立完善工艺管理体制

凡承担装备研制、批生产、试验和修理的承制单位，必须设立独立的工艺管理部门,明确工艺管理职能,建立系统管理及设计与工艺紧密结合的并行管理机制,配备与研制生产任务相适应的工艺管理和工艺技术人员。在产品技术方案形成之前,按有关国家军用标准的要求,建立完善工艺管理体制和机制,做好以下几个方面的工作:

(1) 设立统一、独立、综合的工艺技术部门,保证技术原则及技术管理的统一;

(2) 总工艺师(或工艺技术部门负责人)在总工程师领导下开展工作;

(3) 工艺系统在总工艺师领导下,负责全厂(所)的工艺技术工作,在业务上可以分为工厂、车间(或公司、分厂)两级管理,也可以实行工厂(所)一级管理。

（二） 建立完善工艺管理组织机构

建立完善工艺管理组织机构是开展工艺管理工作的前提,机构与人员落实到位,其工艺管理的责任才能落实,工艺管理的层次工作要求才能逐步迭代和传承,落实到终端,最终产品才能质量稳定。由此,在装备研制的工艺准备状态,应完成以下几个方面的工作:

(1) 承制方可设置总工艺师及其直接领导下的职能科室,也可设置工艺、冶金合一的工艺技术部门;

(2) 承制方可根据需要设置若干副总工艺师、主任设计师,代表总工艺师分管专业和机型的技术组织工作;

(3) 车间设置技术副主任及其领导下的工艺室(组)、工具室、机修室、工夹具修理工段;

(4) 总工艺师对生产车间技术副主任实行业务领导。

（三） 建立完善工艺部门职责

(1) 组织并参加编制新型号开发技术经济可行性分析报告,技术改造及发展规划,定型规划,技术组织措施计划和生产技术工作计划;

(2) 编制方案阶段的工艺总方案、工程研制阶段的试制工艺总方案、设计定型和生产定型的工艺总方案文件;组织编制各种指令性工艺文件;

(3) 组织完成设计图样(含试制图样和生产图样)的工艺性审查,试制准备状态检查和新产品试制、设计定型前生产准备状态检查、设计定型和生产定型等各项工艺技术和工艺管理工作;

(4) 制定工艺布置、机床设备的分配和调整方案,完成厂(所)内工艺分工;

(5) 组织完成工厂各类专用工装的设计和非标准设备设计;

(6) 组织攻克工艺技术关键,编制技术组织措施计划,组织开展和处理工艺技术协调问题;

(7) 组织编制各种工艺文件和资料以及各类工艺技术管理制度;

(8) 根据工艺技术发展与装备发展需求,提出工艺研究发展规划和研究课题,参与成果的技术鉴定;组织推广新工艺、新技术、新标准;

(9) 吸收国内外先进技术,结合工厂的成功经验,编制、完善基础性工艺文件(典型工艺规程、工艺说明书和工艺手册等);

(10) 组织对工艺技术人员的技术业务学习和培训,负责考核其技术水平。

(四) 建立完善工具管理机构

视企业规模,生产类型和产品零件部件的复杂、精密程度以及工具用量多少,建立必要的工具管理机构。工具管理工作繁重的企业,可设工具科(处);工作量不大的可不设工具科,在工艺科(或技术科)内设工具管理组(员)。

(五) 建立完善工具科的职责

(1) 工具科(处、组)负责全厂工具的计划、制造、采购、调拨、收发、保管、使用和废旧工具的回收、修理、翻新、改制等管理工作;

(2) 接受生产车间各类工具的申请、订货,根据企业生产技术准备计划和生产计划,编制工具采购和工具生产计划以及相应的工具生产技术准备、原材料,机电配套,毛坯和大件加工协作计划提交有关部门,并组织实现;

(3) 组织制订和贯彻有关工具管理的各种目录、标准、定额,规章制度和工作细则;

(4) 负责工具技术监督,掌握和指导全厂(所)工具的保管和使用,开展经常性的工具消耗分析,研究工具损坏,过速磨损的原因,采取措施,减少工具消耗;

(5) 严格掌握,合理使用工具储备流动资金,做到计划采购、合理储备;

(6) 参加重大工具设计审查及试用验证,密切配合有关部门研究、推广先进工具,提出扩大工具"三化"的意见;

(7) 工具制造工艺,设计两类工具;

(8) 劳动竞赛,总结,推广节约工具、降低消耗的先进典型,不断提高工具管理水平;

(9) 设计一般由工艺科负责,也可由工具科负责。

(六) 建立完善工具库

(1) 加强工具的保管。企业应建立工具总库,由工具科领导。工具总库是企业所有外购和自制标准、通用、专用工具领发、保管、储存的中枢,经常掌握各类工具的领用、周转和储备情况,及时提出工具短缺、积压、超储情况,并组织处理。

(2) 车间建立工具室,负责车间工具的计时和日常领发、借用、保管及报废处理工作,业务上受工具科领导。

(3) 废旧工具库,隔离保管废旧工具,并组织修复、翻新、改制利用。

三、工艺准备的计划与控制

工艺准备是生产技术准备的重要组成部分,因此它的计划与控制一定要统一在生产技术准备的计划与控制之中,才能按质按量按时地完成各项准备工作。

(一) 生产技术准备计划

企业的生产技术准备工作是由许多科室和车间共同完成的。为了协调和平衡各单位准备工作的负荷,保证准备工作与正常生产紧密衔接,确保各项工作有计划有步骤地进行,以缩短生产技术准备周期,降低生产技术准备费用,加速新产品开发和为企业均衡生产创造条件,必须做好生产技术准备计划工作,明确规定各单位的工作内容、工作量以及完成时间与考核办法。

1. 生产技术准备计划的特点

生产技术准备计划与企业其他计划相比,其工作量和定额难以精确确定,而且前一段工作基本完成后,才能较准确地确定后一阶段的工作量,因而预见性较差。尽管这样,还是要采用各种措施与方法,使计划逐步完善。

2. 生产技术准备计划的类型与内容

企业的生产技术准备计划一般有三类计划型式。按计划对象不同,分为综合计划与分产品计划;按计划期限不同,分为年度计划与短期计划;按计划执行层次不同,分为企业计划与科室计划。

企业跨年度生产技术准备综合计划见表2-1:

表2-1 企业跨年度生产技术准备综合计划

序号	生产技术准备各阶段或状态工作名称	生产技术准备工作量		生产技术准备工作执行单位	计划时间和实际完成时间					
		计量单位	工作量		×××年度					…
					季度	1	2	3	4	…
	A 设计准备									
1	初步设计	文件标准页件	定额小时	设计处、试制车间						
2	制造试样	件	同上	设计科、处						
3	试验试样	件	同上	试制车间、设计处实验室						
4	在试制中修改结构			设计处试制车间						
	B 工艺准备									
1	进行图样的工艺分析、制定各分厂零件的工艺路线	——	同上	工艺处、研究室工艺部门工艺处						
2	向各分厂、处发出进行生产准备的指令	零件件数	同上	工艺处、生产准备科						
3	制定工艺过程,提出工艺装备、工具、设备等设计任务书	工艺卡片	同上	工艺处、各分厂技术科室						
4	设计生产过程所需的工艺装备	零件件数	同上	工装设计科、机动处、技术科						
5	制造工艺装备、工具、设备	名称数	同上	机动处、						
6	设备到货安装和调整	台	同上	工艺处各分厂						
7	组织工位,生产过程的调整和试用	工位	同上	设备处工艺处工艺处各分厂						
8	按照基本生产过程生产规定批量的产品	件	同上	各有关处生产调度处、分厂						

处长　　科长　　制表人

年　月　日

1）企业跨年度生产技术准备综合计划

有些大中型企业生产技术准备工作要跨年度，所以粗略规定各部门不同年度和不同阶段的任务，见表2-1。

2）企业年度生产技术准备综合计划

有些企业在同一年度内往往有几种新产品同时进行生产技术准备，为避免各准备科室产生忙闲不均的现象，应编制企业年度生产技术准备综合计划。通常采用综合计划进度表的格式，见表2-2。计划项目划分较粗，主要按准备阶段来确定各项准备工作的概略进度和衔接关系以及各准备科室和车间的准备工作任务。该综合计划是编制产品生产技术准备计划的依据。

表2-2 企业年度生产技术准备综合计划

产品名称	工作项目	执行单位	工作进度（月）												
			10	11	12	1	2	3	4	5	6	7	8	9	10	11	12
A产品	制作工艺设备	工具车间															
	试制	加工装配车间															
	试制鉴定	鉴定委员会															
	成批生产准备																
B产品	产品设计	设计科															
	样品制造工艺准备	工艺科等															
	样品试制和鉴定	试制车间等															
	小批试生产工艺准备	工艺科															
	制造工装	工具车间															
	小批试生产	加工装配车间															
	小批鉴定	鉴定委员会															
	成批生产准备																
C产品	产品设计	设计科															
	样品试制准备	工艺科															
	样品试制	试制车间															
	样品鉴定	鉴定委员会															

3）产品生产技术准备计划

它是以一种产品或一种特殊订货为单位编制的单一产品的生产技术准备计划，是在综合计划的基础上，按年、月、日编制。计划内容细致具体。要求精确算出各项准备工作的劳动量与进度以及相互衔接关系，见表2-3所列。

表 2-3 产品生产技术准备计划

顺序号	工作项目	执行单位	工作量	1上	1中	1下	2上	2中	2下	3上	3中	3下	4上	4中	4下	5上	5中	5下	6-12
																			工作进度（月、旬）
1	设计任务书	设计科		三															
2	技术设计	设计科			三														
3	铸件图	设计科	图样175张			三	三												
4	其他零件图	设计科	325张			三	三	三											
5	装配图						三	三	三	三									
6	制造模型	模型组	175件					三	三	三	三								
7	编工艺规程	工艺科	卡片100种						三	三	三	三							
8	工装设计	工艺科								三	三	三	三						
9	工装制造	工具车间										三	三	三	三				
10	制订定额	工艺科										三							
11	订任务书	生产科											三						
12	物资准备	供应科											三	三	三				
13	铸造	铸造车间	3台												三				
14	下料锻造	锻造车间	3台												三				
15	机加工	加工车间	3台													三			
16	装配	装配车间	3台														三		
17	鉴定	鉴定委员会																三	

产品设计：1～4；样品试制：5～9；生产准备：10～12；（试制：13～17）

(续)

顺序号	工作项目	执行单位	工作量	工作进度（月、旬）
18	修改图样	设计科		
19	修改制造模型	模型组		
20	编制工艺规程（工艺准备）	工艺科	卡片500种	6月上中下、7月上
21	工装设计	工艺科	450种	5月下、6月上中下、7月上
22	工装制造	工具车间	250种	6月下、7月上中下、8月上中下
23	制订定额	工艺科	450种	7月中下、8月上
24	拟任务书	生产科	250种	7月上
25	物资准备	供应科	500种	6月下、7月上中下、8月上中
26	铸造（生产准备）	铸造车间	7台	8月中下、9月上
27	下料锻造	锻造车间	7台	8月下、9月上中
28	机加工（小批试生产）	加工车间	7台	9月中下、10月上中下
29	装配	装配车间	7台	10月下、11月上中
30	鉴定	鉴定委员会	—	11月下
31	成批生产准备	—	—	12月上中下

4）部门生产技术准备计划

由各生产技术准备的职能部门和生产部门编制，以确定本部门在计划期内应完成的工作内容、进度、主要负责人和参加人等。分年度、季度（或工作阶段）和月份制订。

年度计划主要用以协调平衡本部门内工作，保证各项任务按期完成。月计划是年度计划的具体化，是执行计划。除包括新产品的生产技术准备工作外，还应包括经常性的技术准备工作。部门生产技术准备计划示例，见表2-4、表2-5和表2-6。

表2-4 部门生产技术准备计划

产品名称	劳动量（人日）	工作进度												完工日期
		1	2	3	4	5	6	7	8	9	10	11	12	
A	650	■■	■■	■										3月15日
		++	+++	++										
		×××	×××	××										
B	650				─	─								5月15日
					■	■								
					++	+++	+++							
					××	×××	×××							
C	650						─	─	─					8月31日
							■	■	■					
							++	+++	+++					
							××	×××	×××	××				
D	1025								─	─	─			12月30日
									■	■	■			
										+++	+++	+++	+++	
图例	■ 编制工艺装备明细表等　　××× 图样的工艺性检查 ─ 制定工艺路线　　+++ 设计专用工艺装备													

表2-5 工艺科年生产技术准备计划

工作状态	产品名称	劳动量（人日）	工作进度（月）											
			1	2	3	4	5	6	7	8	9	10	11	12
图样工艺检查（一名工艺员）	产品A	85	×××	×××	×××									
	产品B	50					×××	×××						
	产品C	80							×××	×××	×××			
	产品D	60									×××	×××		
	产品E	55											×××	×××

(续)

工作状态	产品名称	劳动量（人日）	工作进度（月）											
			1	2	3	4	5	6	7	8	9	10	11	12
制订路线工艺（五名工艺员）	产品Q	200	×××	×××										
	产品A	245			×××	×××								
	产品B	250					×××	×××						
	产品C	320							×××	×××	×××			
	产品D	375										×××	×××	
	产品E	135												×××

表2-6 工艺科月份生产准备计划

工作项目代号	工作内容	执行人	计划					完成				
			计量单位	工作量（张）	劳动量（人时）	月末完成程度（%）	完成日期	工作量（张）	劳动量（人时）	月末完成程度%	计划完成%	完成定额	完成日期
	夹具工作图设计		标准图样	14	210	70	3.17	16	240	80	114	192	

3. 生产技术准备计划编制的依据

编制依据主要有：企业的新产品发展规划；新产品的试制计划；企业年度生产计划；订货合同；各项技术准备工作的劳动量定额资料以及上年度转来的生产技术准备工作量等。

4. 生产技术准备计划编制的程序

生产技术准备计划是在企业生产技术负责人领导下，由生产技术准备处（科）或工艺管理处（科）负责编制。各有关职能部门和生产部门的准备计划，由专职（或兼职）计划员负责编制。生产技术准备计划的编制程序一般为：

(1) 由生产技术准备处（科）或工艺管理处（科）根据企业跨年度生产技术准备综合计划等有关资料编制生产技术准备的年度综合计划和产品生产技术准备计划草案。

(2) 各有关科室和车间计划员，利用劳动量定额资料和积累的原始统计资料，对计划草案中规定的任务进行工作量计算和能力平衡，并对计划草案提出修改、补充意见。

(3) 生产技术准备处（科）或工艺管理处（科）汇总整理有关部门的意见，经过初步平衡后，编制正式计划。经有关科室会签和领导批准后下达。

(4) 有关科室和车间，根据正式计划进行本单位工作量核算和能力平衡后，编制本单位的年度准备计划。再根据科室(车间)年准备计划和厂部下达的月准备计划指标编制。

5. 生产技术准备计划的编制方法

一般采用计算分析法和图解分析法(包括网络图技术法)。有时常将这两种方法结合,用线形图表或诺模图分析计算计划工作量,确定完成任务的最佳期限。这种图表可以直观地用数值表示工作量,以便掌握各种动态。

6. 用网络图技术编制生产技术准备计划

当生产技术准备工作比较复杂、准备项目较多时,可采用网络图技术编制计划,运用网络图对各项准备工作进度、周期以及关键环节进行有效地实施控制。编制计划步骤一般为:

(1) 划分作业项目和计算作业时间(包括每项作业最早可能与最迟必须的开始时间);

(2) 绘制网络图;

(3) 确定与调整关键路线。

例如某厂准备生产由两个部件组成的一种新产品,其生产技术准备的作业项目与作业时间,见表2-7,网络图与关键路线图见图2-1。

表2-7 生产技术准备作业清单

作业名称	节点编号		作业时间(周)	最早可能开始时间	最迟必须开始时间	时差
	i	j				
调查需要	1	2	3	0	0	0
制定计划	2	3	3	3	3	0
产品设计	3	4	6	6	6	0
工艺准备	4	5	12	12	12	0
1车间生产准备	4	6	8	12	21	9
1车间学习生产工艺	5	6	1	24	28	4
2车间生产准备	4	7	10	12	16	4
2车间学习生产工艺	5	7	2	24	24	0
1车间加工制造	6	8	12	25	29	4
2车间加工制造	7	9	15	26	26	0
1部件装配	8	10	1	37	41	4
2部件装配	9	10	1	41	41	0
总装	10	11	1	42	42	0
试车鉴定	11	12	1.5	43	43	0

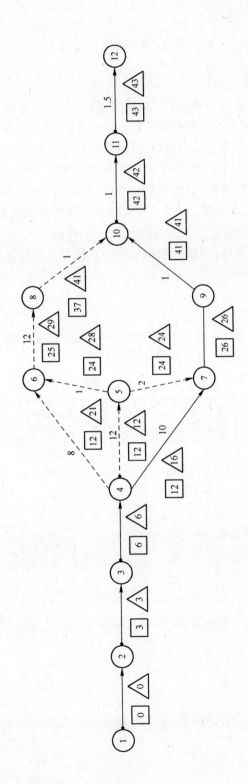

图2-1 网络图与关键路线图

（二）工艺准备计划

工艺准备计划是指工艺部门根据企业的正式计划，制订本部门的生产技术准备计划。通过计划协调、组织本部门的技术力量和促进各项工作之间的衔接与配合，以缩短工艺准备周期，提高工艺准备质量。

1. 工艺准备计划的内容与类型

其内容与类型和部门生产技术准备计划相同，见表 2-4、表 2-5、表 2-6。

有些企业的工艺部门除了编制年度生产技术准备计划外（表 2-4），还将年度生产技术准备计划按工作阶段编制（表 2-5）。这两套计划，可以充分表明各专业组的年度工作量分配情况，以便针对薄弱环节采取必要措施。同时可使工艺人员能确切掌握所负责的工艺设计进度。

月度生产技术准备计划，可进一步将各项工作落实到人，保证本科室各项准备工作按期完成（见表 2-6 示例）。

2. 工艺准备计划的工作量、劳动量和周期的确定

定额是编制计划的基础，工艺准备计划应用的各种定额，就是各准备工作项目的工作量、劳动量和周期，它们正确与否，将直接影响计划编制的质量。

1) 工艺准备的工作量

工艺准备的工作量是指完成某一准备阶段工作的数量。准备工作量的大小，主要决定于产品的新颖程度、复杂程度和工艺复杂程度。设计工作量一般用专用零件数表示。工艺准备工作量是用平均每一个专用零件所需工艺文件的数量和工艺装备的数量来表示。这些数量可以参照过去的资料制成定额，根据专用零件数及定额就可粗略算出工艺准备的工作量，待工作图设计完毕后，再做适当调整。有了专用零件数就可以大致确定各项准备的工作量。

例如某新产品共有各种零件 1000 种，其中 600 种是沿用老产品的零件和标准件，因此该新产品的专用零件数为：$1000 - 600 = 400$，因此设计工作量为 400 种专用零件。工艺规程设计工作量为 400 份工艺文件。专用夹具设计的工作量为：$400 \times K = 400 \times 0.6 = 240$（套），其中 K 表示工艺装备系数，设该产品为小批试生产的一般产品，取 $K = 0.6$。见表 2-8。

表 2-8　工艺复杂程度零件分类表

复杂程度组别	分类标准						专用工艺装备的性质	典型零件
	毛坯复杂程度和性质	外形尺寸	加工面数	加工面的空间位置	加工精度			
					精度等级	粗糙度值		
1	极简单的多半由型钢制成的毛坯	不大	<10		7~10	50~1.9	简单	销子、垫圈、止推环、螺栓

(续)

复杂程度组别	分类标准						专用工艺装备的性质	典型零件
	毛坯复杂程度和性质	外形尺寸	加工面数	加工面的空间位置	加工精度			
					精度等级	粗糙度值		
2	不复杂的板料、锻件、冲压件等	不大中等	10~15		6~10	1.6~0.2	不复杂	套管、轴套、卡盘上加工的零件
3	较复杂的板料、锻件、冲压件等	不大中等	15~25		6~9	1.6~0.2	不复杂大部分标准工具	简单齿轮、活塞轮、阀门、操作杆等
4	中等复杂的铸件、锻件、冲压件等	不大中等	25~30	各种平面	6~9	1.6~0.2	数量不多的不复杂夹具、专用工具	十字头、半衡杆、复杂齿轮、导向轮、复杂的杠杆和连杆
5	形状复杂的铸件、锻件、冲压件	中型大型	35~45	各种平面	6~9	0.2	中等复杂的夹具和复杂工具	活塞、带槽多级轴、万向轴、齿轮外圈和涡轮等
6	形状复杂重要铸件、锻件、冲压件	中型大型	>50	复杂的	5~7	0.2	复杂	多缸发动机机体、多拐曲轴、主要连杆、复杂吊架等

2) 工艺准备工作的劳动量和劳动量定额

准备工作的劳动量 t 是指一个人完成单位准备工作(如设计一个零件或一份工艺规程)所实际消耗的时间(人时/项)。劳动量定额 t_d 是指一人完成单位准备工作规定的标准劳动时间(人时/项),根据其用途和制订方法的不同,有详略之分。

有时对不同设计复杂程度和工艺复杂程度的产品,规定平均设计一种专用零件、编制一种零件工艺文件或平均设计一套工艺装备的综合劳动量标准。

下面列举的各种图表可供确定劳动量定额时参考。由表2-8确定零件复杂程度组别,再按表2-9复杂程度组别确定设计各种工艺规程的概略平均定额,设计工艺规程用的概略平均定额(人时/项),见表2-9:

表2-9 设计工艺规程用概略平均定额(人时/项)

工艺规程 复杂组别	铸造	锻造	冷压	机械加工	热处理	电镀	焊接	装配
1	8	8	2.5	4.0	2.3	8.5	2.25	3.5
2	14	7.5	5.0	12.5	4.2	11	4.35	6.5
3	26	12	10	38	6.0	14.5	7.0	19
4	40	22	20	81	8.0	17.5	14	40
5	55	32	32	164	10	23	27	135
6	70	50	49	275	12	30	52	410

由表 2-10 工艺装备设计的复杂程度组别,确定工艺装备设计工作的复杂程度,再按表 2-11 复杂程度组别,确定工艺装备设计的概略劳动量定额。

表 2-10　设计工艺装备的复杂程度分类表

	计量单位	复杂程度组别					
		1	2	3	4	5	6
平均一套模型的部件数	部件件数	3	5	7	11	15	20
平均一组冲模中的数量	套数	1.5	2	2	2	2.5	3
平均一个零件的专用夹具数	装备系数	1	2	4	7	10	20
平均一个装配部件专用夹具数	装备系数	0.25	0.5	3	4	8	12
平均一个零件的专用刀具数	装备系数	0.25	1	2	5	9	15
平均一个零件的辅助工具数	装备系数	0.25	0.5	1	1.5	4	8
平均一个零件的量具数	装备系数	1	2	7	20	40	60

表 2-11　设计工艺装备的概略劳动量定额

	计量单位	复杂程度组别					
		1	2	3	4	5	6
模型部件	人时/部件	3	5	12	22	35	55
冲模	人时/套	7	10	15	25	40	45
专用夹具	人时/单位夹具	10	17	30	40	50	60
专用刀具	人时/单位刀具	3	3.5	6	6	8	9
专用辅助工具	人时/单位辅具	5	5	5	9	12	18
专用量具	人时/单位量具	1.5	2	3	5	7	8

如果将准备工作项目进一步细化,由表 2-12 即得工艺规程设计详细的劳动量定额。由表 2-13 可得夹具设计的详细劳动量定额。表 2-14 为专用工艺装备设计定额示例。

表 2-12　设计一个零件的工艺规程详细劳动量定额

工作项目	复杂程度组别					
	1	2	3	4	5	6
设计	0.5	0.75	1.00	2.50	4:00	9.50
核对	0.2	0.25	0.50	1.00	1.75	3.00
审核	0.2	0.25	0.50	1.00	1.75	3.00
抄写		0.25	0.50	0.75	1.00	1.50
合计	0.9	1.50	2.50	5.25	8.50	17.00

注:上表是按中批量生产条件制订的,如果是单件小批生产,则乘以 0.8 系数,大量大批生产则乘以 1.2~2.0 系数。

表 2-13 设计一套夹具的详细劳动量定额

工作项目	复杂程度组别				
	1	2	3	4	5
设计	2.00	4.00	10.00	18.00	35.00
制图	1.50	4.00	10.00	12.00	20.00
审图	1.15	2.75	6.00	9.50	17.50
描图	1.00	3.00	6.75	8.00	15.00
校对	0.45	0.90	1.50	3.15	6.00
合计	6.05	14.65	34.25	50.65	93.50

表 2-14 专用工艺装备设计定额示例

类号	工装种类	工时定额(小时)			备注
		每套	每张	每孔	
1	定位轴、套、垫、销等	2~3			
	偏心套、靠模板、心轴、刀杆	4~6			包括总图
	车、铣、刨、磨、镗平衡刀具	10~20			包括总图
	专用件多用10件以上工具		3~4		包括总图
2	一般钻模	3~4			包括总图
	墙板钻模80孔以下			0.5	不包括非钻孔
	墙板钻模80孔以上			0.4	不包括非钻孔
3	丝锥、铰刀、钻头、铣刀等	8~16			用哑图为原工时1/2
	成形铣刀、齿轮刀具	20~32			用哑图为原工时1/2
4	光滑量规	4~6			用哑图为原工时1/2
	标准量规	8			用哑图为原工时1/2
	螺纹量规	12			用哑图为原工时1/2
5	圆弧、齿形样板				用哑图为原工时1/2
	划线号孔样板20孔以上			0.3~0.4	不包括定位孔
	划线号孔样板19孔以下	2~3			
6	简单冲压模	8~12			
	复合模、级进模、精冲模			3~4	包括总图在内
7	装配工具、焊接工具			2~3	包括总图在内
8	检测工具			3~4	包括总图在内
9	工位器具			3~4	包括总图在内

注：

① 哑图指只有图形而没有设计尺寸的图样，设计时只填入尺寸以节约设计时间；

② 有总图的工艺装备，带标准件时，每种另加 0.3 小时；

③ 审核图样工时为设计工时的 1/3；

④ 标准化审核工时为设计工时的 1/9；

⑤ 凡属结构、图形视差错误，一律由设计者返工，不计工时；

⑥ 如遇图形较复杂，可乘 1.5~1.2 的系数；

⑦ 通用工艺装备定额可参照上表实行。如果是表格图，则每种规格或每个计算尺寸另加 0.2~1 小时；

⑧ 编制一种工艺装备标准，其定额为 16~48 小时；调研时间另加。

3）工艺准备工作计划周期

根据劳动量定额 t_d（人时/项）计算工艺准备工作的计划周期 T（工作日/项），即完成某一项（或某一阶段）工作所需的计划工作日。

$$T = \frac{t_d}{NaK}(1 + K_1)$$

式中 t_d——工艺准备劳动量定额（人时/项）；

N——参加工艺准备的标准人数（人）；

a——每日工作时数；

K——定额完成系数；

K_1——附加时间系数。

附加时间为等待审批、会签时间和准备阶段的时间间隔等，这类时间延长了准备周期，但不增加准备工作劳动量。一般 $K_1 = 0.10 \sim 0.12$。

计划周期，也可用画"横道图"或"网络图"方法确定。

利用计算法所得的准备周期，虽精确，但比较繁杂。实际工作中，常根据统计资料对不同类型的产品拟订典型周期如某机床厂工艺准备典型周期见表 2-15。

表 2-15 某机床厂工艺准备典型周期

产品类型	零件数	典型周期（月）	备注
精密机床	>72000	>10	当几种新产品同时进行工艺准备，超过能力的 20% 时，需相应调整周期
精密机床	1500~2000	8	
精密机床	1000~1500	7	
一般机床	300~500	6	
一般机床	<300	5	

整个产品生产技术准备的计划周期 T_Z 可按下式确定：

$$T_Z = \sum_{i=1}^{m} T_i K_i$$

式中　T——某项技术准备工作的周期（日历日）；

　　　K_i——相邻两个生产技术准备工作之间安排上的重叠系数（$0 < K_i < 1$）；

　　　m——准备工作项目总数。

（三）生产技术准备计划的控制

生产技术准备计划制订后，为了能很好地执行，保证按期（或提前）完成规定任务，必须建立可靠的检查监督、统计和考核制度，发现执行中存在的问题，应及时采取相应措施加以解决。一般做法是：

1. 层层落实，分工到人

计划指标要分解到有关科室、车间和个人。分解后的指标要能进行定量或半定量考核；分解后指标水平必须经过努力可以达到。

2. 召开会议

定期召开生产技术准备工作会议，由企业技术负责人主持，各有关科室或车间负责人参加，检查准备计划的完成情况和存在问题，提出措施，做出决议。会议决议由生产技术准备处（科）负责检查督促。如某项准备工作有重大特殊问题可召开临时会议解决。

各科室的准备计划会议，由科室计划员召开，科室负责人主持，各业务组长参加，检查和研究本单位准备计划的执行情况。

3. 书面汇报

各有关科室和车间定期向生产技术准备处（科）或工艺管理处（科）报送统计报表，汇报准备工作完成情况。经汇总分析后，发至有关部门和领导。

4. 现场检查

企业技术负责人、科室和车间负责人以及专职计划员随时深入现场，了解准备计划执行的真实情况，以便发现问题与偏差，及时采取措施予以解决或纠正。

工艺准备计划的控制，基本与上相似，参照执行。

（四）缩短工艺准备计划周期的途径

工艺准备工作的劳动量，一般在单件小批试生产中，约占 45% ~ 50%；在批生产中，约占 60% ~ 70%；由此可见，在保证工艺准备工作质量的基础上，提高工艺准备工作效率，缩短准备工作时间和减少其劳动量，对于加速新产品的投产以及降低试制和生产费用等，都具有重大意义。

工艺准备工作的效率是以其实际完成周期 T_0 来衡量，要保证完成或提前完成工艺准备工作，则需 $T_S \leq T$。

$$T_S = \frac{t}{naK}(1 + K_1)$$

$$T = \frac{t_d}{NaK}(1 + K_1)$$

式中　t——工艺准备工作劳动量；

　　　n、N——分别为参加工艺准备工作的当量人数与标准人数；

　　　a——每日工作小时数；

　　　K——定额完成系数；

　　　K_1——附加时间系数；

　　　t_d——工艺准备工作量定额；

　　　T——工艺准备工作计划周期。

由 T_S 可知，a 值一定，要减少 T_S 值，就要设法压缩 t_d 与 K_1，增大 n 和 K，亦即控制影响这些数值的因素(如工作难度、工艺人员素质、工艺组织管理与方法以及工作条件等)。因此提高工艺准备工作效率和缩短周期的途径有以下几种。

(1) 努力做好工艺情报工作，广泛而及时地了解国内外同行业的工艺发展动态；收集与整理各种有关的工艺情报信息，建立跟踪档案，以利于检索与传递，从而提高工艺准备工作的质量与效率。

(2) 对工艺准备工作进行调查分析，采取对策。

对正在进行或已经完成的准备工作，都可采用随机抽样、报表统计和典型返工事例分析的方法，找出影响效率的主要因素，测出工艺人员实际设计能力，采取相应的提高措施。

(3) 在保证工艺准备工作质量的前提下，组织平行交叉作业，以减少重叠系数 K_i。

如组织产品工作图设计与工艺方案设计之间的平行交叉；冷、热加工工艺设计间的平行交叉；工艺规程设计和专用工艺装备设计的交叉；工艺装备设计、制造与使用三者间的平行交叉。总之，要贯彻并行工程的原则。

组织平行交叉作业，一定不能影响工作质量。一般在单件小批生产或产品结构简单时可多用；大量生产或产品新颖、复杂时应少用。

(4) 制订先进的工作定额(压缩 t_d)，应用先进的计划管理方法(如网络计划技术等)，提高工艺管理工作的效率与水平。

工艺准备工作综合性强，要正确处理各部门之间的关系以及工艺部门内部之间的关系。因此要合理组织与分工，减少拖延与推诿时间。根据经验介绍，关键在于各业务组要有得力的负责人选(如具有较强的业务素质和组织能力以及实际工作经验，能任劳任怨，善于团结人)，切实把准备工作管起来。

(5) 对工艺人员进行定期培训，提高工艺人员的技术素质和创新精神，以增大当量人数 n。

工艺人员的技术素质是一项综合指标,包括工艺人员对基础理论和专业知识的掌握以及运用这些知识和理论进行分析问题和解决问题的能力、工艺信息处理能力和图样表达能力等。它直接影响当量人数 n,但目前尚无恰当的简明指标描述,姑且按职务、职称(或相当某一职务、职称)用当量系数计算(这也有利发挥职务、职称作用)。若以助理工程师为基础,设当量系数为1,则工程师与高级工程师分别为1.5和2;技术员与助理技术员分别为0.7和0.5。例如某项准备工作需5人参加,即标准人数 $N=5$。实际只有高工1人(当量系数为2),工程师和助理工程师各1人(当量系数分别为1.5和1),则当量人数 $n = 1 \times 2 + 1 \times 1.5 + 1 = 4.5$,以此类推。

(6)大力开展产品的系列化、零部件的通用化以及工艺规程通用化(采用标准工艺、典型工艺等)和工艺装备的规范化工作,以直接减少准备工作劳动量 t。

例如采用组合夹具、成组夹具等,有利于工艺装备规范化和通用化工作的开展,可提高工艺装备的继承性。

(7)坚持技术进步,积极创造条件采用新的工艺设计方法(如 CAPP、CAM、CE、计算机辅助工艺装备设计等)以期大幅度提高工艺准备工作质量和效率。

(8)加强工艺信息和工艺知识管理,创造必备的工作条件。

四、工艺准备工作程序

(一)工艺准备状态划分

工艺准备工作程序如果按时间序列、工作内容和工作性质划分,大致可分为三个状态:

起始状态(对应武器装备研制程序的方案阶段)——工艺调查研究和产品结构工艺性审查并形成报告,编制完成工艺总方案;

中间状态(对应武器装备研制程序的工程研制阶段的工程设计状态)——工艺设计(包括工艺标准化综合要求、工艺路线、工艺规程、随工流程卡、专用工艺装备与设备设计以及工艺定额制订等);

结束状态(对应武器装备研制程序的工程研制阶段的试制和试验状态)——工艺(含工艺装备等)验证、工艺总结和工艺整顿等。

上述各状态的具体工作内容详见以后各章节的有关内容介绍。

(二)工艺准备工作程序

工艺准备工作是装备研制的关键环节,严格的讲,样机的结束标志着装备研制过程工艺准备工作的结束或小批试生产开始前,都属于工艺准备工作范围内,其项目及内容一般不少于但不限于下列方面,见图2-2。

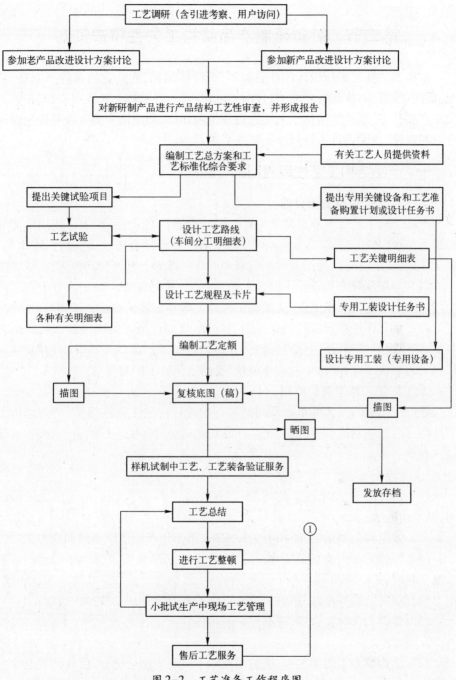

图 2-2 工艺准备工作程序图

注:①可根据需要反馈到设计工艺总方案或工艺标准化综合要求、设计工艺路线、设计工艺规程和设计专用工艺装备等文件。

第二节　装备研制产品结构工艺性审查策划

结构工艺性是指所设计的产品和零、部件的结构,在一定的条件下制造、装配、拆卸、维修、回收和检验的可行性和经济性。产品结构工艺性审查,是工艺人员对产品和零、部件的结构工艺性进行分析和评价,乃至做全面审查并提出修改意见和建议,协助设计人员修改完善并会签。

一、产品结构工艺性审查目的与原则

（一）工艺性审查的目的

产品结构工艺性审查是使新设计(或改进设计)的产品,在满足使用功能的前提下,应符合一定的工艺性指标要求,求得产品设计合理、工艺可行、成本低、便于加工、装配、检验、使用、拆卸、维修和回收处理等。其目的具体为:

(1) 早期发现产品设计中的工艺性问题,并及时解决。防止或减少在生产中可能发生的重大技术问题,为编制工艺总方案等工艺文件奠定基础。

(2) 及早预见新产品研制过程的关键件、重要件所需关键设备或特殊工艺装备,以便提早安排设计制造或订货,并尽量与其他产品的工艺装备通用,从而加速工艺准备速度,缩短工艺准备周期,提高工艺装备的利用率。

（二）工艺性审查的原则

评价产品结构工艺性审查原则是进行定性评价的主要依据,即产品结构工艺性应符合毛坯制造、零件的加工及产品装配与维修等工艺性的全面要求,具体原则如下:

1. 铸造

(1) 铸件的壁厚应合适、均匀,不得有突然变化,以保证铸造时组织结构均匀,减小内应力;

(2) 铸造圆角要适当,不得有尖棱尖角,以防止产生浇注缺陷和应力集中;

(3) 铸件的结构要尽量简化,并要有合理的起模斜度,以减小分型面、芯子盒便于起模;

(4) 加强肋的厚度和分布要合理,以免冷却时铸件变形或产生裂纹;

(5) 铸件的选材要合理,应有较好的可铸性。

2. 锻造

(1) 结构应力求简单对称,横截面尺寸不应有突然变化,弯曲处的截面应适当增大。

(2) 模锻件应有合理的锻造斜度和圆角半径,模锻件垂直于分模面表面的拔模斜度:对于外表面,拔模斜度一般取 $1:10 \sim 1:7$;对于内表面一般取 $1:7 \sim$

1∶5,对高精度模锻件,拔模斜度可适当小些。

(3) 材料应具有良好的可锻性。

3. 冲压

(1) 结构应力求简单对称;

(2) 外形和内孔应尽量避免尖角;

(3) 圆角半径大小要利于成型(一般冲裁的圆角半径 R 应大于或等于板厚的 1/2,拉深件的底部圆角半径一般应为板厚的 3~5 倍);

(4) 选材应符合工艺要求。

4. 焊接

(1) 焊接件的材料应具有良好的可焊性;

(2) 焊缝的布置应有利于减少焊接应力及变形;

(3) 焊接接头的形式、位置和尺寸应能满足焊接质量的要求;

(4) 焊接件的技术要求要合理。

5. 热处理

(1) 对热处理件的技术要求要合理,零件的材料应与所要求的物理、机械性能相适应;

(2) 热处理零件应尽量避免尖角、锐边和盲孔;

(3) 截面应尽量均匀、对称等。

6. 切削加工

(1) 尺寸公差、形位公差和表面粗糙度的要求应经济合理;

(2) 各加工表面的几何形状应尽量简单;

(3) 有相互位置精度要求的表面应尽量在一次装夹中加工;

(4) 零件应有合理的工艺基准,并尽量与设计基准一致(符合基准重合原则);

(5) 零件的结构应便于装夹、加工和检验;

(6) 零件的结构要素应尽可能统一,并使其能尽量使用普通设备和标准刀具进行加工;

(7) 零件的结构应尽量便于多件同时加工。

7. 装配

(1) 应尽量避免装配时采用复杂工艺装备;

(2) 在重量大于 20 千克的装配单元或其组成部分的结构中,应具有吊装的结构要素;

(3) 在装配时应避免有关组成部分的中间拆卸和再装配;

(4) 各组成部分的连接方法应尽量保证用最少的工具快速装拆;

(5) 各种连接结构形式应便于装配工作的机械化和自动化。

二、产品结构工艺性审查对象与方式

（一）工艺性审查的对象

（1）采用新原理、新技术、新结构、新材料自行创新设计的具有新功能、新用途的产品；

（2）根据国内外引进的产品样本、样机或专利而测绘仿制且企业首次生产的产品；

（3）根据企业某种科研成果或生产经验积累而进行装备研制的局部改进的老产品或系列产品。

（二）工艺性审查的方式

1. 定性评价

在装备研制的论证或方案阶段，由设计师、工艺师和经济师共同根据经验和评分原则，粗略地对产品结构工艺性给予评价，用于产品最佳方案的预选。这种方法不太准确，但比较简单易行，是目前最常用的方法。

2. 定量评价

定性评价后，如果认为有进一步深入评价的必要，可在定性评价的基础上，计算产品结构工艺性的各项评价指标，并与有关标准进行对比分析，采取相应的改进、提高措施。

三、产品结构工艺性审查时机与程序

为了保证所设计的产品具有良好的工艺性，在产品设计方案评审之初均应进行工艺性审查。

（一）工艺性审查的时机

工艺性审查的内容主要体现在装备研制的不同时期，即型号研制的初步设计状态、技术设计状态和设计图样状态，其不同时期审查的项目及要求如下：

1. 初步设计状态审查

（1）从制造观点分析产品结构方案的合理性。

（2）分析产品结构的继承性。即能够采用通用件或借用件的地方是否都采用了。

（3）分析产品结构的标准化、系列化程度。凡能采用标准零、部件或系列化零、部件之处都应尽量采用。

（4）分析产品各组成部分是否便于装配、调整和拆卸、维修、回收处理等。产品各组成部分要有合理、可靠的装配基准和装配方法。

（5）分析主要材料选用是否合理。尽量不用或少用难加工材料和稀有、贵重材料及有毒有害材料。

(6)关、重件在本企业或外协加工的可能性和经济性。

2. 技术设计状态审查

(1)分析产品各组成部件进行平行装配和检验的可行性。

(2)分析总装的可行性和方便性。各部件在总装时应采用尽可能少的连接件,并应尽量避免机械加工等。

(3)分析高精度复杂零件在本企业能否加工。若不能加工,有无取代或外协的可能。

(4)分析主要精度参数的可检查性和装配精度的合理性。若图样中规定的主要精度参数在加工时无法检查,或装配的配合精度要求过高而超出使用要求,都是不合理的。

(5)特殊零件外协加工的可行性。若个别零件外协也无法加工,则必须改变设计。

3. 设计图样状态审查

(1)各部件是否具有装配基准和正确的位置、尺寸联系(可利用装配尺寸链进行验算),采用装配方法是否合理(互换法、选配法、修配法及调整法等),装卸是否方便;

(2)各大部件是否可以再拆成若干平行装配的小部件;

(3)审查各有关零件的铸造、锻造、冲压、焊接、热处理、切削加工等的工艺性;

(4)零件结构及技术要求是否经济合理。

(二)工艺性审查的程序

工艺性审查一般分准备状态、评价指标计算和审查状态三步进行。准备状态的工作比较重要,从搜集信息、确定指标、对比分析、估算费用、选定计算方法到确定数值,最后提供出计算的参考方法。审查状态主要是简述审查过程中的要求和提醒的注意事项。

1. 准备状态

(1)搜集国内外最佳近似产品的生产和使用情况的信息,并利用成组分析方法进行初步分析和整理,确定可以用来进行对比计算的典型结构和近似的基础产品;

(2)确定新产品生产类型和技术经济指标;

(3)从本行业现有企业中选取最符合新产品生产性质、规模和条件的企业或生产车间、工段以供参考;

(4)估算新产品设计、工艺和生产准备的费用和时间;

(5)根据不同设计阶段规定或选用最能体现该产品的结构工艺的评价指标体系,并说明指标的计算方法与公式;

(6) 确定用与新产品进行对比的基础产品结构工艺性的评价指标的具体数值。

定性评价,可以从简。一般机械制造中产品结构工艺性评价指标数值见表2-16:

表2-16 机械制造中产品结构工艺性评价指标

主要评价指标	计算公式	指标数值
单个毛坯材料利用率	$K_{Mi} = g_d/g_z$	0.5~0.7
结构继承性系数	$K_s = (N_i + N_t)/N_z$	0.4~0.5(发动机制造业)
结构标准化系数	$K_t = N_b/N_z$	0.27~0.35
修配劳动率	$K_{xp} = T_{xp}/T_{zp}$	0.10~0.15
装配劳动率	$K_{zp} = T_{zp}/T_{jj}$	0.5~1.0(重型机器制造业)

2. 计算评价指标

评价产品结构工艺性是设计和工艺人员的共同工作,当评价指标判定某一结构工艺性不好时,双方应共同努力解决,下面列出了评价主要指标,可供参考。

1) 单位劳动量要小

(1) 按产品的单位重量计算的总劳动量:

$$K_{TM} = T/G_O$$

式中 T——产品的总劳动量(工时);
G_O——产品的总重量(kg或g)。

(2) 扣除外购配套件后,按产品单位重量计算的总劳动量:

$$K'_{TM} = T/(G_O - G_K)$$

式中 G_K——外购配套的零、部件重量(kg或g)。

(3) 各工种(铸、锻、焊、热处理、切削加工、装配……)按产品单位重量计算劳动量:

$$K_{TMi} = T_i/(G_O - G_K)$$

式中 T_i——某一工种的劳动量(工时或台时);
i——按其计算单位劳动量的工种序号。

(4) 各种扣除外购配套件后按产品的重量计算的劳动量:

$$K'_{TMi} = T_i/(G_O - G_K)$$

(5) 按单位可比参数(功率、载重能力、负载力矩……)计算的总劳动量:

$$K_{Tn_p} = T/n_p$$

式中 n_p——按其计算单位劳动量的可比参数的总值。

(6) 建议可采取的改进措施:

① 简化传动系统,减少专用件的品种数量,并降低其复杂程度,提高通用化

和标准化程度,以加大生产批量;

② 简化零件的几何形状,按结构要素的通用化要求和经济加工精度要求,选择尺寸;

③ 把产品分解为分别装配的部件和组件,降低装配、焊接等工种的劳动量;

④ 为各工种实现机械化和自动化创造条件。

2) 单位成本或单位工艺成本要低

(1) 按单位重量计算的成本:

$$K_{SM} = S/G_O$$

式中　S——产品的成本(元);

G_O——产品的总重量(kg 或 g)。

(2) 扣除外购配套零部件后,按产品单位重量计算成本:

$$K'_S = (S - C_K)/(G_O - G_K)$$

式中　C_K——外购配套的零部件的售价(元);

G_K——外部配套的零、部件重量(kg 或 g)。

(3) 按单位可比参数计算的成本:

$$K_{Sn_p} = S/n_p$$

式中　n_p——按其计算成本的可比参数的总值。

(4) 除外购零部件后,按产品的单位重量计算的工艺成本:

$$K_{STM} = S_T/(G_O - G_K)$$

式中　S_T——产品的工艺成本(元)。

(5) 按单位可比参数计算的工艺成本:

$$K_{STMP} = S_T/n_p$$

(6) 建议可采取的改进措施有:减少劳动量和材料消耗量,提高通用化和标准化水平,以加大生产批量。

3) 材料利用率要高

(1) 单个毛坯材料利用率(特别是稀贵材料):

$$K_{Mi} = g_D/g_z$$

式中　g_D——单个成品零件的重量(kg 或 g);

g_z——与某单个零件对应的材料消耗工艺定额(kg 或 g)。

(2) 分品种的(型材、铸件、锻件)毛坯利用率:

$$K'_{Mi} = \sum_{i=1}^{n} g_{Di} / \sum_{i=1}^{n} g_{zi}$$

式中　i——所采用的毛坯品种序号;

n——扣除外购配套零、部件后余下的产品零件总数或毛坯品种数。

(3) 材料均方根利用率。

$$K_M = \frac{\sqrt{\sum_{i=1}^{n} K_{Mi}^2}}{n}$$

$$K'_M = \frac{\sqrt{\sum_{i=1}^{n} K_{Mi}^{\prime 2}}}{n}$$

(4) 建议可采取的改进措施：
① 合理设计零件形状、尺寸、精度,减少余量；
② 采用以焊或铸、锻、焊联合结构代替铸件或锻件；
③ 尽量采用少无切削加工；
④ 合理利用焊接方法,制出零件上挡块、凸起等结构要素,减少难于利用的废料。

4) 减少产品单位可比参数的重量

重量系数

$$K_{Mn_p} = G_O/n_p$$

式中　G_O——产品总重量(t、kg 或 g)；
　　　n_p——用以评价产品工艺水平的可比参数的值或若干参数值的连乘积。

5) 产品结构标准化、继承性和统一化程度

(1) 结构继承性系数：

$$K_S = (N_j + N_t)/N_Z$$

式中　N_j——由其他产品继承并重复使用借用件总数；
　　　N_Z——产品中零件总数,不包括紧固件和小五金；
　　　N_t——产品中通用零件总数。

(2) 结构标准化系数：

$$K_t = N_b/N_z$$

式中　N_b——产品中标准化零件(符合国标、部标)总数,但不包括紧固件和小五金。

(3) 标准件、通用件和借用件的总采用率：

$$K_Z = (N_j + N_t + N_b)/N_Z$$

(4) 零件结构要素统一化系数(在标准化基础上统一尺寸规格)

$$K_{YE} = H_{KS}/H_{KE}$$

式中　H_{KE}——专用零件中同一结构要素的尺寸规格数；
　　　H_{KS}——专用零件中同一结构要素采用统一的尺寸规格数；
　　　K_{YE}——按每一结构要素分别确定内圆角、螺纹、锥度、斜面、孔、槽等。

(5) 建议可采取的改进措施：

① 建立通用产品的参数系列，在企业、行业和跨行业规模上实行通用化；

② 合理地重复采用现有零件的结构；

③ 将尺寸相差不多的结构要素合理地结合为一个统一的优化系列并在标准化基础上统一其尺寸规格。

6) 装配和维修的难易程度

(1) 加入可独立或平行装配总成和组件中的零件数与产品零件总数之比，即为可装配性和组合化系数 K_{CB}：

$$K_{CB} = \sum_{i=1}^{n} N_i / N_u$$

式中　N_i——加入组件、部件或装配总成中的零件数量；

　　　N_u——全套产品中的零件数量；

　　　n——可独立和平行装配的组件、部件和单个装配总成数量。

(2) 产品单个独立装配总成的数量（包括外购件）对于产品各组成部分（不包括加入装配总成的零件和标准紧固件）总数之比，即为可装配性和组合化系数 K'_{CB}：

$$K'_{CB} = N_C / N_O$$

式中　N_C——产品中独立装配总成（包括外购件）的总数；

　　　N_O——产品中各组成部分（不包括加入装配总成的零件和标准紧固件）的总数。

(3) 修配劳动率：

$$K_{XP} = T_{XP} / T_{ZP}$$

式中　T_{XP}——修配工作总劳动量；

　　　T_{ZP}——装配工作总劳动量。

(4) 装配劳动率：

$$K_{ZP} = T_{ZP} / T_{jj}$$

式中　T_{jj}——切削加工总劳动量。

(5) 建议可采取的改进措施：

① 将一套产品分解为可拆装的（间隙配合或过盈配合）组件、部件；

② 在联接部位加入可在装配和使用过程能按要求精度进行调整的补偿环节；

③ 为采用流水装配方法和机械化装配工具创造条件。

7) 零件待加工面的精度与粗糙度

(1) 加工精度系数：

$$K_{ae} = C_g / C_Z$$

式中　C_g——产品(或零件)中有公差要求的尺寸数;
　　　C_z——产品(或零件)中的尺寸总数。

(2) 表面粗糙度系数:

$$K_r = B_e / B_z$$

式中　B_e——产品(或零件)中有粗糙度要求的表面数;
　　　B_z——产品(或零件)中的表面总数。

(3) 建议可采取的改进措施:

① 合理标注精度和粗糙度;

② 努力采用精化毛坯工艺;

③ 合理利用强化工艺。

3. 审查状态

(1) 主管工艺师在新产品设计伊始就应参与调查研究和设计方案讨论,与主管设计师密切配合。对主要结构的设想在确保新产品所需功能的基础上,按工艺规程设计的原则提出科学的对策和建议,保证重大的结构工艺性问题得以及早解决。

(2) 对有争议的问题,工艺或设计部门负责人应组织或参加,在充分发扬技术民主、尊重科学的基础上召开协商讨论会议,直至达成一致意见后,经单位技术负责人批准。

(3) 对结构复杂的重大产品,由总工程师办公室或工艺部门负责组织产品工艺审查会,由总工程师主持,邀请质量检验部门、生产调度部门和车间有关人员参加(必要时还要请厂外专家参加),定性或定量地分析评价有关工艺性指标,集中各方面意见,共同研究解决问题。审查决议记录,由工艺部门立案存档备查,同时填写产品结构工艺性审查记录。

(4) 设计图样(经设计、审核人员签字的原图)的工艺性审查由产品主管工艺师和各专业工艺师(员)分头进行。

(5) 全套设计图样审查完后,对无重大修改意见者,审查人应在"工艺"栏内签字。如有重大修改,则暂不签字,将设计图样和审查记录单一并交设计部门,由设计人员根据记录单上的意见和建议修改原设计。修改完后再返回工艺部门,由工艺人员在设计图样"工艺"栏内复审、签字。

四、设计图样工艺性审查内容及要求

(一) 工艺性审查的目的

在保证新产品性能、结构强度和可靠性的前提下,为了使新产品设计具有良好的工艺性、继承性,使新产品制造获得最佳经济效果(降低工艺成本、缩短制造周期、节省原材料、提高劳动生产率、改善工人劳动条件等),必须首先开展对设计图样进行工艺性审查。

（二）设计图样工艺性审查的基本要求

（1）产品的结构及布局合理，装配、检测、调试、维修、可达性和开敞性好，便于批生产和使用。

（2）尺寸标准、公差的选择和分配、形位公差和表面粗糙度的确定、技术要求和设计基准的确定合理，便于加工和检验。

（3）零件毛坯的选择，各部件、组件的结构形式合理，设计补偿充分，零件结构工艺可达性好。

（4）具有良好的锻造、铸造、焊接、热处理及表面处理的工艺性。

（5）同类型零组件的尺寸、规格、形状尽可能统一要求，便于加工。

（6）标准件的品种规格选用合理。

（7）产品结构继承性好。

（8）新工艺、新技术、新材料的选用与工艺研究相协调。

（三）各专业工艺性审查内容及要求

1. 锻造专业工艺性审查内容

（1）模锻零件的结构设计要考虑锻造工艺的可行性（如便于分模、有合适的腹板厚度、转角半径及筋条高宽比等），也要考虑非加工表面由模锻工艺的敷料带来的增重问题；

（2）锻造零件非加工表面的确定，要考虑热加工诸因素造成的表面氧化、脱碳和其他缺陷的影响；

（3）零件尺寸要求较严的薄壁、易变形的薄壁、壁厚差要求较严的外壁等不宜设计成非加工表面；

（4）锻件类别的确定，在保证设计要求的前提下，要考虑材料、冶金工艺因素以及经济性、合理性和可能性；

（5）锻件类别的尺寸、公差、精度等级要按标准（国标或行标）选定，也要考虑工厂现有技术水平和经济性（特殊情况除外）；

（6）锻件类别应在产品设计图上注明试样取样位置。

2. 铸造专业工艺性审查内容

（1）应明确铸件的热处理状态；

（2）铸件尺寸精度等级应保证产品设计要求，并应考虑技术上的可能性和所选精度等级的经济性；

（3）铸件的结构设计应能满足铸造特点要求，尽可能减少分型面和凹凸面，避免采用大平面；

（4）零件壁厚力求均匀，壁的连接处应圆滑过渡，避免厚大热节；

（5）容易收缩变形的零件应设计变形结构或加强筋；

（6）根据铸件的复杂程度、几何尺寸、合金特性和铸造工艺方法,确定零件最小壁厚、铸造圆角、铸造斜度和最小非加工铸孔;

（7）非配合表面零件设计应尽可能减少机械加工面;

（8）各类铸件分类应分别按行标的规定,充分考虑铸件工作条件、用途、使用状况,合理选择,并在设计图样上注明;

（9）1类铸件需从铸件上取试样时,应在设计图样上注明取样位置;

（10）铸件需进行气密试验和特种检验时,要在设计图样或其他设计技术文件中注明。

3. 热处理专业工艺性审查的内容

（1）零件的力学性能、物理性能应能符合相应的航标和企标的规定;

（2）零件的结构应符合热处理工艺要求;

（3）零件的热处理最大厚度（淬透性）应符合相应的航标和企标的规定;

（4）热处理零件应按 HB 5013 分类,并在图样中注明类别;

（5）允许有脱碳层的零件,应在图样中注明脱碳层深度及部位;

（6）对于两种或两种以上材料焊接的组合件,应注意两种或两种以上材料进行热处理的可能性;

（7）重要零件应在图样中规定打硬度的位置。

4. 表面处理专业工艺性审查内容

（1）镀层及化学覆盖层的选择原则和厚度系列应符合 HB 5033 的规定;

（2）带有螺纹连接、压合、搭接、绑接等组合件,应注意零件在进行化学、电化学镀覆后再组合;

（3）盲孔和直径小的零件,以及长度、孔径比值大的零件,其内腔不宜电镀、氧化、磷化及涂漆;

（4）需进行氧化、阳极化的零件应在零件图样中注明具体种类,尽量不采用局部阳极化或局部化学氧化;

（5）导管零件或易残存酸碱溶液的零件,进行表面处理时,应考虑清除残存溶液或返修的可能性;

（6）需涂漆的零件应在设计图样中标明底漆的要求和面漆的名称与牌号。

5. 非金属专业工艺性审查内容

（1）零件结构要求壁厚均匀,便于加工成型和装配;

（2）零件选材应符合标准和技术要求,便于成型;

（3）尺寸公差和表面粗糙度选择合理,并符合相应标准的规定;

（4）零件外观质量要求应合理,符合有关标准;

（5）橡胶件、塑料件的表面粗糙度的选择应考虑工艺达到的可能性;

（6）零件有性能试验要求时,在产品的设计图样中应注明。

6. 焊接专业工艺性审查内容

(1) 焊接方法的选择应合理可行；

(2) 构件的选材应有良好的焊接性和可靠性；

(3) 结构的焊接可达性好，开敞性好；

(4) 焊接接头型式应满足受力和表面清理要求；

(5) 焊缝分布合理，双排焊缝或点焊应错开排列；

(6) 电阻焊应尽量避免三层或三层以上板材连接；

(7) 同一焊接接头的两个或几个构件的材料厚度应尽可能一致，并满足焊接工艺标准要求；

(8) 钎焊应注明钎料，搭接长度和配合间隙；

(9) 封用的焊接构件应有通气孔；

(10) 焊缝等级和质量标准应在文件、图样中注明；

(11) 除大型钣金结构熔焊后无法热处理外，一般都应焊后热处理；

(12) 设计焊接构件时，应考虑焊接应力和变形的影响，并注明允许变形量；

(13) 需 X 射线透视的构件，设计时应尽量避免上、下两条焊缝重合，也要避免无法摆放 X 射线底片的"死角"结构件；

(14) 凡精加工表面应尽量避开焊缝，以免影响产品质量；

(15) 图样中应注明焊工印记的标记位置和方法。

7. 机械加工件工艺性审查内容

(1) 零件结构应考虑继承性和工艺性，提高标准化水平；

(2) 设计图样或有关技术文件应注明尺寸公差的标准、螺纹零件的退刀槽标准、零件热处理状态及检验类别、表面处理层的厚度是否包括在图中尺寸之内、特种检验等内容；

(3) 按优先选用尺寸标准标注尺寸，尺寸规格应统一；

(4) 零件设计应注意采用新工艺、新技术；

(5) 零件上同一加工工序中各表面间转接圆半径尽可能相同；

(6) 零件的精度、表面粗糙度、配合要求以及对材料、毛坯的选择在满足设计要求的同时，要考虑加工经济性；

(7) 对于刚性差的零件，形状公差应在图样中注明在约束状态下的检验技术要求；

(8) 图样中不应有封闭尺寸；

(9) 当零件加工不能保证组合要求或工艺需要时，应允许组合加工或在组合件状态下加工，并在设计图样中注明。

8. 钣金、冲压和导管加工工艺性审查内容

(1) 镀金零件的弯边转角半径、高度的确定，应便于加工成形，并在同一零

件上应一致；

（2）零件加强筋的型面尺寸，在同一机种中应尽量保持一致；

（3）零件的减轻孔应设计成圆形孔；

（4）冲压零件的结构应具有良好的工艺性，避免出现冲压死区和难于冲切的尖角、小孔、小窄槽；

（5）压延零件的结构应考虑工艺的可行性，并明确规定材料允许的极限减薄量；

（6）零件的尺寸公差、形状公差、表面粗糙度除有配合要求外，一般应按HB5800 的规定选取；

（7）导管零件的设计应符合设计制造一体化要求；

（8）导管两端和两个相邻弯角间应有直线段；

（9）导管的弯曲半径不小于2 倍的导管半径，一根导管上各弯角的弯曲半径尺寸应相同。不同零件号，直径相同的导管的弯曲半径尺寸力求相同，同一机型导管的弯曲半径应尽量减少规格；

（10）导管弯曲处的圆度公差应符合 HB 5800 的规定，有特殊要求的要在图样或技术要求中注明；

（11）导管组合件上管接头的安装段应为直线段；

（12）导管几何尺寸的标注合理，避免封闭尺寸链；

（13）导管设计图中应明确试验工作介质、时间、压力。

9. 装配工艺性审查内容

（1）装配用的紧固件、连接件应尽量减少品种，采用标准规格；

（2）紧固件装配有压紧力或拧紧力矩要求时，应明确规定数据要求；

（3）对需进行尺寸、重量选配要求的规定应合理，选配件分组合理，标记明确，尽量减少加工；

（4）为了保证零部件的互换要求，应尽量少采取选配的方法；

（5）易损件和带有轴承的构件应便于更换和修理；

（6）对过盈较大的零部件装配，应明确规定装配温度和保温时间；

（7）部件结构应有较好的装配基准和零件积累误差的补偿，以便装卸、检测和调整，保证装配技术条件；

（8）转子平衡允许的补偿或调整件数量，位置规定合理；

（9）起重吊具安装位置合理，装卸方便；

（10）装配图、系统图中各零组件、成附件、标准件等的装配关系清楚，设计基准和装配基准一致；

（11）系统内的成附件、导管、导线等分布走向合理，装配要求可行，装卸方便，导管、导线装配应有足够的设计补偿；

(12) 各项试验技术要求和调试方法规定应明确、合理、可行。

（四）工艺性审查的管理

(1) 产品设计工艺性审查由工艺、冶金等冷、热工艺技术部门组织车间工艺人员进行，审查中将发现的问题填写产品设计工艺性审查联络单，供设计部门考虑。在设计、工艺技术协调的基础上，制造单位、工艺人员应在产品设计图样上进行工艺会签，最终将工艺性审查的情况及技术协调不一致的方面，填写备忘录，由双方负责同志签字后存档备查。

(2) 产品设计的工艺性审查从方案阶段的型号总体方案论证开始，贯穿在工程研制阶段和设计定型等阶段中。

(3) 工艺性审查工作一般由工艺技术部门组织工艺、冶金等有经验的技术人员参加，必要时成立总工程师为首的领导小组，以加强审查工作的领导，协调解决各项重大技术问题。

第三节　装备研制零件结构工艺性审查策划

一、零件结构的铸造工艺性审查

（一）外形

(1) 铸件形状应尽量简单并尽可能采用直线轮廓，减少模样制作工时；

(2) 铸件结构应采用最简单、最少的分型面，可保证尺寸准确；

(3) 铸件形状应尽可能集中在一个砂箱内造出来，可避免错箱；

(4) 铸件应尽量避免出现内凹，结构没有内凹表面，可省去型芯或活块；

(5) 铸件应尽量避免大的水平平面，用斜面代替大的水平面，以便气体和杂质排除；

(6) 铸件表面上的凸台应尽可能集中，分散的凸台连成整体后，可避免设置活块；

(7) 大型铸件不允许有较薄弱的突出部分，结构没有突出薄弱部分，在起吊和运输过程中可避免损伤铸件；

(8) 铸件的外表面不应有尖角，将尖角改为圆弧，模型在铸型中不会形成易脱落尖角。

（二）内腔与孔

(1) 内腔结构在铸造时应尽量不用型芯；

(2) 内腔结构应能保证型芯便于定位，并能保持稳固状态，中间隔层打通，减少型芯，安放型芯方便、稳固，而且有利于排气；

(3) 型芯应便于制造，尤其是由各种曲面组成的内腔，至少要有一面是平

面,以便在平板上安放型芯;

(4) 内腔要便于清理型芯,出砂口不宜太小。此时可加大出砂口,便于清理型芯;

(5) 内腔中不应有难以清理的凹腔;

(6) 铸孔周边应设置能防止产生裂纹的凸台。

(三) 壁厚

(1) 铸件壁的设计,应在保证强度和节约金属材料的原则下尽量设计得薄一些,均匀一些。但壁厚太薄会使液态金属冷却太快,难以充满铸型或出现冷隔现象,还会形成裂纹、白口、过硬等缺陷。铸件壁太厚、浪费材料,而且还会产生缩孔、缩松、偏析等缺陷。铸件的最大壁厚有临界值,达到临界值以后,铸件的强度不随厚度的增加而加大;相反,其强度随壁厚的增加而有所降低。因此,不应以提高壁厚的办法来提高铸件强度。

(2) 壁厚力求均匀。

(3) 采用加强筋的结构使壁厚均匀,而且不致降低其强度。

(4) 当结构需要,不宜采用均匀壁厚时,可按定向凝固的要求设计。结构上厚下薄,能逐层补缩。

(5) 铸件内壁的厚度应小于铸件外壁的厚度。

(四) 截面

(1) 铸件的截面形状应避免出现缓冷区,不致造成缩孔、缩松、偏析等缺陷。而且,可获得相同的金相组织,铸件强度得到保证。

(2) 铸件截面形状在冷却时应能自由收缩。截面形状不采用型芯,铸件在凝结过程中,收缩不受阻碍,不致因产生内应力而出现裂纹。

(3) 铸件截面形状应有利于防止热应力变形。截面形状中心对称、壁厚均匀,一般不会发生变形。

(4) 铸件截面均匀,但中心部分比边缘冷却慢,也会发生翘曲变形。合理设置加强筋,便可改善变形状况。

(五) 壁的联接

(1) 铸件壁的联接不允许有锐角,以避免收缩应力的集中而产生裂纹;不应有金属的聚集,以避免形成缩孔;壁厚不同时,应使其平缓过渡,避免壁厚突变。因此,壁与壁之间应采用圆角过渡。

(2) 两相邻壁厚的比例,原则上不应大于4:1,其过渡部位应是平稳而圆滑的过渡(见表2-17),不允许有突变或出现尖角,不仅由于应力集中会导致裂纹,而且还因粘砂过多,不易清理。同样,不允许局部金属积聚过多,从而导致产生缩孔和缩松,降低铸件的力学性能。

表 2-17 两相邻壁厚的比例过渡尺寸

		过渡尺寸/mm									
$b>2a$	铸铁	$R \geqslant \left(\dfrac{1}{3}-\dfrac{1}{2}\right) \times \left(\dfrac{a \times b}{2}\right)$									
	铸钢、可锻铸铁、非铁合金	$\dfrac{a+b}{2}$	<12	12~16	16~20	20~27	27~35	35~45	45~60	60~80	80~110	110~150
		R	6	8	10	12	15	20	25	30	35	40
$b>2a$	铸铁	$L \geqslant 4(b-a)$										
	铸钢	$L \geqslant 5(b-a)$										

（六）加强筋

(1) 加强筋可以用于提高铸件的刚度,以节约金属材料,并能防止铸件的变形和改善收缩等缺陷;

(2) 加强筋应能改善结构,节约金属;

(3) 加强筋应能防止铸件变形,当结构在两腿之间设置联接筋,以防止铸造时发生变形,而且可提高切削加工时的刚度,在切削加工完成后将它切掉;

(4) 加强筋的布置不应产生金属聚集,形成热节,将筋板相互错开,可减少由于热节形成的收缩变形;

(5) 加强筋的布置应便于造型,将与分型面成45°角布置的加强筋改在分型面上,可使造型简单、容易;

(6) 加强筋的形状设计,应不致因产生应力集中而形成裂纹。

（七）起模斜度

为了防止模样突出部分在起模时刮落砂子,砂型产生松动的裂纹,在设计铸件中应考虑起模的斜度,并符合相关标准的规定。

二、零件结构的锻造工艺性审查

（一）自由锻造

(1) 自由锻造难以锻出圆锥形工件,若必须锻出圆锥,在锻造过程中应加工艺余块;

(2) 自由锻造件不宜设计成带斜面的结构,应尽量采用平面的结构;

(3) 自由锻造应避免圆柱体表面与棱柱体表面相交的结构;

(4) 自由锻造应避免圆柱体与圆柱体相交的结构,可改为头部带半圆的结构;

(5) 自由锻造件不应采用带加强筋的结构,若确属必要,应采用模锻或焊接的方法来达到;

(6) 自由锻造件不应有形状复杂的凸台,去掉复杂的凸台,改为可进行切削加工的沉孔;

(7) 带凸台的自由锻件应能方便锻出；

(8) 形状较复杂的自由锻件,截面尺寸不应相差太大。

（二）模锻

(1) 模锻件应有正确的分模面,以利锻件从模腔中顺利取出；

(2) 锻模的模腔不宜太深,否则制模困难,而且在锻造时金属不易充满模腔；

(3) 锻件的结构应力求使其形状对分模面和凸壁倾斜度对称结构,可以方便制模和简化模锻过程；

(4) 选择平直分模面,简化模具制造；

(5) 分模面应便于检查上下模腔的相对错移；

(6) 分模面应有利于金属充满模腔；

(7) 选择的分模面应有利于节约金属原材料,便于模具加工；

(8) 选择的分模面应使侧向力平衡,减小错移量；

(9) 尺寸精度要求较高的部分尽量在一个模腔内形成；

(10) 模锻件的形状应尽量简单,锻件长度方向上各段最小截面积与最大截面积之比不宜小于 0.5；模锻件不应有薄壁、凸缘、高筋、突出部分、长的分支以及和分模面相连的薄筋；

(11) 在条件允许和结构上可行的情况下,可采用一模多件锻造,以提高生产率和充分利用设备；

(12) 凡模锻件的侧面,即平行于冲击方向的表面,必须有模锻斜度；内外模锻斜度应按以下数值选用：$0°15'$, $0°30'$, $1°00'$, $1°30'$, $3°00'$, $5°00'$, $7°00'$, $10°00'$, $12°00'$, $15°00'$；

(13) 锻件在分模面上下两部分高度或宽度不等时的模锻斜度,应以高度和宽度较大的一面为基准做出,另一面交于分模面；

(14) 在锻件上所有从一个面到另一个面的过渡处,都必须有一定大小的圆角；

(15) 腹板的最小厚度可根据锻件在分模面上的投影面积,按有关表格确定。

三、零件结构的冷冲压工艺性审查

（一）冲裁件

(1) 板冲裁件的轮廓要平滑,应避免出现尖角；

(2) 采用板料冲裁时,两端应采用半圆弧结构,模具制造简单；

(3) 使用切断带料冲裁时,两端应采用圆弧结构,可保证冲裁件质量；

(4) 任意两个边的交接处应圆滑过渡,模具容易制造且不易磨损；

(5) 冲裁件的孔应尽量简单,圆形孔不仅制模简单,而且模具维修也方便；

(6) 使用厚度大于$(4\sim5)$mm 板裁冲孔时,切口应有适当的斜度,一般斜度为 $6\sim10$；

(7) 冲裁件的结构应尽量使排料紧凑,节省材料;

(8) 冲裁件的外形和内孔应避免尖锐的清角,宜有适当的圆角,一般圆角半径 R 应大于或等于板厚 f 的一半,即 $R \geq 0.5f$;

(9) 冲孔优先选用圆形孔,冲孔的最小尺寸与孔的形状、材料力学性能和材料厚度 f 有关;

(10) 冲压件的形状应尽量简单,为了保证冲模在使用中的坚固性和保证工件的质量,冲压件上冲孔的尺寸、孔间距离、孔边距离均不宜太窄或太小,若有局部结构过小,对制模会发生很多困难,即使花费若干工时加工出来,凸模也容易损坏,所以冲压件局部结构的宽度不宜太小。

(二) 拉深件

(1) 在满足使用性能的前提下,尽量使结构简单,以减少拉深次数。优先设计轴对称的零件,这样在工件的圆周方向上变形均匀,能保证工件的质量,同时也有利于模具制造。

(2) 带有凸缘的筒形件,其凸缘既不宜太宽,也不宜太窄,应与其结构相适应。凸缘太宽($D > 1.5d$)要增加拉深次数,需要 4~5 道拉深工序才能成形,并且在每一道工序之间还应有中间退火,很不经济。

(3) 无特殊需要的拉深件,凸缘宽度应尽可能均匀。

(三) 弯曲件

(1) 弯曲件的直边高度应大于弯曲半径加上板厚 f 的 2 倍,即 $h > r + 2f$。当需要 $h < r + 2f$ 时,应在弯曲的起点处预先压槽。

(2) 弯曲件形状应尽可能对称。对于非对称零件,可改进设计或合理安排,使其对称。

(3) 弯曲件的弯曲线不应位于尺寸突变的位置,离突变处的距离,应大于弯曲半径,即 $l > r$;或切槽或冲工艺孔,将变形区与不变形区分开。

(4) 将窄的板料或较厚的板料采用小的弯曲半径进行弯曲工件时,应预先在毛坯弯曲处的两边切出两个小口,以免在弯曲时撑胀而使工件两边变宽。

(5) 带孔弯曲件,为避免孔在弯曲时产生变形,除了将孔边与另一弯壁的距离加大到 1.5~2 倍的材料厚度以外,必要时,在圆角部分的曲线上冲出工艺孔。如在折弯处不允许冲孔,也可以在弯壁的圆角附近预冲出月牙槽或圆孔。

(6) 局部舌片压弯的零件,为使舌片便于脱模,舌部应设计成带有斜度的结构。

(7) 带竖边的弯曲件,为防止在竖边内侧产生皱纹,应将竖边的弯曲部分的内侧切去一部分。

(8) 直角弯曲件或厚板小圆角弯曲件,为防止弯曲区宽度变化,推荐预先冲制工艺切口。

(9) 建议选取以下弯曲半径(以 mm 计):0.5、1、1.6、2、2.5、3、4、5、6、8、10、12、16、20、25、28、32、36、40、45、50、63、80、100;弯曲半径应选择适当,不宜过大或过小;最小弯曲半径只有在结构上必需时才选用。

(10) 弯曲件上孔形的边缘离弯曲变形区应有一定距离,以免孔的形状因弯曲而变形。孔边离弯曲半径中心的距离 l,应大于或等于板厚 f 的 2 倍,即 $l \geqslant 2f$。

(四) 翻孔件

(1) 螺纹预翻孔的高度 h 应小于翻孔直径 d 的一半,即 $h < d/2$;

(2) 翻孔的圆角半径,当板厚 $f \leqslant 2$ mm 时,$r = (4 \sim 5)f$;当 $f > 2$ mm 时,$r = (2 \sim 3)f$;

(3) 翻孔前孔的直径 $d_2 = d_1 - [\pi(r + f/2) + 2 \times (h - f - r)]$。$d_1$:凸台两圆弧中心的距离。

四、零件结构的焊接工艺性审查

(一) 工件材料的可焊性

碳含量和合金含量较高的钢,一般有较高的强度和刚度,但焊接性较差,焊接困难增加,焊缝可靠性降低。一般,碳含量的质量分数 <0.25% 的碳钢、碳含量的质量分数 <0.20% 的低合金钢焊接性良好,碳含量的质量分数 >0.53% 的碳钢、碳含量的质量分数 >0.40% 的合金钢焊接性不好,这种钢需在预热条件下方能可靠焊接,一般不采用,若必须采用时,应在设计和工艺上采取必要措施。工件材料的可焊性见表 2-18 所示。

表 2-18 工件材料的可焊性

金属材料	焊接方法										
	气焊	手弧焊	埋弧焊	CO_2 保护焊	氩弧焊	电子束焊	电渣焊	点焊缝焊	对焊	摩擦焊	钎焊
铸铁	A	A	C	C	B	B	B	D	D	D	D
铸钢	A	A	A	A	A	A	A	D	B	B	B
低碳钢	A	A	A	A	A	A	A	A	A	A	A
高碳钢	A	A	B	B	A	A	B	B	A	A	A
特合金钢	B	A	A	A	A	A	A	B	A	A	A
不锈钢	A	A	A	A	A	A	B	A	A	A	A
耐热钢	B	A	B	B	A	A	D	B	C	D	A
铜	B	B	D	D	A	B	D	C	A	A	A
铝及其合金	B	C	C	D	A	A	D	A	A	B	C
钛及其合金	D	C	D	D	A	A	B	B-C	C	C	B

注:A—焊接性良好;B—焊接性较好;C—焊接性较差;D—焊接性不好。

（二）结构的合理性

（1）尽量减少预加工；
（2）尽量减少切割件，以减少焊缝数和筋；
（3）尽量减少边角废料；
（4）要保证焊接作业的最小空间，并使焊条在操作时保持适宜角度；
（5）将焊缝端部的锐角变钝；
（6）焊接前应有可能用焊住几点的方法将工件预先装配在一起。

（三）焊缝的布置

（1）布置焊缝位置时，应以最小焊接量达到最佳效果；
（2）传动件或承受冲击载荷的焊接件，应防止焊缝在中心区十字交叉；
（3）焊缝应尽量对称布置；
（4）受弯曲的焊缝，未施焊的一侧不宜放在拉应力区；
（5）尽量避免角焊缝承受弯曲应力；
（6）焊缝应尽量避开最大应力或应力集中处；
（7）为减少变形，防止焊件产生裂纹，几个焊缝的坡口不应过分集中；
（8）结合面上不应布置焊缝；
（9）焊缝应远离待加工表面。

（四）接头的形式和位置

（1）构件截面改变之处应平缓过渡；
（2）接头的位置应有利于减小应力集中；
（3）焊接不同厚度的钢板时，接头应有一定斜度的过渡；
（4）对接接头的坡口形式有卷变形、平对形、V形、U形、X形、K形；
（5）常用的搭接接头有角焊缝搭接接头、开槽焊搭接接头、塞焊搭接接头和锯齿状搭接接头等。

五、零件结构的切削加工工艺性审查

（一）工件装夹与刚度

（1）带锥体或弧形面的零件，必须设置工艺圆柱面或工艺凸台，以便装夹。
（2）对于某些结构不便装夹或无法装夹的零件，需要在零件上设置工艺凸台、工艺平面、工艺孔或工艺螺孔等，以达到便于装夹的目的。工艺凸台是否切除，须视具体情况而定，若对零件使用没有影响，可不必切除。
（3）应当尽量减少装夹次数，缩短非机动时间。避免设计水平面与斜面或垂直孔与斜孔的混合结构，将斜面改为水平面，将斜孔改为垂直孔或水平孔，工件一次装夹即可完成加工。
（4）箱体上不同孔径、无台阶的同轴孔应依次缩小孔径，以便在一次装夹中同时或依次加工全部同轴孔。

(5) 具有两端轴孔的零件,中段孔径应扩大或者孔径向一个方向递减,以便在一次装夹中同时或依次加工全部同轴孔。

(6) 具有两端螺孔的零件,在结构允许的情况下,应将两端螺孔打通,在一次装夹中即可完成两端的钻底孔和攻螺纹。

(7) 当工件支承面积小,因夹紧力而产生变形时,应增设支承用工艺凸台,以提高工件的刚度。

(8) 当齿轮轮毂的宽度大于齿宽,为提高工件的刚度,应使轮毂宽度等于齿宽或使轮毂一侧的端面与轮齿一侧的端面共面。

(9) 对较大面积的薄壁零件或悬臂零件,应增设加强筋。

(二) 所用刀具

(1) 轴的沉割槽(或退刀槽)、键槽的形状与宽度应尽量一致,以减少刀具的种类;

(2) 轴的过渡圆角半径应尽量一致,并应考虑相配件的倒圆或倒角尺寸;

(3) 箱体上的螺孔和定位孔应尽量一致或尽量减少种类;

(4) 钻孔时孔的两端应是平面,并尽量避免钻头单刃切削,以保证钻头能正常钻入钻出,防止损伤钻头,提高加工精度;

(5) 螺纹孔的结构应尽量使螺纹刀具能穿出,以改善刀具的工作条件,提高生产率;

(6) 钻深孔,冷却、排屑困难,效率低,应尽量避免;

(7) 凸台的高度,一般应大于5mm,以改善刀具的工作条件;

(8) 避免用指状立铣刀加工封闭窄槽,改善刀具工作条件;

(9) 花键孔应设计成连续的,防止刀具损坏;

(10) 避免封闭的凹窝和不穿透的槽。

(三) 工件加工

(1) 被加工几个表面尽量设计在同一平面上,可以一次走刀加工,缩短调整时间,保证加工表面的相对位置精度;

(2) 尽量避免加工内凹表面,可采用高效率的加工方法;

(3) 将内表面加工改为外表面加工,加工方便,容易保证加工精度;

(4) 零件螺纹部分应留有退刀槽或开通,不通的螺孔应具有退刀槽或螺纹尾扣,如结构允许,最好改为开通的;

(5) 需磨削的零件,各表面的过渡部位应设计出砂轮越程槽;

(6) 多联齿轮的两齿轮之间应留有空刀;

(7) 零件刨削平面的前端应留有让刀宽度;

(8) 插削套类零件的键槽,应在键槽的前端设置一孔或者车出空刀槽;

(9) 在阶梯孔中,较高精度的一段孔应做成通孔,以易于加工和简化刀具结构;

(10) 具有大平面的零件,应缩小加工表面面积,以减少加工时间和能源消耗,同时可提高加工精度;

(11) 对于长内圆柱表面,应将中间部位多粗车一些,以减少精车的长度;

(12) 需磨削加工的大平面零件,应尽量减少磨削面积;

(13) 仅局部有配合要求的轴类零件,应将轴设计成阶梯形,只磨削有配合要求的部位;

(14) 对于法兰类零件,将锪孔改为车端面,可减少加工表面数;

(15) 被加工的各凸台、凸耳表面应位于同一平面上,以便于一次走刀加工出来,既可提高加工效率也可提高加工精度;

(16) 多锥度零件,锥度尽量一致;

(17) 将叉类零件的圆弧底部应改为平面底部,可多件同时加工;

(18) 复杂型面的零件改为组合件,不仅加工方便,而且精度容易保证;

(19) 大型箱体类铸件改为装配式结构后,可避免内表面加工,加工精度容易保证。

六、零件结构的热处理工艺性审查

(一) 存在尖角的检查

(1) 阶梯轴在大小直径的相接处应倒圆;

(2) 当零件的截面有较大差别时,在过渡处应倒圆;

(3) 对必须具有尖角的零件,在淬火前先加工成圆角过渡形式,待回火后再加工成尖角;

(4) 带孔零件的孔口应倒圆或倒角;

(5) 带槽零件的底部应用圆角过渡;

(6) 零件的直角或锐角相交处可增开工艺槽。

(二) 厚薄不匀的检查

框形零件的框壁与厚度相适应。

(三) 截面几何形状匀称的检查

(1) 零件截面上有材料积聚的部位应增开工艺孔;

(2) 零件的孔间距不应太小,一般应大于零件厚度;

(3) 在零件尖角的应力区不宜设置孔,应避开应力区设孔,而且应对称布置;

(4) 零件的孔边距不应太小,一般应大于 $1.5d$。

七、零件快速原型制造的审查

当新设计的零件,对其结构工艺性等性能尚无法进行准确的判断时,可以通过快速原形制造技术将其制造出来,以作出最后的判断。

(一)快速原形制造的基本原理

众所周知,零件是空间三维实体,它可以由在空间上某个坐标方向的若干个"面"叠加而成,因此利用离散/堆积成形原理,可以将一个三维实体离散为若干二维实体制造出来,再经过堆积而构成三维实体,这就是零件快速制造的基本原理。RPM技术是将CAD、CAM、精密伺服驱动、CNC、激光技术及材料科学等先进技术融为一体,应用全新的生长制造原理,依据计算机上构造的产品三维设计模型,在其高度方向上对其进行分层切片,得到各层截面的轮廓线,然后在快速成型设备上按照这些轮廓线,或者用激光束选择性地切割一层层的纸,或者固化一层层液态光敏树脂,或者融化塑料粉、金属基/陶瓷基粉来烧结一层层的粉末材料,或者用喷射源选择性地喷射一层层的黏结剂、热塑性材料等,从而形成各截面的轮廓,并逐渐叠加成三维产品零件。

(二)快速原形制造的特点

(1)其突出特点是能以最快的速度将设计思想转变为具有一定功能的产品零件原型或直接制造零件,从而可以对设计进行快速评估、测试及功能试验,以缩短产品开发周期,提高企业对市场的响应能力;

(2)将复杂的三维加工离散成简单二维加工的组合,无须传统的设备和工艺装备,只需传统加工方法的30~50%的工时和20%~35%的成本,经济效益良好;

(3)同传统的生产工艺如铸造、特种加工技术相结合,可大大缩短产品研制周期,降低生产成本,特别适用于多品种、小批量复杂产品的敏捷制造。

(三)快速原形制造的类型

快速原形制造方法主要有分层实体制造、立体印刷、选择性激光烧结、熔丝沉积制造、粘接成形等。

分层实体制造,其系统主要由计算机、原材料送进机构、热压装置、激光切割系统、可升降工作台和数控系统等组成。由CAD软件系统建立产品的三维模型,并传递到快速成型系统的计算机,通过数据处理软件,将CAD模型沿成型方向切成一系列具有一定厚度的"薄片"。原材料送进机构将底面涂有热熔胶和添加剂的纸或塑料送至工作台的上方。计算机自动控制激光器,按"薄片"横截面的轮廓信息,在工作台上方的薄层材料上切出一层轮廓,并将材料无轮廓区域切成小碎片。可升降工作台支撑正在成型的零件,并在每层成型之后,降低一个分层厚度,然后新的一层材料铺在上面。通过恒温控制的热压辊碾压,以固化黏结剂,使新铺上的一层材料牢固地与已切割层粘接在一起。激光束再次切割新层轮廓,如此反复,层层堆积,直至所有层加工完毕,得到最终的三维产品。

(四) 快速原型制造的一般程序

(1) 用三维造型软件在计算机中生成一个产品的三维 CAD 实体模型或曲面模型;

(2) 将其转换成 STL 文件格式,然后运用分层切片软件从 STL 文件中"切"出设定厚度的一系列层片,或者直接从 CAD 文件切出一系列层片;

(3) 将上述每一层片的信息传到快速成型机;

(4) 通过材料逐层添加法,依次将每一层做出来并同时粘接各层,直到完成整个零件;

(5) 去除废料、固化、烧结、渗透、打磨和抛光等后处理。

第四节 面向制造的设计技术

一、面向制造的设计技术综述

(一) 面向制造的设计的目的

面向制造的设计(简称 DFM)是全生命周期设计的重要研究内容之一(广义的 DFM 包括产品结构设计和零件结构设计,前者为面向装配的设计简称 DFA,后者为面向加工的设计简称 DFF),也是产品设计与后续加工制造过程并行设计的方法。在产品的设计状态应尽早考虑与制造有关的约束,全面评价和及时改进产品设计,可以得到综合目标较优的设计方案,并可争取产品设计和制造的一次成功,逐步降低生产风险,以达到降低成本、提高质量、缩短产品开发周期的目的。

(二) 面向制造的设计理论和方式

提高产品的开发创新能力是增强企业竞争力的关键,而新产品的开发成功率则是衡量企业产品开发和创新的一个重要标志。往往在实践中,成功率不高的原因是多种多样的,没有一个固定模式的产品开发过程,图样上的产品不能或难以按设计要求制造出来,或不得不用很高的成本才得以制成。如果采用面向制造的设计技术,是改变这一现状、提高企业产品开发和创新能力的一个关键。

在装备研制的实践中,产品的开发一般是串行的。设计师重点考虑的是实现产品的功能和性能指标,对产品的可制造性和经济性评价考虑较少,研究不深。其中的原因:

一是因为设计完成以前产品的可制造性和经济性的信息不够全面,进行可制造性和经济性的评价有一定的难度；

二是设计师不可能向工艺师那样熟悉企业的制造资源和工艺方法，很难对后续的制造过程作出符合实际的评价；

三是有些设计师认为 DFM 工具是工艺团队应该掌握的知识，设计人员学习会影响设计进度；

四是个别企业目前尚缺乏系统的分析工具和有效的组织形式，临时组织起来的型号工作团队，由于种种原因，使协同工作的效果不佳。

这些都使产品的设计质量和效率受到很大影响。

从产品层次分析，往往会发生这样的情况，即如果对零件的结构稍加改进就能用另一种较廉价的方法来加工或装配，或即使仍然用原加工方法和装配工艺，其工艺性和经济性也有显著改进。按此提出面向制造的设计，使我们在产品设计时，不仅要考虑产品的功能和性能要求，而且还必须同时考虑其可制造性、可拆卸性、可维修性、经济性和制造周期，在保证产品性能前提下，以获得良好的经济效益。

一个新产品的功能和成本在产品设计状态已基本确定，设计不合理引起产品技术性和经济性的先天不足是用生产过程中的质量控制和成本控制措施难以挽回的。历史的经验告诉我们，产品成本的 70% 以上决定于产品设计，产品设计应对新产品的竞争力承担绝大部分责任。研究面向制造的设计理论和方法就是为了给设计师提供一套在结构设计过程中实时评价结构的可制造性和经济性的辅助工具。这对缩短新产品开发周期、降低成本、提高开发成功率和市场竞争力均具有很大的战略意义和广泛的应用前景。

（三）DFM 发展的特点

（1）人工智能与专家系统技术的发展，使既懂得设计，又懂得工艺的设计师成为可能，即 DFM 专家系统。它是以 CAD 系统为基础建造的可制造性评估系统。在其知识库中，存入来自工艺专家的各种工艺知识，在其数据库中存入来自企业的资源数据，利用专家系统的推理能力，就可实现对 CAD 结果的评估。根据不同 CAD 系统中产品设计的不同阶段，以实现在线评估或阶段性评估，评估结果中还包括对设计的修改建议。

（2）计算机网络和通讯技术的发展，使设计部门和工艺部门互联，以做到设计中的潜在问题得到及时地发现和解决。

（3）计算机强大的计算能力可以担负 DFM 中的一些繁琐工作，使设计者更容易并迅速地考虑大量的设计和工艺方案的优化。

因此，计算机辅助 DFM 正成为 DFM 的主要形式，这也是同产品 CAD 与 CAPP 的潮流相适应的必然结果。众所周知，CAD 技术是由计算机辅助人来进行设计，不是也不可能代替人的设计。实际上，当前的 CAD 系统一般只具有几何造型、自动绘图和有限元分析等功能,尽管现在有些学者正在研究针对性很强的结构设计系统。但是一般地讲,真正的设计过程,即由功能到结构的映射过程是很难由计算机实现的,也就是说,CAD 中的设计决策是由设计师做出的。正是由于以上原因,为 CAD 系统服务的 DFM 系统目前还不可能运用工艺知识主动进行设计决策,而大都是后验式的,即表现为对设计决策的评价和反馈。

(四) DFM 系统的基本流程

DFM 系统的基本流程,见图 2-3。

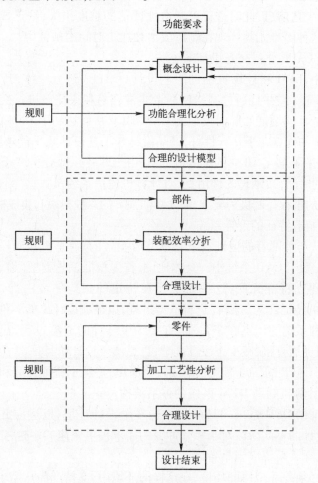

图 2-3　DFM 系统的基本流程

二、计算机辅助 DFM 系统

(一) 计算机辅助 DFM 系统的基本形式

计算机辅助 DFM 系统一般有可制造性评价 DFM 系统的专家系统、CAD/

CAPP并行交互设计系统和基于制造特征设计系统的三个基本形式,其内涵分别是:

1. 可制造性评价系统 DFM 的专家系统

通过知识库中的工艺知识,数据库中的资源数据,对 CAD 系统的设计结果给出可制造性评价,对不同的设计方案进行分析,更进一步对设计方案的制造成本和生产时间进行预估,从而为设计者决策提供参考。这种方法的优点在于 DFM 系统比较独立,便于模块化。但主要困难是:在设计状态,仅有设计信息的情况下,缺乏工艺信息,此时进行可制造性评估的难度很大,缺乏成熟的理论和数学模型。这种困难尤其体现在制造成本和加工时间的预估中。

2. CAD/CAPP 并行交互设计系统

在系统中,DFM 和计算机辅助工艺设计(CAPP)融为一体,其要点是 CAD 和 CAPP 同步进行,并且通过网络使两者非常容易和快捷地进行交流,在 CAPP 中出现的制造性问题能够随时反馈到 CAD 部门,从而达到了 DFM 的目的。

这种系统的优点在于并行性好,产品设计与工艺设计几乎能够同时完成,而且 CAPP 的支持减轻了 DFM 的难度;缺点是由于两者并行交互,一定程度上延长了设计状态的时间,其延长的理由是,对计算机通信系统及数据库管理的要求较高;两者并行的进程控制极为复杂,需要功能强大的总控模块和集成框架的支持。

3. 基于制造特征的设计系统

这种方法与前两者的区别在于它不是后验式的,而是直接对设计决策起作用,DFM 过程融于 CAD 系统中。具体地说,首先根据工艺类型(铸、锻、切削等)和制造资源建立特征元库,这些特征元在特定的制造环境中都是可制造的。CAD 以库中的特征元为"原料"进行造型过程,以保证设计出的零件有较好的可制造性。这种系统的优点在于:一是直接约束零件的造型过程,而不是事后评价,因此作用更加直接,减少了反馈环节;二是由于设计本身是基于制造特征的,因此 CAD 与 CAPP 的信息交互和集成较为简单,避免了特征提取和识别过程。

(二) 计算机辅助 DFM 系统的体系结构

计算机辅助 DFM 系统的目的是构造一个设计环境,以适应并行工程的需要,能够在设计的不同阶段对于相互冲突的需求提供快速的、与特定企业相关的解决方案,这样其系统应当具备以下特点:

(1) 它必须是一个协同环境,在这样的环境中,支持产品从需求状态向关键设计(详细设计)进化的过程;

(2) 它必须支持产品生命周期各个阶段的产品建模的需要,并能够体现在设计各阶段或状态之间跟踪设计决策的效果(如设计参数的改变对客户需求的影响);

(3) 为了支持设计工具之间的并行和集成,必须采用一种集成的产品模型;

（4）它必须为基本设计活动提供支持；

（5）环境应当是开放的，可以与其他设计工具，如 CAD,质量功能配置 QFD 或故障模式与影响分析 FMEA 实现集成；

（6）设计环境应当提供与制造模型或其他生命周期过程的链接；

（7）为了支持 DFM/A(Assemble)以及约束检查分析,必须提供能够直接与产品模型数据一起工作的知识建模和推理能力。

有效的 DFM 应当通过对设计领域的反馈起作用。在设计过程中引入多种 DFM 准则会引起许多问题，例如怎样在考虑 DFM 的同时不至于严重影响设计过程。在有多种准则(常常是相互矛盾)的情况下，如何设置权值来优化设计是非常困难的。如果要使 DFM 能够自动化，即使在概念设计阶段，也必须使特定的 DFM 准则与特定的设计实体相联系。并且应当对 DFM 进行筛选以便使在每一评价过程中执行相应的分析工作，在可能的情况下也可采用多媒体手段给设计师提供相关的附加信息。

（三）体系提供支持的内容

（1）搜索某些特定的对象，这些对象的属性全部或部分地满足某一给定描述。这意味着能够使用诸如功能、材料、尺寸等检索准则，在数据库中搜索产品、部件和特征。

（2）支持设计问题的功能分解。具有设计对象、对象属性、对象间关系以及产品结构的处理能力。

（3）约束处理能力。能够生成和编辑约束。

（4）约束检查能力。能够检查各种类型的约束，无论是用户定义的约束还是 DFM/A(Assemble)约束，当需要时必须进行检查，以便评价设计决策的效果。

（四）制造特征设计系统的缺点

基于制造特征的设计系统有四个较为明显的缺点：

（1）受特征元库规模的限制，结构复杂的零件其造型变得繁琐和困难；

（2）设计者不能直接修改 CAD 系统中的基本几何元素，因而设计过程的灵活性有所损失；

（3）设计者必须把自己的设计意图转化为适当的制造特征，才能够进行造型；

（4）用这种 DFM 方法只能解决较为简单的结构工艺性问题和与资源有关的可制造性问题，并不能避免深层次的工艺问题(比如加工方法的优化及刀具加工干涉等)。

三、产品的 DFM 技术及主要内容

（一）产品的 DFM 技术

在 DFM 设计理论的研究中，人们提出了两条适用于所有设计的准则：在设

计中必须保持产品及零部件功能的独立性;在设计中必须使产品及零部件的信息为最少。其中,第一条准则是指在一个零件上既不希望出现重复的或相同的功能,也不希望一个零件只有一种功能。这就要落在设计过程中,产品的零部件必须具有多种功能,而且这些功能必须相互独立、互不重复,通过这一点达到构成产品零件的数量为最少。这是由于产品中每多一个零件,就会在产品投产前增加一系列的生产准备工作和生产中以及投产后的计划管理和维护工作。也就是说,多一个零件便必须多编相当数量的工艺文件、设计或选择相应的工艺装备和毛坯,同时还必须在该零件的质量控制、生产控制以及库存管理上面耗费相当多的人力、财力、物力与时间,从而影响最终产品的成本和交货期。因此,在满足产品功能要求的前提下,构成产品的零部件数必须越少越好。为满足第二条准则的要求——"信息量最少",不仅需要构成产品的零部件数量为最少,而且每个零件的结构必须做到最简单。只有零件的结构最简单,零件所包含的信息量才能达到最少,同时零件才能易于制造。

在应用DFM时,人们必须从上述准则出发,结合生产实际,以全局最优为目标,在具体的实施过程中加以丰富和具体化,如:使构成产品的零件数为最少,使单个零件的功能尽量多,使装配方向最少,发展模块化的设计,使设计标准化,选择易于装配的紧固件,在装配中尽量减少修配、调整,使设计的零件易于定位等等,同时对这些原则的应用也应具体问题具体分析。

产品 DFM 成功的关键是利用 DFA 技术对产品进行简化。DFA 包括对组成产品零件的分析和对零件之间装配关系的分析。其中,零件分析最为关键,它包括对零件数量的精简原则,应用这一原则从功能重要度、结构重要度和相对运动关系等方面对组成产品的零件进行分析和精简。这样,不但可减少零件数量,而且带来了许多难以量化的好处,如提高产品可靠性、减少生产设备、控制生产费用等。它包括两个步骤:

(1) 利用标准规范对每个零件进行评判,确定其是否应该从其他零件中分离出来,作为一个单独零件存在。

(2) 对整个产品装配过程中所需的费用进行评估,以确定优选的装配工艺。

图 2-4 所示为一个简单的轴、支架组成的组件的例子。原设计方案为图 2-4(a):金属板支架 1 个,尼龙支撑套 2 个,螺钉 6 个,钢轴 1 个。这一设计方案装配效率仅为 7%。利用 DFA 的最少零件数准则,对原设计方案进行优化分析可知,除支架和钢轴两个零件必须单独存在之外,其余零件相对于支架来讲都是固定不动的,不符合最少零件数准则,可以简化成图 2-4(b)所示结构。主轴设计不变,其余的零件都集成为一个尼龙支架。改进之后产品装配效率上升为 93%。

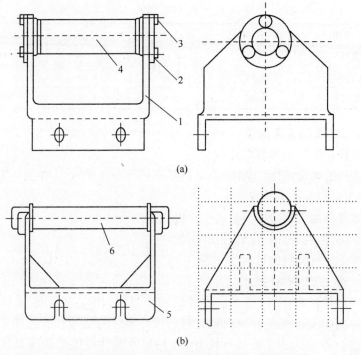

图 2-4　轴、支架组成的组件设计方案比较

DFM 分析以成本最低为优化原则,要想计算产品设计方案的制造和装配费用,必须有成本早期预估(Early Cost Evaluating,ECE)技术作为支撑。利用该技术对制造和装配中的材料、工艺、设备、工具以及各种加工活动费用等进行早期预估,这样就能对各种产品设计方案进行分析比较和优选。

利用该技术对上例中的两种设计方案进行分析,得出两种方案的成本细则(见表 2-19、表 2-20)。可见,经过优化的方案图 2-4(b)与原方案图 2-4(a)相比,装配、材料、制造、工具等费用都得到大幅度降低。

应用 DFA 分析中的产品装配结构分析和 ECE 技术,并利用 CAD 装配特征和由计算机辅助装配工艺设计(CAAPP)产生的装配序列,对产品装配结构进行优化分析,并将改进建议反馈到 CAD 系统。

表 2-19　原设计方案的早期成本估算(美元)

	装配费用	材料费用	制造费用	工装费用
支架(1个)	0.02	1.74	1.56	7830
轴套(2个)	0.09	0.01	0.06	9030
螺钉(6个)	0.35	0.72		
钢轴(1个)	0.04	0.26	1.29	
总费用	0.5	0.73	2.91	16860

表 2-20 改进设计方案的早期成本估算(美元)

装配费用	材料费用	制造费用	工装费用	
支架(1个)	0.02	0.14	0.24	10050
螺钉(1个)	0.02	0.26	1.29	
总费用	0.04	0.4	1.53	10050

(二) DFM 的主要内容

(1) 部件和整机的可装拆性;

(2) 零件的可加工性,定性地衡量该零件是否能合理加工,并预估零件的加工成本、加工时间及加工的成品率;

(3) 零部件加工和装配质量的可检测性;

(4) 零部件和整机的可试验性和可维修性;

(5) 零部件及材料的可回收性等。

(三) 零件的 DFM 技术

在零件设计过程中,应该考虑零件的加工过程,使制造环境、零件结构等适合于零件的加工。工艺评价就是针对所设计零件的结构和所选加工方法的制造环境进行各特征的工艺可行性分析,判断所设计零件是否满足零件结构工艺性的约束,以及它们之间是否存在冲突等。如果发现所设计零件与设计要求、工艺要求及制造环境存在冲突或不满足时,设计者可以根据工艺评价模块产生的评价意见和建议修改零件模型,直到零件设计与工艺要求都满足约束为止。

1. 结构工艺性评价

结构工艺性是否合理,对于零件能否加工以及减少换刀次数、节省工时消耗、降低产品成本都有很大的影响。因此,为了方便零件加工,达到精度要求,经常需要增加一些纯粹为便于零件加工而设置的辅助特征(有关的内容见前面的介绍)。

零件特征的表示若采用面向对象的形式,可使结构工艺性评价有统一的方法。其包括内部属性、自检和接口。内部属性是反映特征实例具有的参数(如尺寸、精度等);自检则是判断已生成特征实例是否为一个存在实体;接口描述其存在于相应的零件结构中必须满足的条件,每一类特征都提供其相应的接口。

2. 特征可制造性评价

在满足功能要求的前提下,根据输入的零件信息,检查零件的各特征是否符合当前生产环境下的加工工艺、设备资源及工装的约束,使零件具有较好的可制造性。如果某特征不满足约束条件或可制造性不好,设计者可自行进行修改。如需要,系统也可为设计者提出修改建议。

3. 经济精度评价

零件的精度对加工过程、制造资源以及加工经济性等影响很大。因此,要求设计者在零件设计过程中,既不能盲目提高零件精度,也不能降低零件的精度而无法满足性能要求。由于设计者的设计经验不足或疏忽等原因,不合理的精度设计时有发生,从而对零件结构、加工方法以及下游各过程造成不良影响,使生产率下降、成本增加。

可以采用规则的知识表达形式,构造功能精度映射规则集。在评价推理过程,遍历形状特征二叉树,对每一条规则都进行检验,并将评价结果反馈给设计者。

4. 尺寸检查

尺寸检查,尤其是应用尺寸链检查也是设计中的重要一环。如对于回转类零件,采用轴向尺寸链来保证回转类零件特征的轴向定位(即零件上各形状特征的轴向相对位置关系)是非常重要的,错误的轴向尺寸使工艺无法进行。通过该系统可以检验零件主特征是否出现错误的轴向尺寸——过定位或欠定位(即多尺寸或少尺寸)。其判断方法是:当尺寸链图为一棵树时,尺寸链正确;若存在环时,为过定位;若为多棵树时,表示为欠定位。图 2-5(b)为某一传动轴的正确尺寸链图;图 2-5(c)是过定位尺寸链图;图 2-5(d)为欠定位尺寸链图。

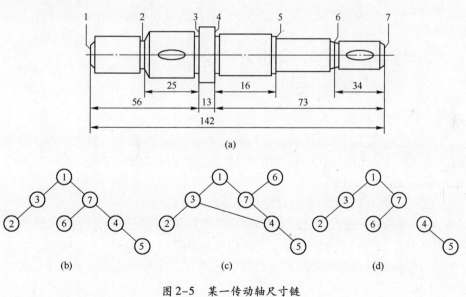

图 2-5 某一传动轴尺寸链

第五节　工艺质量检验与管理策划

工艺质量检验还应从工序质量谈起。工序质量又称作业质量,一个(或一组)技术人员在一个工作地点,对一个(或一组)零件连续进行的全部工作(作业)的质量。是整个生产过程正常、稳定的生产合格产品的基础。受操作者、机器设备、原材料、环境等因素的影响,通常用工序能力指数来评价。工序能力指数又称工艺能力指数,它是衡量生产过程对产品质量满足程度的一个综合性指标,以 C_p 值表示。影响 C_p 值的主要因素又是操作者、机器设备、原材料、方法和环境。所以,对工艺质量的检验与管理策划,在装备研制以及批生产中是非常有必要的,也是必须的。

《武器装备质量管理条例》明确指出:武器装备研制、生产单位应当按照标准和程序要求进行进货检验、工序检验和最终产品检验;对首件产品应当进行规定的检验;对实行军检的项目,应当按照规定提交军事代表检验。在上述法规的要求中,进货检验(也含货架产品的检验、配套产品的检验、外包产品的检验以及自制产品的检验等)、工序检验和首件检验,都属于工艺质量检验的范畴,它是一种产品形成过程确保到下一道(下一层)工序中的工艺质量完好的检验,是工序质量保证行为;然而,在同层次产品要交付上一层次单位时,质量人员应对最终产品依据产品的检验规程进行质量检验合格后,才能交付出厂(出承制单位),这属于产品质量保证行为。这两种行为在装备研制过程中,含义是不一样的。就是说,工序质量保证不能替代产品质量保证。产品交付时,工艺人员是无权、也无法保证产品质量的。有关详情本节分别介绍。

一、工艺质量检验概述

GJB 9001B 标准在 8.2.4 产品的监视和测量中规定:

组织应对产品的特性进行监视和测量,以验证产品要求已得到满足。这种监视和测量应依据所策划的安排在产品实现过程的适当阶段进行。应保持符合接收准则的证据。

记录应指明有权放行产品以交付给顾客的人员。

除非得到有关授权人员的批准,适用时得到顾客的批准,否则在策划的安排已圆满完成之前,不应向顾客放行产品和交付服务。

对产品检验、试验和需顾客检验验收的项目以及所需建立的记录应在文件中作出规定。

GJB 9001C-2017 标准在 8.6 产品和服务的放行中规定:

组织应在适当阶段实施策划的安排,以验证产品和服务的要求已得到满足。

除非得到有关授权人员的批准,适用时得到顾客的批准,否则在策划的安排已圆满完成之前,不应向顾客放行产品和交付服务。

组织应保留有关产品和服务放行的成文信息。成文信息应包括:

a) 符合接收准则的证据;

b) 可追溯到授权放行人员的信息。

组织应对交付的产品和服务进行检验、试验,确认其符号接收准则后,方可提交顾客验收。

国军标的这一规定,提出了对产品质量检验的方针是依据充分、把关严格、实施准确,记录完整,同时还明确指出,"在产品实现过程的适当阶段进行"。很显然,以一个设备为例,在产品实现过程中实施质量检验的环节是比较多的,产品实现过程中图样设计、工序制作、各项性能功能验证都存在质量把关,只是把关的内容、要求、方法上不同而已。质量检验的基本职责是在得到授权后,按策划的安排(一般是由工艺技术部门编制,检验部门签字认可的工艺规程,作业指导书的规定)对过程的组件、部件、零件进行检验,验证各层次是否符合要求。这就是说质量检验的基本特征是对产品质量特性的符合性质量进行判定的活动。它的基本要素是检验对象、质量要求、测量与试验、比较与判定。同时给予了不受外来干扰,能独立行使职权的权力(除非得到有关授权人员的批准……在策划安排已圆满完成之前不应放行产品和交付服务),而且体现了质量检验应遵守的职业道德是按检验文件检验、按工序中的工步要求检验,诚实守信,严格把关,不隐瞒不合格品或质量问题。

(一) 工艺质量检验的定义

对实体的一种或多种质量特性进行观察,测量,试验,并将结果与规定的质量要求进行比较,以确定各个质量特性或工序质量特性的符合性的活动叫质量检验(以下简称检验)。

从这一定义可以引出如下概念:"实体"是指可以单独描述的事物。可以是某产品,也可以是某单位、体系、人及其组合体,或是某项活动或过程。这里讨论的"实体"是特指工序过程。"工序质量特性"是指实体与要求有关的固有特性。质量特性又分为内在特性,如结构、性能、理化指标、可靠性、维修性、安全性等;外在特性,如几何形状、外观等。

"质量要求"或"工序质量要求"是对质量特性进行定量或定性的描述,以便作为检验实施的依据。

"符合性"是指实体质量特性与质量要求相符的程度,如相符则为"合格",不相符则为"不合格"。

(二) 工艺质量检验的原则

检验是以质量要求为依据,工艺质量检验是以工序质量要求为依据,对被检对象的符合性进行判定,因此必须公正、诚实,决不可按个人或某主管领导的意愿进行判断,这必须把握一个检验的基本原则,就是"质量第一、诚实守信"。

检验工作的基本指导思想是:坚持质量第一,严把质量关,及时反馈质量信息、质量趋势,为持续改进产品质量服务。

(三) 工艺质量检验的职能作用

检验的基本职能是:预防、把关、记录、报告。根据这一基本职能,检验的作用是:

1. 预防作用

(1) 在开工前检验员对"人、机、料、法、环"均要进行查核和验证,确认均处在正常或受控状态后才允许开工;

(2) 预防因文件、工装设备借用及使用错误,量具不合格等而造成不合格品;

(3) 开展"首件检验"与"巡检"是预防成批性不合格品的产生;

(4) 坚持"三不放过"原则即原因不清不放过,责任不明不放过,措施不力不放过,预防重复发生不合格品;

(5) 坚持"不合格原材料不投产,不合格零件不装配,不合格产品不出厂",是预防成批性、功能性、可靠性、安全性的质量事故的发生。

2. 把关作用

如果不能及时发现不合格品,实际上已造成漏检或错检,其后患无穷,有的可能影响产品交付,有的对安全性造成极大隐患。这些与检验自身的素质有关,也与机制有关,其把关作用一般体现在以下方面:

(1) 及时准确地发现不合格品,是质量检验最基本的作用;

(2) 必须一丝不苟,严格执行文字性有效的质量检验依据,不能违反程序或漏检、错检以及更改依据;

(3) 严格把关,应对不合格品及时采取隔离,按程序处置,防止不合格品转序、入库或交付,这样对后面的工序也是一种预防作用。

3. 检验记录具有对产品的验证和追溯作用

检验记录是质量检验结果的证据,因此也是产品验证及确认的依据。同时记录中所载信息为产品质量追溯提供可靠证据。

4. 信息的反馈、报告作用

质量检验将产品实现过程中的质量问题反馈给信息中心,便于适时找出原因,有针对性地采取纠正措施,使产品质量得到持续改进和提高。

二、工艺质量检验分类及要求

《武器装备质量管理条例》中指出:武器装备研制、生产单位应当按照标准和程序要求进行进货检验、工序检验和最终产品检验;对首件产品应当进行规定的检验;对实行军检的项目,应当按照规定提交军事代表检验的五种检验中,前四种检验都是规定了产品形成过程中的质量控制方式,而进货检验、工序检验、最终产品(对主机或系统而言,最终产品的检验也是过程)检验和首件检验也正是工艺过程质量控制的最主要、最关键的四种方式,但在装备的研制过程中,工艺质量控制往往不限于上述四种。下面重点谈一谈工艺质量控制的分类。

按 GJB 9001B 的规定,将检验"安排"在产品实现过程的"适当阶段"。那么,由于装备研制阶段的内容不同、要求不一样,阶段内的性质不同,检验的项目和内容也随之不同,由此,检验既有类别的区分,也有性质的不同,其要求也是不一样的,因此就形成了不同阶段中与之相适应的项目检验、产品检验。为了能将检验类型和性质一目了然,列出装备研制中常用的检验形式具体介绍。

(一) 进货检验及要求

进货检验主要指的是对外购器材的入厂复验。按照法规和标准的要求,外购器材是指形成产品所直接使用的非承制单位自制的器材,包括外购的原材料、元器件、成件、设备、生产辅助材料,以及外单位协作的毛坯、零部(组)件等。

为讨论问题方便,从装备研制的使用角度出发,我们将进货检验特指货架产品的检验,对于外购新研制的器材,按相应的质量控制程序和质量责任制度,重点控制技术协议书的签订、技术协调、匹配试验、复验鉴定、装机使用等环节,可按外协外包产品方式控制。

进货检验如器材的规格、功能、性能指标一定的情况下,入厂后按供货技术协议书的要求,进行入厂复验。厂方技术设计人员根据技术设计方案及技术协议书的要求,编制外购器材复验规范,器材购置或质检部门依据复验规范的要求编制复验规程,复验进货的器材,以保证外购件的质量满足技术协议书及使用要求。

(二) 外协(含外包)产品的验收检验及要求

外协含外包产品,它们之间的区别在于,外包产品的工艺设计在供方,外协产品的设计全部在承制方,从质量管理的角度看是一样的。当供方的外协产品(含外包产品)出厂时,应按最终产品出厂的要求,用检验文件即检验规程检验合格后,交付给承制单位。

(三) 配套产品的验收检验及要求

与型号研制配套的产品,统称配套产品。这个配套产品在主机或系统是备案的,属于系统质量管理范畴。当供方的配套产品出厂时,应按最终产品出厂的要求,用检验文件即检验规程检验合格后,提交使用方代表检验验收合格后,交付给承制单位。

（四） 工序检验及要求

在生产现场对工序在制品的检验。工序检验的目的主要是防止不合格品流入下道工序，并对工序质量的稳定性进行监控。工序检验（生产过程）一般应注意以下方面要求：

（1）按规定进行过程（工序）检验，防止不合格品转入下道工序。

（2）按 GJB 467A 的要求，对批量生产的产品或关键件、重要件（含工序）进行首件检验。必要时，进行首件二检（自检、专检），确认合格并作出标识和记录后方可继续加工。

（3）使用代用材料时，应按要求履行审批手续，并经检验合格。

（4）按 GJB 909A 的要求，对关键过程实施有效的控制。对关键件、重要件进行严格检验，并按规定记录实测数据。

（5）承制单位应按 GJB 726A 的规定，对产品的检验状态进行标识和可追溯性管理。防止产品在过程流转中发生混淆。

（6）对让步放行的产品应经批准，并有可靠的追回程序。让步放行的产品应标识并保持记录。

（7）检验人员对鉴别出的不合格品，应按 GJB 571A 的有关规定进行标识、隔离，做好记录并填写不合格品通知单。检验人员应在授权范围内处置不合格品。

（8）对返修、返工的产品应重新进行检验。

（五） 特种检验及要求

利用特殊手段，如化学、金相、声波、光、电子、射线等对产品的直观不易发现的表面或内在质量特性的检验。这些检验一般伴随着特种工艺，如焊接、锻件、铸件等采用无损探伤、金相检查、理化测试等办法检查。均属特种检验。

（六） 首件检验及要求

首件检验是指对开工的首件加工质量进行验证和确认，它是防止出现成批超差的工序预先控制的一种手段。GJB 9001B 7.5.1 生产和服务提供的控制中 K）条明确指出，对首件产品进行自检和专检，并对首件作出标记的要求。首件检验在长期的工程实践习惯中也叫"首件二检"，即"自检、专检"制度。

首件检查是对生产开始时和工序要素发生变化后的首件产品质量进行的检验。一般适用于逐件加工形式，在下列情况下均需作首件检验：

（1）每个班开始加工，且该班加工同一产品三件以上的首件；

（2）生产中变换操作者的首件；

（3）生产中变换或重调设备、工艺装备时的首件；

（4）工艺方法发生改变的首件；

（5）对关键、重要特性则需进行百分之百的检验。

首件检验不合格时，应暂时停止加工，及时查明原因，采取纠正措施，再重新进行首件加工及首件检验，直到合格后才能确定为检验合格的首件，并作好标识，方可继续本工序的生产。

（七）自制件的检验及要求

承制单位为自行配套而研制或生产的设备、组件、部件和零件，称为自制件。其配套时的质量控制方法同配套产品一样，应有技术要求、质量要求和交付的方式方法。

（八）最终产品（成品）的检验及要求

GJB 6117《装备环境工程术语》2.1.12 条明确指出最终产品也称成品，是指组装好或已完成且准备好交付或部署的产品；GJB 1405A《装备质量管理术语》2.3 条明确指出成品，是指已完成全部生产过程并检验合格的产品。

换言之，最终产品（成品）含义是相同的，都是已经过承制方检验合格的产品，表示已完工的产品在入库前的检验。其目的是对于已完工的最终产品（成品）而言，一是防止不合格品进入装配；二是防止不合格品出厂。GJB 1442A 中要求，承制单位最高管理者应对最终产品质量负全责。需要时，可指定一名最高管理层的成员负责质量检验工作。承制单位应按质量管理体系的要求，结合本单位的实际情况和产品的特点编制检验文件（检验计划、检验规程、检验记录和检验报告）。用检验规程检验最终的产品（成品），最终检验一般包括下列内容：

（1）承制单位应按验收依据（设计人员编制的验收规范）和相关规定，编写检验规程，对完工产品进行最终检验，以表明产品符合规定的要求。

（2）承制单位在最终检验合格后，应按规定向军事代表提交验收，经军事代表确认合格后，方可办理质量证明文件。

（3）对验收合格的产品，应按 GJB 726A 的规定作出标识，并填写质量证明文件。

（4）提交军事代表检验及要求：

① 承制单位应按规定向军事代表提交经检验合格的产品（含过程）；

② 提交军事代表检验的项目与内容应由军事代表提出，经协商确定并形成文件（军检项目清单）；

③ 承制单位应将工序共检项目、军检项目纳入工艺规程。对军方独立验收的项目，应设置单独的军检工序（称军检规程）；

④ 承制单位应负责处理军代表在验收中提出的产品质量问题，对处理后的产品需经重新检验合格后，才可再次提交军代表验收；

⑤ 经军代表同意,过程检验和最终检验可以和军代表检验合并进行;
⑥ 军检项目的检查结果应形成记录。

(九) 产品包装检验及要求

产品包装有防护包装、装箱、运输、贮存和标志要求。若有适用的现行标准,则应直接引用或剪裁使用。根据包装需要规定检验的一般要求:

(1) 防护包装,包括清洗、干燥、涂覆防护剂、裹包、单元包装、中间包装等要求;

(2) 装箱,包括包装箱,箱内内装物的缓冲、支撑、固定、防水、封箱等要求;

(3) 运输和贮存,包括运输和贮存方式、条件,装卸注意事项等;

(4) 标志,包括防护标志、识别标志、收发货标志、储运标志、有效期标志和其他标志,以及标志的内容、位置等。有关危险品的标志要求应符合国家有关标准或条例的规定。

三、工艺质量检验的依据

工艺质量检验同产品质量检验一样,同样应该是有根有据。检验最基本目的是判定实体是合格还是不合格。这种判定的依据并非随心所欲,更不是因人而异,而是依据检验对象的技术、质量要求文件,阐明技术、质量要求作为检验的依据。由于质量要求具有明示的及通常隐含的惯例,因此检验的依据是指具有明示质量要求的文件和通常隐含或必须履行的需求或期望。

(一) 明示质量要求的文件

(1) 贯彻标准——在设计或产品图样、产品规范中所引用的军用标准以及其他满足武器装备质量要求的国家标准、行业标准和企业标准,以及相关的国际标准和国外先进标准。

(2) 履行合同——合同或技术协议书中对产品质量的要求(包括有归档产品要求及交付和交付后活动的要求)。

(3) 贯彻实施——在设计或产品图样,产品规范中为满足合同要求提出的相关技术、质量要求,并经总设计师批准,总军事代表同意。

(4) 严格操作——工艺规程提出的工序路线,技术要求,操作工具、设备和检验的要求,是为符合质量提出的工序和成品的相关工艺质量要求、并经总工程师批准。

(5) 标准样件——对于一些难于测量的特性,制定一件经过验证,确认为符合质量要求的样件作为标准,给检验提供依据。标准样件是经有关技术部门负责人批准,并经用户代表签字同意,且标明有效时限或复核时间,必须依此为标准。

(6) 检验文件——严格执行检验文件,检验文件一般包括检验计划、检验规程、检验记录和检验报告等。

检验文件是依据检验规范而编制的操作性文件,使检验活动规范有序。因此检验文件是指导检验人员严格程序、操作规范、判断准确、记录完整的文件,检验文件由检验(或质量)部门编制、审定,承制单位负责质量的主管领导批准。

(二) 隐含的潜在的质量要求

这种隐含的要求通常是作为一种惯例,不需特别提出的要求。在武器装备研制、生产中违反条例规定,通常有这样一些现象:

(1) 违反条例规定,在武器装备论证工作中弄虚作假,或者违反武器装备论证工作程序。

(2) 违反条例规定:

① 因管理不善、工作失职,导致发生武器装备重大质量事故的;

② 对武器装备重大质量事故隐瞒不报、谎报或者延误报告,造成严重后果的;

③ 在武器装备试验中出具虚假试验数据,造成严重后果的;

④ 将不合格的武器装备交付部队使用的。

(3) 违反条例规定,泄露武器装备质量信息秘密的。

(4) 违反条例规定,阻碍、干扰武器装备质量监督管理工作的。

(5) 违反条例规定,为武器装备研制、生产、试验和维修单位提供元器件、原材料以及其他产品,以次充好、以假充真的。

(6) 质量检验机构、认证机构与武器装备研制、生产单位恶意串通,弄虚作假,或者伪造检验、认证结果,出具虚假证明的。

(7) 质量监督管理人员玩忽职守、滥用职权、徇私舞弊的。

(三) 检验文件的有效性及应注意的问题

1. 有效性的基本原则

武器装备研制、生产单位应当实行图样和技术资料的校对、审核、批准的审签制度,工艺和质量会签制度以及标准化审查制度。检验文件必须是经技术人员编制、校对、审核、会签、审查,由相关技术负责人批准,必要时需经用户代表同意。在文件的有效版次,时限或数量范围内,是具有明显的有效标识的文件。

2. 有效性判定时应注意的问题

在装备研制工程管理过程中,行政管理文件、领导的批示、习惯的做法以及违反程序的操作是很容易发生的,有些甚至还很容易混淆,为此,从技术管理的角度,提出一些注意事项,供参考。

(1) 行政管理文件——行政文件往往是向各级发布工作要点和一般要

求,不可能对产品质量要求作详细的描述。如某新产品在研制阶段"质量工作会议"红头文件,是根据质量工作会上提出"精品工程"的原则性要求及保证措施,它不可能对每个零、部、组件提出具体要求,只是一种在过程中需要贯彻的指导思想和遵循的原则,因此不能作为具体检验产品的依据。即使有时对某具体件号提出要求,但也不可能详细地用以指导生产和检验工作,不具有操作性,只能将其转换成技术文件或验收标准后才能作为过程中的检验或验收依据。

(2) 领导的指示或批示——这种情况往往出在质量与数量发生矛盾时,或经济损失较大时。个别领导指示或批示一般都是为了眼前利益而给检验人员下达放宽标准"验收"和"放行"的指示,同时承诺出了问题由领导负责,甚至进行误导及违反质量原则的诱导,如完不成任务车间无奖金,首先扣检验员的奖金等。

(3) 无文字依据的习惯做法——长期以来,一种不好的甚至错误的做法竟一代一代往下传,师傅带徒弟,一脉相承。例如某企业对薄壁件的直径测量时允许以多次量值代数和的均值作为检验结果,可有时竟把这一方法移植到其他壳体零件的配合孔,结果造成装配时满足不了配合要求,有时造成磨损或泄漏,当你问他怎样判断的,他说:师傅就是这么干的。又如轴的直径取上差,孔的尺寸取下差的习惯,实际上是不合格品,这也是习惯做法造成的。当然也有正确的习惯做法,优于工艺文件的规定。不论是正确的习惯做法,还是错误的习惯做法,都应通过验证和确认后再纳入有效的工艺文件中,使之规范化,合理化,并具有积极意义的继承性。

(4) 技术状态更改的有效性——不管在产品试制还是定型、批生产阶段,产品的技术状态是不能随意更改,确因设计失误或协调工艺需要进行更改时就必须履行相关程序和手续,作有效更改并下达更改单,说明更改理由及内容,对已制品和在制品作出相关处置意见,经相应技术负责人批准(必要时需经用户代表同意)后才能更改,并在被更改文件上作更改记录与标识及签字。否则是无效更改,不能作为检验依据。

(5) 紧急手令的实施。在紧急情况下,对技术要求作相应的修改,只是因时间紧迫,文件审批手续来不及审批,零件又不能停止加工,这时可以下达紧急书面指令,但随后应按规定程序补办技术通知单,否则成品不能放行。

(6) 超越使用时限、范围的设计,工艺文件是不能作为检验依据的。原因是技术通知单是有产品台号,批号或时间规定的,若无具体规定,通常则有效期为一年。又如临时工艺规程,工艺超越单等也是受一定时间和一定批量限制的。超期、超批则为无效文件。

第六节　质量检验机构及管理

一、质量检验机构的设置

承制方为确保产品质量,必须对产品实现过程实施全程有效的质量控制,其中,对产品质量的符合性实施检验是其重要环节。检验人员根据检验文件对产品(含采购产品)进行质量检验(含工序检验),做出合格与否的结论,办理产品放行的质量证明文件。由此,设立质量检验机构是必须的。

GJB 1442A《检验工作要求》中强调,组织最高管理者应对最终产品质量负全责。需要时,可指定一名最高管理层的成员负责质量检验工作,并负责为其配备必要的资源等要求;应设置能独立行使职权的质量检验部门,明确规定检验人员的职责和权限,对检验人员实行集中统一的管理,并确保其独立地、客观地行使职权;应依据产品实现策划的安排,组织实施产品质量检验工作,并保存产品符合接收准则的证据。应授权质量检验部门严格按规定的要求对产品进行独立地、符合性判定,并防止不合格品的非预期使用或交付。考虑到军工产品的特点,标准中还增加了提交军事代表(或顾客代表)检验和有关检验状态的相关要求。

（一）设置的一般原则

企业根据自身规模及产品的复杂程度,设立与之相适应的,且能独立行使质量检验职权的专门检验机构或专职检验人员。

（二）检验部门的主要工作范围

1. 贯彻产品质量法规

检验部门代表产品承制方对产品的形成过程或最终产品进行检验和质量监督控制。为掌握检验工作要求,检验部门应有计划、有组织地进行各级检验人员的学习,宣传贯彻产品有关质量法规,做到既对企业负责,又对用户负责。

2. 编制检验工作的程序文件和检验文件

程序文件是对检验工作的具体要求和规定,系统地把做什么,如何做,由谁做的方法、步骤按程序编写成文件,规范各级检验人员的检验工作活动。使检验工作规范化、标准化,有序有效地进行。

检验文件包括检验计划、检验规程、检验记录、检验报告。

3. 检验工作的依据

（1）设计文件。产品的设计图样、技术标准、关键件、重要件目录,产品技术说明书、易损件、必换件目录,外购器材目录、研制规范、材料规范、工艺规范、软件规范和产品规范,试验大纲及试验规程,使用维护说明书,产品装箱单及随机配件目录等。

（2）工艺文件。工艺总方案、工艺标准化综合要求（工艺标准化大纲）、工艺规程、随件流转卡、关键工序作业指导卡、检验规程、验收规程（外包）等。

（3）合同及技术协议书中的相关要求等。

（4）最终产品的检验规程。

4. 产品实现过程的工序检验和质量检验

检验部门按照程序文件及作业指导卡规定的具体方法,依据质量要求对产品实现的过程进行检验"把关"是其最基本的工作任务。它是通过设置的各个检验科、室来完成检验工作任务的,确保不合格品不转序、不入库、不交付,并有效隔离,最终确保产品符合质量要求。

5. 合理配置和管理检测设备

配置与产品相适应的检测设备、计量器具、仪器、仪表及通用、专用量具。对这些设备严格管理,保养维护,正确使用,是确保检验结果准确可靠的基本条件,因此对检验器具、设备等必须按规定进行检定、校准,妥善保管,合格使用,确保量值准确可靠。

（三）检验机构设置的基本要求

（1）机构设置合理。专职检验机构应在最高管理者或管理者代表的直接领导下,对承制方的质量检验的行政业务、技术工作实行集中统一领导,保证检验机构独立,公正地实施质量检验。

（2）明确检验机构各级之间的分工与职责,确定其工作范围。专职检验机构必须按"预防,把关,记录,报告"的职能、工作范围,建立起检验机构职责条例。

（3）合理地搞好检验机构内部设置,建立完善的检验工作体系。配齐符合各专业要求的检验人员,并进行统一管理。

（4）编制质量检验工作程序文件及检验规章制度,使检验工作进入程序化、规范化、标准化的有效运行轨道。

（5）配备质量检验工作所需资源,如计量器具、测试设备等。

（四）检验机构的权力与责任

（1）依据质量要求（工序检验可以用工艺规程,最终产品检验必须用检验规程）判定产品合格或不合格的权利;

（2）对于不具备检验条件或要求的产品,有权拒绝检验;

（3）对以次充好,弄虚作假行为有权制止,对质量事故有权监督责任单位召开质量分析会,追查原因、责任,制订纠正措施,视其情节给予处分的建议权;

（4）有权对质量事故责任单位实施质量否决权;

（5）对产品实现过程中由于错、漏检而造成的损失和影响负责;

(6) 对未严格执行首件检验和巡检而造成批量超差事故负责;

(7) 对不合格品管理不善所造成的后果负责;

(8) 对质量判定检验记录,检验信息的正确性负责。

(五) 质量检验机构的设置

由于各承制方的特点,生产规模、产品机构及经营方式均有所不同,其检验机构的设置也不相同。从管理的模式看,一般有集中管理型质量检验机构和集中与分散相结合的质量检验机构两种。下面通过对某发动机企业质量检验机构的管理模式分析,承制单位可根据本单位情况,参考或直接剪裁形成适应本企业的质量检验机构。

1. 集中管理型质量检验机构

在最高管理者的直接领导下,全部专职检验人员统归质量检验部门管理,负责从器材采购检验、配套产品检验、外包(外协)产品检验到产品制造中的工序检验、首件检验、特种检验、固定项目检验以及完成后的最终产品检验等质量检验工作。集中管理型质量检验机构图,见图2-6。

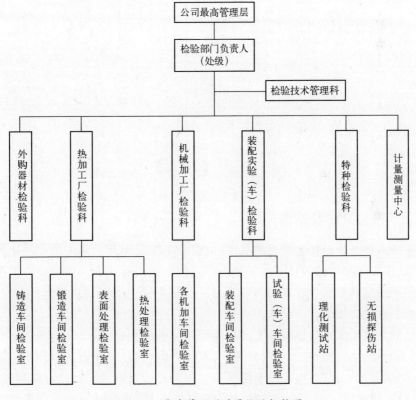

图2-6 集中管理型质量检验机构图

在这种基本模式下,各承制单位根据实际情况有所变化,如有的承制单位将理化测试中心归属冶金部门管理。

2. 集中与分散相结合的质量检验机构

这种类型的检验机构只是对外购器材检验和最终产品(成品)检验、理化测试、计量测试实行集中管理。而工序检验由生产单位管理(见图2-7),业务受检验部门指导。

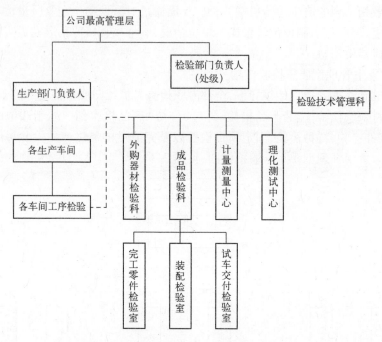

图2-7 集中与分散相结合的质量检验机构图

二、检验文件及管理

检验文件是指对检验涉及的活动、过程和资源及相互关系作出规范化的书面规定,用以指导检验人员实施正确、有序、协调的检验活动。质量检验工作应认真贯彻国家和上级主管部门颁发的有关质量法令、法规及各项规定,遵循严格把关与积极预防相结合、专职检验与操作者自检相结合的工作原则。

检验文件是用来指导检验人员具体操作过程的文件,以保证检验结果的正确性,判断结论的科学性。如检验规程,它包括做什么、怎样做、谁来做、用什么标准做、做到什么程度;检验作业指导卡它包括检测对象,检测内容,检测方法,检测手段,检测判定,记录报告等。如对于最终产品(成品)的检验,依据检验规程的要求进行实施,才能起到质量保证的作用。换句话说,检验规程是质量保证文件,验收规程是质量控制文件。

为了使质量检验职能有效发挥,确保客观、公正、协调有序地开展检验工作,除了对所颁布的检验规章制度、检验工作要求,如各级检验人员的职责,班检制度,首件检验(二检)制度,巡检制度,检验人员的培训、考核、上岗制度,检验印章管理制度等法规性、规范性文件的管理外,重点是对检验记录和不合格品的管理等内容。

(一) 检验文件

各承制方应按质量管理体系的要求,结合本单位的实际情况和产品的特点编制检验文件。应规定检验文件的编制、审批、发放和更改的要求,以确保检验文件的现行有效。检验文件一般包括检验计划、检验规程、检验记录和检验报告等。

1. 检验计划

应按需要编制检验计划,检验计划一般包括:

(1) 检验作业计划;

(2) 检验保证措施;

(3) 检验验收节点网络图;

(4) 检验站(点)的设置;

(5) 检验器具和测量装置的改造更新计划;

(6) 检验人员的配备和培训计划等。

2. 检验规程

检验规程是用来判断产品质量特性符合质量依据的文件或样件。如公开颁布的各级标准;各种技术文件规定的质量标准,如特种工艺检验规程,特种检验收规程,理化性能要求及实物标准样件等,都可以属于检验规程的内容,检验规程是供方的质量保证文件,提交给承制方改编为验收规程,成为了质量控制文件。

标准样件是对难以运用计量手段直接进行检测的质量特性,预先选定并经规定程序办理实体样件手续的,来进行对照鉴别,判定合格或不合格的验收性标准。它可以是零件、组件,也可以是整机产品。标准样件由检验室管理、登记、挂签、油封保存,并监督生产单位定期组织复验确认。

承制方应编制检验规程(或作业指导书),检验规程可以是工艺规程的一部分。检验规程一般应包括:

(1) 产品接收和拒收的准则;

(2) 检验项目、程序、方式、方法、环境和场所;

(3) 检验所需测量装置和工装;

(4) 测量结果的记录要求;

(5) 抽样方案和/或批接收的标准;
(6) 其他检验要求。

3. 检验记录

承制方实施产品质量检验工作,并保存产品符合接收准则的证据——检验记录。检验记录是对检验过程和检验结果提出的有效证据文件,它为质量验证、质量追溯,纠正措施等提供依据,也属于技术状态纪实文件。

承制方建立并保持检验记录,并应规定记录的格式和内容。检验记录应能提供产品实现全过程的完整质量证据,并能清楚地表明产品满足规定要求的程度。检验记录应:

(1) 包括产品形成过程的控制记录、产品检验和试验的记录、不合格品审理的记录以及产品质量证明文件等。

(2) 内容应签署完整,数据准确、清晰。按规定要求进行标识、贮存、保护和检索,并能满足产品质量状况可追溯性要求。

(3) 满足顾客和法律法规对保存期限的要求,与产品质量相关的记录应与产品的寿命周期相适应。记录的销毁应经授权人批准,销毁记录应予以登记。

4. 检验报告

承制方应根据产品特点和管理要求,编制检验日常报告和定期报告,对检验日常报告和定期报告的格式及内容做出明确规定并满足下列要求:

(1) 向内部有关部门提供日常检验报告。报告内容应包括检验的产品、方式、次数,出现的质量问题及接收和拒收的数量等。

(2) 应对检验数据进行统计分析,定期向有关部门提出产品质量分析报告和质量改进建议报告。

(二) 检验记录管理

1. 检验记录的主要形式

(1) 工序检验记录:如首件检验单、巡检记录、末件检验记录单;
(2) 随件流转卡;
(3) 成品检验记录单;
(4) 零(组)件质量证明单;
(5) 入库质量保证单;
(6) 装配质量证明单;
(7) 检测报告(理化测试、计量、无损探伤报告);
(8) 试验(试车)记录;
(9) 不合格品记录(如超差品登记本、废品登记本、待处理记录单及其处理文件:拒收单、不合格品审理单、返修单、返工单、废品单等)。

2. 检验记录表格的编制

（1）根据产品复杂程度和质量体系及用户要求设计相应的检验记录表格；

（2）确保质量追溯可靠、方便,如对炉（批）号、顺序号、数量以及检验依据的文件号、日期等记录；

（3）应方便检验员对实体质量特性的准确描述,以确保对检验结果理解的唯一性,如需要时可附简图；

（4）尽可能简化检验记录工作及重复记录,以确保检验员"把关、预防"基本职能的充分发挥；

（5）表格设计要规范化、标准化,便于统一管理。

3. 检验记录表格填写的基本要求

检验记录是检验活动的情况证明,是产品质量满足要求程度的客观证据。对此应作出严格要求：

（1）必须用墨水笔填写、工整清晰、真实可信、可读数的应填写实际数值,不允许弄虚作假,记录真实可靠；

（2）内容应按规定填写完整,如型号、零组件号、材料牌号、炉号、批次号、顺序号、数量等,不得漏填错填,检验盖章、日期清晰,记录具有可追溯性；

（3）记录不得随便更改,确需更改时,应划改并加盖检验印章,使记录具有严肃性；

（4）检验记录应收集整理、按实际需要分类、按型号或时间顺序等方式存档保管,以便索取。

4. 检验记录的管理

1）检验记录的传递

（1）当采购器材投产时,则需将器材检验结果转移到器材发放合格证上,即将器材件号、编号、炉批号、定节号、复验编号,质量状态数量等填写清楚、完整,实体上应有明显标识且文实一致,而原入厂复验记录及器材合格证明则归档管理。

（2）工序检验记录中流转卡,首件检验单,巡检记录均应将投产器材的牌号、炉批号、数量等填写清楚,并按批次管理规定填写生产批次号、顺序号及首件号,当完工后,将工序记录与实物一同提交成品检验。

（3）成品检验记录根据工序记录所传递的零件号、批次、炉号等进行查核并按成品检验文件即检验规程的要求实施检验活动并记录。

（4）对需要进行传递的记录,则填写质量证明单随实体一并转序,为后工序提供验证证据。

（5）不合格品记录向下工序或质量管理部门传递,为预防措施和纠正措施的决策提供证据。

(6) 对完工件的全套原始记录应归档管理,为质量追溯提供证据和线索。

2) 检验记录的归档

检验记录归档的基本要求是便于追溯和查索,记录完整、清楚、可靠,按规定时限存档。如发动机检验原始记录为 15 年以上的长期存档,到期需销毁时还需申请批准后才能进行,因此要求保存环境作到防潮、防霉、防蛀、防丢失。

(1) 大型产品检验记录归档,是采取零、部(组)件分散归档,整机检验记录集中归档管理办法。这种方法的优点是重点控制,产品质量的主要特性及状态清楚。而且保存的空间不受限制。但是,如某一环节的保管不慎就会造成记录的丢失。因此要求各检验室要设立质量档案员。

(2) 对复杂程度较低的产品,检验记录一般为集中归档管理。这样便于查索。但要求管理员的水平较高,他要对各种检验记录都要非常清楚,否则对追溯也会造成困难。

三、不合格管理

"不合格"包括不合格品和不合格项,凡在产品实现过程中出现的质量特性未满足要求的均称为不合格品,作为质量检验的重要任务就是在整个产品实现过程中及时剔除、隔离、处置不合格品,防止误用或误装形成不合格产品。

(一) 不合格品判定的基本原则

任何具有一个或多个不符合合同、图样、样件、技术要求(原技术条件)或其他规定的技术文件等质量要求的质量特性的产品均为不合格品。检验人员按此原则对产品作出合格或不合格结论的判定。

(二) 不合格品在检验环节中处置的基本程序

1. 检验人员应严格按照产品图纸和工艺文件的规定检验产品,对质量特性的符合性作出合格或不合格的判定

2. 对发现的不合格品,及时作出明显标识并在指定的隔离区存放,防止混入合格品中被放行、误用

3. 填写不合格品拒收单交质控人员按不合格品处理程序进行处理

4. 按最终审查结论进行相应处置

1) 让步接收

当不合格品审查的终审为"同意使用"的结论时,可随合格品一同验收放行,入库或交付,但审理文件应随件传递,以保持质量原始状态并引起后工序的注意。即:让步接收放行。

2) 纠正

(1) 返工。当不合格品的审理意见为"可返工"时,应开具返工票进行返工,返工后,应检查其返工特性的符合性是否合格。如合格,则在审查单上注明

"返工合格",并盖章。

即返工:开返工票—返工—检验—合格放行。

(2)返修。当不合格品的审理意见为"可返修至××"时,应开具返修票,由工艺人员根据审理意见编制返修施工单,返修完毕后,检查其返修结果是否符合终审意见,并在审理单上注明返修后的实际检测值和签章。

即返修:开返修票—返修工艺规程—返修—检验—符合让步接收要求—放行。

3)降级

终审结论为降级使用时,检验员应严格控制,不能随便配套使用。如"地面试验机用",就不能装机出厂。

4)报废

当不合格品具有明显报废特征(检验室主任可作报废判定的结论),或不合格品审理单的终审结论为"报废"时,应作废品标识,按废品管理程序办理废品票,入废品库隔离存放。

5. 记录与报告

对出现的不合格品应在记录表格及拒收单上作详细记录和描述,尤其是特种检验发现的缺陷应画示意图描述缺陷的形状、大小、位置、数量及缺陷性质,为了便于控制和传递,对相应的炉号、批号、顺序号、超差特性的实际值作详细记录。

对不合格品及不合格品率应定期统计、报告、这是内部质量信息的重要来源,以利于主管部门进行统计分析,采取纠正措施达到持续改进的目的。对于造成重大经济损失及严重影响产品性能,互换性,可靠性,安全性的质量问题应及时报告。

四、检验人员的管理

产品实现过程均需要经过检验人员的监控、把关再把产品交付用户。检验人员的工作质量直接关系到是否能做到"不合格原材料、元器件不投产,不合格零件不装配,不合格产品不交付出厂"的要求,将错、漏检率控制在最低值。因此加强对检验人员的管理极其重要。

(一)检验员应具备的基本条件

(1)具有一定的文化程度(一般应高中、技校毕业以上程度);

(2)具有质量管理及质量检验管理的基本知识;

(3)掌握本检验岗位有关的检验专业技术知识、检验技能,能正确使用相关的计量器具及与操作工人相适应的专业知识;

(4)熟悉、理解本岗位产品结构、原理、特性、工艺方法、技术质量要求及关键部位和难点；

(5) 责任心强，能坚持质量原则，热爱检验工作，诚实守信；

(6) 身体健康，视、听、嗅觉正常，肢体无缺陷和影响检验工作的疾病，应定期对检验人员进行身体检查，尤其是视力检查。

（二）培训与考核

为了提高检验人员的素质，应有计划地安排培训、更新知识，适应新产品研制的要求，并考核上岗，因此要采取一些管理措施：

1. 进行质量意识培训

进行质量法规和检验制度的培训，以加强责任心，牢固树立质量第一的观念和诚实守信原则。包括学习宣贯产品质量法规、检验制度，组织召开质量问题分析会和举办典型质量案例展览等。

2. 进行检验技能培训

包括基础理论知识、检验技术、产品结构原理、技术质量要求等。

3. 考核

(1) 对未上岗检验人员进行基本知识、技能及质量检验规章制度的考核。考核合格后发证上岗；

(2) 对已上岗检验人员应定期考核，以进行检验资格的再确认；

(3) 对检验人员进行错、漏检率的考核。错、漏检率是衡量检验人员素质的重要指标。检验人员应避免错、漏检和低层次的责任性错、漏检事故；对一般性的错、漏检也应尽力避免，使错、漏检率降到容许值以下。

（三）检验印章管理

检验印章是检验资格的证明和授权，产品只有加盖检验印章才能证明已经过检验或验收合格。所以对检验印章应加强管理，统一设计、制作、发放、存档。印章的发放、保管、使用应注意以下内容：

(1) 经考核合格后可发给检验印章；

(2) 造册登记备案，以防丢失或仿造，如遇丢失应挂失换章；

(3) 专章专用，转借者责任自负；

(4) 离岗或换岗应交还原章或换新章，原章交回作废；

(5) 检验印章损坏或磨损时应换章，原章交回作废；

(6) 一印一档，便于追溯印章的使用情况。

五、检验信息的收集及统计分析

检验信息是指检验活动中得到的有意义的检测数据，是质量信息中的重要内容。检验信息一般属于内部质量信息，是在产品实现过程中产生的，反映质量状态及其变化的各种动态的质量信息。

（一）信息收集的要求

检验信息的收集应把握好"四性"的要求：

（1）及时性——是由质量信息的时效性所决定的，信息的价值随时间的推移而降低。如果不及时就不能充分发挥它的应有价值。如有关危及安全可靠的信息不能及时反馈、报告、纠正，将会造成经济和生命安全的特大损失。

（2）准确性——是指信息的真实性，如果失真，造成信息"污染"，则会作出错误判断和纠正措施，不但不能纠错，还会错失时机。

（3）完整性——是指信息全面，无遗漏、完整无缺，这是保证科学分析判断的重要依据。如故障件的可靠性分析，就需要工作时间和工作状态信息；如零件超差，就需要一定量的数据信息进行具体的原因分析。

（4）连续性——是指信息的系统性、连续不断地采集，有利于真实地反映产品质量动态和趋势。如交付试车记录，加工中的统计过程控制记录等。

（二）检验信息的主要内容

（1）零、部件及成品装配的检验记录；

（2）产品验收及例行试验合格率；

（3）不合格品记录；

（4）产品性能测试记录；

（5）各工序的质量信息；

（6）错、漏检情况和错、漏检率。

（三）信息收集的基本程序

（1）确定信息收集的内容。检验信息是内部质量信息，主要是按型号收集过程中的合格品率、超差数、报废数、原因、责任、措施等。

（2）选定信息收集的渠道。按单位确定质量检验信息员（一般为检验主任）定期采集汇总，并按信息程序文件规定渠道、形式和要求送达主管部门。

（3）编制信息收集表。便于描述，易于填写，编制要规范化、标准化，便于自动化管理。主要内容一般包括型号、编号、故障件自然情况、故障模式、涉及的范围、原因、纠正及纠正措施建议等。

（4）采集汇总。信息中心对收集的所有信息进行校核、审查、归类、填表分析、去伪存真、补遗改错、按需要进行汇总，及时将信息按程序提交给有关管理部门及反馈给有关责任单位。

（四）对数据的审查处理、分析、判断、报告

（1）审查信息的完整性和准确性，对不符合要求的数据信息进行复查，必要时可剔除。

（2）分类和排序，将收集到的检验数据按一定的方法分类，在分类的基础上进行排序，便于对主要信息进行分析处理。

（3）确定分析内容和进行统计计算，检验信息一般是反映实体质量状态动向的，因此分析的内容是"人、机、料、法、环"对产品质量影响的程度，它的最基本分析方法是对大量数据采用百分比计算，主次排列等简单统计方法，就可以让管理层一目了然地看出产品质量的变化趋势。

（4）分析判断及报告。在统计计算的基础上获得了定性或定量的检验信息后，便可作进一步地分析报告，并做出判断，提出相应的纠正措施建议。向管理决策层输出信息，提供决策依据。

第三章 装备研制工艺(技术)设计及管理

第一节 装备研制工艺设计综述

GJB 2993《武器装备研制项目管理》中明确要求,"应及早开展工艺设计,拟定工艺总方案等工艺文件,并按 GJB 1269A 进行工艺评审,保证工艺设计的正确性、可行性、先进性、经济性和可检验性"。

一、装备研制工艺设计内涵

工艺工作的主要内容是工艺设计,它是组织、实施产品研制、生产、改型和修理的重要环节,它对保证研制和生产进度,实施研制过程的产品质量控制,降低成本起到尤为重要的作用。

(一) 什么是工艺设计

工艺设计是在型号或产品研制过程中为实现规定的研制任务、质量指标和研制进度所采取的流程安排、技术措施、组织形式、保证条件等一系列的计划、要求和规定。

工艺设计可以是对整个型号(如飞机、火箭、发动机、车辆和地面设备等)的总体研制流程的规划设计,也可以是其中部件的研制规划设计,还可以是具体零件的工艺流程设计。

(二) 装备研制工艺设计的基本要求

装备研制过程的工艺设计必须要求合理性、经济性和先进性。这三者之间是互相关联、互相影响,不能截然分开的,在具体做工艺设计时要具体问题具体分析,进行综合平衡。

(1) 合理性就是要在规定的期限内,利用现有资源和潜力,辅以必要的技术改造,充分发挥行业和专业优势,保质保量地完成研制及生产任务;

(2) 经济性就是要在保证质量和进度或产量的前提下,尽可能降低成本,如缩短流程、降低加工难度、减少专用工装品种和数量、节约主、辅材料的消耗率等;

(3) 先进性就是在条件允许时,尽可能采用先进工艺和技术,采用先进的管理方法,不断提高制造水平和管理水平,以适应现代战争对军用航空产品越来高的要求。

（三）工艺设计的依据

在装备研制过程中，工艺设计是按照设计师系统的技术方案和设计图样及相关设计文件实施的。但从工艺角度如何实施并满足技术方案和设计图样及相关设计文件的要求，应有一份规范性及要求性的文件。设计师系统在对新产品进行特性分析的基础上，对工艺部门在新产品的研制及工艺设计中，提出详细的工艺要求，以输出的工艺规范（按 GJB 6387 规定，结构复杂的产品应编制工艺规范；一般性产品的工艺要求在产品规范中提出。结构复杂产品如系统、分系统和复杂设备；一般性产品如组件、部件、零件及元器件等）指导工艺部门及下一层次的工艺工作。

根据相关标准要求，工艺规范是装备研制的技术状态基线文件，为了使工艺部门即设计师系统人员更好的掌握工艺规范的内容及要求，现将工艺规范的编制进行详细叙述，供参考。

工艺规范是一份规范性及要求性、对型号工艺工作的顶层提出工艺要求的设计文件。在装备研制的方案阶段，设计师系统针对新装备研制的特点，按照 GJB 2116、GJB 2737 进行分解、提出接口要求后，根据产品层次及产品的复杂程度，在特性分析的基础上，将对工艺部门新产品工艺工作以及从设计角度分析的工艺要求，以工艺规范文件的形式输出，作为工艺部门参入新产品研制工艺工作的依据。新产品的工艺规范按照 GJB 6387《武器装备研制项目专用规范编写规定》的要求，应包含以下内容：

1. 范围

工艺规范中的"范围"是必备要素。可直接规定规范的主题内容。范围不应包含要求，其具体内容如下：

（1）针对工艺规范的实体，明确其主题内容。主题内容的典型表述形式为"本规范规定了××××[标明实体的代号和（或）名称]的要求"。

（2）根据需要，简要描述工艺规范所针对的实体。简要描述实体在其所隶属的武器装备《工作分解结构》中的层次。必要时，可列出该实体下一层次各组成部分的代号和名称。

2. 引用文件

1）概述

（1）应引用的文件。

工艺规范的"引用文件"只应汇总列出下列要素中"要求性"内容提及的文件：

① 要求（第3章）、验证（第4章）、包装（第5章）；

② 规范性附录；

③ 表和图中包含要求的段与脚注。

(2) 不应引用的文件。

引用文件不应汇总列出下列要素中资料性内容提及的文件:专用规范的前言、引言、范围、说明事项、资料性附录、示例、条文的注与脚注、图注、表注以及不包含要求的图和表的脚注。

(3) 参考文献。

上述"(2)"内容提及的文件可列入参考文献。参考文献汇总列出下述文件的一览表:

① 工艺规范提及但又不属于引用文件的文件;

② 工艺规范编制过程中参考过的文件。

若有参考文献,则应在最后一个附录之后,以"参考文献"为标题,在其下列出参考文献一览表。其他文献的编排应符合 GB/T 7714《文后参考文献著录规则》的规定。

工艺规范有引用文件时,应列出其引用文件一览表,并以下述引导语引出:"下列版本文件中的有关条款通过引用而成为本规范的条款,其后的任何修改单(不包括勘误的内容)或修订版本都不适用于本规范,但提倡使用本规范的各方探讨使用其最新版本的可能性。"

工艺规范无引用文件时,应在"引用文件"下另起一行空两字起排"本章无条文"字样。

2) 引用文件的排列顺序

引用文件的排列顺序一般为:国家标准,国家军用标准,行业标准,部门军用标准,企业标准,国家和军队的法规、条例、条令和规章,ISO 标准,IEC 标准,其他国际标准。国家标准、国家军用标准、ISO 标准和 IEC 标准按标准顺序号排列;行业标准、部门军用标准、企业标准、其他国际标准先按标准代号的拉丁字母顺序排列,再按标准顺序号排列。

3) 引用文件一览表的编排

每项引用文件均左起空两个字起排,回行时顶格排,结尾不加标点符号。

标准编号和标准名称之间空一个字的间隙。标准的批准年号一律用四位。标准的名称不加书名号。

引用国家和军队的法规性文件时,应依次列出其名称(加书名号)、发布日期、发布机关及发布文号,每项内容之间空一个字的间隙。

3. 要求

1) 一般要求

(1) 环境要求。

本条规定实体加工的环境要求,主要包括:

① 施工场地的具体要求；

② 施工场地的温度、湿度及通风的特殊要求；

③ 施工场地的电源、气源及光源的特殊要求；

④ 施工场地周围的环境保护措施。

（2）安全防护要求。

本条规定实体加工的安全防护要求，主要包括：

① 需规定的安全措施，包括对可能危及人身、产品及设备安全操作，提出相应的各种预防措施及应急处理方法；

② 需配置的防护设施，包括防爆、防火，防核辐射、热辐射、光辐射、电磁辐射，防静电、水淹及有害气体等所需的各种报警装置及设施。

（3）人员要求。

本条规定实体加工人员的要求，主要包括：

① 技术工种人员需经培训的主要内容；

② 特种工艺人员需经专门考试的项目及应获得的等级资格证书。

2）控制要求

（1）概述。

本条可视情设若干个下一层次的条，分别规定各种因素的控制要求。

（2）工艺材料控制。

本条规定专用工艺涉及材料的要求，包括：

① 材料的性能和应控制的关键特性及其公差等；

② 有毒材料及易燃材料的限制要求。

（3）工艺设备与工艺装备控制。

本条规定工艺涉及的设备与装备的要求，包括设备与装备的性能，应控制的关键特性及其设计极限等。列出或说明为保证工艺产生的效果符合规定要求所必需的工艺设备与工艺装备的名称、型号与规格（或代号）等，包括较为特殊的仪器、仪表和专用工具等。

（4）零件控制。

本条规定重要零件完工后的表面状态、形状（含直线度、圆弧度、平面度和圆柱度等）和尺寸容差的要求（可引用有关的图样目录），以及检验合格后的标记要求。除非图样另有规定，本条应明确重要零件生产及检验所采用的各类工艺标准和验收标准。

（5）制造控制。

① 依据相应专用规范（指研制规范、产品规范或材料规范，下同）所含实体的设计要求及承制单位应具备的基本条件，提出实体制造大纲。制造大纲的主要内容包括：

▲制造过程中各个阶段和各道工序的组织管理计划要求；

▲工艺方案、工艺规程、工艺路线和工艺装备等工艺技术保障要求；

▲物资计划、资源组织和物资仓库管理等物资供应保障要求；

▲制造所需的水、电、气、汽、起重、运输及劳动保护、消防、安全等后勤保障要求。

② 规定工艺规范所含实体的制造工艺过程和工艺参数等重要要求的标准或重要的工艺规程。

③ 规定工艺规范所含实体必需的制造工序,各道工序的操作要求和完工要求,建立工艺路线图(表)。

④ 规定工艺规范所含实体的加工质量要求,包括与所需要的加工质量标准相关的必要要求、缺陷的消除要求和最终产品的外观要求。

⑤ 当工艺规范所含实体中的全部零件或某些零件的精确设计需要控制时,应明确与其有关的全部生产图样目录(包括下一层次的),并按其进行制造与组装。

（6）包装控制。

① 规定工艺规范所含实体的包装形式和密封要求,包括完工后的中间产品及最终产品能在运输和贮存过程中有效避免环境的和机械的损伤。

② 规定每包装件上应清楚地做出耐久的标记并有下列说明：

▲采用的工艺规范编号；

▲承制方全称；

▲制造日期；

▲中间产品工件号或最终产品名称；

▲订制单编号；

▲数量。

③ 规定工艺规范所含实体防护包装的工艺规程,其主要工艺有：

▲清洁、干燥；

▲涂覆防护剂；

▲裹包、单元包装、中间包装。

④ 规定工艺规范所含实体装箱的工艺规程,其主要工艺有：

▲包装箱制造；

▲箱内内装物的缓冲、支撑、固定与防水；

▲封箱。

4）验证

（1）检验分类。

① 确定检验分类的基本原则。应根据相应专用规范所含实体采用各种专

用工艺形成的中间结果或最终结果的形态特点,选择合适的检验类别及其组合。确定检验分类时应遵循以下原则:

▲具有代表性,能反映实际的质量水平;

▲具有经济性,有良好的效费比;

▲具有快速性,能及时评判检验结果;

▲具有再现性,能重复演示原工艺过程。

② 检验类别的划分。检验类别可分为以下两大部分:

▲工艺设计评审;

▲完工后检验。

③ 检验分类的表述。确定的检验类别及其组合应采用下述表述形式:

"4.1 检验分类

本规范规定的检验分类如下:

▲……(见4.×);

▲……(见4.×);

▲……(见4.×)。"

(2) 检验条件。

本条规定对工艺形成的中间结果和最终结果的检验应具备的基本条件。

(3) 工艺设计评审。

本条规定工艺设计评审要求,工艺评审的重点包括工艺总方案、工艺说明书等指令性文件,关键件、重要件、关键工序的工艺文件,特种工艺文件,采用的新工艺、新技术、新材料和新设备,批量生产的工序能力等。若采用工艺设计评审,本条则规定评审项目、评审顺序、评审内容及合格判据。

(4) 完工后检验。

若选择对完工后的成品进行检验,本条则规定检验项目、检验顺序、受检样品数及合格判据。宜用表列出完工检验项目、相应的规范第3章要求和第4章检验方法的章条号。

(5) 检验方法。

本条规定对工艺规范第3章中各项要求进行检验所用的各种方法。若所用的检验方法已有适用的现行标准,则应直接引用或剪裁使用。若无标准可供引用,则应规定相应的检验方法。

5) 说明事项

工艺规范的"说明事项"不应规定要求,只应提供下列说明性信息:

(1) 预定用途;

(2) 分类;

(3) 订购文件中应明确的内容;

(4) 术语和定义;

(5) 其他。

上述内容可酌情取舍,各项说明性信息应按 GJB 0.2 - 2001 中 6.12.2 ~ 6.12.6 的规定编写。

二、工艺设计类型简介

工艺设计是指新产品在研制之初,工艺部门人员在认真审查、吸收了新产品的设计方案和结构特点后,应做的工艺设计工作,即包括工艺路线设计、工序设计、工装设计等主要方面的内容。工艺文件的编制,因考虑工艺文件种类甚多,仅在相关章节安排规范性、指导性等主要工艺文件的编制,一般性工艺文件按相关标准编写即可。

(一) 工艺路线设计的一般要求

GJB 1269A《工艺评审》5.1.1 工艺总方案的评审中规定,应对产品制造分工路线的说明和产品研制的工艺准备周期和网络计划以及实施过程的费用预算和分配原则进行评审,为此,策划、设计工艺路线是十分必要的。

1. 工艺路线的含意

工艺路线是针对具体零、部、组件号以及设备(整机产品)从毛坯准备到加工,从过程的外包、外协到外试,从一般过程路线到特殊加工路线,从零件制造到成品装配试验,包装入库所经历过的所有工序的先后顺序。

工艺路线实际上就是产品制造分工路线。工艺路线设计在装备研制的工艺管理过程中,包含两个方面的内容,一是工艺工作的路线所涉及项目的各种表格设计;二是工艺工作的工作流程设计。

2. 工艺路线设计的基本要求

在装备研制过程中,产品的工艺分工及工艺路线确定的基本要求是:

(1) 工艺流程应严密、合理,便于组织生产;

(2) 自制件和外协件的划分应合理、可行;

(3) 生产线的建立或调整方案应合理、可行;

(4) 自制件的工艺分工与工艺路线的编排应合理、可行。

3. 工艺路线设计的主要项目

确定产品工艺分工及工艺路线的主要项目有以下几个方面:

(1) 工艺路线设计原则;

(2) 各种表格设计;

(3) 工艺路线设计;

(4) 工艺流程设计;

(5) 机械加工工艺路线设计;

（6）特种工艺加工和热表处理工艺路线设计等内容。

4. 工艺路线设计的原则

（1）先进合理；

（2）质量稳定；

（3）方便控制；

（4）经济高效。

5. 表格设计的类型

（1）编制工艺路线表（或车间分工明细表）；

（2）关键件、重要件明细表；

（3）外包（或外协）件明细表；

（4）外购件明细表；

（5）自制件明细表；

（6）必要时需提出特种加工明细表（如：铸造、锻造、热处理、表面处理、焊接或其他需特别说明的加工工艺要求的明细表）。

6. 工艺路线设计

工艺路线是针对具体零、部、组件号以及设备（整机产品）从毛坯准备到加工，从零件制造到成品装配试验，包装入库所经历过的所有工序的先后顺序。其内容一般是：

（1）划分加工阶段或状态；

（2）安排加工顺序（工序）；

（3）选择加工的方法或工步；

（4）选择控制点，如工序检验、消除应力、中间探伤，标记等；

（5）选择工序及工步的工具、夹具、模具和测量设备等。

7. 工艺流程设计

工艺流程设计也称工艺流水线设计。流程是工作程序的先后顺序安排即确定零、部、组件的外购厂商或内部生产车间。对于不同的对象，流程的形式也不一样，在工艺设计中，流程一般包含以下内容：

（1）确定外购货源。根据工艺总方案确定的成辅件、外购件目录，主辅材料目录，锻铸件目录确定货源或外购厂商，编制货源或外购厂商目录。

（2）确定货源或外购厂商，一要考虑外购厂商是否录入合格供方目录名单；二要考虑保证供货质量、数量和进度；三要考虑行业分工和厂际专业化分工。

（3）确定厂内分工。根据工艺总方案确定的自制件目录，确定厂内加工的冷热工艺流水线。主要考虑厂内专业化分工、设备条件（包括技改）和制造能力，其次考虑工厂规划和特殊安排。

（二）机械加工工艺路线设计

1. 加工方法的选择

加工过程是由一系列工序组成的，加工方法的选择是工序设计中的重要环节。加工方法的选择恰当与否不仅影响零件的加工质量，而且也影响到生产效率和制造成本。为了能从繁多的加工方法中作出正确的选择，必须了解并掌握各种加工方法的过程、实质、特点和适用范围，加工方法的选择考虑以下几个方面：

（1）在现代军工产品的制造中，传统的金属切削加工方法仍然占主导地位，但随着难加工材料的应用日益增多，各种特种加工方法如电火花、线切割、电解、电抛光、激光、电子束、化铣、腐蚀、磨粒流、振动切削等广泛采用，有效地解决了难加工材料的切削和复杂型面的成型问题，由此，了解掌握它们的工艺特点是十分重要的。

（2）超精加工工艺是当前国际上的潮流，它的加工精度比传统加工精度高了一个数量级，这是我们应加强了解的。

（3）数控加工技术，特别是多坐标联动的加工中心，已在我国航空企业广泛使用，它对复杂零件或复杂型面的集中加工有极大的优势，我们应掌握它的工艺特点、应用范围和编程方法。

（4）各种焊接加工方法如氢弧焊、电子束焊、磨擦焊、钎焊、轨迹焊、点焊、滚焊等广泛用于结构件和组合件，应熟悉各种焊接方法的工艺特点、适用范围、接头形式和探伤要求，以及对零件尺寸、变形和余量的影响。

（5）毛坯精化工艺如精锻、精铸，对减少机械加工有很大作用，应了解它们的工艺特点、精度等级以及对模具和设备的要求。

（6）应了解表面强化处理方法如喷涂、吹砂、喷丸、光饰等对零件表面的粗糙度、尺寸、变形的影响，以及处理前对加工表面的要求。

（7）选择加工方法时，应考虑零件表面的形状、尺寸、精度、粗糙度、刚性和材料及热处理、表面处理状态等情况，找出最方便、最经济、最容易保证技术要求的加工方法。

（8）需要反复加工的表面选择加工方法时，首先选定主要表面的最后加工方法，然后选择最后加工以前的一系列准备工序的加工方法。在选定主要表面的加工方法以后，再选定次要表面的加工方法。

（9）各表面加工方法初步确定之后，还应综合考虑各方面工艺因素的影响，进一步安排这些加工工序的顺序。

2. 加工过程状态的划分

1）加工过程的状态

工艺路线按工序性质的不同，一般可划分为粗加工、细加工和精加工等加工过程三个状态,复杂精密的零件还可以增设后处理状态等。

(1) 粗加工:主要任务是去除各表面的大部分余量。因此,提高生产率是这个状态的主要矛盾。

(2) 细加工:也称为半精加工,任务是达到一般的技术要求,即各次要表面达到最终要求,并为主要表面的精加工做准备。

(3) 精加工:任务是达到零件的全部技术要求,主要是保证主要表面的加工质量。在这个状态中,加工余量一般均较小,而加工精度要求较高,保证质量成为主要矛盾。

(4) 后处理:对某些结构复杂、易变形、精度高,特别是最后要求表面强化的零件,其中有的表面必须在精加工之后再做最终的加工,以保证设计技术要求。这种最终的加工,称为后处理。

2) 划分状态加工的优势

(1) 表面先进行粗加工,便于及早发现内部缺陷。

(2) 依次加工,切削余量越来越小,因此,到精加工时,切削力、切削热以及内应力的重新分布等因素引起的工件变形也较小。

(3) 可合理选择设备,有利于提高设备利用率和设备的平面布置。

3) 划分状态的原则

(1) 取决于工件的变形对精度的影响程度,影响大的就要严格划分,影响小的就可以少划分状态,甚至不划分状态。如刚性好、精度要求不高,或余量不大的工件,可不划分状态。

(2) 工序中间有热处理、表面喷涂、镀、强化处理,往往会引起工件较大的变形,使表面粗糙度数值加大,因此,必须要划分状态。

(3) 工艺路线划分状态是指整个零件的加工过程来说的,不能以个别表面的加工精度来划分。粗加工状态可以加工高精度的表面,如定位表面。精加工中也可以安排钻精度低的小孔。

3. 工序的集中与分散

划分了加工状态之后,就可以将同一状态中各加工表面组合成若干工序。组合时,集中与分散的原则和综合因素是:

1) 集中与分散的原则

(1) 集中就是使每道工序包括尽可能多的内容,从而使总工序数减少。由于总工序数较少,因而就减少了工件安装次数,减少了夹具,节约了装夹时间,有利于采用高生产率机床。

(2) 工序分散虽然增加了工序总数,但可使每道工序所使用的设备、刀具比较简单,机床调整简化,对操作技术要求相对也较低。

2）集中与分散的综合因素

（1）生产批量的大小：批量小宜集中，便于组织生产；批量大宜适当分散，便于组织流水线生产。

（2）零件的尺寸和重量：对于尺寸和重量大的零件，为了减少安装和搬运的劳动量，一般宜采用集中的方式。

（3）工艺设备和条件：在数控机床，特别是加工中心，应尽可能采用集中加工，以减少装夹和定位误差；在普通设备上，因受加工能力和刀具位置的限制，可以适当分散。

（4）各表面之间的相对位置要求：要求同轴度、垂直度和位置度较严格的各表面，只要机床精度能达到的，应采用集中加工。

4. 基准选择

为了保证各加工表面相互位置精度、尺寸精度，充分利用设计公差范围，尽量减少因基准不统一造成的尺寸链换算压缩公差，以方便检测，选择定位基准是十分重要的。

1）设计基准和工艺基准

（1）设计基准：设计基准是零件设计图样上的一个面、线或点，据以标定其他面、线或点的位置。设计基准通常是以产品装配和工作状态的需要来制定的。

（2）原始基准：原始基准属工艺基准。它是在工序图表中标定被加工表面位置尺寸的面、线或点。标定的被加工表面位置的尺寸称为原始尺寸。同一个表面，因选择的原始基准不同，其原始尺寸也不同。

（3）定位基准：定位基准也是工艺基准。它是工件表面上的一个表面、或两个表面或三个表面。根据六点定位原理，一个表面定位只能确定三个点，两个表面定位可以确定五个点，三个表面定位才能确定全部六个点，即完全定位。超过三个表面定位，称为过定位。

定位基准的作用，是用来使工件在夹具或机床上定位用的。当定位基准与原始基准重合时，就可以充分利用原始尺寸的全部公差范围；反之，如果不重合，就会带来定位误差，加工中就要或者压缩原始尺寸的公差，或者采用试削法加工，以消除定位误差的影响。

（4）测量基准：测量基准也是工艺基准。测量基准是工件上的一个表面、表面的母线或表面上的点，据以测量被加工表面的位置。测量基准和原始基准可以重合，也可以不重合，当测量基准与原始基准不重合的时候，会带来测量误差。

2）原始基准的选择

原始基准的选择原则：

（1）原始基准尽量和设计基准重合，以避免尺寸链换算和压缩公差；

（2）原始基准尽量和测量基准重合，以避免测量误差，使测量操作方便和使用的测量用具简单。

3）定位基准的选择

在加工过程中,定位对加工质量有很大的影响,不仅影响加工尺寸的精度,还会造成工件变形,即影响工件的形状和位置精度。所以,正确的定位是非常重要的。定位基准选择的原则:

(1)定位基准尽量和原始基准重合,以避免定位误差;

(2)定位基准本身精度要高,定位要稳定可靠,选择定位基准应尽量使夹具结构简单。

4）锻铸件毛坯初定位基准（毛基准）的选择原则

(1)对于不需要加工全部表面的零件,应采用不需加工的表面作初定位基准。这样可以保证加工表面和非加工表面之间有较高的相对位置精度。

(2)对于全部表面都要加工的零件,应选择加工余量小的表面作为初定位基准。由于毛坯上各表面本身的精度和相互位置精度都很低,首先要使余量小的表面的余量分布均匀,以避免发生加工不到位的现象。

5）辅助定位基准的选择

为了便于安装和获得所需要的定位精度,有时在工件上找不到合适的表面作为定位基准,此时可以在工件上特意做出专门供定位用的表面,待定位完成之后,再去除这些表面。这种额外增加的定位表面称为辅助定位基准。辅助定位基准一般有三种方式:

(1)在原工件上加工出辅助定位基准表面。如:轴类零件上的中心孔、压气机盘上拉削推槽用的角向定位槽。

(2)在工件锻铸件毛坯上增加工艺凸台作为辅助定位基准,待定位作用完成之后再从工件上切除。

(3)在原工件上另外装配一个辅助件（俗称工艺堵头）,利用辅助件的表面作辅助定位基准。例如:压气机轴一端有花键,轴的精加工要求用花键定位,但由于轴长、花键短,所以在拉削花键之前,先在轴的另一端压配合一个辅助件,然后在工件和辅助件上同时拉出花键作为定位基准。在完成定位作用后,再将辅助件压出。

5. 热处理工序位置的安排

由于武器装备要求重量轻、强度高,所以常用优质材料,并广泛采用热处理来获得良好的材料机械性能。但是工件热处理后,还会产生变形和表面状态变差,所以热处理工序位置安排要综合考虑。

1）热处理的目的

(1)提高材料的力学性能。原材料在供应状态下,或锻铸件毛坯制造后,其硬度、强度与其他力学性能往往不能满足产品要求,为了达到所需要的力学性能，常采用淬火、调质或化学热处理等方法。

（2）改善材料的加工性。加工性指材料可加工的性能。加工性一般用切削速度、切削力和所能达到的表面粗糙度来表示。切削速度高、切削力小、表面光洁，则表明这种材料的切削性就好。

在航空材料中，不锈钢、耐热钢、高温合金等切削性就比较差。为改善切削性而采取的热处理种类，应视材料的具体情况而定，一般采用退火或正火等使硬度降低，组织均匀。在加工韧性特大的材料时，则用热处理来提高硬度改善加工性。具体应采用何种热处理工艺可参照相应的材料标准和锻铸造标准。

（3）消除内应力。在毛坯制造和机械加工过程中，工件要产生内应力。当内应力的平衡条件遭到破坏时，内应力就要重新分布，使工件变形。在加工过程中，结构复杂、刚性差、精度高的零件常常安排消除内应力的热处理工序。这种热处理方法有退火、正火等。

2）热处理的常用方法

（1）退火与正火。目的是消除组织的不均匀，降低硬度，提高加工性，减少内应力。退火与正火工序可以放在粗加工状态之前或之后进行。放在粗加工之前，可改善粗加工时的加工性，但不能消除粗加工产生的内应力。放在粗加工之后，正好相反。实际安排，要视具体情况而定。

（2）淬火与回火、淬火与时效。钢质零件淬火提高硬度，淬火后回火来调整硬度值并改善组织。铝质零件也可以淬火，淬火后用时效提高硬度。

淬火因温度高、冷却快，工件会产生较大变形。淬火与回火或淬火与时效工序一般安排在细加工之前或之后进行，具体位置视零件的硬度和变形情况而定。

（3）渗碳淬火回火。当零件要求表面硬度高而内部韧性好的时候，常采用渗碳淬火回火处理。

渗碳淬火回火一般安排在细加工之后。在渗碳前，对于要求渗碳的表面要进行细加工磨削，以控制渗碳层的厚度，并减少淬火回火后的磨削余量。

3）渗碳表面的保护措施

渗碳表面往往只是零件的局部表面，对于不要求渗碳的表面要采取保护措施。这些保护措施应列入工艺规程中。常用的保护方法有：

（1）余量保护法。对不要求渗碳的表面在渗碳前留有较大余量（超过渗碳层厚度），在渗碳后用机械加工方法将多余的渗碳层去除，然后再淬火回火。其缺点是，渗碳后的机械加工量大，附加工序多。

（2）镀铜保护法。铜层能防止碳原子渗入，因此，在渗碳前对不需要渗碳的表面先镀铜，然后再渗碳淬火回火。镀铜前，对渗碳表面应涂以绝缘物质（石蜡、特种漆等），以防镀铜。或采取对工件全部镀铜，而后机械加工方法去除不需要的铜层。其缺点是,因铜层致密性没有很好保证,可能产生局部漏碳而造成硬点,对以后的加工产生不利影响;零件上有小孔、小槽时,这些表面的镀铜质量较难保证,可以在渗碳时在小孔小槽中涂以耐火黏土加以保护。

(3) 渗氮。与渗碳相比,渗氮具有更高的表面硬度、耐磨性、疲劳强度、红硬性、抗咬合性,并有很好的抗蚀性。渗氮温度低,工件变形小,但渗氮速度慢,生产周期长,成本高。可以渗氮的材料主要是合金结构钢和部分不锈钢。主要适用于轴类零件。渗氮与渗碳类似,一般安排在细加工之后。非渗氮表面也需要保护,其保护方法通常是结构钢件镀锡,不锈钢件镀镍。

(4) 渗金属。为防止发动机热端部件,特别是涡轮叶片的高温氧化和热腐蚀,向基体材料渗入金属。当前常用的是渗铝和渗铬。渗金属的方法有两种,粉末包埋法和气相沉淀法。其工序一般安排在最终的加工表面上。

6. 表面处理工序位置的安排

表面处理是为了提高零件的抗蚀能力、耐磨性、抗高低温能力,增加导电率,提高零件表面的抗疲劳强度等。常用的表面处理有:

(1) 电镀。使零件表面附着一层金属层。如镀铬、锌、镍、镉、铜、金、银等。电镀工序安排视需要和功能而定,对精度要求特别高的表面,则应考虑因有镀层而造成的尺寸变化。

(2) 涂敷。使零件表面附着一层非金属层。如涂漆、干膜润滑剂、滑石层、陶瓷等。涂敷表面一般都是最终表面,其工序安排在精加工状态。

(3) 热喷涂。是将与基体材料不同的材料加热到熔化状态,并进一步雾化、加速、喷射,然后沉积到基体材料上去的过程。常用热喷涂方法有火焰喷涂、等离子喷涂和爆炸喷涂三种。热喷涂工序安排在细加工状态,喷涂后的表面都需要重新加工。

(4) 成膜。用化学或电化学方法在金属表面生成一层保护膜,如钢的发蓝,铝合金的阳极化,侯合金的氧化等。成膜工序安排视需要和功能而定。

(5) 吹砂。以一定的压力、速度向工件表面喷射砂粒。吹砂分干吹砂和湿吹砂两种。目的是清理工件表面,除去材料表面氧化皮,为涂漆等工序做准备。吹砂工序安排在精加工状态。

(6) 喷丸。以高速运动的弹丸喷射到材料表面,使其表面层产生塑性变形的过程。喷丸可以改善材料表面的抗疲劳强度和抗腐蚀断裂能力。弹丸的材料为玻璃、铸钢和切割钢丝等。需要注意的是,对刚性较差易变形的表面,经喷丸后可能会产生变形。一般在喷丸前要进行试验。如果变形超过了规定要求,可以采取预先反变形的方法来抵消喷丸产生的变形。喷丸工序安排在精加工状态。

7. 特种检验工序位置的安排

特种检验可以分为两大类：材料检验和性能试验。材料检验是检查零件材料缺陷的方法，对保证产品安全性起着十分重要的作用。性能试验是验证产品性能的方法，对保证产品功能起着十分重要的作用。

1）材料检验

材料检验包括无损探伤检验和腐蚀检验，常用的有以下五种方法：

（1）超声波检验。检查材料内部缺陷，有盲区，要求表面形状简单。安排在粗加工前后。

（2）荧光渗透检验。检查材料零件表面裂纹，要求表面粗糙度数值小，按需要安排在细加工和精加工状态。

（3）磁粉检验。检查铁磁性材料零件表面及近表面缺陷，要求表面粗糙度数值小，安排在精加工后。能进行磁粉检验的铁磁性材料有铁素体钢和马氏体不锈钢。

（4）X射线照相检验。主要用于铸件和焊接件内部缺陷的检查。安排在毛坯制造完成后和焊接加工之后进行。

（5）腐蚀检验：检查晶粒大小、偏析、晶界裂纹、流线等。安排在细加工和精加工后进行。

2）性能试验

性能试验随产品和技术要求不同，试验的种类很多，应按产品图样、工艺规范的要求安排全部试验，试验工序的位置按需要而定。

8. 洗涤防锈工序位置的安排

洗涤防锈工序应用很多，在抛光、探伤之后，中间检验工序和终检工序之前，在入库包装之前及其他需洗净零件的时候都应安排洗涤工序。另外，在气候潮湿的地方或对于易锈蚀的材料，在工序之间增加洗涤防锈工序。

9. 中间检验工序位置的安排

过程的检验工序是按照工艺过程的需要而设置的。一般来说，在下列情况下应安排过程检验工序：

（1）需要外转加工时。目的是便于分析产生质量问题的原因。

（2）在关键工序之后。目的在于控制质量，避免浪费工时。

（3）价格昂贵的零件。在精加工前至少应安排一次中间检验工序，以尽早发现质量问题，避免精加工开始后无法挽救。

10. 工序检验的工艺保证措施

在工序设计中考虑工序检验时，应注意以下情况：

（1）凡是能在现场测量的一律现场测量，现场缺少测量手段的可送计量部门用仪器检测。

(2) 有的特性尺寸因测量工具的局限或零件结构的限制,不能进行直接测量,允许通过换算的方法间接测量,但应有明确说明"按换算尺寸间接测量"。

(3) 一般情况下不允许在机床上测量,而应将工件从夹具中卸下测量,除非像半环、对开衬套这种零件的直径尺寸,卸下后无法测量,才允许在机床上测量,但应做好测量记录,以备成品检验工序查验。

(4) 一般应在自由状态下测量,除非挠性或半刚性件,允许在约束状态下检查(即限位检查)。所谓约束状态下检查(即限位检查),就是基本上模拟零件的装配状态,进行尺寸及形状、位置的检查。通常要设计专用测具。

注:挠性或半刚性件是指没有外力作用而产生变形,但加上小于装配状态的外力后即可恢复其规定状态的零件;或者说,不限位就有变形的零件。

(5) 加工特性的验证。有时为了节约工装,在工序中允许采用"工艺保证""夹具保证""刀具保证"的概念,正常加工后不再检查。但必须有验证手段。如:首件(必要时中间抽检)送计量部门检查;刀具的事先检查和规定换刀点等措施。

(6) 三个保证的内容。

① 工艺保证。在机床设备达到一定精度的条件下,工序中各表面完全依靠机床精度并一次装夹加工,没有任何人为因素,实现形位公差的技术要求,称为工艺保证。如:依靠机床达到同轴度、垂直度等。

② 夹具保证。依靠工件在合格夹具上的定位来确定加工表面位置精度,称为夹具保证。如:用钻模加工孔、用夹具确定镜槽位置、用车床夹具镗孔、车型面并确定其与定位表面的相互位置等。

③ 刀具保证。某些型面尺寸设计要求刀具检查或难以用型面样板检查的,可以依靠带有合格证的专用刀具加工来保证而无须测量,称为刀具保证。在刀具保证时,一般应设置换刀点,在换刀点之间由合格刀具保证,以避免因刀具磨损产生加工形状不合格。

(7) 镜面钻具保证。表示该零件与相配件用同一钻模的两个相反方向进行孔加工,两个零件孔位置由钻模保证装配,不检测实际位置尺寸。镜面钻具有效地降低了钻具的制造精度。

(8) 按标准样件检查。对某些不易直接测量的零件特性,如:冲压件、弯管、打磨抛光后的状态、表面粗糙度等,允许建立标准样件,经批准后,作为验收零件的对照依据。

(三) 特种工艺加工和热表处理工艺路线设计

特种工艺加工是采取从零件上去除或附着材料的非常规方法,是相对传统的机械加工方法。特种工艺加工和热处理及大部分表面处理一样,通常都影响材料的组织,加工的结果一般也不能用普通的方法直接检查。

1. 特种工艺加工的特点

特种工艺加工与热处理及大部分表面处理一样,具有以下特点:

(1) 加工过程中材料都有物理、化学及冶金的变化;

(2) 除了破坏性的方法以外,不能用其他任何方法去验证它是否符合工艺要求;

(3) 通过各种加工参数来控制加工过程。

2. 特种工艺种类

1) 电火花(电脉冲)加工

利用工具电极和工件电极在液体介质中脉冲放电,由于放电时间很短,放电区很小,能量高度集中,使该点材料被瞬间熔化和汽化,并在放电爆炸力的作用下,把熔化的金属抛出,形成一个小圆坑。放电过程反复进行,形成无数重叠的小圆坑,材料被蚀除。随着工具电极的进给,工具电极的轮廓就被精确地复印在工件上,达到尺寸加工的目的。

2) 电火花加工的特点

(1) 适用于窄小、复杂、精密型面的加工;

(2) 加工无切削力;

(3) 加工中热影响小,可用于热敏感性强的材料;

(4) 加工后存在重熔层,需要加以控制或去除。

3) 线切割

线切割工作原理和加工特点与电火花加工相同,区别是线切割的工具电极是很细的金属丝。适用于模具、复杂形状的平板和切割缝等加工。

4) 电解加工

电解加工利用金属在电解液中产生阳极溶解的电化学反应过程对金属材料进行成形加工的方法。电解加工时,工件为正极,工具为负极,工件与工具之间保持一定间隙并有电解液流过。

5) 电解加工的特点

(1) 能加工高硬度、高强度和高韧性的各种导电材料;

(2) 生产效率高;

(3) 加工表面粗糙度好,可达 $Ra1.6 \sim Ra0.2\mu m$;

(4) 正常情况下,阴极无损耗;

(5) 加工中,阴极与工件不接触,加工应力小,工件变形小;

(6) 加工后能基本保证原材料的金相组织不变;

(7) 加工精度低,影响质量的因素多,较难控制;

(8) 电解液对设备有腐蚀,对环境有污染。

6）激光加工

激光加工是利用激光束的高能量、高聚焦对零件进行穿孔、切割等加工。

7）激光加工的特点

(1) 能实现最细微的加工,可达 0.01mm 直径的孔；

(2) 基本上能加工任何金属和非金属材料；

(3) 加工速度快,效率高；

(4) 属非接触加工,工件不受切削力和热变形的影响；

(5) 可以通过透明物质进行加工,特殊条件下十分有利；

(6) 加工后存在重熔层,需要加以控制或去除。

8）焊接

在军工产品的制造中,除了常规的焊接方法外,常用的焊接工艺可分为四大类。

(1) 熔焊类。将被焊零件接头部位加热到熔化状态,在不施加压力的情况下,熔池冷却、凝固,形成焊接接头。常用的熔焊工艺有氩弧焊,真空电子束焊等。

(2) 电阻焊类。将被焊部位装配成搭接接头,并压紧于两个电极之间,通以电流。利用接触表面的电阻热将接头加热到熔化或塑性状态,在电极压力下形成金属连接。常用的电阻焊工艺有点焊,缝焊和对接焊。

(3) 钎焊类。采用比母材熔点低的金属作钎料,将焊接件和钎料加热到高于钎料熔点,低于母材熔点的温度,利用液态钎料润湿母材,在毛细作用下填充接头间隙,并与母材相互扩散而成冶金结合的金属连接。钎料熔点低于 450 度的称为软钎焊,高于 450 度的称为硬钎焊。常用的钎焊工艺有火焰钎焊,感应钎焊,真空钎焊,激光钎焊等。

(4) 固态焊类。在压力作用下,待连接的表面发生弹塑性变形,使界面的原子活化并相互结合的连接方法。常用的固态焊工艺有扩散焊和磨擦焊。

9）化学铣削

利用金属在特殊配制的溶液里腐蚀的化学反应达到去除金属的加工方法。化学铣削适用于铝合金、钛合金、不锈钢和银基合金的钣金件和锻铸件。不需要化学铣削的部位应涂规定的保护胶进行保护。

10）化学铣削的特点

(1) 化铣后,深的表面缺陷会再现；

(2) 化铣后,原材料的厚度差异会再现；

(3) 保护层下面也会产生化学腐蚀,因而形成半径近似于化镜深度的内圆角；

(4) 铸件必须组织均匀,以免化铣不均匀；

(5) 化铣后,原来的外尖角仍是尖角,而内尖角则被倒圆;

(6) 化铣后,部分材料的疲劳强度会降低。对这些材料,化铣后进行湿吹砂处理以恢复疲劳强度;

(7) 在任何零件的制造过程中,化铣应尽早进行。

11) 磨粒流加工

磨粒流加工是一种光整加工工艺,它利用黏性介质中的磨料通过挤压高速往复流过工件的加工表面,利用磨削作用去除金属。

12) 磨粒流加工的特点

(1) 适用于加工内部的、手工难以触及的尖边和复杂型面去毛刺、倒圆和抛光;

(2) 加工表面不产生残余应力、热变形和表面组织变化;

(3) 加工中不会产生毛刺,不会产生二次毛刺问题;

(4) 加工表面光滑,特别适合于有流体通过的零件,如喷嘴、液压件和挤压模具等;

(5) 可加工材料范围宽,从金属、非金属,包括陶瓷、硬塑料都可以加工。

3. 特种工艺过程和热表处理的控制方法

(1) 所有的加工过程应符合工艺说明书的规定。

(2) 除工艺规程外,还应按批次建立随件流转卡,详细记录投料、加工、装配、交付过程中投入的数量、质量状况及操作者和检验者。

(3) 编制参数卡,参数卡也是工艺规程的补充文件,应详细规定操作者必须遵循的所有加工参数。

(4) 加工设备的控制仪器、仪表都要定期校验,确保准确、可靠。

(5) 在正式加工前应先进行试件试验,待试件合格后方可进行正式零件加工。

(6) 试件要在冶金部门做金相、理化等分析,以确定试加工参数是否合适。

(7) 正式件加工要定期抽检,严密监督质量变化情况。

(8) 有关部门应编制质量验收标准,供检验人员参照。

(四) 工序设计

1. 工序的定义

一个或一组工人,在一个工作地,对同一个或同时对几个工件所连续完成的那一部分工艺过程。

2. 工序设计内容

规定本工序应达到的尺寸及公差、工艺规范、技术及其他要求,选择合适的加工设备,安排正确的操作步骤,选择合理的加工和检测工装以及制定加工参数。工序设计应力求优化。

3. 工序设计优化原则

（1）工序尺寸公差和技术要求的优化原则：在满足产品要求的前提下，在尺寸链计算允许的范围内，尽可能放宽尺寸公差和技术条件，尺寸公差尽可能标准化，以降低对设备、工装（精度和品种）和操作技能的要求，降低加工成本。

（2）加工设备优化原则：稳定的加工质量；满足生产批量的效率；尽可能低的加工成本。

（五）工艺装备设计

工装是方便生产，保证加工技术要求和验证产品质量的手段。工装分通用工装、专用工装和非标准设备三大类。

（1）通用工装。指市场上能买到的或工装产品样本上有的，由专业化工厂生产。具有成本低、质量高、通用性强的特点，应尽可能选用通用工装。

（2）专用工装。针对具体零件、规定工序用的工装，需要专门设计。

（3）非标准设备。相对于通用标准设备而言，它是针对特定目的和特殊要求而专门设计的设备，如试验器、棒槽倒角机等。

三、工艺文件分类、审核及标准化审查

（一）工艺文件概述

工艺文件是组织生产、指导生产，进行工艺管理、质量管理和经济核算等的主要技术依据。成套的工艺文件是设计定型（设计鉴定）和生产定型（生产鉴定）的依据之一。

工艺文件管理及标准化审查规定了工艺文件编制的时机、工艺文件的分类及管理、工艺文件审核及标准化审查等内容和要求。

（二）工艺文件编制的时机

1. 工艺文件编制的依据

工艺文件要根据产品的生产性质、生产类型、产品的复杂程度、重要程度及生产的组织形式进行编制。按照 GJB 6117 规定，产品分六个层次，即系统、分系统、设备、组件、部件、零件，一般在设备以上级为复杂产品（含设备级），工艺文件是系统的、全面的，也是规范的，本节站在系统角度讨论工艺文件的编制、管理、审核和标准化审查。

2. 工艺文件编制的时机

工艺文件的编制体现在武器装备研制的三个阶段：

（1）在武器装备研制的方案阶段，GJB 2993 规定，提出试制工艺总方案，并按照 GJB 1269A 进行工艺评审。方案阶段工艺总方案的编制，进一步证明，工艺人员在这之前，已参加并完成对新产品的特点、结构、特性要求进行工艺性分析；满足产品设计要求和保证制造质量的分析；对产品制造分工路线的说明；工

艺薄弱环节及技术措施计划等；并已形成了新产品工艺性分析报告。

（2）在工程研制阶段的试制与试验状态，设计性工艺文件主要是验证产品的设计（结构、功能）和关键工艺，要求具备零、部、组件工艺过程卡片及相应的工艺文件，满足小批试生产的基本条件。

（3）在生产定型阶段的前期，生产性工艺文件主要是验证工艺过程和工艺装备是否满足批量生产的要求，不仅要求工艺文件正确、成套，在定型时还必须完成会签审批、归档手续，并通过标准化审查。

（三）工艺文件的分类及管理

1. 工艺文件的分类

工艺文件总体分为四大类：指令性工艺文件、生产性工艺文件、管理性工艺文件、基础性工艺文件。

1）指令性工艺文件

指令性工艺文件是编写各种生产性、管理性工艺文件的依据，它指导开展工艺技术协调工作。这类文件由工艺技术部门编写，经评审和工艺技术部门负责人审核，总工程师批准后生效。文件一般包括：

（1）产品工艺总方案；

（2）产品工艺分工目录；

（3）专用技术要求；

（4）技术通知；

（5）技术决定等。

2）生产性工艺文件

生产性工艺文件是直接用于生产、指导操作、协调工艺过程技术工作的主要工艺文件，是生产和验收产品的主要依据。

这类工艺文件由车间工艺室（技术室）编写，经校对后，由车间技术副主任审批，再由工艺技术部门主管工艺员审批，最后由工艺技术部门负责人批准生效。文件一般包括：

（1）工艺规程（含临时工艺规程）；

（2）毛坯图；

（3）工艺规程临时超越单；

（4）技术状态更改单；

（5）操作卡（如随件流转卡、随工流程卡）；

（6）参数卡（技术要求卡）；

（7）生产说明书等。

3）管理性工艺文件

管理性工艺文件是指用于组织生产、生产准备、器材供应等一系列管理工作的工艺文件。

这类工艺文件根据应用范围分别由车间或主管业务科处编写。文件一般包括：

（1）主要材料定额；

（2）辅助材料定额；

（3）工艺装备目录；

（4）非标准设备目录；

（5）锻铸件目录；

（6）标准件目录等。

4）基础性工艺文件

基础性工艺文件(也称工艺资料)是通用于若干个机种的工艺文件，是工艺文件实现标准化、规范化、系列化的具体体现，是指导编写生产性工艺文件的工艺资料。

这类文件由工艺技术部门组织有经验的工艺技术人员，将各种同类专用工艺资料消化、理解，并参照国内外先进的工艺资料，调整、补充、完善、改进，再通过实践，不断积累、不断总结予以完成。承制方应在总结工艺工作经验的基础上，有计划地编制基础性工艺资料。这类资料主要包括：

（1）典型工艺规程；

（2）工艺说明书；

（3）工艺标准；

（4）工艺手册等。

2. 工艺规程类文件的管理

在武器装备研制过程中，工艺规程是产品形成的重要工艺文件之一。工艺规程的类型文件繁多，其用途、类型、内容都有一定差异，如装配工艺规程、调试工艺规程、钳装工艺规程、电装工艺规程等等，如果这些工艺规程疏于管理或管理不到位，将给产品的生产带来极大的隐患，给批生产的产品带来稳定性和一致性差的重大质量问题。对于工艺规程类工艺文件的管理必须做到以下几个方面的内容：

（1）工艺规程是规定产品或零、部、组件加工、装配、检测、调试等的工艺文件。工艺规程集中体现了工艺路线设计、工序设计，明确技术要求，确定检验项目和工装选择的结果，是直接用于生产、指导操作、检验(对工序过程工序质量的检验，不含对最终产品的检验)及生产管理最重要的工艺文件。

（2）工艺规程编制应遵循工艺总方案的规定，确保产品的设计要求，考虑设备负荷及现有条件，在消化有关资料的基础上按机械制图及工艺规程图样管理制度的要求进行编制。

(3) 工艺规程编制的依据：
① 产品工艺分工目录；
② 产品图样及有关技术要求；
③ 毛坯图样；
④ 各类标准和说明书；
⑤ 工艺总方案；
⑥ 设备性能数据；
⑦ 生产条件及生产规模；
⑧ 工艺试验结论；
⑨ 实物样件；
⑩ 引进、仿制产品的工艺分析资料及规程。

(4) 工艺规程除了指导工人操作、检验和验收产品外，还作为编写如随件流转卡、随工流程卡等生产流程卡、周期表、生产计划、材料定额、工时定额、工装目录、标准件目录、关键工序目录等的依据，同时还用于编制配套卡片及有关资料。

(5) 工艺规程编制在确保产品质量的前提下，要方便加工和检测，要尽可能兼顾生产效率和工艺成本。

3. 特种工艺过程的文件管理

特种工艺是通过一系列的加工和控制，在完成从材料加工、半成品加工直至产品的工艺过程中，具有物理、化学及冶金变化，并且除了用破坏方法外不能用其他方法验证它是否符合工艺要求的加工方法。

装备制造企业中一般常见的特种工艺包括：铸造、锻造、热处理、表面处理、喷涂、电加工、胶接、热等静压、非金属材料压制成型等。其管理的主要内容：

(1) 企业工艺技术部门（工艺、冶金）负责特种工艺技术指导，编制指导性特种工艺技术文件，审批工艺规程。冶金部门负责特种工艺中工作介质的周期校验及产品的金相检查。

(2) 承接单位技术室（或工艺室）负责编制特种工艺加工工艺规程，并编制具体的工序操作卡。工序操作卡中至少应包括机床操作、工装调整、工作介质的处理等内容，并为工序建立参数卡，参数卡参数的选择须经工艺试验确定。参数卡、操作卡及其更改需经工艺技术部门审批。

(3) 承接特种工艺单位按技术说明书及有关质控要求，对主辅材料、操作人员、操作环境及工作介质实施控制，以确保特种工艺加工的质量。

4. 关键工序控制的文件管理

1) 控制的工序

关键工序是指产品生产过程中对产品质量起决定性作用的工序，需要严密控制，其工序内容包括：

（1）关键、重要零件的关键特性、重要特性构成的工序；

（2）加工难度大、质量不稳定、重复故障多、出现超差、报废情况较多的工序；

（3）加工周期长、原材料昂贵、出现废品后经济损失较大的工序；

（4）对用户（或下道工序）或对装配、产品试验有较大影响的工序；

（5）关键件的外购、外协、外包产品或器材，及其他们的入厂验收工序。

2）管理的主要内容

（1）车间工艺室根据关键工序的定义确定关键工序，并编制相应的关键工序目录，经工艺技术部门审查，质量部门会签，总工程师批准后执行；

（2）车间工艺室根据批准的关键工序目录，在工艺规程中加盖"关键件""关键工序"印记（包括在封面页、工艺路线图表页、工序图表页）；

（3）在关键工序的特性部位（尺寸、图形、技术条件）处加盖"GT""ZT"特性标记，特性标识应与产品图样相一致，保证文文相符；

（4）确定的关键工序由车间质控员（或车间工艺员）编制工序质量控制卡，对人员、设备、工艺参数、工装和检测方法等给予具体规定，以确保工序的加工质量。

5. 技术状态更改的工艺文件管理

1）技术状态更改的文件类型

（1）产品规范或产品图样及相关技术条件、要求的更改；

（2）改进工艺方法、提高产品质量、提高生产效率、降低生产成本；

（3）贯彻新工艺、新技术、新材料等工艺试验结果；

（4）生产条件变更；

（5）修正错误、明确或完善工艺；

（6）有关单位工艺更改引起的相应更改；

（7）原规程更改太多、不清晰而换版；

（8）设计目录取消零、部、组件号、工艺分工变更等。

2）技术状态更改的要求

（1）工艺更改要慎重，必须确保设计要求，保证产品质量。如果达不到这一要求就不能更改。

（2）工艺更改必须及时，尤其是对产品设计更改引起的工艺更改和工艺自身勘误性更改，否则会带来重大损失和严重后果。

（3）工艺更改要配套，要改到位，要改齐。工艺规程及其他工艺文件更改从底图到兰本（晒印本）都应改齐。如果中间工序更改涉及到兄弟单位加工的工艺更改必须进行会签协调；涉及到工装更改，尤其是工装保证的必须要及时配套更改，否则又将带来不必要的损失。

（4）更改要会签署名，签署日期，便于追溯。

（5）工艺更改必须填写工艺文件更改单，经过校对、会签后，由工艺文件编制时的相同级别审批。

（6）新工艺、新技术、新材料的更改必须进行认真的试验验证，经鉴定批准后方能更改。

（7）工艺文件的更改可以视具体情况采用划改、换页、增页、换版、报废等方式。档案部门将更改后的工艺文件及更改单配套晒印，并按原发放单位发放。

6. 工艺超越的文件管理

1）工艺超越一般是指超越的概念

工艺超越一般是指超越工艺规程，由于某些特殊的原因，暂时无法按审批过的工艺规程加工时，在确保研制规范或产品规范及生产图样要求的前提下，办理工艺规程临时超越。

2）工艺规程临时超越的原因

（1）在确保产品设计要求的前提下，改变加工基准和测量基准，改变加工方法和测量方法；

（2）改变工序尺寸和技术条件或要求；

（3）工序的颠倒、增减和合并；

（4）工艺装备和主要辅助材料的代用等。

3）工艺规程临时超越应注意的问题

（1）工艺规程临时超越时，必须填写工艺规程临时超越单。

（2）必须注明有效期限或生产批次和数量。

（3）注明超越的原因，然后按规定办理审批手续。

（4）工艺规程临时超越一般不超过六个月，如仍需超越时，必须重新办理超越手续，同类问题同个零件的超越一般不超过两次。超越累计两次后问题仍未解决，需从修订工艺规程上入手。

4）工艺规程超越单的管理

（1）工艺规程超越单一般一式两联，经审批同意后，第一联与原工艺规程一起使用；另一联为存根，由工艺室存档备查。现场使用的第一联，最后由车间检验室收查。

（2）工艺规程临时超越单由各加工车间按工艺文件编号制度自行编号。

5）工艺超越影响的处理

工艺超越影响到其他单位加工工艺时，要经有关单位会签，会签单位应根据情况决定是否办理相应的超越手续。

(四) 工艺文件审核及标准化审查

1. 工艺文件审核

工艺文件的审核由产品主管工艺人员进行,关键或重要工艺文件由工艺部门责任人审核。审核的主要内容:

(1) 对工艺文件的正确性和完整性进行审核;

(2) 对工艺规程文件进行审核;

(3) 对专用工艺装备设计文件及设计图样审核。

2. 标准化审查

(1) 工艺文件标准化审查主要审查工艺规程文件和工装设计文件及图样的规范性和标准符合性;

(2) 工艺规程标准化审查应符合相关法规、标准的规定;

(3) 工装设计文件及图样标准化审查,按企业产品标准化要求审查;

(4) 经会签的成套产品工艺文件应经企业技术主管或总工艺师批准后执行。

(五) 工艺总结与工艺整顿

产品在工程研制阶段的试制与试验状态及工装验证、工艺验证结束后,进行工艺总结,并完成总结报告;尔后根据工装验证、工艺验证和工艺总结,分析存在的问题,制定整改措施,修改有关工艺装备和工艺文件。工艺总结与工艺整顿的内容包括:

(1) 工艺准备状态的工作情况;

(2) 试制中工艺问题和验证情况;

(3) 下一步工艺改进建议;

(4) 根据工艺验证和工艺总结,分析存在的问题,制定整改措施,修改有关工艺文件和工艺装备。

(六) 工艺文件一览表

1. 编号方法

承制单位可根据产品的特点以及产品的复杂程度,确定工艺文件的编号方法,工艺文件的编号标识一般由编号的组成和工艺文件编号组成,具体编号方法是:

1) 编号的组成

(1) 工艺文件编号采用并置码形式,一般由企业代码、企业文件类型代码、工艺文件分类码、顺序码、产品代码、零部件编号、阶段号和版本号等部分组成。

(2) 不同类型工艺文件的编号根据需要可由其中几部分组成,各部分之间根据需要可用"－"或"."分隔符隔开。

注:文件编号用于计算机识别时,对"－"或"."分隔符作说明(指明全角符

或半角符)。

(3) 字母形式代码统一用大写字母,尽量不用"O""I"等易混淆的字母。

2) 工艺文件编号

工艺文件编号由企业代码、企业文件类型代码、工艺文件分类码、顺序码组成,见图3-1:

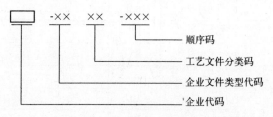

图3-1 工艺文件编号

注1:企业代码位数由企业根据自身情况自定,内部工艺文件可省略企业代码;

注2:企业文件类型代码用于区分企业其他文件,如设计文件、管理文件等,由企业信息分类编码统一给定,如企业没有统一编码,建议用G、Y、或GY等字母;

注3:顺序码由两位数或三位数字组成,顺序码要等长,按由小到大顺序,例如:01~99 或 001~999。

2. 工艺文件分类一览表(表3-1)

表3-1 工艺文件分类

文件类型		文件名称	分类码	说明
通用工艺文件	一般通用工艺文件	工艺规范	GF	对工艺过程中有关技术要求所做的一系列统一规定 (规范为总体技术人员所提工艺要求编制输出的)
		工艺程序	CZ	对某种工艺方法、工具、设备所规定的详细的操作规程及程序
		工艺布置图	GT	
		锻铸件技术条件	DJ	
		其他		
	典型工艺文件	典型工艺过程卡	DG	
		典型工艺卡	DY	
		典型工序卡	DX	

(续)

文件类型		文件名称	分类码	说　明
通用工艺文件	成组工艺文件（标准工艺文件）	成组工艺过程卡	CG	
		成组工艺卡	CY	
		成组工序卡	CX	
		标准工艺过程卡	BG	
		标准工艺卡	BY	
		标准工序卡	BX	
		其他		
专用工艺文件	管理性工艺文件	工艺文件目录	ML	
		工艺总结	ZJ	
		工艺方案	FA	
		工艺计划表	JH	
		工艺流程图	LC	
		工艺评审报告	PS	
		工艺验证书	YZ	
		生产定型标准化审查报告	BS	
		产品结构工艺性审查记录	GS	
		调试工艺	TS	
		装配工艺协调方案	XT	
		材料消耗工艺定额汇总表	CH	
		材料消耗工艺定额明细表	CM	
		制造物料清单	CQ	
		能源消耗定额汇总表	NH	
		工时定额汇总表	SH	
		工时定额明细表	SM	
		外协件明细表	XM	
		外购件明细表	WG	
		标准件汇总表	BT	
		（　）零件明细表	LM	（　）内可为锻件、铸件、特种件等
		关重件工序汇总表	GX	

(续)

文件类型		文件名称	分类码	说　明
专用工艺文件	管理性工艺文件	工序质量分析表	ZL	
		质量控制点明细表	KM	
		作业指导书	ZD	
		组合模具明细表	ZH	
		组合卡具明细表	ZQ	
		理化分析、试验文件	HF	
		其他		
	生产性工艺文件	工艺路线表	LX	
		制造单位分工表	FG	车间分工表
		机械加工工艺过程卡	YK	
		机械加工工序卡	XK	
		调整卡	TZ	
		冲压工艺过程卡	YY	
		冲压工序卡	YX	
		热处理工艺卡	RY	
		焊接工艺卡	HY	
		表面处理工艺卡	BM	
		铸造工艺卡	ZK	
		锻造工艺卡	DK	
		涂装工艺卡	TK	
		电镀工艺卡	DD	
		下料工艺卡	XL	
		检验卡	JY	
		数控加工程序清单	SC	
		特种加工工艺卡	TJ	
		制造指令	ZZ	
		装配指令	PZ	
		补充制造指令	BC	
		装配工艺过程卡	ZP	
		电气装配工艺卡	DZ	
		装配工艺卡	PK	
		其他		

(续)

文件类型		文件名称	分类码	说明
专用工艺文件	工艺装备工艺文件	专用工艺装备明细表	ZM	
		外购工艺装备明细表	WM	
		工位器具明细表	GW	
		专用工艺装备设计任务书	JR	
		专用工艺装备使用说明书	ZS	
		工艺装备验证书	ZY	
		其他		

(1) 表中的工艺文件和代码根据产品情况企业可自行增减。
(2) 多品种小批量企业，成组工艺文件可另行制定编号方法。

四、产品标识和可追溯性要求

本章节的产品标识与技术状态管理的状态标识的含义是不一样的。GJB 726A 中的产品标识是产品研制过程中的一种标示，一种显示的方式；GJB 3206A 中的技术状态管理中的标识是要求的工作内容，如技术状态标识的含义是：对产品进行分解(WBS)、提要求、识别和项目汇总等内容。在装备的研制过程中，对产品标识的内容、方法和制作，应符合下列内容的要求。

（一）产品标识的一般要求

(1) 承制单位应依据产品的特点及生产和使用的需要，对采购产品、生产过程的产品和最终产品，采用适宜的方法进行标识。

(2) 承制单位应针对监视和测量要求，对产品的状态进行标识。

(3) 承制单位应识别产品的可追溯性要求，在有可追溯性要求的场合，应控制并记录产品的唯一性标识。

(4) 产品标识可标注在产品上或载体上。产品标识的文字、图案或代号应清晰、完整，处于醒目或图样指定的位置，易于识别和追溯。在产品接收、生产、贮存、包装、运输、交付等过程中，产品标识应与产品同步流转。

(5) 产品标识的保留期限应与所标识产品的状态、产品的保管和使用期限以及可追溯性要求相适应。

(6) 有关产品标识的记录应纳入质量记录的控制程序，并给予保存。

(7) 承制单位可采用信息化管理的方式对产品进行电子标识和可追溯性管理。

（8）当标识丢失使得产品变得不确定时,该产品应视为不合格品。

（二）产品标识的内容

产品标识一般可根据需要选用下述内容：

（1）产品名称、型号、图(代)号；

（2）研制阶段产品的状态（人造卫星研制程序,如模样 M、初样 C、正样 Z、定型 D 等）；

（3）关键件、重要件；

（4）紧急放行、例外放行；

（5）产品状态（如成品、半成品等）；

（6）检验和试验状态（如待检、合格、不合格、待定等）；

（7）所处工序；

（8）质量状况；

（9）生产批次或编号；

（10）生产单位；

（11）生产者；

（12）检验者；

（13）制造日期、检验日期；

（14）油封期、保管期（库存期）；

（15）产品处置、使用和防护；

（16）安全警示；

（17）其他内容。

（三）产品标识的方法

根据产品的特点和实际需要,选择下列标识方法：

（1）成型：如铸件、模锻件、注塑件、橡胶件等,将标识通过成型模具制作在产品上；

（2）印记：如钢印、胶印、铅（铝）封印、密封印等；

（3）涂敷：如用涂漆、喷塑、书写等方法作彩色、文字、符号等；

（4）附带：是在相关的文件（如流程卡）上对产品进行标识,并随产品同步流转,或将标识制作在标签、套管、标牌、铭牌等载体上,再以粘贴、挂系或固定的方法附加在产品上或相关区域；

（5）其他形式的标识,如化学腐蚀、电子标识、刻字等。

（四）产品标识的制作

（1）产品在接收、贮存、加工、装配、运输、交付过程中,应按设计文件和工艺文件的规定制作标识,且标识的制作对产品的特性和寿命不应产生不良影响。必要时应考虑标识所用材料与产品所用材料的相容性。

(2) 产品标识可直接制作在产品上,必要时,应同时制作在其包装物和质量证明文件上。

(3) 当不能直接在产品(如小零件、制作标识会影响其特性或寿命的产品、液体、粉状物、粒状物、应力敏感材料等)上制作标识时,允许制作在包装物或适当的载体上(如标签、标牌、套管等),也可以利用流程卡、产品合格证明文件或其他记录等方式进行标识,并随产品一起流转。

(4) 具有标识的母体(如板材、线材、棒料、管料、化工原料等)需分为多个子体时,应进行标识移植,并作好记录,注明标识的移植者和检验者。

(5) 在生产过程中,原有的标识被加工掉时,应按规定恢复原有标识或以新的标识替代原有的标识,并经确认。

(6) 标识的恢复或替代,应在工艺文件中作具体规定,并遵循下述原则。

① 加工掉的标识有追溯性要求时,加工后应按规定恢复原标识;

② 加工掉的标识没有追溯性要求时,允许用后面工序的标识代替原标识。

(五) 采购产品的标识

(1) 组织所使用的采购产品,应具有符合规定的相应的标识。组织应识别供方的标识方法和内容是否能满足需要,并在采购文件中指出需要的标识要求。

(2) 原材料的标识可根据需要选择下述内容:

① 生产单位(或代号);

② 材料牌号(或代号)和规格;

③ 炉批号;

④ 检验单号;

⑤ 执行的标准;

⑥ 贮存条件;

⑦ 质量状态标识,出厂检验者或其代号;

⑧ 出厂日期和保管期;

⑨ 其他标识和证明文件。

(3) 元器件、成品的标识可根据需要选择下述内容:

① 生产单位(或代号);

② 型号与规格;

③ 生产批次编号和日期;

④ 执行的标准或协议;

⑤ 质量等级及状态标识;

⑥ 保管期;

⑦ 质量状态标识,出厂检验者或其代号;

⑧ 其他标识和证明文件。

（4）采购产品在进厂、入库、投入生产时，原生产单位所作的标识应予以保留，并根据需要做各种形式的标识，以保证其可追溯性。对具有追溯性的原始记录，应归档保存。或按要求进行标识的移植和替代。

（5）采购产品进货检验后，应在产品或证明文件上做出标识。

（6）对确需紧急放行的采购产品，应做出标识，并作记录。

（7）在有可追溯性要求的场合，对投产的采购产品应做出唯一性标识（如投入生产的批次、编号等）。

（六）生产过程的产品标识

（1）承制单位应按设计文件，将产品标识和可追溯性要求的实施方法，在工艺文件中作出具体规定。设计文件没有要求时，应根据需要，在工艺文件中作出具体要求，在产品上做标识时应征得设计方同意。

（2）在产品生产过程中，应按设计和工艺文件的规定，适时地制作对产品处置和使用以及安全警示等标识。

（3）经过检验的成品、半成品、在制品以及影响产品质量特性的每道工序，均应有检验的标识。

（4）经首件鉴定的产品，应在首件及其记录上做出首件标识。

（5）特殊过程（锻、铸、焊接、热处理、表面处理等）加工的产品，经检验合格后，应在产品或流程卡上做出标识。

（6）经无损检测（如X光、萤光、超声波、磁力探伤等）的产品，应在产品或流程卡上做出标识。

（7）关键件（特性）、重要件（特性）和关键过程的产品，应在产品或流程卡上做出标识。

（8）经试验合格的产品，必要时，应在被试产品上做出标识，并作记录。

（9）对紧急放行、例外转序的产品，应做出标识，并作记录。

（10）检验人员对鉴别出的不合格品应及时做出标识，并进行隔离。不合格品的处置结果也要做出相应的标识。

（11）对让步接收和材料代用，除在产品上做出相应的标识外，必要时还应对其进行编号，在流程卡上注明其去向，并在合格证上加以注明。

（12）对有可追溯性要求的零件、部件、设备和最终产品，应按设计、工艺文件的规定制作产品唯一性标识（对每个或每批产品的编号）。

（13）按规定的军检项目，经军检合格后，在产品或合格文件上做出军检验收合格标识。

（14）生产过程中，产品标识至少包括或能查明：

① 生产部门；

② 生产批次和日期；

③ 生产者；
④ 检验者；
⑤ 不合格品处理的结果。

（15）生产过程结束后，产品上如有下列标识，应予保留，不允许替代：
① 在制品检验和试验验收标识；
② 无损检测标识；
③ 最终热处理标识；
④ 批次编号；
⑤ 让步接收（超差）的标识代号；
⑥ 关键件、重要件材料的炉批号；
⑦ 对产品处置和使用的提示性标识；
⑧ 安全警示标识；
⑨ 材料代用代号；
⑩ 军检验收合格代号。

（16）产品进行过程检验时，检验人员应按设计和工艺文件的规定核对标识。

（七）最终产品的标识

（1）承制单位应在设计文件中对最终产品标识的内容、形式、位置等作出详细规定。必要时，可经顾客确认或办理审批手续。

（2）最终产品应按有关标准、法规或设计文件的规定在产品、包装物和合格证明文件上制作产品型号（或代号）、规格、生产单位、生产批次（或日期）、最终检验标识，运输、贮存和安全警示等标识，以及顾客要求的产品出厂标识。

（3）最终产品附带的产品履历本、合格证明文件等，应具有按规定作出的标识或记录。合格证明文件上，应有被授权部门（或人员），以及顾客代表验收的签署或印章标识。

（4）根据需要，最终产品和包装应有被授权部门（或人负）或顾客代表的最后封印。

（5）对最终产品的出厂时间，必要时包括去向，应在产品质量证明书上作详细记录。

（八）可追溯性要求

（1）承制单位应根据有关法规、标准的要求和产品的特点及合同或技术协议书的规定，进行产品可追溯性需求分析，并在设计文件或工艺文件中规定产品应具有可追溯性的项目、追溯的范围与时间期限。

（2）对规定有可追溯性要求的产品，组织应按规定制作每一件或每一批次的唯一性标识，并作好记录、加以保存。

（3）对与可追溯性要求有关的记录，应按投产批次分批保存，其保存期限应与产品的寿命周期相适应。

（4）对实行批次管理的产品，承制单位应按批次建立随件流转卡，详细记录投料、加工、装配、交付过程中投入产出的数量、质量状况及操作者和检验者。在批次管理中，产品的批次标识可作为进行追溯时的标识。

第二节　工艺总方案设计

一、工艺总方案的概念

（一）工艺总方案概述

工艺总方案是针对产品型号而制定的工艺总体研制计划的流程。它是根据产品设计要求、生产类型和企业生产能力，提出工艺技术准备的具体项目、落实措施和实施进度的指令性工艺文件，也是指导新产品研制各项工艺工作开展的依据。

工艺总方案设计主要从工艺总方案的编制原则、依据、工艺总方案的分类、内容和设计、审批的程序等。根据 GJB 2993《武器装备研制项目管理》5.4.2n 款规定，在装备研制的方案阶段，提出试制工艺总方案，并按照 GJB 1269A《工艺评审》进行工艺评审工作。在装备研制和批生产过程中，应根据研制阶段及状态的工作进展情况适时修订、完善，以能在工程项目的寿命周期内连续使用。

（二）编制工艺总方案的依据

编制工艺总方案的主要依据是：

(1) 新产品工艺规范、设计图样、技术文件和用户要求；
(2) 企业生产能力和产品生产纲领；
(3) 产品生产周期及质量和成本目标；
(4) 国内外同类产品的先进制造技术；
(5) 有关技术政策及相关标准（如 GJB 2993、GJB 1269A 等）；
(6) 质量管理体系及程序文件对产品工艺工作的要求。

（三）编制工艺总方案的原则

(1) 新产品工艺总方案是指导产品工艺准备工作的依据，军工产品研制和批生产一般应具有工艺总方案；
(2) 工艺总方案在确保产品质量的同时，应充分考虑生产类型、生产周期和生产成本，并且符合安全生产和绿色制造要求；
(3) 根据企业及研究所、公司的能力，积极采用国内外先进制造技术和工艺装备，不断提高产品设计和制造工艺水平。

（四）编制工艺总方案的一般要求

(1) 根据研制总要求及技术协议书以及总体设计方案的要求，确定工艺工

作的总体研制进度及各阶段(状态)目标进度,编制试制原则和网络图;

(2) 确定成附件、外购件、标准件和自制件,编制各自制件号目录;

(3) 确定自制件中主辅材料,编制产品主辅材料目录;

(4) 确定主要零件的毛坯形式,编制锻铸件目录(与研制批量大小有关);

(5) 根据产品性能、新材料、新工艺的要求和自身研制条件,提出必要的技术改造,如:厂房、关键设备、关键技术引进等;

(6) 根据不同的研制阶段(状态),在工艺总方案的动态管理中,编制相应的质量目标的质量控制方法或措施;

(7) 根据研制或批生产规模,确定工艺装备系数。

(五) 编制工艺总方案的一般项目

在装备的研制过程中,工艺总方案的内容是不断完善的。不同的阶段(状态)有不同的要求,工艺总方案就有不同的项目及内容,但在最终的设计定型(鉴定)状态时工艺总方案项目中不得少于以下方面:

(1) 对产品的特点、结构、特性要求的工艺分析及说明;

(2) 满足产品设计要求和保证制造质量的分析;

(3) 对产品制造分工路线的说明;

(4) 工艺薄弱环节及技术措施计划;

(5) 对工艺装备、试验和检测设备、产品数控加工和检测计算机软件的选择、鉴定原则和方案;

(6) 材料消耗定额的确定及控制原则;

(7) 制造过程中产品技术状态的控制要求;

(8) 产品研制的工艺准备周期和网络计划,以及实施过程的费用预算和分配原则;

(9) 对工艺总方案的正确性、先进性、可行性、可检验性、经济性和制造能力的评价;

(10) 工艺(文件、要素、装备、术语、符号等)标准化程度的说明;

(11) 工艺总方案的动态管理情况(应根据研制阶段和生产阶段的工作进展情况适时修订、完善,以能在工程项目的寿命周期内连续使用)。

二、研制过程工艺总方案的类型

在武器装备研制和批生产过程中,工艺总方案的类型是以技术状态的标识,来区分工艺总方案的研制状态的。按常规武器研制程序规定,样机试制状态的工艺总方案为工程研制阶段的试制与试验状态(用 S 标识);小批试生产状态的工艺总方案为设计定型(鉴定)后或部队试用状态(用 P 标识)(注:小批试生产是在生产定型阶段前期);批量生产状态的工艺总方案为生产定型(鉴定)后的状态,已不在装备研制的范围内,其工艺总方案状态标识仍然是生产定型阶段的文件进行生产(用P标识)。

在武器装备研制和批生产过程中,同样一份工艺总方案文件其标识不一样,代表装备研制阶段的技术状态是不一样的。下面按四种状态描述其要求的内容。

(一) 样机试制状态工艺总方案

样机试制工艺总方案应在评价产品结构工艺性的基础上,提出样机试制所需的各项工艺技术准备工作,确定工艺技术准备的工作内容及采取的相应措施。样机试制状态的工艺总方案可以用(S)表示。

(二) 小批试生产状态工艺总方案

小批试生产工艺总方案应在总结样机试制工艺的基础上,提出小批试生产前所需的各项工艺技术准备工作、具体任务和措施。小批试生产状态的工艺总方案,可以用(D)表示。

(三) 批量生产状态工艺总方案

批量生产工艺总方案应在总结小批试生产情况的基础上,提出批量投产前需进一步改进、完善的工艺、工装、技术措施和生产组织措施的意见和建议。批量生产状态的工艺总方案,可以用(P)表示。

(四) 产品改进状态工艺总方案

产品改进工艺总方案主要是提出产品改进设计后的工艺改进措施和工艺组织措施。

三、工艺总方案的编制及编制程序

(一) 样机试制状态工艺总方案的编制

样机试制工艺总方案是在工程研制阶段工程设计状态(GJB 2993 5.5.1的规定)后形成,经评审或审查通过后,适用于工程研制阶段样机试制与试验(GJB 2993 5.5.2的规定)状态,也称S状态,样机试制工艺总方案的项目及内容应包括:

(1) 评价产品结构工艺性及初步估计工艺工作量;
(2) 提出外购件及划分自制件和外协件的初步方案;
(3) 提出特殊材料及特种外购件清单;
(4) 提出必要的设备和工艺装备(专用)购置、设计、代用、制造建议;
(5) 关键件、重要件、关键工序的初步工艺总方案;
(6). 新材料、新工艺的试验方案;
(7) 主要材料消耗和劳动消耗工艺定额的估算;
(8) 方案的成本预算。

(二) 小批试生产状态工艺总方案的编制

小批试生产工艺总方案在设计定型前形成,经设计定型(鉴定)会议审查通

过后,适用于生产定型阶段的小批试生产产品,小批试生产工艺总方案一般应包括下列项目及内容:

(1) 任务来源;
(2) 产品结构、性能和工艺特点;
(3) 生产类型、规模,完善设备、工艺装备的购置、设计、改进建议;
(4) 零、部、组(整)件的互换协调原则和配套产品的厂(所)际互换协调原则;
(5) 工艺文件的编制原则;
(6) 工艺流程;
(7) 主要工艺方法;
(8) 主要检测、试验项目及实施方案,提出工艺、工装验证要求;
(9) 工艺关键项目和攻关措施;
(10) 采用新工艺、新技术的项目和实施途径;
(11) 生产线的建立或调整方案及车间(分厂)分工原则;
(12) 为生产本产品须增添的主要设备;
(13) 工艺装备系数和配置原则,对自制件和外协件的调整建议;
(14) 产品的工艺质量保证措施和特殊的安全、环保措施;
(15) 关键工序的工艺措施;
(16) 工艺准备完成的形式和要求;
(17) 工艺文件的标准化、通用化要求;
(18) 工艺资料的管理和归档要求;
(19) 提出人员配置和培训计划。

(三) 批量生产状态工艺总方案的编制

批量生产工艺总方案是用于生产定型后批量生产的产品,批量生产工艺总方案一般应包括下列项目及内容:

(1) 对小批试生产工艺总方案的实施进行总结并提出改进措施;
(2) 批量生产的人员规划及工艺培训要求;
(3) 完善设备、工艺装备的配置方案,提出购置、设计、改进及验证要求;
(4) 提出新工艺、新材料的采用要求;
(5) 提出关键件、重要件质量攻关措施和关键工序质量控制点设置方案;
(6) 提出装配方案和工艺平面布局的调整方案;
(7) 专用设备或生产线的设计、制造意见;
(8) 产能分析和对生产节拍及物料配送的安排;
(9) 成本预算及实施方案进度计划。

(四) 产品改进状态工艺总方案的编制

产品改进工艺总方案的项目及内容可参照新产品的有关工艺总方案设计内

容。可根据新产品的技术状态选取。

（五）工艺总方案的编制程序

(1) 收集工艺总方案设计所需的相关资料；
(2) 进行新工艺、新材料、新设备工艺分析；
(3) 按相关要求设计工艺总方案,提出备选可行的方案；
(4) 优化工艺总方案；
(5) 审核工艺总方案。

第三节　工艺标准化文件设计

工艺标准化文件设计是指工艺标准化综合要求和工艺标准化大纲两份规范性、指导性工艺文件的编制。工艺标准化文件是指导性技术文件,其内容及要求适用于新研制产品的工艺标准化综合要求和工艺标准化大纲的编制；也适用于改进、改型产品的工艺标准化大纲的编制。下面分别介绍不同内容和其文件编制的共同部分。

一、工艺标准化文件概述

（一）工艺标准化综合要求文件

工艺标准化综合要求的定义是:规定样机试制工艺标准化要求,指导工程研制阶段工艺标准化工作的型号标准化文件,是编制工艺标准化大纲的基础。

在武器装备研制过程中,对新研制型号的产品,承制单位应编制工艺标准化综合要求文件；它规定了样机试制工艺标准化要求,是指导工程研制阶段工艺标准化工作的型号标准化文件,也是编制工艺标准化大纲的基础性文件。

（二）工艺标准化综合要求编制的依据

(1) GJB/Z 106A《工艺标准化大纲编制指南》；
(2) 型号工艺总方案；
(3) 型号标准化大纲。

（三）工艺标准化大纲文件

工艺标准化大纲的定义是:规定生产定型工艺标准化要求,指导生产(工艺)定型阶段工艺标准化工作必备的型号标准化文件。

在武器装备研制过程中,对新研制型号的产品,承制单位应编制工艺标准化大纲。工艺标准化大纲规定了生产定型工艺标准化要求,是指导生产(工艺)定型阶段工艺标准化工作必备的型号标准化文件。

（四）工艺标准化大纲编制的依据

(1) GJB/Z 106A《工艺标准化大纲编制指南》；
(2) 产品标准化大纲和设计定型标准化审查报告；

(3) 工艺标准化综合要求的实施情况及实施评审意见;
(4) 试生产工艺总方案。

二、工艺标准化文件的构成

工艺标准化大纲和工艺标准化综合要求应按照 GJB 106A《工艺标准化大纲编制指南》的相关要求编制,其结构和编写规则应符合 GJB 0.1《军用标准文件编制工作导则 第 1 部分:军用标准和指导性技术文件编写规定》和 GJB 0.3《军用标准文件编制工作导则 第 3 部分:出版印刷规定》的编写规定。

(一) 封面与首页

文件的封面和首页应符合有关行业或专业技术文件管理制度的规定,封面上至少应标示出文件名称、编号、编制单位和日期。

(二) 目次

目次为可选要素。当文件内容超过 15 页时,宜设目次。该要素应以"目次"为标题,其内容按下列次序列出:

(1) 前言;
(2) 引言;
(3) 章;
(4) 带有标题的条(需要时列出,但不宜包括第四层及以下层次的条);
(5) 附录(应有圆括号中注明附录的性质);
(6) 附录的章和带有标题的条(需要时列出);
(7) 参考文献;
(8) 索引;
(9) 图(需要时列出);
(10) 表(需要时列出);

在目次中应列出完整的标题。"术语和定义"一章中的术语不应在目次中出现。

(三) 文件名称

文件名称通常由三部分组成:产品代号(型号)、产品名称、文件主题,见图 3-2。

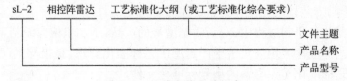

图 3-2 工艺文件名称组成

(四) 概述

一般说明文件的编制依据,并概要介绍产品的用途、构成和工艺特点等。

（五）主要内容

1. 总则

根据《武器装备研制生产标准化工作规定》的要求，工艺标准化综合要求或工艺标准化大纲通常应规定下列项目及内容：

（1）工艺、工装标准化目标及工作范围；
（2）实施标准要求；
（3）工装的"三化"要求；
（4）工艺文件、工装设计文件的完整性、正确性、统一性要求；
（5）应完成的主要任务、工作项目。

2. 工艺、工装标准化目标及工作范围

1）工艺、工装标准化目标

根据型号的总目标及性能、费用、进度、保障性等项要求，制定具体型号的工艺、工装标准化目标。一般可考虑下列内容：

（1）保证产品质量和产品标准化大纲目标的实现；
（2）工艺标准化要达到的水平；
（3）采用国际标准和国外先进标准的目标；
（4）引进产品工艺标准的国产化目标；
（5）预计要达到的工装标准化系数及其效果；
（6）建立一个先进、配套、适用的工艺、工装标准体系。

2）工作范围

根据型号的工艺、工装标准化目标和各项具体要求，确定工艺、工装的工作范围。一般可考虑下列内容：

（1）提出工艺、工装标准的选用范围；
（2）制（修）订型号所需的工艺、工装标准，完善工艺、工装标准体系；
（3）制定工艺、工装标准化文件；
（4）实施工艺、工装标准，协调实施过程中的问题；
（5）开展工装通用化、系列化、组合化（以下简称"三化"）工作；
（6）进行工艺文件和工装文件的标准化检查；
（7）开展工艺文件定型的标准化工作；
（8）其他有关的工艺、工装标准化工作。

3. 实施标准要求

实施标准的要求应根据型号的需求和本单位的实际情况，提出具体的实施要求。一般可考虑下列内容：

（1）一般情况，应将需实施的工艺、工装标准限制在标准选用范围（目录）内，对超范围选用做出规定，并要求办理必要的审批手续；

（2）对法律、法规及规范性文件规定强制执行的标准，以及型号研制生产合同和型号文件规定执行的标准，提出强制执行的要求，并提出具体实施方案；

（3）组织制订重要工艺、工装标准的实施计划，包括技术和资源准备；

（4）对需实施的标准，必要时提出具体的实施要求，如剪裁、优选、限用、压缩品种规格等；

（5）制定新旧标准替代实施细则，提出在新旧标准过渡期间保证互换与协调的措施；

（6）组织新标准的宣贯和培训；

（7）根据《标准选用范围（目录）》，配齐实施标准所需的有关资料；

（8）组织检查工艺、工装标准的实施情况和转阶段（状态）的标准化评审；

（9）编写重要标准实施总结报告。

4. 工装的"三化"要求

工装的"三化"要求应根据产品生产的特点，结合单位的实际情况，提出具体的工装"三化"要求，一般可考虑下列内容：

（1）根据工艺总方案，提出工装"三化"目标。

（2）在工程研制阶段，将工装的"三化"目标转化为具体的实施方案。具体做法是：

① 根据样机试制数量少、时间紧、变化大的特点，提出最大限度减少专用工装数量的原则；

② 根据样机制造的需要和工厂工装的实际情况，提出采用现有和通用工装以及采用夹具的要求和清单；

③ 对专用工装的设计提出采用通用零部件的要求；

④ 开展工装的"三化"设计工作，将具体实施方案落实到工装设计图样中；

（3）在设计定型阶段，检查和总结工装"三化"工作，提出改进措施。

（4）在生产（工艺）定型阶段，针对批量生产的特点，综合考虑"三化"的效果和加工效率，调整工装"三化"方案，具体的做法是：

① 根据产品"三化"程度，提出继续扩大采用现有和通用工装的要求，开展工装的"三化"设计工作；

② 在生产（工艺）定型阶段后期，检查和总结工装的"三化"对批量生产的适应性，做必要的修改调整后，最终固化工装的"三化"成果。

5. 工艺文件、工装设计文件的完整性、正确性、统一性要求

为保证工艺文件和工装设计文件的完整、正确、统一，一般可考虑下列内容：

（1）按产品的研制阶段（状态）分别提出工艺文件、工装设计文件的完整性要求；

（2）制定或引用工艺文件、工装设计文件的格式及编号方法的规定；

(3) 制定或引用工艺文件、工装设计文件的编制、签署、更改、归档等规定；
(4) 对工艺文件、工装设计文件进行标准化检查。

6. 应完成的主要任务、工作项目

产品研制各阶段(状态)工艺标准化的主要任务和工作项目，应依据型号研制生产要求和本单位的实际，列出各阶段主要任务和工作项目。见表3-2。

表3-2 研制阶段主要任务和工作项目

研制阶段	主要任务	工作项目
工程研制阶段	编制工艺标准化综合要求及其支持性文件并组织实施	a. 编制工艺标准化综合要求； b. 编制工艺、工装标准体系表； c. 编制工艺、工装标准选用范围(目录)； d. 制定工艺文件、工装设计文件标准化要求； e. 提出制(修)订标准的项目和计划建议； f. 组织制定新的型号专用工艺、工装标准； g. 在"设计"状态后期，完成试制准备状态检查； h. 开展工装"三化"设计工作； i. 开展对工艺文件、工装设计文件标准化检查； j. 收集资料，做好贯标的技术和物质准备； k. 做好阶段工艺标准化工作总结和评审。
设计定型阶段	配合设计定型，为制定工艺标准化大纲做准备	a. 全面检查工艺、工装标准的实施情况； b. 配合设计定型，对图样和技术文件中有关工艺、标准的生产可行性进行检查并形成生产性分析报告； c. 对工艺标准化综合要求进行总结和评审，为转化为工艺标准化大纲做准备。
生产(工艺)定型阶段	制定并实施工艺标准化大纲，做好工艺定型标准化工作	a. 以工艺标准化综合要求为基础，进一步修改和补充，形成工艺标准化大纲； b. 修订工艺、工装标准选用范围(目录)； c. 提出工艺定型标准化方案和相关标准化要求； d. 对定型工艺文件和工装设计文件进行标准化检查； e. 继续开展工装"三化"设计工作； f. 协调和处理工艺定型出现的标准化问题； g. 全面检查工艺、工装标准的实施情况，编制生产(工艺)定型标准化审查报告； h. 总结生产(工艺)定型标准化工作并做好阶段评审。

（六）参考资料

为帮助理解和实施工艺标准化大纲或工艺标准化综合要求，列出在制定过程中引用或参考的主要资料，包括标准、法规、文件、资料等。

三、工艺标准化文件编制的一般要求

（一）文件内容的剪裁

在编制工艺标准化综合要求和工艺标准化大纲时，应根据产品的实际情况，对其内容进行剪裁，剪裁应考虑产品所处的研制阶段或状态，产品在系统中的层次、产品的复杂程度、生产数量、研制或生产的经费和进度要求等因素，并符合

GJB/Z 69《军用标准的选用和剪裁导则》的要求。

（二）文件编制的时机

以常规武器研制程序为例，在工程研制阶段组织编制工艺标准化综合要求，用于指导产品研制的工艺标准化工作；在生产（工艺）定型阶段初期，根据批量生产的要求，进一步修改和补充工艺标准化综合要求，形成工艺标准化大纲，用于指导产品生产（工艺）定型阶段的工艺标准化工作，并符合 GJB/Z 106A《工艺标准化大纲编制指南》的要求。

（三）文件编制与批准

工艺标准化综合要求由承制单位的技术负责人组织标准化和工艺等有关人员编制；工艺标准化大纲由承制单位的总工程师（或总工艺师）组织相关部门编制，其编制与批准手续应符合相关质量管理体系文件的管理要求。

（四）文件的评审

按 GJB/Z 113《标准化评审》5.2.2 条工艺标准化评审的规定，对工艺标准化综合要求或工艺标准化大纲进行评审，评审的内容及相关要求参见第四章装备研制工艺和工艺标准化评审。

第四节　工艺规程设计

装备在研制生产过程中要形成工艺文件体系（即工艺管理文件、工艺技术文件、型号工艺管理文件及项目表、生产工艺文件等）。特别是要根据产品技术质量特点，形成专门的生产工艺规程的编制要求，明确规定工艺规程的编制内容，使工艺规程起到"规范生产流程、规范工艺技术要求、规范操作行为、规范质量控制及检验要求、规范工夹模测"的作用，成为产品生产过程中的唯一指令性技术文件。

工艺规程设计时一般应考虑工艺规程的类型、工艺规程设计的要素、工艺规程的文件形式、工艺规程的设计程序和工艺规程的审批程序等，对于结构复杂，技术要求高，组成产品的零、部、组件相互协调关系多的军工产品尽管批量并不大，也必须严格按照标准化规定格式编制工艺规程。

一、工艺规程的概念

（一）工艺规程概述

工艺规程是规定产品或零部件制造、装配等工艺过程和操作方法等的工艺文件，也是直接指导现场生产操作的重要工艺技术文件，同时也是满足生产图样及有关技术说明书要求、保证产品工艺质量的控制性文件。

（二）工艺规程编制的依据

设计工艺规程时，主要依据是：

（1）工艺规范、生产图样、产品规范和相关技术文件；

（2）产品工艺总方案；

（3）毛坯材料与毛坯生产条件；

（4）产品验收质量标准；

（5）产品零部件工艺路线表或车间分工明细表；

（6）产品生产纲领或生产任务；

（7）现有的生产技术和企业的生产条件；

（8）有关法律、法规及标准的要求（GB/T 24737.5《工艺管理导则 第5部分 工艺规程设计》的规定）；

（9）有关设备和工艺装备资料。

（三）工艺规程编制的一般要求

（1）工艺规程是直接指导现场生产操作的重要技术文件，应做到正确、完整、统一、清晰，满足产品图样及有关技术说明书的要求。

（2）在充分利用企业现有生产条件的基础上，尽可能采用国内外先进工艺技术和经验，如采用新工艺，提高生产率，节约原材料，降低生产成本，不断总结经验，改进完善工艺方法。

（3）在保证产品质量的前提下，尽量提高生产率，降低资源和能源消耗，如冷热工艺和探伤工序必须协调，避免发生热表处理和探伤工序遗漏的恶性事件。

（4）设计工艺规程必须考虑安全和环境保护要求。

（5）结构特征和工艺特征相近的零件应尽量设计典型工艺规程。

（6）各专业工艺规程在设计过程中应协调一致，不得相互矛盾。如当工艺基准与设计基准不重合时，必须进行尺寸链计算。计算尺寸链应采用完全互换法（即最大最小法），当零件精度较高，尺寸链组成环较多的情况下，允许采用概率法计算。

（7）工艺规程中所用的术语、符号、代号应符合GJB 726A的规定。

（8）工艺规程的幅面、格式与填写应符合JB/T 9165.2《工艺规程格式》的规定。

（9）工艺规程的编号应符合GB/T 24735《机械制造工艺文件编号方法》的规定。

二、工艺规程的类型

工艺规程的类型繁多，在装备研制工作中，一般有七种类型，即：一是按研制阶段分类的；二是按主要加工方法分类的；三是按零部组件的复杂相似程度分类的；四是按工艺流程分类的；五是专用工艺规程；六是通用工艺规程；七是标准工艺规程。

（一）按研制阶段分类

工艺规程的编制按研制阶段分类有生产准备用工艺规程、试制工艺规程、定型工艺规程和临时工艺规程四种。

(1) 生产准备用工艺规程:为工装和非标准设备等生产准备工作用的工艺规程。这种工艺规程仅供生产准备用,不能用于现场生产。

(2) 试制工艺规程:用于产品或零件的单件试制及小批试制的工艺规程,其工艺尚未鉴定或定型。

(3) 定型工艺规程:经过小批试制验证的试制工艺规程若满足批生产要求,并按规定程序办理工艺定型手续,经过批准同意定型的零组件工艺规程。定型工艺规程用于批生产。

(4) 临时工艺规程:主要用于执行临时性技术文件或临时处理意见,具有一定有效期限或规定批量的工艺规程。

(二) 按加工方法分类

工艺规程按主要加工方法分类有毛坯制造、铸造、锻造、精铸、精锻、剪切等工艺规程;机械加工、特种加工、装配、试验测试、热工艺、表面处理等方面的工艺规程共计44种类型。

(1) 毛坯制造、铸造、锻造、精铸、精锻、剪切等工艺规程。

(2) 机械加工方面:机加、冲压、铆接、弯曲、光饰等工艺规程。

(3) 特种加工方面:焊接、电火花、线切割、电解、激光、高能束流、磨粒流、黏接、化铣等工艺规程。

(4) 装配方面:装配、包装、运输等工艺规程。

(5) 试验测试方面:平衡、振动试验、压力试验、流量试验、高低温性能测试、试车、强度试验、密封试验、元件筛选等工艺规程。

(6) 热工艺方面:退火、回火、淬火、时效等工艺规程。

(7) 表面处理方面:电镀、氧化、阳极化、渗碳、渗氮、喷涂、吹砂、喷丸等工艺规程。

(三) 按零部组件的相似程度分类

工艺规程按零部组件的复杂相似程度分类有单页工艺规程、成本工艺规程、成组工艺规程、套用工艺规程四种。

(1) 单页工艺规程:工艺规程主要构成和要素集中在单页上,只用于简单零件的工艺规程,其主要加工工序不超过3道工序。

(2) 成本工艺规程:包含有完整的工艺规程构成及要素的工艺规程。

(3) 成组工艺规程:标准件、紧固件及工艺过程完全相同的零组件采用的工艺规程。

(4) 套用工艺规程:相似零组件可以仿照已有的工艺规程编制简化的工艺规程,称为套用工艺规程。

(四) 按工艺流程分类

工艺规程按工艺流程分类,有主制工艺规程和承制工艺规程两种。

（1）主制工艺规程：从毛坯或原材料开始经过一系列工艺过程进入到库房（毛料库或成品库），包括全部工序的工艺规程。主制工艺规程通常简称为工艺规程。

（2）承制工艺规程：只承担主制工艺规程中一部分加工工序的工艺规程，完成后工件不入库而转入原主制部门。承制工艺规程通常称为中转工艺规程。

（五）专用工艺规程

针对某一个产品或零部件所设计的工艺规程。

（六）通用工艺规程

（1）通用工艺规程包括典型工艺规程和成组工艺规程；

（2）通用工艺规程仅为一组结构特征和工艺特征相似的零部件所设计的；

（3）通用工艺规程是按成组技术原理将零件分类成组，针对每一组零件所设计的。

（七）标准工艺规程

已纳入标准的工艺规程。

三、工艺规程设计的要素

完整的工艺规程应包含下列内容，也称为工艺规程的要素。

（一）严格贯彻标准

工艺规程的编制应规范性强、操作性好。必须符合相关标准的最低要求，包括内容、形式和引用文件，应符合相关国标、国军标、行业标准和企标的规定，并满足相关技术说明书的要求。

（二）明确工艺路线

经过一定的加工顺序将材料变为成品的程序。

（三）掌握加工材料

工艺规程的编制应明确材料，即加工对象。如：原材料、锻铸件、零件、部件、组件、半成品、成品（产品）等。

（四）掌握设备情况

工艺规程的编制应明确设备的状态和基本情况，包括机床、试验器、投影检测仪器、仪表等。所使用的设备必须完好，其精度能满足加工的要求，具备安全操作的条件。

（五）合理选择工装

工艺规程的编制中应标明选用的工艺装备。选择适用的通用工装、专用工装和必需的非标准设备。

选择原则：根据生产批量的大小选择工装的数量。在保证加工和技术要求，满足生产效率的前提下，尽可能选用通用工装，减少专用工装，以降低工装成本。

（六） 设立质量控制点

在编制工艺规程的过程中，在特殊过程、关键过程后增设控制点，并在技术要求的内容中，明确提出注意事项。从以下要素考虑设立质量控制点：

1. 材料理化性能的控制

在一定的加工状态进行热表处理。

2. 材料内应力或变形控制

必要时进行消除应力处理（热处理方法、机械的方法或自然放置时效的方法）。

3. 材料缺陷的控制

在一定的加工状态进行无损探伤（按要求或需要进行一种或几种方法探伤）。

4. 产品质量的控制

特殊过程、关键过程加工后，插入中间检验工序，以确保后续工序的质量。对于不再加工的部、组件应设置质量专检。

（七） 追溯性标记

为保证生产过程及产品的可追溯性，应规定标记工序、标记方法、标记位置和标记工具。

（八） 选用工位器具

生产过程中工件的转运，成品的入库所需的存放器具。

四、工艺规程文件的类型

（一） 工艺过程卡（随件流转卡）

描述零部件加工过程中的工种（或工序）流转顺序，主要用于单件、小批试生产的产品。

根据 GJB 726A 5.6.4 和 9001A 7.5.3 条款的要求，对实行批次管理的产品，组织应按批次建立随件流转卡，详细记录投料、加工、装配、交付过程中投入产出的数量、质量状况及操作者和检验者。

（二） 工艺卡

描述一个工种（或工序）中工步的流转顺序，用于各种批量生产的产品。

（三） 工序卡

主要用于大批量生产的产品和单件、小批量生产中的关键工序。

（四） 作业指导书

为确保生产某一过程的质量，对操作者应做的各项活动所作的详细规定。用于操作内容和要求基本相同的工序（或工步）。

（五） 工艺守则

某一专业应共同遵守的通用操作要求。

（六）检验卡

用于关键重要工序检查的卡片,质量专检用。

（七）调整卡

用于自动、半自动、弧齿锥齿轮机床、自动生产线等加工。

（八）毛坯图

用于铸、锻件等毛坯的制造。

（九）装配系统图

用于复杂产品的装配,与装配工艺过程卡配合使用。

五、工艺规程的设计程序

（一）编制工艺规程的原始资料

(1) 产品设计图样和数据单(卡);

(2) 经冷加工车间已会签的锻铸件毛坯图(冷工艺规程适用);

(3) 产品的基础、通用、专用标准及说明书等;

(4) 相关的材料标准、冶金说明书等;

(5) 工艺流水线目录和中转流水线目录;

(6) 工艺原则:了解生产批量、专用工装选择的规定,工艺规程编制要求及进度要求等;

(7) 生产现场工艺装备技术条件:考虑标准设备、非标准设备的加工精度、加工和检测能力,以及辅助设备的规格和适用性;

(8) 对急缺而又必需的条件提出技术改造项目和技术组织措施报上级主管部门解决。

（二）工艺规程编制的一般步骤

(1) 研究产品(零、部、组件)图样,进行工艺性分析;

(2) 选择毛坯形式或确定标准型材规格尺寸;

(3) 制定工艺路线(主要是工序内容、数目和顺序);

(4) 确定工序尺寸及技术要求;

(5) 编写工艺规程;

(6) 选择工装和非标准设备,提出派工申请。

（三）产品图样的工艺分析

1. 锻铸件制造工艺分析

(1) 分析零件的精度,确定锻(铸)件的精度等级及相应锻(铸)造的方法;

(2) 分析零件结构、锻(铸)造的工艺性,确定模具基本结构类型;

(3) 分析零件材料,熟悉相关原材料标准、规格和供应状态;

(4) 熟悉相关锻(铸)造标准,确定工艺参数和热处理程序;

(5) 与冷工艺车间协商,确定毛基准位置和要求。

2. 冷工艺加工工艺分析

(1) 分析零件结构、刚性,预防加工过程变形的控制方法;

(2) 分析零件的精度、表面粗糙度、形位公差要求,确定基本加工类型及设备条件;

(3) 分析设计基准、测量基准,选择毛坯基准和主要加工基准;

(4) 消化材料及热表处理要求及相关标准,基本确定热表处理的工序安排;

(5) 消化无损探伤要求,拟确定探伤工序;

(6) 消化其他特殊要求及相关标准,拟确定其工序安排。

(四) 专用工艺规程设计

(1) 熟悉工艺规程设计所需的资料。

(2) 根据零件毛坯形式确定其制造方法。

(3) 设计工艺规程。

(4) 设计工序:

① 确定工序;

② 确定工序中各工步的加工内容和顺序;

③ 选择或计算有关工艺参数;

④ 选择设备或工艺装备;

⑤ 编制和绘制必要的工艺说明和工序简图;

⑥ 编制工序质量控制、安全控制文件。

(5) 提出外购工具明细表、专用工艺装备明细表、企业标准(通用)工具明细表、工位器具明细表和专用工艺装备设计任务书等。

(6) 编制工艺定额(详细内容见第五章)。

(五) 典型工艺规程设计

(1) 熟悉设计工艺规程所需的资料。

(2) 将产品零件分组。

(3) 确定每组零部件中的代表件。

(4) 分析每组零部件的生产批量。

(5) 根据每组零部件的生产批量,设计其代表件的工艺规程。

(6) 设计工序:

① 确定工序;

② 确定工序中各工步的加工内容和顺序;

③ 选择或计算有关工艺参数;

④ 选择设备或工艺装备;

⑤ 编制和绘制必要的工艺说明和工序简图;

⑥ 编制工序质量控制、安全控制文件。

（7）提出外购工具明细表、专用工艺装备明细表、企业标准（通用）工具明细表、工位器具明细表和专用工艺装备设计任务书等。

（8）编制工艺定额（详细内容参见第五章）。

（六） 成组工艺规程设计

（1）熟悉设计成组工艺规程的资料。

（2）将产品零件按成组技术的标准编码原则进行分类、编组，并给以代码。

（3）确定具有同一代码零件组的复合件。

（4）分析每一代码零件组的生产批量。

（5）设计各代码组复合件的工艺规程。

（6）设计各复合件的成组工序。

（7）设计工序：

① 确定工序；

② 确定工序中各工步的加工内容和顺序；

③ 选择或计算有关工艺参数；

④ 选择设备或工艺装备；

⑤ 编制和绘制必要的工艺说明和工序简图；

⑥ 编制工序质量控制、安全控制文件。

（8）提出外购工具明细表、专用工艺装备明细表、企业标准（通用）工具明细表、工位器具明细表和专用工艺装备设计任务书等。

（9）编制工艺定额。

六、工艺规程的审批程序

《武器装备质量管理条例》规定，武器装备研制、生产单位应当实行图样和技术资料的校对、审核、批准的审签制度，工艺和质量会签制度以及标准化审查制度。

（一） 审核

（1）工艺规程经校对符合要求后，一般应由产品主管工艺人员进行审核，关键或者重要工艺规程可由工艺部门责任人审核。

（2）审核的主要内容：

① 工序安排和工艺要求是否合理；

② 选用设备和工艺装备是否合理。

（二） 标准化审查

工艺规程标准化审查的内容如下：

（1）文件中所用的术语、符号、代号和计量单位是否符合相应标准，文字是否规范；

（2）毛坯材料是否符合标准；

(3) 所选用的标准工艺装备是否符合标准；
(4) 工艺尺寸、工序公差和表面结构等是否符合标准；
(5) 工艺规程中的有关要求是否符合安全、资源消耗和环保标准。

（三）会签

(1) 工艺规程经审核和标准化审查后，应送交有关部门会签。

(2) 工艺规程的会签，除了质量部门人员的会签外，根据下列情况，工艺的相关人员也应会签。

① 原材料工艺规程的会签：锻铸造、热表处理、焊接、装配、试验、试车等所用原材料、辅助材料等应到冶金主管材料消耗定额的部门会签。

② 锻铸件毛坯图的会签：主要审查毛坯图的毛基准、加工余量和非加工表面是否符合机械加工的需要，了解毛坯材料的热表处理供应状态。锻铸件毛坯图应由冷加工车间会签。

③ 试件工艺规程会签：锻铸件、热表处理、焊接、电加工及其他需要的试件均应会签。

④ 要求同炉批试件的应由毛坯制造单位会签；一般试件由冶金主管材料消耗定额部门会签。

⑤ 热表处理工序会签：按冶金主管部门下达的流水线到指定车间会签。

⑥ 无损探伤工序会签：冷加工车间到无损探伤部门会签。

⑦ 检验图表会签：由车间检验室主任会签，主要审查检验内容、检验方法和测量工具的正确、有效、齐全。

⑧ 中转工序会签：根据中转流水线主制车间到承制车间会签。承制车间根据会签工序的要求编制自己的中转工艺规程。中转工艺规程应完全满足主制车间对中转工序的要求。

(3) 主要会签内容：

① 根据生产部门的生产能力，审查工艺规程中安排的加工或装配内容在本部门能否实现。

② 冷加工是否能满足热加工在余量、试件表面质量等方面的要求；热加工是否能满足冷加工在硬度、表面层深度、强度、变形和表面防护等方面的要求。

③ 工艺规程中选用的设备和工艺装备是否合理。

（四）批准

经会签后的成套工艺规程，一般由工艺部门责任人批准，成批生产产品和单件生产关键的工艺规程，应由总工艺师或总工程师批准。

七、工艺规程设计范例

工艺规程一般由一张张工序卡片、封面、首页、工序路线汇总表、材料汇总表和工艺规程的编写说明组成，下面列举一个简单民用产品，供参考。

（一）工艺规程封面

密级：秘密
版本：A
状态：S

工 艺 规 程

产品名称　　　金属陶瓷刹车片（动片）
产品型号　　　　　　GB-8
图样代号　　　　　JPA-J1-10

编制　　　　　　　　　　审核
校对　　　　　　　　　　批准

共　　页

科技发展有限公司

（二）组合工序卡

科技发展有限公司			工序卡片		共 2 页 第 1 页		
产品名称	产品型号		图号		工序卡片编号		
金属陶瓷刹车片动片	GB-8		JPA-J1-10		JPA-J1-DC-01		

工序	工序名称	工步	工步名称	技术要求	状态标识	使用设备和器具	
						名称	编号（代号）
01	钢背与压坯组装	1	清洁钢背	保证钢背与压坯结合面无油无灰尘、无杂质。	S	酒精、棉纱	—
		2	组装	保证压坯与钢背对正组装，粘接牢固。		胶带纸	—
05	装炉	1	清理	保证底座和沙坑无异物。		—	—
		2	装炉	工件摆放在烧结炉有效工作区间内（距底座100mm，工件总高度不超过900mm），同层工件的厚度差不大于0.2mm。		垫板	—
		3	检漏	扣上烧结箱后，确保沙封密封严密，保护气体不泄漏。		烧结炉	CJG200902
						天车	CJG200907
		4	扣加热炉罩	确保垫板支撑加热炉罩，加热炉罩不会被其他物体支撑或卡住。		烧结炉	CJG200902
						天车	CJG200907
		5	通氮气	将烧结箱内部空气全部排出。		压缩氮气	—
		6	通保护气、点火	使保护气体通入烧结箱内部，并在出气口点燃保护气。		氨分解装置	CJG200901

| 编 制 | | 校 对 | | 审 核 | | | |

科技发展有限公司			工序卡片		共 2 页 第 2 页			（续）
产品名称	产品型号		图 号		工序卡片编号		状态标识	备 注
金属陶瓷刹车片动片	GB-8		JPA-J1-10		JPA-J1-DC-01		S	
工序	工序名称	工步	工步名称	技术要求		使用设备和器具		
						名称	编号（代号）	
10	加压烧结	1	确定烧结工艺曲线	在计算机中选择或输入烧结工艺曲线。		烧结炉	CJG200902	
		2	启动烧结炉	各显示及控制仪表工作正常。			—	
15	出炉	1	通氮气	将烧结箱内的保护气体全部排出。		压缩氮气	CJG200907	
		2	出炉	刹车片表面不许磕碰、划伤、粘油。		天车	CJG200923	
20	机加工	1	磨加工	按设计图纸进行加工。		7130平面磨床	CJG200925	
25	检验	1	密度检验	密度：****～****g/cm³		精密电子天平	CJG200908	
		2	硬度检验	硬度：HRF****～****		洛氏硬度计	CJG200903	
		3	摩擦磨损检验	平均动摩擦系数：**** 静摩擦系数：**** 力矩稳定系数：**** 磨损量：****		MM-1000摩擦磨损试验机		
30	入库	1	入库	将合格品入库。		—	—	
编制				校 对		审 核		

（三）组合工序路线卡

○○科技发展有限公司			工序路线卡片		共 1 页 第 1 页	
产品名称	产品型号		图 号		工序路线卡片编号	状态标识	备 注
金属陶瓷刹车片动片	GB-8		JPA-J1-10		JPA-J1-DC	S	一
工序	工序名称	工序	工序名称	工序	工序名称	
01	钢背与压坯组装					
05	装炉					
10	加压烧结					
15	出炉					
20	机加工					
25	检验					
30	入库					
编 制		校 对		审 核		

（四）组合流程卡

科技发展有限公司				流程卡		共 3 页 第 1 页	状态标识	备注
产品名称		产品型号		图 号		流程卡编号	S	—
金属陶瓷刹车片动片		GB-8		JPA-J1-10		JPA-J1-DC-02		
工序	工序名称	工步	工步名称	操作方法		操作人	操作日期	使用设备和器具
								名称 | 编号(代号)
01	钢背与压坯组装	1	清洁钢背	用酒精将钢背擦净，并晾干。				酒精、棉纱 | —
		2	组装	操作人员双手带白色手套，将压坯与钢背出沿一侧贴合，用透明胶带将四边粘牢。				胶带纸 | —
05	装炉	1	清理	将底座清理干净，检查沙坑中有无异物。				— | —
		2	装炉	将不锈钢板放置在底座上；将4块铸铁垫板放置在不锈钢板上；摆放一层工件，放一块石墨垫板，以此类推（每层放22片）；十层石墨垫板为一组，以铸铁垫板隔开；工件装填高度，从底座上平面算起，不超过900mm。				不锈钢板 铸铁垫板 烧结炉 天车 | CJG200902 CJG200907
审 核				生产任务单号		任务下达日期		
编 写 校 对				投料数量(kg)		流程卡序号		

科技发展有限公司					共 3 页		状态标识	备注	（续）
产品名称		产品型号		流程卡	第 2 页		S	—	
金属陶瓷刹车片动片		GL-3		图号	流程卡编号		使用设备和器具		
				JPA-J1-10	JPA-J1-DC-02		名称	编号（代号）	
工序	工序名称	工步	工步名称	操作方法	操作人	操作日期			
05	装炉	2	装炉	装炉总高度为1040～1060mm，用铸铁垫板补齐高度；每层垫板中间用纸垫铺垫，扣上烧结箱。			烧结炉	CJG200902	
		3	检漏	将压缩氮气通入烧结箱，观察烧结箱沙封有无漏沙现象。			烧结炉	CJG200902	
							压缩氮气	—	
		4	扣加热炉罩	将加热炉罩扣好，检查接线柱是否接触好，通过调整下接线柱高度，使上下接线柱接触好。			烧结炉	CJG200902	
							天车	CJG200907	
		5	通氮气	将压缩氮气通入烧结箱，保持30分钟后，切断氮气。			压缩氮气	—	
		6	通保护气，点火	将保护气通入烧结箱，15分钟后，检查保护气纯度，在出气口点燃保护气。			氨分解装置	CJG200901	
				生产任务单号			任务下达日期		
				投料数量（kg）			流程卡序号		
编写									
校对		审核							

244

（续）

产品名称		产品型号		流程卡	图 号			共 3 页	状态标识	备注
金属陶瓷刹车片动片		GB-8			JPA-J1-10			第 3 页	S	—
								流程卡编号		
								JPA-J1-DC-02		
工序	工序名称	工步	工步名称	操作方法				操作人	操作日期	
										使用设备和器具
										名称 / 编号（代号）
10	加压烧结	1	确定烧结工艺曲线	在计算机中选择或输入烧结工艺曲线。						— / —
		2	启动烧结炉	开启控制柜各仪表开关，运行计算机烧结工艺程序。						烧结炉 / CJG200902
15	出炉	1	通氮气	切断保护气，将压缩氮气通入烧结箱，将保护气体全部排出。						压缩氮气 / —
		2	出炉	吊起烧结箱，待冷却后，取下工件。						天车 / CJG200907
20	机加工	1	磨加工	按设计图纸进行加工。						7130平面磨床 / CJG200923
25	检验	1	密度检验	密度：****～****g/cm³						精密电子天平 / CJG200925
		2	硬度检验	硬度：HRF****～****						洛氏硬度计 / CJG200908
		3	摩擦磨损检验	平均动摩擦系数：*** 静摩擦系数：*** 力矩稳定量：*** 磨损量：***						MM-1000摩擦磨损试验机 / CJG200903
30	入库	1	入库	将各合格品入库。						— / —
编制					生产任务单号			任务下达日期		
校对		审核			投料数量（kg）			流程卡序号		

245

(五) 签署页表格

编制	校对	审核	设计	质量	标检
签署					
日期					
专业		会 签			
签署					
日期					
版本		版 本			
状态描述	首次发布				
更改人					
A					

批准：_____

第五节 作业指导技能设计

一、识图技能

(一) 工程识图

1. 体的投影

体的投影,实质上构成该体的所有面的投影总和。运用点、线、面投影规律,就可以分析体的投影,见下图3-3,图3-4。

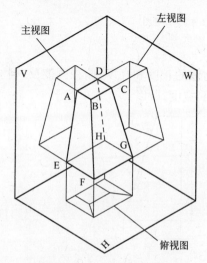

图3-3 体的三面投影

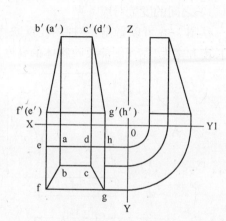

图3-4 体的三视图

平面 $ABCD$ 和平面 $EFGH$ 都是水平面,平面 $AEFB$ 和 $DHGC$ 都是正垂面,这四个正面投影都积聚成直线。前后两个平面 $BFGC$ 和 $AEHD$ 分别为侧垂面和正平面,其正面投影重合线框 $b'f'g'c'(a'e'h'd')$。在水平投影中 $abcd$ 和 $efgh$ 反映实形,$abfe$、$dcgh$ 和 $bfgc$ 具有类似性,$aehd$ 则积聚为一直线。

2. 投影与三视图

视图:就是将产品向投影面投影所得的图形。投影面上的投影与视图,在本质上是相同的。工件在三个基本投影面上所得的三视图分别称为:

主视图:由前向后投影,在 V 面上所得的视图。

俯视图:由上向下投影,在 H 面上所得的视图。

左视图:由左向右投影,在 W 面上所得的视图。

三投影面展开后,平面体的三视图如图3-5所示。根据投影分析,三视图之间有两个重要的对应关系,即:

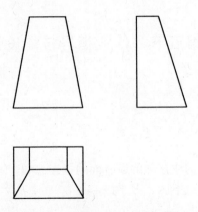

图 3-5 度量对应体的三视图

1) 之间的度量对应关系

从图 3-6 可以看出,主视图能反映物体的长度和高度,俯视图能反映物体的长度和宽度,左视图能反映物体的高度和宽度,所以:

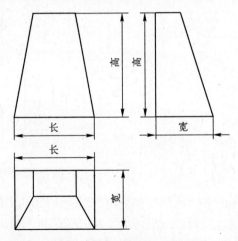

图 3-6 视图的度量对应关系

主视图和俯视图长度相等;
主视图和左视图高度相等;
俯视图和左视图宽度相等;
这就是三视图在度量对应上的"三等"关系。

2) 图之间的方位对应关系

物体有上、下、左、右、前、后六个方位,如图 3-7 所示,三视图之间也反映了物体的六个方位对应关系:

主视图反映了物体的上、下和左、右方位;

俯视图反映了物体的左、右和前、后方位；
左视图反映了物体的上、下和前、后方位。

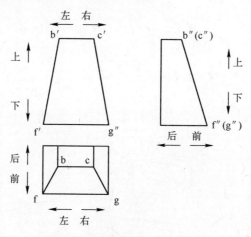

图 3-7 三视图的方位对应关系

3. 视图

视图主要用来表达产品的外部结构形状。视图分为基本视图、斜视图、局部视图和旋转视图。

1) 基本视图

当产品的形状比较复杂时它的六个面形状可能都不相同。为了清晰地表达产品的六个面的形状，需要在已有的三个投影面基础上，再增加三个投影面组成一个正方形空盒；构成正方形的六个投影面称为基本投影面。

当产品正放在正方形空盒中，将机件分别地向这六个投影面进行投影，得到六个基本视图。除上面的三个视图外，其他三个视图是：

从右向左投影，得到右视图；

从下向上投影，得到仰视图；

从后向前投影，得到后视图。

六个投影面的展开方法，如图 3-8 所示。正投影面保持不动，其他各个投影面如箭头所指方向，逐步展开到与正投影面在同一个平面上。

展开后的视图位置如图 3-8 所示。当六个基本视图的位置，如图 3-9 布置时，一律不标注视图名称。六视图的投影对应关系：

（1）六视图的度量对应关系，仍保持"三等"关系，即主、左、后、右视图等高；左、右、俯、仰视图等宽；主、后、俯、仰视图等长。

（2）六视图的方位对应关系，除后视图外，其他视图在"远离主视图"的一侧，均表示物体的前面部分。

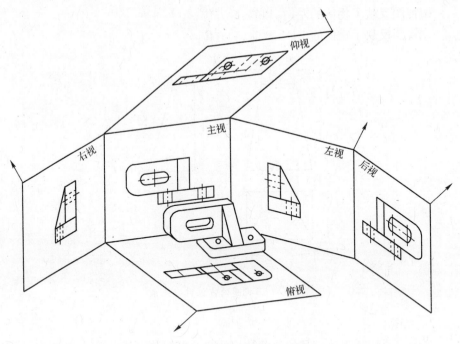

图 3-8 六个基本投影面及其展开

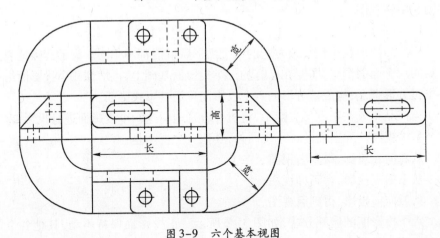

图 3-9 六个基本视图

2) 第三角度法

(1) 三个互相垂直的投影面 V、H、W，将 W 面左侧空间划分为四个区域，按顺序分别称为第一角、第二角、第三角、第四角，见图 3-10 所示。

例如将产品放在第一角中，使机件处在观察者和投影面之间进行投影，这样得到的视图，称为第一角度法。另一种方法是将产品放在第三角中，假设投影面是透明的，使投影面处在观察者和机件之间进行投影，这样得到的视图，称为第

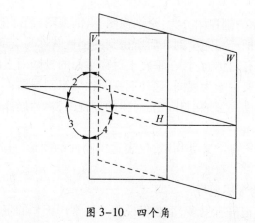

图 3-10 四个角

三角度法,如图 3-10 所示。

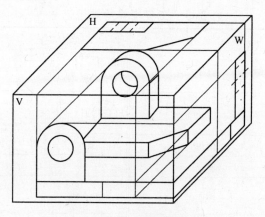

图 3-11 三视图的形成

(2) 第三角度法中的三视图。

三视图的形成按第三角度法,将物体放在三个相互垂直的透视投影面中,就像隔着玻璃看东西一样,在三个投影面上将得到三个视图,见图 3-10:

从前向后投影,在正平面 V 上所得到的视图,称为前视图。

从上向下投影,在水平面 H 上所得到的视图,称为顶视图。

从右向左投影,在侧平面 W 上所得到的视图,称为右视图。

3) 剖视图

当产品内形比较复杂时,在视图上就会出现许多虚线,这样给看图和标注尺寸都带来了不便,因此,为了清楚地表达产品的内部结构形状,用将产品剖视的方法来表达。

用一剖切平面,通过产品的对称中心线,把产品剖开,将处在观察者和剖切平面之间的部分移去,而将其余部分向投影面投影,这样得到的图形叫做剖视图,简称剖视。产品的剖视图分为:全剖视图、半剖视图、局部剖视图。

(1) 用剖切面把产品完全剖开后所得到的剖视图称为全剖视图;

(2) 当产品具有对称面时,在垂直于对称平面的投影面上的投影,以对称中心线为界,一半为剖,一半为视图,这种剖视图称为半剖视图;

(3) 用剖切平面局部地剖开产品所得的剖视图,称为局部剖视图。

4) 剖面图

用剖切平面将产品的某处切断,仅表达出断面的图形,此图形称为剖面图,简称剖面。

4. 工程图样的常用记号

用于图样上的记号有很多,下表仅说明一些常用记号的定义,这些记号均以 JIS 为基础,见表 3-3:

表 3-3 工程图样的常用记号

记号	定义	记号	定义
☞	直径	▽	基准
R	半径	⊕▷	第三角度法
C	倒角	B S	披锋面
X Y Z	座标	( )	参考寸法
S☞	球面	max	最大
° ′ ″	角度单位(度/分/秒)	min	最小
t	板厚	⊕→	起点记号
—	直线度	∠	倾斜度
▱	平面度	⊕	位置度
○	真圆度	◎	同轴度
⊥	垂直度	=	对称度
∥	平行度	⤢	全跳动
↗	圆跳动	⌒	面的轮廓度

（二）尺寸的基本公差

制品尺寸公差为其他公司公称部品的尺寸公差，如表 3-4 所列。

普通尺寸是指电镀部分原则上为电镀后的尺寸，如表 3-5 所列。若制造上有明确指定，作为电镀前尺寸亦可另外，喷油部分为处理前的尺寸。

单位：mm　　　　表 3-4　制品尺寸公差表

加工方法 基本尺寸区分	金属切削	钣金	熔接
6 以下	0.20	0.30	0.70
6 以上 10 以下	0.20	0.40	0.70
10 以上 50 以下	0.30	0.70	1.50
50 以上 180 以下	0.45	1.00	1.50
180 以上 5010 以下	0.60	1.50	3.50
500 以上 1000 以下	0.80	2.00	3.50
1000 以上 2000 以下	1.00	2.50	5.50
2000 以上	1.50	3.00	5.50

单位：mm　　　　表 3-5　普通尺寸公差表

加工方法 基本尺寸区分	金属切削	钣金	熔接
6 以下	0.10	0.20	0.50
6 以上 10 以下	0.15	0.20	0.50
10 以上 50 以下	0.15	0.30	1.00
50 以上 180 以下	0.20	0.40	1.00
180 以上 5010 以下	0.30	0.60	2.00
500 以上 1000 以下	0.50	1.00	2.00
1000 以上 2000 以下	0.70	1.60	4.00
2000 以上	1.00	2.00	4.00

适用的加工方法：

（1）冲压加工：在使用专用模进行外形冲压、开孔、压模、折弯等，适用于精密冲压。

（2）钣金加工：切断、折弯、压模等通用模加工以及手工加工适用。

（3）熔接：电焊熔接瓦斯焊接等加工适用。例：金属上开孔，折弯及焊接加工，可依据以下规定：

① 在孔的直径及位置的"切削"加工，可根据冲压的标准检验；

② 在孔的间距、折弯的尺寸,冲压加工可使用钣金标准;
③ 与焊接部分的尺寸,可使用"熔接"的基准检验。

(三) 形状与位置公差

几何要素:构成零件几何特征的点、线、面,简称要素。
形状误差:零件上被测要素的实际形状对其理想形状的变动量。
形状公差:形状误差的最大允许值。
位置误差:零件上被测要素的实际位置对其理想位置的变动量。
位置公差:位置误差的最大允许值。

1. 形状和位置公差的名称及符号

形状和位置公差的名称及符号,见表3-6。

表3-6 形状和位置公差的名称及符号

公差		种类		形体
		名 称	记 号	
形状公差		直线度	—	单独形体
		平面度	▱	
		真圆度	○	
		圆柱度	⌭	
		线轮廓度	⌒	单独形体或关连形体
		面轮廓度	⌓	
位置公差	定向	平行度	∥	关连形体
		垂直度	⊥	
		倾斜度	∠	
	定位	同轴度	◎	
		对称度	≡	
		位置度	⊕	
	跳动	圆跳动	↗	
		全跳动	↗↗	

注:单独形体是指与其他毫无相关连而规定的形体,关连形体是与其他相关连的形体。

2. 形位公差标注的内容及有关符号的含义

注:包容条件应用于大小可变的几何特征。对于最大包容条件(Ⓜ,即 MMC),几何特征包含规定极限尺寸内的最大包容量。在 MMC 中,孔应具有最小直径,而轴应具有最大直径。对于最小包容条件(Ⓛ,即 LMC),几何特征包含规定极限尺寸内的最小包容量。在 LMC 中,孔应具有最大直径,而轴应具有最小直径。如果不考虑特征尺寸(Ⓢ,即 RFS)则意味着几何特征可以是规定极限尺寸内的任意大小。参见表3-7 和图3-12。

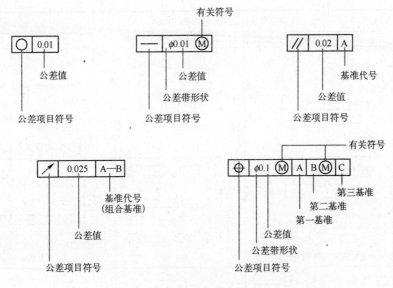

图 3-12　形位公差标注及符号的含义

表 3-7　符号的含义

符　号	意　义
Ⓜ	最大实体状态
Ⓛ	最小实体状态
Ⓢ	不管特性的大小
Ⓟ	延伸公差带
Ⓕ	包容原则（单一要素）
50	理论正确尺寸
φ20／A1	基准目标

3. 常用形状和位置公差的标注示例（见图3-13）

二、部分量规仪器的使用

企业质量管理人员除需要一定的检查知识之外，还要全面了解量规仪器，根据检查规格、要求精度、方便程度合理地选择量规仪器。

（一）要求精度与量规仪器

我们想测物体重量时，要选用可以测出这个物体重量的测量器。例如：测量体重时，可用单位为0.5kg的体重计，但用这个体重计测一个0.4kg的重量时，指针会几乎不动，即使动了，在0.5 kg刻度上也读不出0.5 kg左右的重量。所以要测一个0.4kg的重量就需1g或5g为刻度的秤。

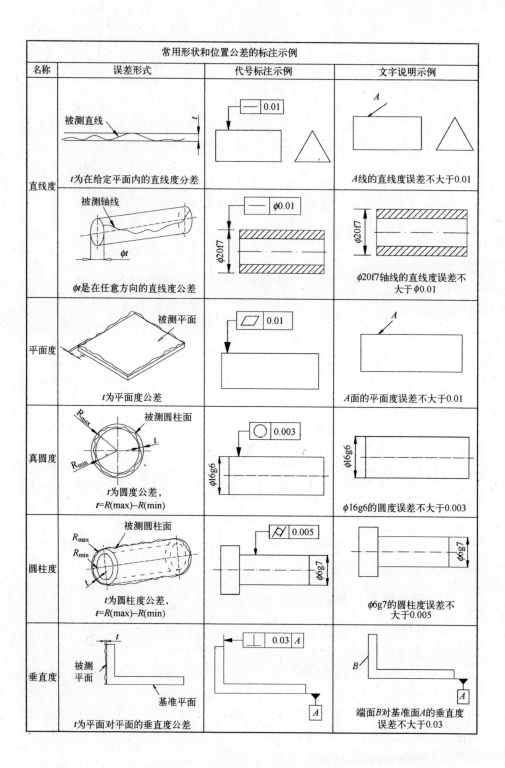

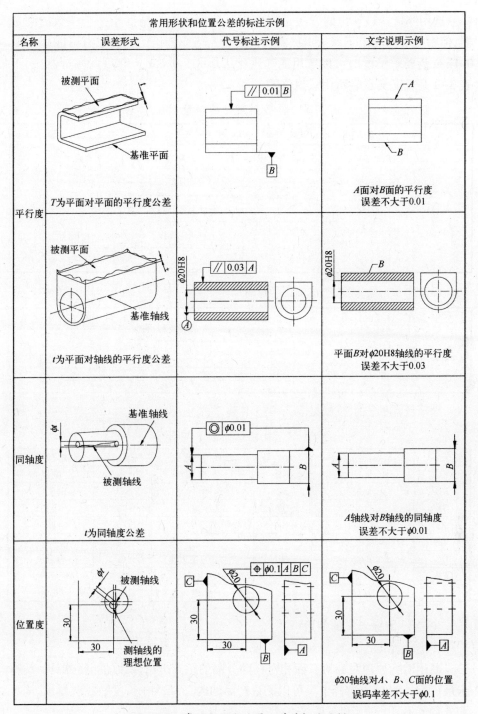

图 3-13 常用形状和位置公差的标注示例

选用测量器最理想的方法是要选用可读出比要求精度小一个位数的测量器,但根据实际测定可以读出比要求精度大5倍或2倍的精度也有可能(例如:0.1mm为要求精度时可以选用能确认0.02mm或0.05mm精度的测量器)。下表3-8是长度测量时所用量规仪器。

外侧测量:

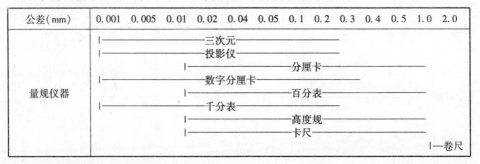

表3-8 长度测量时所用量规仪器

内侧测量:

公差(mm)	0.001 0.005 0.01 0.02 0.04 0.05 0.1 0.2 0.3 0.4 0.5 1.0 2.0
量规仪器	├─────三次元─────┤ ├────投影仪────┤ ├────分厘卡────┤ ├──卡尺──┤

量规仪器的表示符号见表3-9:

表3-9 量规仪器的表示符号

符号	量规仪器名称	符号	量规仪器名称	符号	量规仪器名称
KC	卡尺	GD	高度规	SG	塞规
KG	块规	SC	塞尺	CZ	粗糙度样块
TE	台座	QY	牙规	BC	磅类
ZJ	直角尺	BF	百分表	FL	分厘卡
WN	万能角度尺、分度尺	PT	平台	VC	V型导磁块
RG	R规	NL	扭力计、拉力计	TY	投影仪
FM	砝码	XYZ	三次元	PM	平面平品
DK	刀口尺	SZ	针规	SY	其他

(二) 游标卡尺的使用

1. 游标卡尺

利用游标原理对两测量面相对移动分隔的距离进行读数的测量器具。游标卡尺(简称卡尺)。游标卡尺可以测量产品的内、外尺寸(长度、宽度、厚度、内径和外径),孔距,高度和深度等。

游标卡尺根据其结构可分单面卡尺、双面卡尺、三用卡尺等。

（1）单面卡尺带有内外测量爪，可以测量内侧尺寸和外侧尺寸(图3-14)。

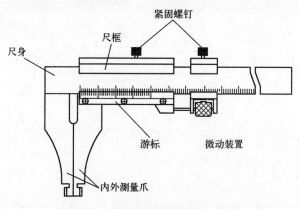

图3-14 测量内侧尺寸和外侧尺寸

（2）双面卡尺的上量爪为刀口外测量爪，下量爪为内外测量爪，可测内外尺寸(图3-15)。

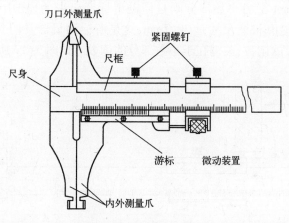

图3-15 可测内外尺寸

（3）三用卡尺的内量爪带刀口形，用于测量内尺寸；外量爪带平面和刀口形的测量面，用于测量外尺寸；尺身背面带有深度尺，用于测量深度和高度(图3-16)。

（4）游标卡尺读数原理与读数方法。

为了掌握游标卡尺的正确使用方法，必须学会准确读数和正确操作。游标卡尺的读数装置，是由尺身和游标两部分组成，当尺框上的活动测量爪与尺身上的固定测量爪贴合时，尺框上游标的"0"刻线(简称游标零线)与尺身的"0"刻线对齐，此时测量爪之间的距离为零。测量时，需要尺框向右移动到某一位置，

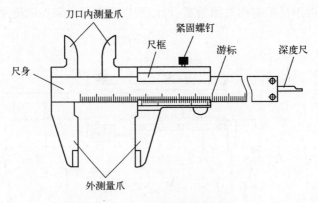

图 3-16 测量深度和高度

这时活动测量爪与固定测量爪之间的距离,就是被测尺寸。假如游标零线与尺身上表示 30mm 的刻线正好对齐,则说明被测尺寸是 30mm;如果游标零线在尺身上指示的尺数值比 30mm 大一点,应该怎样读数呢?这时,被测尺寸的整数部分(为 30mm),如上所述可从游标零线左边的尺身刻线上读出来(图中箭头所指刻线),而比 1mm 小的小数部分则是借助游标读出来的(图中● 所指刻线,为 0.7mm),二者之和被测尺寸是 30.7mm,这是游标测量器具的共同特点。由此可见,游标卡尺的读数,关键在于小数部分的读数。如图 3-17 所示。

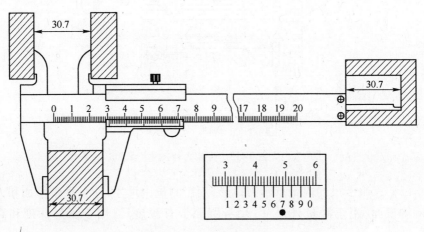

图 3-17 游标卡尺测量尺寸

游标的小数部分读数方法是首先看游标的哪一条线与尺身刻线对齐;然后把游标这条线的顺序数乘以游标读数值,就得出游标的读数,即游标的读数 = 游标读数值×游标对齐刻线的顺序数。

游标卡尺读数时可分三步:

① 先读整数——看游标零线的左边,尺身上最靠近的一条刻线的数值,读出被测尺寸的整数部分。

② 再读小数——看游标零线的右边,数出游标第几条刻线与尺身的数值刻线对齐,读出被测尺寸的小数部分(即游标读数值乘其对齐刻线的顺序数)。

③ 得出被测尺寸——把上面两次读数的整数部分和小数部分相加,就是卡尺的所测尺寸。

(5) 注意事项。

① 清洁量爪测量面。

② 检查各部件的相互作用;如尺框和微动装置移动灵活,紧固螺钉能否起作用。

③ 校对零位。使卡尺两量爪紧密贴合,应无明显的光隙,主尺零线与游标尺零线应对齐。

④ 测量结束要把卡尺平放,尤其是大尺寸的卡尺更应该注意,否则尺身会弯曲变形。

⑤ 带深度尺的游标卡尺,用完后,要把测量爪合拢,否则较细的深度尺露在外边,容易变形甚至折断。

⑥ 卡尺使用完毕,要擦净上油,放到卡尺盒内,注意不要锈蚀或弄脏。

(三) 高度规的使用

1. 结构图(见图3-18)

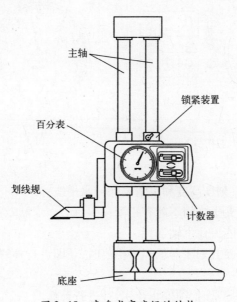

图3-18 表盘式高度规的结构

2. 使用方法及读数

1）使用方法

（1）用酒精清洗测量表头,按点检项目逐个点检百分表；

（2）将杠杆百分表与高度规相配合,即安装于高度规的测量脚上；

（3）根据测量需要,一般将表针转动 0.15mm 处可,这时下降高度规测量脚,使表头与平台相接触,表针指至"0"位置,高度规同时调"0",然后上升测量脚,使表头与被测物相接触,表针指至"0"位置,高度规的读数要测量数。

2）读数方法

（1）把划线器的测定面对准测定物的基准面,然后按上升、下降计数器的再起动按钮,调为 0（指针读数板和针的位置也调到 0）。

（2）把划线器移到测定点,根据计数器的显示和刻度板上针的位置确认其移动量。

例1:计数器表示【28】指针向右移动,并超过了【0】,所以值为:28 + 0.04 = 28.04mm。上升测定见图 3–19。

例2:计数器表示【28】但指针向左移动,也没超过【0】,所以值为: 28 – 0.04 = 27.96mm。下降测定见图 3–20。

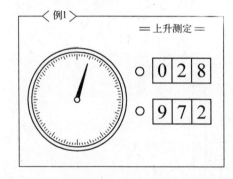

图 3–19　上升测定

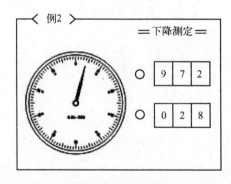

图 3–20　下降测定

3）注意事项

（1）读刻度时,刻度高度和眼睛要保持水平线；

（2）划线器和夹子之间不能有松动；

（3）移动时不能握住主轴部；

（4）底座基准面或划线器爪部有伤痕时,立即进行补修,但必须要委托补修专门店；

（5）计数器有异常时,须停止使用,并进行补修。

（四）　分厘卡的使用

1. 结构(见图 3–21)

2. 使用方法及读数
1）使用方法

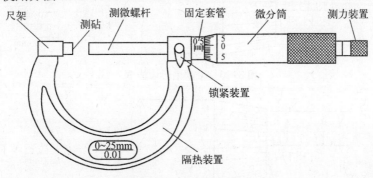

图 3-21　分厘卡的结构

（1）根据要求选择适当量程的分厘卡；
（2）清洁分厘卡的尺身和测砧；
（3）把分厘卡安装于分厘卡座上固定好然后校对零线；
（4）将被测件放到两工作面之间，调微分筒，使工作面快接触到被测件后，调测力装置，直到听到三声"咔、咔、咔"时停止。

2）读数方法

读数被测值的整数部分要主刻度上读（以微分筒（辅刻度）端面所处在主刻度的上刻线位置来确定），小数部分在微分筒和固定套管（主刻度）的下刻线上读。当下刻线出现时，小数值 = 0.5 + 微分筒上读数，当下读数，当下刻线未出现时，小数值 = 微分筒上读数。

整个被测值 = 整数值 + 小数值：

（1）0.5 + 微分筒数（下刻线出现）。
（2）微分筒上读数（下刻线未出现）如下图所示：读套筒上侧刻度为 3，下刻度在 3 之后，也就是说 3 + 0.5 = 3.5，然后读套管刻度与 25 对齐，就是 25 × 0.01 = 0.25，全部加起来就是 3.75，分厘卡的读数见图 3-22。

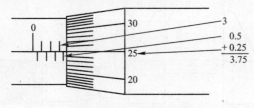

图 3-22　分厘卡的读数

[例] 刻度读法（实际测量时读到小数点后两位即可），如图 3-23、图 3-24 所示。

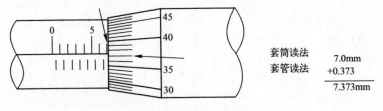

图 3-23 分厘卡的读法 A

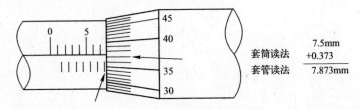

图 3-24 分厘卡的读法 B

3. 分厘卡的种类

(1) 外测分厘卡(图 3-25)。

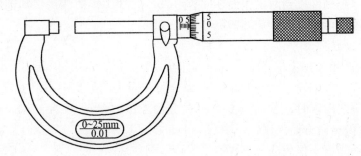

图 3-25 外测分厘卡

(2) 内测分厘卡(图 3-26)。

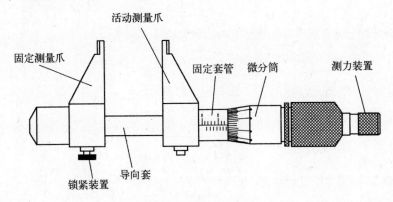

图 3-26 内测分厘卡

(3) 公法线分厘卡(碟式分厘卡),如图 3-27 所示。

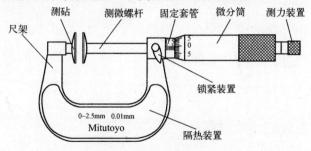

图 3-27 公法线分厘卡

(4) 尖头分厘卡,如图 3-28 所示。

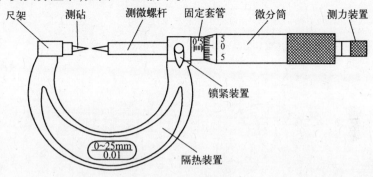

图 3-28 尖头分厘卡

(5) 深度分厘卡,如图 3-29 所示。

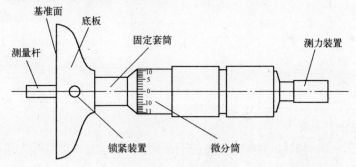

图 3-29 深度分厘卡

(五) 百分表的使用

1. 结构

1) 百分表的结构(图 3-30)

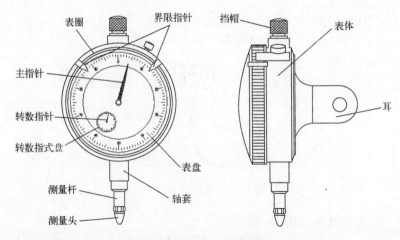

图 3-30　百分表的结构

2）杠杆百分表的结构（图 3-31）

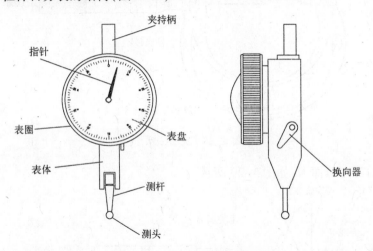

图 3-31　杠杆百分表的结构

2. 使用方法及读数

1）百分表的读数

带有测头的测量杆,对刻度圆盘进行平行直线运动,并把直线运动转变为回转运动传送到长针上,此长针会把测杆的运动量显示到圆型表盘上,如图 3-32 所示。

长针的一回转等于测杆的 1mm,长指针可以读到 0.01mm。刻度盘上的转数指针,以长针的一回转（1mm）为一个刻度。

（1）盘式指示器的指针随量轴的移动而改变,因此测定只需读指针所指的刻度,右图为测量段的高度例图,首先头端子接触到下段,把指针调到"0"位置,

然后把测头调到上段,读指针所指示的刻度即可;

(2) 一个刻度是 0.01mm,若长针指到 10,台阶高差是 0.1mm;

(3) 量物若是 4mm 或 5mm,长针会不断地回转时,最好看短针所指的刻度,然后加上长指针所指的刻度。

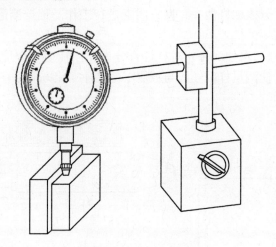

图 3-32　百分表的读数

2) 百分表的使用方法(图 3-33)

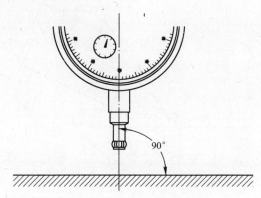

图 3-33　百分表的使用方法

(1) 测量面和测杆要垂直;
(2) 使用规定的支架;
(3) 测头要轻轻地接触测量物或方块规;
(4) 测量圆柱形产品时,测杆轴线与产品直径方向一致。

3) 杠杆百分表的读数及使用方法(图 3-34)

(1) 杠杆百分表的分度值为 0.01mm,测量范围不大于 1mm,它的表盘是对

称刻度的;

（2）测量面和测头,使用时须在水平状态,在特殊情况下,也应该在25°以下,如图3-35所示;

（3）使用前,应检查球形测头,如果球形测头已被磨出平面,不应再继续使用;

（4）杠杆百分表测杆能在正反方向上进行工作。根据测量方向的要求,应把换向器搬到需要的位置上;

（5）搬运测杆,可使测杆相对杠杆百分表壳体转动一个角度。根据测量需要,应搬运测杆,使测量杆的轴线与被测零件尺寸变化方向垂直。

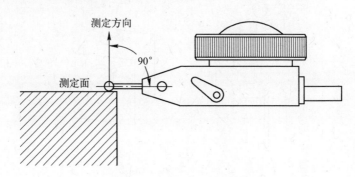

图3-34　杠杆百分表的读数

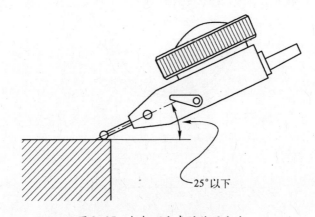

图3-35　杠杆百分表的使用方法

（六）平台的使用

平台是为了进行精密部件的检查,大体上能保持良好的平面度。若把测定部件及测定机放在平台上测定,与平台的接触面就成了基准面。因整个面平滑,所以自由移动面可作为基准面使用,如图3-36所示。

若太多灰尘,测定就不准确,且平台亦容易受损伤,平常要注意清扫,为了避免平台的损伤,要注意测定辅助具等的使用。

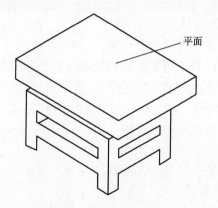

图 3-36 平台的使用方法

（七）万能角度尺的使用

1. 结构

Ⅰ型万能角度尺的结构（图 3-37）。

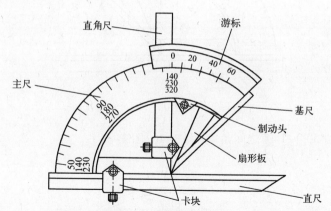

图 3-37 Ⅰ型万能角度尺

Ⅱ型万能角度尺的结构（图 3-38）。

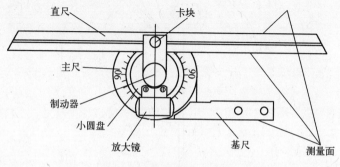

图 3-38 Ⅱ型万能角度尺

2. 万能角度尺的读数及使用方法

测量时,根据产品被测部位的情况,先调整好角尺或直尺的位置,用卡块上的螺钉把它们紧固住,再来调整基尺测量面与其他有关测量面之间的夹角。这时,要先松开制动头上的螺母,移动主尺作粗调整,然后再转动扇形板背面的微动装置作细调整,直到两个测量面与被测表面密切贴合为止。然后拧紧制动器上的螺母,把角度尺取下来进行读数。

1) 测量 0°~50°之间角度(图 3-39)

角尺和直尺全都装上,产品的被测部位放在基尺各直尺的测量面之间进行测量。

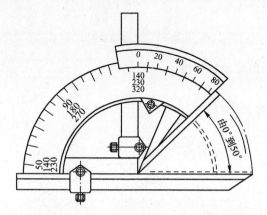

图 3-39　测量 0°~50°之间角度

2) 测量 50°~140°之间角度(图 3-40、图 3-41)

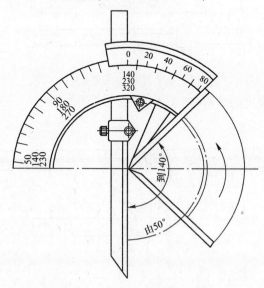

图 3-40　测量 50°~140°之间角度 1

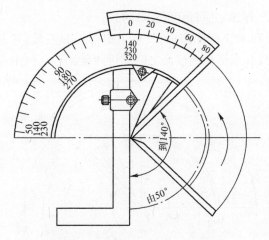

图 3-41 测量 50°～140°之间角度 2

可把角尺卸掉，把直尺装上去，使它与扇形板连在一起。工件的被测部位放在基尺和直尺的测量面之间进行测量。

也可以不拆下角尺，只把直尺和卡块卸掉，再把角尺拉到下边来，直到角尺短边与长边的交线和基尺的尖棱对齐为止。把工件的被测部位放在基尺和角尺短边的测量面之间进行测量。

3）测量 140°～230°之间角度（图 3-42）

把直尺和卡块卸掉，只装角尺，但要把角尺推上去，直到角尺短边与长边的交线和基尺的尖棱对齐为止。把工件的被测部位放在基尺和角尺短边的测量面之间进行测量。

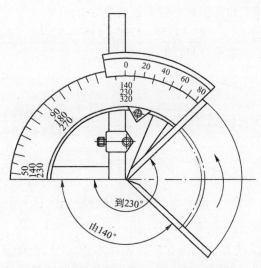

图 3-42 测量 140°～230°之间角度

4）测量230°～320°之间角度（图3-43）

把角尺、直尺和卡块全部卸掉，只留下扇形板和主尺（带基尺）。把产品的被测部位放在基尺和扇形板测量面之间进行测量。

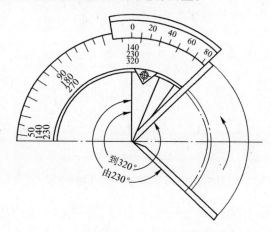

图3-43　测量230°～320°之间角度

5）万能角度尺读数方法（图3-44）

万能角度尺的读数装置，是由主尺和游标组成的，也是利用游标原理进行读数。如图万能角度尺主尺上均匀地刻有120条刻线，每两条刻线之间的夹角是1度，这是主尺的刻度值。游标上也有一些均匀刻线，共有12个格，与主尺上的23个格正好相符，因此游标上每一格刻线之间的夹角是

$$23°/12=(60'\times 23)/12=115'$$

主尺两格刻线夹角与游标一格刻线夹角的差值为

$$2°-115'=120'-115'=5'$$

这就是游标的读数值（分度值）。

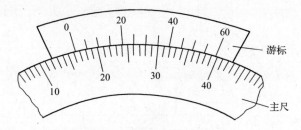

图3-44　万能角度尺读数方法

6）万能角度尺的读数方法可分三步

（1）先读"度"的数值——看游标零线左边，主尺上最靠近一条刻线的数值，读出被测角"度"的整数部分，图示被测角"度"的整数部分为16。

(2) 再从游标尺上读出"分"的数值——看游标上哪条刻线与主尺相应刻线对齐,可以从游标上直接读出被测角"度"的小数部分,即"分"的数值。图示游标的 30 刻线与主尺刻线对齐,故小数部分为 30。

(3) 被测角度等于上述两次读数之和,即 16° + 30′ = 16 °30′。

(4) 主尺上基本角度的刻线只有 90 个分度,如果被测角度大于90°,在读数时,应加上一基数(90,180,270),即当被测角度:

90°—180°时,被测角度 = 90° + 角度尺读数;
180°—270°时,被测角度 = 180° + 角度尺读数;
270°—320°时,被测角度 = 270° + 角度尺读数。

(八) 直角尺的使用

直角尺是标准的直角仪器,测定直角时使用,用目视判断可决定良否,但若要进行数字性的评价时,则需使用其他量规或测定器。

测量时,要使直角尺的一边贴住被测面并轻轻压住,然后再使另一边与被测件表面接触。如图 3–45 所示。

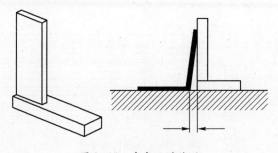

图 3–45 直角尺的使用

(九) V 型块的使用

V 型块用来固定测定物,是测定的辅助用具。使用时需要检查各平面的平面度和两平面的平行度,使用两个以上的 V 型块时必须检查各 V 型块之间的对称度。如图 3–46 所示。

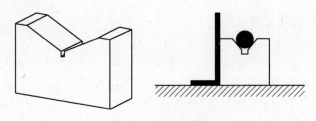

图 3–46 V 型块的使用

(十) 牙规的使用

将可通面对准测量物的孔位,正确地对准孔的轴线和牙规的轴线,根据螺纹旋转确认是否通到里面,另外止通面应不能进去。如图3-47所示。

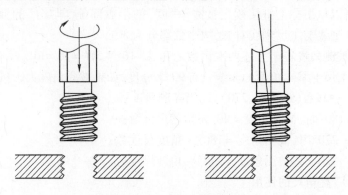

图3-47 牙规的使用

注:1. 牙规可通面测量时必须通过;2. 牙规止通面回转2次不可以通过。

(十一) 扭力计的使用

1. 结构(图3-48)

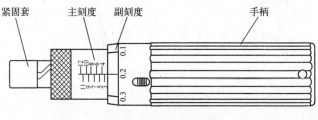

图3-48 扭力计的结构

2. 使用方法

(1) 根据要求选择适当量程的扭力计;
(2) 根据测量要求将扭力调到合适的位置;
(3) 用手握住扭力计的手柄,沿被测件锁紧的方向施加力;
(4) 加力到检查要求为止,取出扭力计,读取零位所对应的刻度。

(十二) 投影仪的使用

1. 开机 Getting Started

QC-2000之电源开关位于前面板之左下角,上面标着O和1,将电源打到"1"的位置表示电源打开,打到"0"的位置表示电源关闭。

2. 公制/英制显示(MM/INCH)

当模式键(MM/INCH)上的灯亮表示公制显示。
当模式键(MM/INCH)上的灯暗表示英制显示。

3. 极座标/直角座标(POL/CART)

当模式键(POL/CART)上的灯亮为极座标显示,X 轴视窗内显示的数据,表示从基准点至量测点之直线距离(半径距离)。Y 轴视窗内显示的数据,表示从基准点至量测点之角度。

当模式键(POL/CART)上的灯暗为直角坐标显示,显示的数据表示从基准点到量测点的座标距离(X、Y)。

4. 摆正(较正)工件 Skewing The Part

完成精确量测的第一要件就是将工件摆放在量测台上的正确位置,一个不好的放置位置或倾斜的工件将会导致不正确的测量,所以将工件放置在一个正确位置与摆放,是量测前首先要做的,摆正工件时,必须量测工件基准线的边缘,在这工件基准线的边缘可以量测 2 到 50 个点,并且散布较广的范围才会有较精确的摆正值(一般设置成 2 点)。

操作步骤:(1)按 ∠ 键两次;
　　　　　(2)碰要较正工件的线边,按 1.1 ENTER 键,至少输入 2 点。

5. Point Measurement ⊠ 点测量

(1)按 ⊠ 键;
(2)碰线边按 1.2 ENTER (输入)键,完成量测后,可以在 X 与 Y 轴显示视窗上看见此点的座标位置。

6. Line Measurement ∠ 线测量

(1)按 ∠ 键;
(2)碰线边按 1.3 ENTER (输入)键,最少输入 2 点,然后按 FINISH 完成键。

7. Circle Measurement ○ 圆测量

(1)按 ○ 键;
(2)碰圆边按 1.4 ENTER 键,最少输入 3 点;
(3)3 点输入后屏幕显示 R/D 表示半径/直径;
　　按 MORE 键屏幕显示 X/Y:表示座标数(即圆心位置);
　　按 ⌒ 键屏幕显示 ±T:表示误差数,最少输入 4 点才有误差数。

8. Distances Measurement ⌒ 距离测量

三、检验标准

根据武器装备质量管理条例规定,武器装备研制、生产过程中,按照标准和程序要求有进货检验、工序检验和最终产品检验;对首件产品有规定的首件检验;对实行军检的项目,承制单位应当按照规定提交军队派驻的军事代表检验。上述的五种检验,其检验结果的性质是不一样的,进货检验、工序检验是属于工艺过程检验,是工艺控制行为;最终产品检验是属于对产品的检验,是对产品的质量管理或控制行为;对实行军检的项目的检验也有两种不同的性质:一是研制过程中的固定项目提交检验,也是工序过程检验,不过是使用方需掌握的过程控制项目,称军检,二是承制单位最终产品检验合格后,提交的产品检验,称军检验收的检验,产品检验合格后,产品的性质发生了根本变化,产品属于军队或国家。由此,这几种检验在方式、方法、依据的标准都是有区别的,不能相互替代或等同,如将工艺过程的工序检验替代最终产品的质量保证检验后交付,这种做法是十分错误的。本节讲的检验是属于工艺过程的工序检验。

(一) 检验方法

1. 参考资料

MIL-STD-105E 使用说明。

2. 本检验标准的相关品质标准,使用者可依项目,选定适当类别

(1) 金属件及其加工组成品质标准;

(2) 喷油品质标准;

(3) 包装材料品质标准。

3. 注意事项

(1) 本规范如与客户要求不同时,原则上以客户之检验为标准,如客户提供检验规范或备注在客户注意事项内;

(2) 对模棱两可的缺失,虽经检验员初次误判为允收,但第二次检验发现属缺失时,可判定为不合格;

(3) 如各项品质标准所列为缺点时,后制程加工(如点焊,电镀等),完工后品质缺点降低者,该缺点项目列为允收。

4. 作业规范

1) 检验条件

将待验品置于以下条件,作检验判定。

(1) 检验角度:成45度目视检试;

(2) 检验距离:距物品 30cm;

(3) 检验光源:正常日光灯 60W 光源下检验;

(4) 检查半成品、成品之前应核对相关检验资料。

2) 抽样依据

(1) "MIL-STD-105E"使用说明;

(2) 一般检验水准为"Ⅱ";

(3) 抽样计划:

重缺点依 AQL:1.0%；
轻缺点依 AQL:1.5%。

（二）金属件及其加工品质标准

1. 缺点类型（冲压件、电镀）

1) 冲压件

（1）刮伤——手指感觉不出的线凹痕或痕迹；

（2）裂缝——材料部分断裂，典型的例子是以生在折弯引伸加工之外侧；

（3）披锋——剪切或冲压导致残留不平整边缘，模具设计需使客人接触到的披锋减至最少；

（4）模具痕——通常此种痕迹产生与压印及冲压成型有关；

（5）氧化——材料与空气中的氧起化学反应，失去原有特性，如生锈；

（6）凹凸痕——表面异常凸起或凹陷；

（7）擦伤——指材料表面因互相接触摩擦所导致的损伤；

（8）污渍——一般为加工过程中，不明油渍或污物附着造成；

（9）拉模——一般为加工过程中，因冲制拉伸或卸料不良导致；

（10）变形——指不明造成的外观形状变异；

（11）材质不符——使用非指定的材质。

2) 电镀

（1）污渍——一般为加工过程中，不明油渍或污物附着造成；

（2）异色——除正常电镀色泽外，均属之，例如：铬酸皮膜过度造成的黄化，或光亮剂添加不当等类似情况；

（3）膜厚——电镀层厚度须符合图面规定，未明确规定者，须达 $5\mu m$ 以上；

（4）针孔——电镀表面出现细小圆孔直通素材；

（5）电极黑影——指工作在电挂镀时，挂勾处因电镀困难产生的黑影；

（6）电击——电镀过程中，工件碰触大电流产生异常的缺口；

（7）白斑——材料电镀前表面锈蚀深及底材时，电镀后因光线折射，产生白色斑纹；

（8）水纹——烘干作业不完全或水质不干净造成；

（9）吐酸——药水残留于夹缝无法完全烘干，静置后逐渐流出，常造成腐蚀现象；

（10）脱层（翘皮）——镀层附着力不佳，有剥落的现象；

（11）过度酸洗——浸于酸液中的时间过长，造成金属表面过度腐蚀。

3) 其他事项

（1）窝钉接合件须固定至定位且与工件基准面垂直，并且不得松动；

（2）攻牙孔螺纹须完全，不得缺损或有残留毛屑。

2. 冲压件和电镀的允收标准

如表 3-10 所列。

表 3-10　允收标准 1

缺　点	限　度	判　定
刮伤	不允许(无感刮伤可接受长度 1.5cm,宽度≤0.3mm 一条,无感刮伤目视明显以有感刮伤判定),必要时可依限度样品。	轻
裂缝	不允许	重
披锋	触摸不伤手(料厚的 5% 以下)	轻
模具痕	必要时依限度样品	轻
氧化	表面不允许(断面黑斑点可允许,红斑点及条状生锈不允许)	轻
凹凸痕	不允许(检测距离 30cm,目视不明显可接受)	轻
擦伤	必要时依限度样品	轻
污渍	不允许	轻
拉模	不允许	轻
变形	不允许	轻
材质不符	不允许	重
(电镀)		
污渍	不允许	轻
异色	不允许(检测距离 60cm,目视不明显可接受,必要时依限度样品)	轻
膜厚	5μm－7μm	重
针孔	不允许	轻
电极黑影	不允许(黑影直径不超过 1mm 可接受,必要时依限度样品)	轻
电击	不允许(必要时,依限度样品)	轻
白斑	不允许(必要时,依限度样品)	轻
水纹	不允许(检测距离 30cm,目视不明显可接受)	轻
吐酸	不允许	轻
脱层(翘皮)	不允许	重
过度酸洗	不允许	轻

3. 缺点类型(点焊)

(1) 焊痕——焊接所留下的痕迹;

(2) 喷溅——点焊时,从焊件贴合面或电极与焊件接触面间飞出熔化金属颗粒的现象;

(3) 脱焊——焊点分离;

(4) 错位——指焊件未正确定位;

（5）缺件——未依规定数量；

（6）错件——未依规定零件。

4. 点焊的允收标准

如表3-11所列。

表3-11 允收标准2

缺 点	限 度	判 定
焊痕	焊点直径不超过2mm可接受（不影响外观，必要时依限度样品）	轻
溅渣	不允许	轻
脱焊	不允许	重
错焊	不允许	重
缺件	不允许	重
错件	不允许	重

5. 熔接强度检查

如表3-12所列。

表3-12 熔接强度检查

熔接种类	部品形状略图	检查工具	检查方法	判定基准
焊点熔接例1		胶锤螺丝刀	用螺丝刀开口为1~3mm	熔接口不剥落为合格
焊点熔接例2		胶锤螺丝刀	敲打本体 固定 用螺丝刀开口为1~3mm	熔接口不剥落为合格
焊点熔接例3		胶锤	敲打本体弯曲处 从箭头方向开	熔接口不剥落为合格

(续)

熔接种类	部品形状略图	检查工具	检查方法	判定基准
焊点熔接例4		胶锤	敲打本体弯曲处 从箭头方向开	熔接口不剥落为合格
焊点熔接例5		胶锤 螺丝刀	用螺丝刀开口1~3mm	熔接口不剥落为合格
电弧气熔接		胶锤	如箭头方向敲打本体弯曲处	如没有剥落、裂痕及破裂为合格

6. 氧化的缺点类型(氧化)

(1) 烧伤——指零件与阴极接触或零件彼此之间接触发生短路所造成;

(2) 粉化——指零件表面的氧化膜呈粉状,用手一擦即掉沫;

(3) 水渍——指零件烘干前水未吹干,烘干后留下的痕迹;

(4) 黑斑——氧化后没有清洗干净就封闭留下的黑色斑点;

(5) 发脆——表面氧化膜无附着力易裂开;

(6) 条纹——化学除油后溶液没有清洗干净;

(7) 刮伤——母材刮伤电镀后仍可看到或镀层本身的刮伤;

(8) 污渍——一般为加工过程中,不明油渍或污物附着造成。

7. 氧化的允收标准

如表3-13所列。

表 3-13　允收标准 3

缺　点	限　　　　度	判　定
烧　伤	不允许	重
粉　化	不允许	重
水　渍	不允许	轻
黑　斑	不允许(必要时,依限度样品)	轻
发　脆	不允许	重
条　纹	不允许(必要时,依限度样品)	轻
刮　伤	不允许(无感刮伤可接受长度 1.5cm,宽度≤0.3mm 一条,无感刮伤目视明显以有感刮伤判定),必要时可依限度样品	轻
污　渍	不允许	轻

8. 氧化性能测试

1) 化学氧化

化学氧化后的产品须作可导电测试。

测试方法:将万用表的挡位调到欧姆挡 1K 欧,用黑色表笔的探针固定接触在产品的一端,红色表笔则在产品不同的方位进行接触,万用表的显示应为"0"(如图 3-49 所示)。

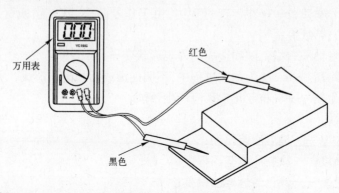

图 3-49　可导电测试

2) 阳极氧化的性能测试

阳极氧化后的产品须做表面氧化膜的测试。

测试方法:用手指在产品的任何一个位置轻按下,产品的氧化膜不可粘手,手指按下后产品表面不可留下手印(如图 3-50 所示)。

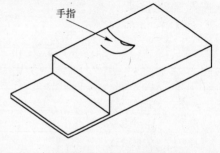

图 3-50　氧化膜测试

(三) 喷油品质标准

1. 缺点类型

1) 表面缺点

(1) 流漆——喷油后表面有单个或多个如水滴般的漆点；
(2) 凝漆——喷油后表面有单个漆团,此漆团与喷点明显不同；
(3) 异色——某个区域内涂料不均或其他色纹；
(4) 杂质——通常指涂料或空气中杂质在喷漆或烘干期间碰到喷油品；
(5) 溢漆——喷到不需要或不得喷到漆的地方；
(6) 气泡——涂料未与母材附着；
(7) 鱼眼——某个区域固定出现不同的亮度；
(8) 橘皮——表面出现橘子皮；
(9) 刮伤——母材刮伤喷油后仍可看到或漆面本身的刮伤；
(10) 磨痕——指重工的研磨痕,喷油后仍可见到；
(11) 喷点——喷油后表面的纹理；
(12) 焊痕——焊接所留下的痕迹,喷油后仍可见到；
(13) 掉漆——漆面异常脱落,如碰、撞等；
(14) 凹凸痕——漆面异常凸起或凹陷；
(15) 异物残留——在生产过程中,由于作业疏失,致外物残留工件中,例如:磁铁,胶,贴纸等；
(16) 变形——指不明物造成的外观形状变异；
(17) 污渍———般为加工过程中,不明油渍或污物附着造成；
(18) 生锈——母材起化学反应产生锈蚀。

2) 物性

(1) 膜厚——最后涂装厚度；
(2) 硬度——涂装质地坚固程度；
(3) 色差——颜色与标准的偏差；
(4) 附着性——涂装与母材之间的结合力。

2. 允收标准

如表 3-14 所列。

表 3-14 允收标准 4

缺 点	限 度	判 定
流漆	不允许	轻
凝漆	不允许	轻
异色	不允许	轻

(续)

缺　点	限　　度	判　定
杂质/尘点	允许0.3mm以下2点(含)或0.5mm以下1点,点与点距离70mm以上,各面累计总数不得超过4点以上	轻
溢漆	不允许(溢漆范围不超过0.5mm可接受)	轻
气泡	允许0.4mm以下2点(含)或0.6mm以下1点,点与点距离70mm以上,各面累计总数不得超过4点以上	轻
鱼眼	不允许	轻
橘皮	不允许	轻
刮伤	不允许(无感刮伤宽≤0.3mm以下长30mm以下一条可接收)	轻
磨痕	不允许(检测距离30cm,目视不明显可接受)	轻
焊痕	不允许(检测距离30cm,目视不明显可接受)	轻
掉漆	不允许	重
凹凸痕	不允许(检测距离30cm,目视不明显可接受)	轻
异物残留	不允许	轻
变形	不允许	轻
污渍	不允许	轻
生锈	表面不允许,但镀锌板断面黑斑点锈蚀允许,红斑点及条状生锈不允许	
膜厚	依规格要求(一般规定平均膜厚25μm~65μm以上)	
硬度	铅笔硬度2H以上	
色差	检测距离30cm,目视不明显可接受	
附着性	方格试验纸(1mm*1mm)评定点数8点,不得脱落	

3. 喷油试验

1)附着力检验

检验工具:喷好漆的产品(可用相同材质废料代替)、刀片、3M胶纸。

检验方法:用刀片将产品喷漆面平整的地方划100个小方格,每个方格大小为1mm×1mm。用3M胶纸粘贴于方格上,粘牢后将胶纸撕开。如图3-51所示。

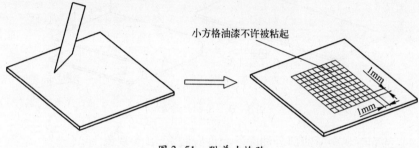

图3-51　附着力检验

判定标准:有1PCS小方格油漆脱落而被胶纸拔起即表明该油漆附着力不符合要求。

2) 硬度检验

检验工具:喷好漆的产品(可用相同材质废料代替)、中华牌2H铅笔。

检验方法:将产品放到磅秤(或天平)上固定。铅笔尖部削平,用手紧握铅笔使其与产品表面呈45°角,用笔尖对产品表面施加压力,当磅秤(或天平)显示值增量达1kg时将笔向前推10mm。在推压过程中始终保持压力为1kg。如图3-52所示。

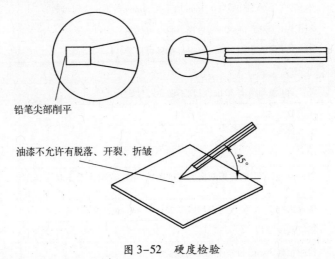

图3-52 硬度检验

判定标准:被铅笔推压的油漆不允许有脱落、开裂、折皱现象。

4. 柔韧性检验

检验工具:与产品材质相同的长方形体(喷好漆)。

检验方法:用手将长方形体挠曲折弯(折弯时用力要均匀)使弯曲部分直径Φ=15mm,两边相互平行。如图3-53所示。

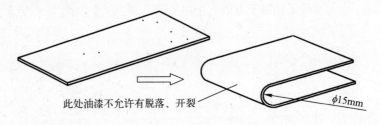

图3-53 柔韧性检验

判定标准:观察弯曲部分油漆不允许有脱落、开裂现象。

5. 试装孔位

用装 2BJ-0402 所使用的螺丝、螺母、介子等试装孔位。

将螺丝、介子、螺母等上到孔位上,扭力计调到 12kgf·cm;用扭力计将螺丝锁紧。使其承受扭力矩为 12kgf·cm。将打好螺丝的产品静置 15min,再将螺丝打开,受螺丝扭矩压力的油漆不允许有脱漆,开裂、折皱等现象。如图 3-54 所示。

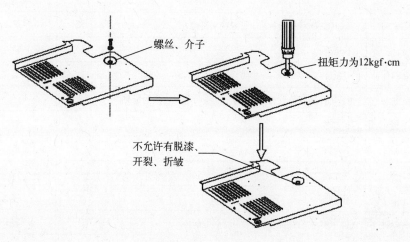

图 3-54 试装孔位

6. 检验方式

每次喷漆前试喷 5PCS 产品(可用废品代替)做上述检验;包装前随机抽取 5PCS 做上述检验。

(四) 包装材料品质标准

1. 缺点类型

(1) 尺寸——依据《IQC 物料检验标准》规定实施,如未在公差范围内将被拒收;

(2) 穿刺孔——不明原因造成的孔洞;

(3) 接合不良——粘贴或美克斯钉接合功能未达要求;

(4) 纹路方向——指结构纹路方向(如瓦楞纸);

(5) 龟裂——材质破裂;

(6) 潮湿——材质潮湿,多水气;

(7) 污渍——一般为工件制作过程中,不明污物附着而成;

(8) 图案——图的形状与式样;

(9) 印刷位置——印刷图案的位置;

(10) 颜色——印刷图案或材质的色泽;

(11) 印刷内容——印刷图案欲表明的特性；

(12) 材质不符——使用非使用的材质。

2. 允收标准

如表 3-15 所列。

表 3-15　允收标准 5

缺　点	限　　度	判　定
尺寸	依《IQC 物料检验标准》或采购文件要求	重
穿刺孔	不允许	轻
接合不良	不允许	重
纹路方向	依《IQC 物料检验标准》要求，未注明时以压紧为原则	轻
龟裂	不允许	重
潮湿	不允许	重
污渍	不允许	轻
图案	须清晰	轻
印刷位置	依《IQC 物料检验标准》要求，不得偏位	轻
颜色	依《IQC 物料检验标准》或采购文件要求	重
印刷内容	依《IQC 物料检验标准》或采购文件要求	重
材质不符	依《IQC 物料检验标准》或采购文件要求	重

四、检验方法

（一）披锋的检验方法

1. 披锋的判定标准（表 3-16）

表 3-16　披锋的判定标准

项目	条　件	披锋发生方式	良　品	备　注
1	全面去披锋"1"		披锋0	上面、下面侧面披锋"0"
2	边棱磨损面去披锋"1"	表面去披锋 高度相同 披锋		

(续)

项目	条件	披锋发生方式	良品	备注
3	表面为去披锋"1"时的圆孔、两孔侧面的披锋		$A=0.05$ 以下	指定外的披锋,去披锋程度
4	全面去披锋"2"		$A=0.05$ 以下	
5	全面去披锋"2"		$A=0.05$ 以下	
6	全面去披锋"2"		$A=0.05$ 以下	

2. 检查方法(表3-17)

(1) 手接触检查;

(2) 指甲检查;

(3) 过纸检查。

表3-17 检查方法

项目	测定工具	图示	备注
1	手接触检查		图面上所指定的位置,用拇指轻轻压,沿着板厚移动。确认位置1,2,3三个位置进行。
2	指甲检查		图面上所指定的位置,以"卡"着指甲的状态进行判定。确认位置以各表面进行,不可"卡"着指甲。
3	过纸检查		图面上所指定的位置,以A4纸作R部,约45°倾斜,以前端部"卡"着状态,进行判定。图面上有过纸方向指示时,跟从指示方面进行,前端不可"卡"着。

(二) 直线度的检验方法

1. 直尺测量直线度

将直尺平行地放于测定面,用塞尺测定直尺与被测定物的空隙。

（1）测定面凹时,与直线度相等数值厚度的塞尺不能插入中央的空隙;

（2）测定面凸时,在两端放置与直线度相等数值厚度的塞尺。

如图 3-55 所示。

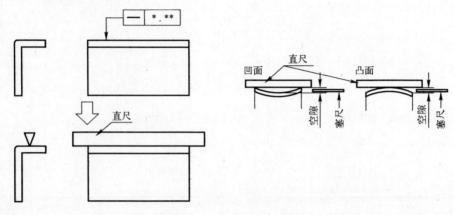

图 3-55　直尺测量直线度

2. 杠杆百分表测量直线度

将杠杆百分表置于测定面,在 A 点调零,确认到 B 点。如图 3-56 所示。

测定值 = 最大值 - 最小值

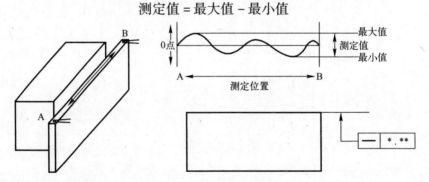

图 3-56　杠杆百分表测量直线度

（三）平面度的检验方法

1. 用直尺测定部品平面度

测量方法:如图以不包括自重的方法将测量物支撑。

测量范围:测量是将直尺放在整个表面(纵、横、对角线方向)用塞尺(数值与平面度相符)测定。

判定:在所有的地方塞尺应不能通过。

如图 3-57 所示。

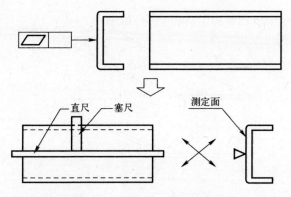

图 3-57 直尺测定部品平面度

2. 用平台测定平面度

测量方法:将部品平放于平台,用塞尺测量部品与平台之间的间隙。

注:塞尺与平台要保持水平状态进行测量。

如图 3-58 所示。

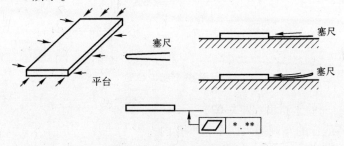

图 3-58 平台测定平面度

3. 用百分表测定平面度

将杠杆百分表置于测定面,在 A 点调零,确认到 B 点。如图 3-59 所示

$$测定值 = 最大值 - 最小值$$

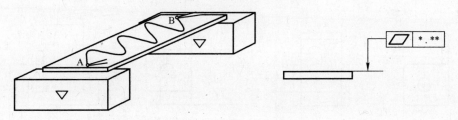

图 3-59 百分表测定平面度

(四) 平行度的检验方法

1. 面与面的平行度

在平台上用 V 型块全面保持基准平面,用杠杆百分表测量测量面的全表

面,在 A 点调零,确认到 B 点。如图 3-60 所示。

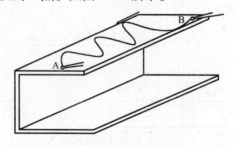

图 3-60　平台或 V 型块

在要求测量的面上测量,如图 3-61 所示。

$$测定值 = 最大值 - 最小值$$

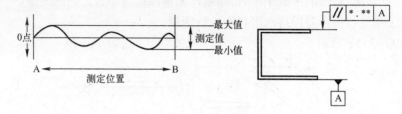

图 3-61　测定位置

2. 线与面的平行度(图 3-62)

(1) 将适合的塞规插入两个基准孔内;

(2) 将塞规的两端用平行块(或磁铁)支撑;

(3) 将公差的指定面调较至与平台平行,在 A 点调零,确认到 B 点;

(4) 测定指定面,将读数的最大差(最高点减去最低点)作平行度。

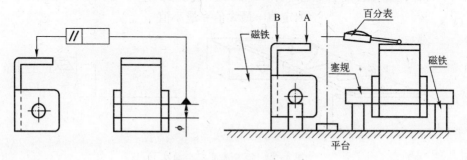

图 3-62　线与面的平行度

3. 面与线的平行度(图 3-63)

在平台上,使用磁铁支撑基准面整体,测定两个孔到基准面的尺寸,将该尺寸差作平行度。

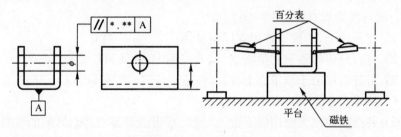

图 3-63　面与线的平行度

4. 线与线的平行度(图 3-64)

(1) 将适合的塞规插入两个基准孔内；

(2) 用平行块(或磁铁)将塞规两端固定；

(3) 依照图在 0°的位置求出 ϕB 与 ϕC 的中心偏移(X)，并求出在 90°回转位置上的 ϕB 与 ϕC 的中心偏移(Y)；

(4) 将求出值用 X^2+Y^2 算，所得值即平行度。

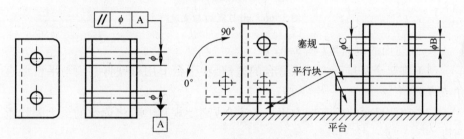

图 3-64　线与线的平行度

(五) 垂直度的检验方法

1. 面与面的垂直度(图 3-65)

(1) 将基准面用磁铁与平台平行地支撑；

(2) 将百分表从弯曲根部起移动至前端止，将读数的最大差作垂直度。

注：测定是横过 l 幅所有地方。

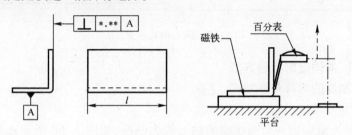

图 3-65　面与面的垂直度

2. 面与线的垂直度(图3-66)

(1) 在平台上,用磁铁如图支撑测量物;

(2) 将百分表接触于测量物上,在 B 点调零,确认到 C 点;

(3) 百分表接触于测量物上,将其在指示范围内所有地方上下移动;

(4) 测定在 0°与 90°两处进行;

(5) 各读数的最大差用以下公式计算,所得值即垂直度(在 0°的读数最大差→X;在90°的读数最大差→Y)。

$$垂直度(E) = X^2 + Y^2$$

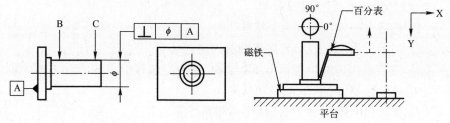

图3-66 面与线的垂直度

3. 线与面的垂直度(图3-67)

(1) 在2个基准孔内插入适合的塞规,在平台上用磁铁将塞规与平台成直角支撑;

(2) 将测量面的所有地方用百分表(或高度规)测定,将读数的最大差作垂直度。

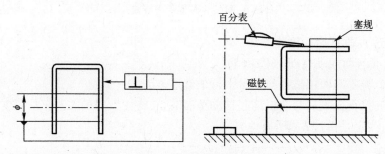

图3-67 线与面的垂直度

(六) 同轴度的检验方法

1. 同轴度的两种基准型式

1) 指定基准

以零件上给定的一个圆柱面的轴心线为基准,如图3-68所示▲A 对 B 和▲B 对 A 的数值。

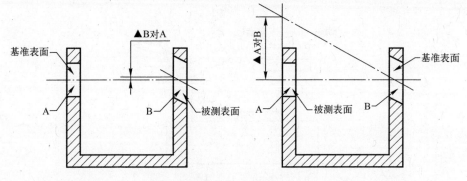

图 3-68 指定基准

2）公共轴心线为基准

如图 3-69 所示，零件上有 A、B 两孔，测量同轴度误差时，不以 A 孔为基准，也不以 B 孔为基准，而以 A、B 两孔的公共轴心线为基准。A、B 两孔对公共轴心线的同轴度误差分别为 ▲B 和 ▲A。

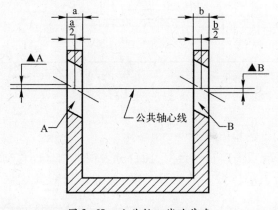

图 3-69 公共轴心线为基准

2. 同轴度的测量

1）指定基准的同轴度误差的测量

如图 3-70 所示，以 A 孔轴心线为基准，测量 B 孔对 A 孔的同轴度。必须在水平和垂直两方向分别进行测量。

2）公共轴心线为基准的同轴度误差的测量

如图 3-71 所示，测量 A、B 两孔轴心线对公共轴心线的同轴度误差。

测量时，首先将被测零件固定在平台上，分别在 A、B 两孔被测轴心线全长进行测量。被测轴心线到公共轴心线的最大读数差，就是同轴度误差。

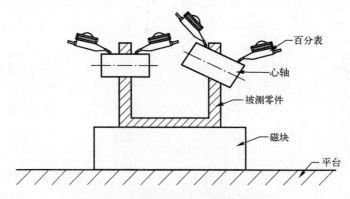

图 3-70　指定基准同轴度误差的测量

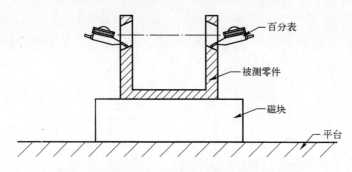

图 3-71　公共轴心线为基准的同轴度误差的测量

（七）倾斜度的检验方法

将零件的基准表面放在平台上，用百分表在被测量面移动测量，当百分表上指示的最大与最小读数之差为最小时，此差值为倾斜度误差。如图 3-72 所示。

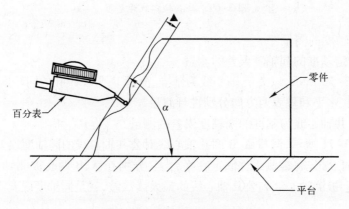

图 3-72　倾斜度的检验方法

第六节 工艺装备设计

工艺装备设计简称工装设计。工装是方便生产,保证加工技术要求和验证产品质量的手段。工艺装备的类型繁多,从工艺装备的性质通常分为:通用工艺装备、标准工艺装备、专用工艺装备、成组工艺装备、可调工艺装备、组合工艺装备和跨产品借用工艺装备等七种。

一、工艺装备的概念

(一) 工艺装备概述

工艺装备简称工装,是产品制造过程中所用的各种工具总称。其内容包括刀具、夹具、模具、量具、检具、辅具、钳工工具和工位器具等。

(二) 工装设计的目的

在装备研制生产过程中,设计及使用工装的目的是:
(1) 提高产品质量和生产效率;
(2) 节约资源,节能减排;
(3) 降低使用维护费用;
(4) 提高工装的通用性;
(5) 具有良好的可拆卸性和易回收性。

(三) 工装设计的依据

工装设计的依据通常包括:
(1) 工装设计任务书;
(2) 工艺规程;
(3) 生产图样和产品规范;
(4) 有关国家标准、军用标准、行业标准和企业标准;
(5) 国内外典型工装图样和有关资料,如现有设备负荷的均衡情况,成组技术的应用,安全技术要求和生产周期等;
(6) 相关设备手册,如标准工装的应用程度;
(7) 生产技术要求,如生产纲领、生产类型及生产组织形式等。

(四) 工装设计的原则

(1) 工装设计必须满足工艺要求,结构性能可靠,使用安全,操作方便,有利于实现优质、高效、低耗、环保,改善劳动条件,提高工装标准化、通用化、系列化水平;
(2) 工装设计应采用组合化设计并引入环境因素;
(3) 工装设计要深入现场,联系实际,对重大、关键工装确定设计方案时,应

广泛征求意见,并经方案评审批准后方可进行设计;

(4) 工装设计必须保证图样清晰、完整、正确、统一;

(5) 对精密、重大、特殊的工装应附有使用说明书和设计计算书。

二、工艺装备的类型

单从使用角度考虑,工装有通用工装、专用工装和非标准设备三大类。

(一) 通用工装

指市场能买到的或工装产品样本上有的,由专业化工厂生产,具有成本较低,质量高、通用性强的特点,应尽可能选用通用工装。

(二) 专用工装

是指针对具体零件、规定工序用的工装,需要专门设计。

(三) 非标准设备

它是相对于通用标准设备而言的,是针对特定目的和特殊要求而专门设计的设备,如试验器、榫槽倒角机等。

三、工艺装备设计的内容

工艺装备设计一般包括以下内容。

(一) 编制工装设计任务书

1. 编制工装设计任务书的基本要求

(1) 编制工装任务书应采用有关的国家标准、军用标准、行业标准及企业标准,使设计的工装能最大限度地提高标准化、通用化、系列化和绿色化水平。

(2) 编制工装任务书时应绘制工序简图。在工序简图中应表明如下内容:

① 标注定位基准,尽量考虑其与设计基准、测量基准的统一;

② 标明夹紧力的作用点和方向;

③ 定位、夹紧符号的标注应符合 GB/T 24740《技术产品文件 机械加工定位、夹紧符号表示法》的规定;

④ 加工部位用粗实线表示清楚;

⑤ 写明加工精度、表面结构等技术要求;

⑥ 冲压模具,应给出材料简图等;

⑦ 有关其他特殊要求;

⑧ 配套使用工装。

(3) 配套工装的设计任务书,应说明相互装配件以及关联件的件号、配合精度、装配要求和示意图。

(4) 改制工装应明确填写原工装编号及其库存数量,并写明对旧工装的处理意见。

(5) 工装应按规定进行统一编号。
(6) 工装任务书应根据企业标准注明工装等级或验证类别。
2. 编制工装设计任务书的依据
(1) 工艺总方案；
(2) 工艺装备设计准则；
(3) 工艺规程；
(4) 生产图样；
(5) 相关设备手册；
(6) 生产技术要求；
(7) 有关技术资料和标准。

（二） 工装设计需用的技术文件
(1) 工装标准；
(2) 工装手册、样本及使用说明书；
(3) 标准工装结构；
(4) 专用工装明细表及图册。

（三） 工装设计的技术经济指标
(1) 专用工装标准化系数；
(2) 工装通用系数；
(3) 工装利用率；
(4) 工装负荷率；
(5) 工装成本；
(6) 工装复杂系数；
(7) 专用工装系数；
(8) 工装验证结论。

（四） 工装设计经济效果的评价
1. 评价原则

工装设计经济效果评价时须遵循如下原则：
(1) 在保证产品质量、提高生产效率、降低成本、加速生产周期和增加经济效益的基础上，对工装系统的选择、设计、制造和使用的各个环节进行综合评价；
(2) 工装设计经济效果的评价必须结合现实的经济管理和核算制度；
(3) 评价方法力求简便适用。

2. 评价依据

工装设计经济效果评价的依据包含：
(1) 工装设计定额；
(2) 工装制造定额；

(3) 工装维修定额;
(4) 原材料成本标准;
(5) 工装管理费标准;
(6) 工装费用摊销的财务管理规定。

3. 评价作用

工装设计经济效果评价的作用表现在:
(1) 优化工装设计选择方案;
(2) 提高工装设计水平;
(3) 保证最佳经济效益;
(4) 缩短工装准备周期。

4. 评价指标

进行工装设计经济效果评价的指标有:
(1) 工装年度计划费用投资总额;
(2) 预期的经济效果总和;
(3) 工装选择、设计、制造核算期内的节约额。

5. 评价内容

进行工装设计经济效果评价时,须考虑如下内容:
(1) 工装设计费用的节约;
(2) 材料费的节约;
(3) 提高产品质量的节约;
(4) 提高生产效率的节约;
(5) 标准化的节约;
(6) 制造费的节约;
(7) 管理费的节约;
(8) 最佳工装方案的评定。

在评定最佳工装方案时,可采用如下公式:

$$工装投资回收期 = 投资增加额 / (降低成本节约额/年)$$

四、工艺装备设计程序

工艺装备设计程序在调研分析、确定最佳工装系数、确定总工作量以及根据相关因素确定工装结构原则的情况下,规定了工装设计的依据、工装设计原则和工装设计程序。

(一) 调研分析

调研分析是工装设计程序关键的第一步,其内容有:
(1) 产品结构特点、精度要求;

(2) 产品生产计划、生产组织形式和工艺条件;
(3) 工艺工序分类情况;
(4) 对工装的基本要求;
(5) 采用标准工装结构的可行性;
(6) 选择符合要求的用于设计和制造工装的基本计算资料;
(7) 有关工装的合理化建议纳入工艺的可能性;
(8) 考虑产品生命周期的环境因素和环境要求,选择适当的环境设计方法进行环境分析。

(二) 确定最佳工装系数
优先采用如下工装:
(1) 标准工装;
(2) 通用工装;
(3) 组合工装;
(4) 可调工装;
(5) 成组工装;
(6) 专用工装。

(三) 确定总工作量
根据工艺工序的分类,考虑工装的合理负荷,确定其总工作量。

(四) 确定工装结构原则的因素
(1) 毛坯类型;
(2) 材料特点;
(3) 结构特点和精度;
(4) 定位基准;
(5) 设备型号;
(6) 生产批量;
(7) 生产条件。

(五) 工装设计程序及程序图
1. 研究、分析工装设计任务书

研究、分析工装设计任务书,并对其提出修改意见。

2. 熟悉被加工件图样

(1) 热悉被加工件在产品中的作用,被加工件的结构特点、主要精度和技术条件;
(2) 熟悉被加工件的材料、毛坯种类、质量和外形尺寸等。

3. 熟悉被加工件的工艺总方案、工艺规程

(1) 熟悉被加工件的工艺路线;

(2) 熟悉被加工件的热处理情况;

(3) 熟悉工艺设备的型号、规格、主要参数和完好状态等。

4. 核对工装设计任务书

5. 调查、试验

收集企业内外有关资料,并进行必要的工艺试验;同时征求有关人员意见,根据需要组织调研。

6. 确定设计方案

(1) 提出借用工装的建议和对现场工装的利用;

(2) 绘制方案结构示意图,对已确定的基础件的几何尺寸进行必要的刚度、强度、夹紧力的计算;

(3) 对复杂工装需绘制联系尺寸和刀具布置图;

(4) 选择定位元件、夹紧元件或机构,定位基准及夹紧点的选择应按工装设计任务书;

(5) 对工装轮廓尺寸、总质量、承载能力以及设备规格进行校对;

(6) 对设计方案进行全面分析讨论、评审,确定总体设计。

7. 绘制装配图

(1) 工装图样应符合机械制图、技术制图标准的有关规定;

(2) 绘出被加工零件的外形轮廓、定位、夹紧部位及加工部位和余量;

(3) 装配图上应注明定位面(点)、夹紧面(点)、主要活动件的装配尺寸、配合代号以及外形(长、宽、高)尺寸;

(4) 注明被加工件在工装中的相关尺寸和主要参数,以及工装总质量等;

(5) 需要时应绘出夹紧、装拆活动部位的轨迹;

(6) 标明工装编号打印位置;

(7) 注明总装检验尺寸和验证技术要求;

(8) 填写标题栏和零件明细表;

(9) 按技术责任制履行签署手续(会签)。

8. 绘制零件图

9. 审核

(1) 装配图样、零件图样和有关资料均需审核;

(2) 送审的图样和资料必须齐全、完整;

(3) 对送审的图样按规定进行全面审核,并履行签署手续。

10. 标准化审查

11. 批准

12. 出底图及有关人员签字

13. 更改

(1) 凡需要更改的工装图样及设计文件,需经设计人员填写工艺文件修改通知单,经批准后方可进行更改;

(2) 保证更改前的原图样及文件有档可查;

(3) 更改前后的图样或文件应加区分标志;

(4) 更改后的图样及设计文件应及时发放到有关部门。

14. 工装设计流程图

工装设计流程图如图 3-73 所示。

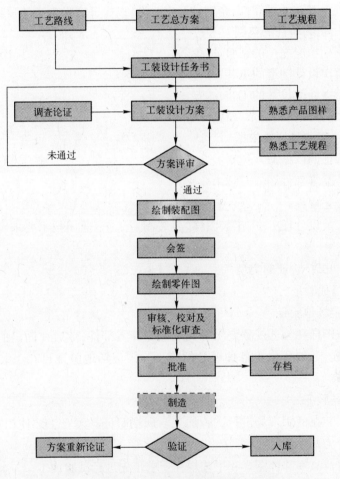

图 3-73 工装设计流程图

注1:虚线框图表示不属于工装设计工作。

注2:工装设计流程企业可以根据实际情况简化。

注3:会签也可酌情安排在标准化审查后进行。

五、工艺装备验证

工艺装备验证规定了机械制造工装验证的目的、范围、依据、类别、内容、程序以及如何修改的内容等。

（一）工装验证的目的

(1) 保证被制造产品符合设计质量要求；
(2) 保证工装满足工艺规程要求；
(3) 验证工装的可靠性、合理性和安全性，以保证产品生产的顺利进行。

（二）工装验证的范围

凡属下列情况之一的需验证：
(1) 首次设计制造的工装；
(2) 重大修改设计的工装；
(3) 复制的大型、复杂、精密工装。

（三）工装验证的依据

工装验证的依据通常包括：
(1) 产品零部件图样及技术要求；
(2) 工艺规程；
(3) 工装设计任务书、工装图样、工装制造工艺、通用技术要求及工装使用说明书。

（四）工装验证的类型

1. 按场地验证

1）固定场地验证

是指按图样和工艺规程要求事先准备产品零部件，然后在固定的设备上进行模拟验证。一般适用于各种模具的验证。固定场地验证可在工装制造部门进行。

2）现场验证

是指工装在使用现场进行试验加工。现场验证必须在工装使用车间进行。现场验证分为两种情况：
(1) 按产品零部件图样和工艺规程要求预先进行试验加工；
(2) 工装验证与工艺验证同时进行。

3）按工装复杂程度，分重点验证、一般验证和简单验证

(1) 重点验证。用于大型、复杂、精密工装和关键工装。重点验证的工装经验证合格后，方可纳入工艺规程和有关工艺文件。

(2) 一般验证。用于一般复杂程度的工装。一般验证的工装可在工装验证

之前纳入工艺规程和有关工艺文件。

(3) 简单验证。用于简单工装。一般可以不用产品零部件作为实物进行单独验证,可通过生产中首件检查等方法进行简单验证。

(五) 工装验证的内容

1. 工装与设备的关系

工装的总体尺寸、总质量,连接部位的结构尺寸、精度,装夹位置,装卸方便性、设备安全性等。

2. 工装与被加工件的关系

工装的精度,装夹、定位状况,影响被加工件质量的因素等。

3. 工装与工艺的关系

测试基准,加工余量,切削用量等。

4. 工装与人的关系

操作方便,使用安全。

(六) 工装验证的程序

工装验证程序一般由验证计划、验证准备、验证过程、验证判断、验证处理和验证结论循环组成。

1. 制定验证实施计划

(1) 验证实施计划项目应包括:主要验证项目、验证的技术、组织措施、时间安排、费用预算等。

(2) 编制工装验证计划的依据。

① 工艺文件中有关工装验证的要求;工装制造完工情况;

② 产品零件生产进度;

③ 生产和生产准备计划内工装验证计划。

(3) 工装验证计划由工装设计部门提出,生产部门组织落实。

2. 验证前的准备

验证前各有关部门应按验证实施计划做好以下各项准备工作:

(1) 工艺部门提供验证用工艺文件及其有关资料,提出验证所需用的材料及其定额;

(2) 生产部门或规划部门负责验证计划的下达;

(3) 供应部门或生产部门负责验证计划用料的准备;

(4) 工装制造部门负责需验证工装的准备以及工具的准备;

(5) 验证单位负责领取验证用料和验证设备,安排操作人员;

(6) 检验单位负责验证工装检查的准备。

3. 实施验证

验证一般由生产部门或规划部门负责组织、协调、落实,由工艺、工装设计、工装制造、检验及使用等部门共同参加验证工作。实施验证过程中,还必须做到:

(1) 验证时严格按工艺文件要求进行试生产;

(2) 验证过程中,有关工艺和工装设计人员必须经常到生产现场进行跟踪考察,发现问题及时进行解决,并要详细记录问题发生的原因和解决的措施;

(3) 验证过程中,工艺人员应认真听取生产操作者的合理化建议,对有助于改进工艺、工装的建议要积极采纳。

4. 验证判断

(1) 被验证的工装在工艺工序中按事先规定的试用次数使用后,判断其可靠性、安全性和使用是否方便等;

(2) 产品零部件按规定的件数验证,判断其合格率。

5. 验证总结

小批试生产结束后,工艺部门应写出工艺验证总结,其内容包括:

(1) 产品型号(代号)和名称。

(2) 验证前生产工艺准备工作情况。

(3) 试生产数量及时间。

(4) 验证情况分析,包括与国内外同类产品工艺水平对比分析。

(5) 验证结论一般分为以下几种情况:

① 验证合格:完全符合产品设计、工艺文件的要求,工装可以投产使用;

② 验证基本合格:工装虽然不完全符合产品设计、工艺文件要求,但不影响使用或待改进,仍允许投产使用;

③ 验证不合格:工装需返修,再经验证合格后方可投产使用;

④ 验证报废:因工装设计或制造问题不能保证产品质量,工装不得投产使用。

(6) 对批量生产(生产定型阶段)的意见和建议。

6. 验证鉴定

(1) 一般产品由企业主要技术负责人主持召开、由各有关部门参加的工艺验证会,根据工艺验证总结和各有关方面的意见,确定该产品工艺验证是否合格,能否马上进行批量生产(生产定型阶段);

(2) 参加鉴定会的各有关方面人员应在《工艺验证书》的会签栏内签字;

(3) 对纳入上一级主管部门验证计划的重要产品(二级以上产品),在通过企业鉴定后,还需报上级主管部门,由下达验证的主管部门组织验收。

7. 验证处理

(1) 验证合格的工装,由检验员填写《工装验证书》,经有关责任人签字后入库;

(2) 验证不合格的工装,由检验员填写《工装验证书》,经有关责任人签字后返修,并需注明"返修后验证"或"返修后不验证"字样。

(七) 工装修改

(1) 设计不合理。工装设计人员接到《工装验证书》后修改设计。

(2) 制造不合格。工装制造部门接到《工装验证书》后返修或复制。

六、工艺验证书的格式和填写

(一) 工艺验证书的格式(见表3-18)

表3-18 工艺验证书的格式

(企业名称)	工艺验证书	(文件编号)	
		共 页	第 页
产品代号	(1)	产品代号	(2)
零件图号	(3)	零件图号	(4)
验证记录	(5)		
修改意见	(6)		
结论建议	(7)		
签字	(8)	(9)	(10)	(11)	(12)	(13)

（二） 工艺验证书的填写（见表3-19）

表3-19　工艺验证书的填写

空 格 号	填 写 内 容
（1）~（4）	按产品图样的规定填写；
（5）	按规定的验证项目填写验证时的实际情况；
（6）	验证后工艺、工装需要修改的内容和意见；
（7）	验证后结论和对批量生产的建议；
（8）~（13）	验证组织者与参与者的单位和签字，并注明日期。

七、工艺装备制造与使用的管理

（一） 基本要求

（1）承制方必须具有健全、有效的工装管理组织和管理制度，以实现对工装的统一科学管理；

（2）有条件的单位，应逐步实行计算机辅助管理，建立工装数据库。

（二） 管理的基本任务

（1）确保生产过程中所需各类工装的及时供应；

（2）做好工装的维修，保证工装的使用性能与精度要求；

（3）制定工装消耗定额，合理安排工装费用开支；

（4）合理安排工装的储备量和周转量；

（5）保证工装的合理使用，做好工装的报损处理。

（三） 管理组织

（1）承制方必须设置工具（工装）管理部门，负责工装的统一管理；

（2）承制方的生产部门应有专职或兼职人员负责协调自制工装的生产供应；

（3）生产车间（或分厂）应设置工具（工装）管理室，负责本车间（分厂）生产中使用工装的管理。

（四） 工装需要量的确定

1. 确定各类工装需要量的主要依据

（1）产品生产纲领和生产计划；

（2）产品工艺装备明细表：外购工具明细表、专用工艺装备明细表、厂标准（通用）工具明细表等；

（3）工装消耗定额。

2. 老产品的工装需要量应按工装消耗定额确定

3. 确定新产品的工装需要量应考虑以下因素

（1）产品产量和生产持续时间；

(2) 产品生产组织形式。

（五）工装制造和采购计划的制定

1. 自制工装制造计划的制定

(1) 自制工装的制造。生产计划部门应根据各生产车间(分厂)提出的各类工装需要量,以及各种产品的生产计划进度要求,安排各类工装的年、季、月制造计划。

(2) 对批量生产的产品,在安排自制工装制造计划时,应考虑一定的储备量。

2. 外购工装采购计划的制定

(1) 外购工装的采购。工具部门应根据工艺部门提供的外购工具明细表,以及各车间(分厂)上报的外购工具申请计划及工具消耗定额,合理安排年、季、月的采购计划。

(2) 在安排采购计划时,同时应考虑合理的储备量。

（六）自制工装的生产工艺准备

(1) 按相关标准的规定,设计工艺规程和其他有关工艺文件;

(2) 按相关标准编制材料消耗工艺定额,内容符合其规定的要求;

(3) 按相关标准制订劳动定额,内容符合其规定的要求;

(4) 设计、制造两类工艺装备。

（七）工装制造的生产现场工艺管理

工装制造生产现场工艺管理的内容与要求应符合相关标准的规定。

（八）工装的验证

工装验证的要求应符合相关标准的规定。

（九）工装的入库

1. 自制(外协)工装的入库

(1) 自制(外协)工装经验证合格后,由检验部门出具合格证,工装制造部门填写入库单,方能入库;

(2) 入库时,库房管理人员应根据本标准填写工装履历卡片,同时记入台账;

(3) 工装入库时,整套工装图样需一起入库。

2. 外购工装的入库

(1) 外购工装在入库前必须经专职检验人员检查,合格后才能入库;

(2) 计量器具应送交计量室检定,合格后才能入库。

（十）库房管理

1. 管理要求

(1) 库房必须干燥、通风、整洁、安全;

(2) 库房必须进行定量管理,做到定库、定架、定位,防止工具之间相互磕碰。

(3) 必须做到账、卡、物、证(合格证)、图(工装图样)相符;

(4) 有特殊要求和贵重的工装,必须按有关规定保管。

2. 工具仓库的管理

(1) 接收和保管各类工装;

(2) 按限额卡片规定的数量,向各车间(分厂)工具室(库)发放生产中所需的各类工装;

(3) 接收、分选和传送需修理或报废的工装;

(4) 统计各类工装的库存储备和周转情况;

(5) 组织制定工装储备定额;

(6) 提出常备工具采购计划;

(7) 送交需周期检定的计量器具;

(8) 进行砂轮试验。

3. 车间(分厂)工具室(库)的管理

(1) 接收和保管本车间(分厂)生产中所需的工装;

(2) 保证各工作地所需工装的供应;

(3) 存车间(分厂)的工装周转量;

(4) 送交集中刃磨的切削工具;

(5) 送交需周期检定的计量器具;

(6) 提出本车间(分厂)所需的常备工具采购计划;

(7) 收集和送交需修理或报废的工装。

(十一) 工装使用过程中的管理

(1) 专用工装使用者必须持工艺规程,并在工装借用卡片上签字,保管人员才能将工装及其履历卡片一起交给使用者。

(2) 工装使用过程中,不得违章操作,不准敲打、锉修和随意拆卸等。

(3) 专用工装使用后,应按要求认真填写工装履历卡片(规定无履历卡片者除外,下同),当检验人员确认产品合格、工装无故障时,在履历卡上盖检验员印章或签字;发现工装有故障时,应在履历卡上注明。

(4) 工装使用后,使用者应将工装擦拭干净,连同工装履历卡片,送还车间(分厂)工具室(库)。保管人员应将实物与账、卡资料核实无误后,予以接收返库。对有故障的工装,保管人员接收后,应分开存放,并及时通知有关人员办理检修或报废手续。

(5) 计量器具和复杂成形刀具返库时应进行返还检定。

(6) 暂不返库的工装,使用后也应擦拭干净,放到规定的工具架上或工具柜中,并要避免相互磕碰和防止锈蚀。

（十二）工装的技术监督

1. 工装的技术监督工作内容

（1）对工装的正确使用进行检查和指导；

（2）检查库房、车间（分厂）工具室（库）和工作地的工装保管是否符合要求；

（3）指导切削工具的集中刃磨；

（4）制订工装预防性检修计划。

2. 为了做好工装的技术监督工作，企业工具管理部门应设专职或兼职工装技术监督员

（十三）工序质量控制点的工装管理

（1）工具管理部门应根据工艺部门编制的工序质量控制点的文件，建立专门的质量控制点工装台账和工装履历卡片。

（2）工序质量控制点用的工装，在发放到控制点以前，必须进行复检，确认合格后才能发放；返还时应做好返还检定。

（3）工序质量控制点用的工装，必须有检验规程和检定周期；精度合格率应达到百分之百；

（4）对工序质量控制点用的工装，不能挪作他用，并要严格借还手续。

（十四）工装日常维修和定期检修

1. 工装的日常维修

（1）工装不能保证加工质量和生产安全时，应及时进行维修；

（2）工装的日常维修由使用单位负责。需工具制造部门修理时，应由使用单位报请工具管理部门进行统一安排。

（3）未征得工艺部门和工具管理部门同意，不得对工装进行改制。

（4）工装的修理必须按工装图样和有关技术文件要求进行。修理后，需经检验合格后填写工装履历卡，才能使用或入库。

2. 工装的定期检修

（1）对大型、关键工装，工序质量控制点的工装和各种计量器具，应进行定期检修；

（2）工装定期检修计划应由工具管理部门进行统一安排。

（十五）工装复制与报废

1. 工装的复制

（1）未经验证的工装，不得复制；

（2）工装应根据生产计划、工具消耗定额和储备定额申请复制；

（3）复制工装的图样需经工装设计人员复审后，才能进行复制。

2. 工装的报废

（1）对不能修复的工装，或修复不经济的工装，应予以报废；

(2) 工装报废时,应由使用单位填写工装报废单,报请主管部门核准后,予以报废、销、账;

(3) 报废的工装应由工具管理部门统一处理。

(十六) 停产产品工装的管理

(1) 经批准停产的产品,其工装由使用单位工具室(库)逐项清理,编制清单,交工具管理部门统一管理;

(2) 停产产品工装,原则上只保留停产文件规定必须保留的项目,其余部分由主管部门统一处理;

(3) 停产产品恢复生产时,其工装由使用单位办理领取手续,经检查合格后,才能用于生产;

(4) 停产产品工装要求挪作他用(包括改制)时,由使用单位提出申请,经工具管理部门同意,企业主管领导批准后,方可领取。

(十七) 建立工装履历卡片

(1) 工装履历卡片是记录工装从入库、使用、修理到报废全过程信息的工装档案,应随工装一起流动,由工具管理部门负责编制并归口管理;

(2) 凡需重点验证的专用工装和工序质量控制点的工装,均应建立工装履历卡片。

(十八) 工艺装备履历卡片格式

1. 工装履历卡片(使用记录)格式(见表3-20)

表3-20 工装履历卡片使用记录格式

承制单位:				工装履历卡片			
工序号				产品型号			
工装编号				零件名称			
工装名称				零件图号			
使用部门				使用设备			
报废单号				报废日期			
使用记录							
借用日期	使用人	加工零件数量	检查记录		检验员	还回日期	备注
			首件				
			末件				
			首件				
			末件				

2. 工装履历卡片(修理记录)格式(见表3-21)

表3-21 工装履历卡片修理记录格式

承制单位：			工装履历卡片		
工序号			产品型号		
工装编号			零件名称		
工装名称			零件图号		
使用部门			使用设备		
报废单号			报废日期		
修 理 记 录					
送修日期	送修单号	修理内容		修理人	检验员

第七节 计算机辅助工艺装备设计

一、辅助工艺装备设计概述

(一) 工装设计自动化的意义

在机械加工中,由机床、刀具、夹具和工件四个要素组成的工艺系统,作为一个整体,对机械加工的效果起着决定性影响,其中夹具、刀具等工艺装备是系统的重要因素。工艺装备设计是生产准备中工作量最大、周期最长的工作,传统工艺装备设计过程(前面所述)完全由人工方式进行,这不仅要耗费大量的人力、物力,延长了设计周期,而且计算精度和设计质量的提高也受到了限制。

随着科学技术的飞速发展,产品更新换代加速,新的生产模式不断涌现,迫切要求实现生产准备工作的自动化和集成化。计算机技术、成组技术等在工艺装备设计与制造中的应用,不仅可以大大缩短设计周期、提高设计质量和效率,提高工艺装备的系列化、标准化水平,而且节省许多人力,使得工艺装备设计人员从繁忙的劳动中解脱出来,去从事更有创造性的活动,把工装设计工作提高到新的水平。

(二) 辅助工艺装备设计的范围

机械产品零件的机械加工工艺装备设计的内容很多,但最主要是指机床夹具设计、模具设计、刀具设计和量具设计。它们均可采用计算机辅助设计的方法加以实现。

在自动化机械加工系统中,由于有可能在很大程度上取消人工调整、补偿和故障排除,从而对整个工艺系统中的夹具、刀具等组成要素的相互协调、相互配合提出了更高的要求。图3-74所示为由加工中心组成的自动化加工系统,表明了夹具、刀具等工装在系统内的情况。

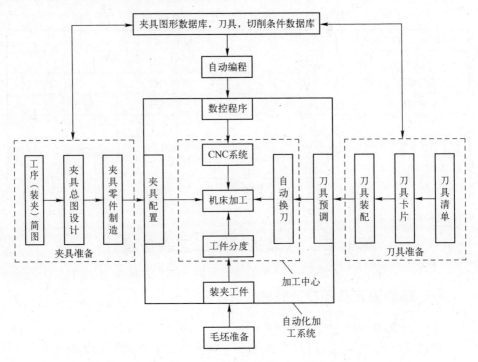

图 3-74　自动化加工系统中的夹具、刀具准备与应用

由图可见,这种系统与由一般机床所组成的系统相比,除能够实现刀具自动更换和工件转位的自动化外,还要根据系统数据库内的刀具、切削条件以及夹具图形数据等信息,在机外进行夹具准备、刀具准备、毛坯准备以及数控加工程序的准备,然后再通过一定方式在加工中心上安装夹具、工件、刀具和输入数控加工程序,机床便按加工指令信息对装夹在转台上夹具的工件各表面,依次按选定的刀具和加工顺序进行加工。

还可看出,当待加工零件的定位夹紧方法确定之后,就要准备夹具。通常应尽量采用通用夹具,或者从夹具图形(数据)库中调出标准夹具元件的图形,设计拼装出夹具装配图,选用标准夹具元件快速组装成夹具,以满足工件装夹的需要。

在决定刀具时,主要是利用数据库中有关的刀具信息,根据刀具清单确定出加工所需用的刀具类型和规格尺寸;编制刀具卡片,选择标准附件,进行刀具组装;最后按预定的尺寸(直径和长度等)要求,在对刀仪上对刀具进行尺寸预调。为了加速刀具预调工作,提高刀具的利用率以及与数控加工零件自动编程等部分的协调,可应用计算机辅助设计的方法编制刀具预调图,供刀具预调人员使用。

由此可知,这类自动化加工系统,由于加工对象变化频繁,这就要求工装准备系统能够适应"适时"地做好全套刀具、夹具等的准备工作。因此,要求工艺装备的准备系统能够及时供应加工所需的夹具、刀具等。这就是在工装设计中采用计算机辅助设计的主要出发点。

二、辅助机床夹具设计

(一)机床夹具计算机辅助设计过程与内容

1. 机床夹具计算机辅助设计过程

计算机辅助夹具设计属于 CAD 范畴,只是设计对象为夹具罢了。因此,除了要应用 CAD 方法、工具、计算机软硬件外,还应开发相应夹具设计软件,即夹具设计应用软件。

从工艺装备设计状态得知,夹具设计可以分为功能设计、结构设计以及分析、性能评价、夹具图形生成等状态。具体的要求是:

(1)功能设计状态。要考虑工件的定位方案、夹紧方案、对刀导向方案、夹具与机床的连接等功能是否满足加工要求。

(2)结构设计状态。要具体设计定位机构、夹紧机构、对刀导向机构、分度机构及夹具体等总体结构。

(3)结构分析状态。主要进行一些必要的工程分析,如刚度分析、定位精度分析、对刀导向精度分析、分度精度分析及夹紧力的估算等。

(4)性能评价状态。指对夹具进行技术经济分析。

(5)夹具图生成状态。指输出夹具装配图、零件图和标准件明细表等。

计算机辅助夹具设计系统信息结构如图 3-75 所示:

2. 计算机辅助夹具设计主要内容

1)计算机辅助专用夹具设计主要内容

计算机辅助夹具设计是在计算机、数据库、网络的支持下进行的,专用夹具设计的主要步骤与内容如图 3-75 中间部分所示。

2)计算机辅助组合夹具组装设计主要内容

(1)定位方案设计和定位元件的选择;

(2)夹紧方案的设计和夹紧元件的选择;

(3)对刀件、导向件的选择;

(4)基础件、辅助件的选择和夹具总体的设计;

(5)夹具装配图的绘制和元件明细表的编制;

(6)夹具的组装;

(7)生产加工检验与调试。

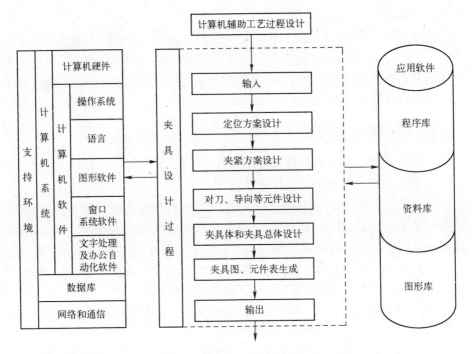

图 3-75　计算机辅助夹具设计系统信息结构

3) 计算机辅助成组夹具设计主要内容
（1）定位方案设计和可调、可换定位元件设计；
（2）夹紧方案设计和可调、可换夹紧元件设计；
（3）对刀、导向元件的选择与设计；
（4）固定件、基础件、辅助件的设计和夹具总体结构设计；
（5）夹具装配图的设计和各种元件明细表的编制。

对于结构复杂的成组夹具设计，如翻斗式货车装配成组夹具，为了适应组内 6 种不同货车的装配，要进行夹具多个部件和零件的更换、调整及更换 + 调整，而不出现错误现象，应有成组夹具使用调整卡片，必要时应利用计算机仿真系统来指导工人操作。

（二）计算机辅助夹具设计系统结构

如图 3-75 所示，计算机辅助夹具设计系统，信息结构可分为支持环境、应用软件和夹具设计过程软件三部分。

1. 计算机辅助夹具设计支持环境

1) 计算机系统

包括计算机硬件和软件。通常在单片机或工作站上开发。软件有操作系统、语言、图形软件、窗口系统软件、文字处理及办公自动化软件等。

2）数据库

有专用数据库和公共数据库。专用数据库是专为夹具计算机辅助设计用来存放夹具设计数据和中间设计结果。公共数据库存放夹具设计所需原始资料和夹具设计最终结果，以便其他系统或环节使用。

3）网络和通信

在集成制造、敏捷制造、并行工程中，网络和通信是重要组成部分。在计算机辅助技术中，有网络和通信支持可以提高工作质量和效率。

2. 夹具设计的应用软件

这是针对夹具设计在支持环境提供的条件下进行二次开发的软件。应用软件包括程序库、资料库和图形库，其中程序库提供设计计算方法；资料库提供结构设计分析数据；图形库提供图形、符号和文字等。

3. 夹具设计过程软件

图 3-75 中描述了夹具设计过程。

（1）输入。夹具设计的原始资料主要从零件工艺过程设计中得到，其他资料如机床、刀具等可从资源库中获得。

（2）定位方案设计。包括根据工件结构和工序技术要求，确定工件应限制的自由度。再根据定位规律确定用多少支承点来限制这些自由度，即确定定位方案。选择定位元件，定位精度的分析计算，以及定位与夹紧关系的分析等。

（3）夹紧方案设计。包括根据夹紧力方向、作用点、大小的确定原则，确定夹紧方案。选择夹紧元件和机构，确定夹紧动力源，夹紧力的计算与校核，夹紧变形对精度的影响等。

（4）对刀、导向方案设计。包括对刀装置、导向装置、分度装置、连接元件等的设计与选择，以及对刀、导向、分度等精度的计算。

（5）夹具体和夹具总体设计。包括夹具体的设计，以及将上述元件及装置连接成一个整体，形成一个完整的夹具。在确定夹具总体方案时，还要根据各方面条件优化确定，如钻模，应从固定钻模、回转钻模、翻转钻模、滑柱钻模等优选。

（6）夹具图、元件表生成。包括绘制夹具装配图、非标准零件图，列出标准件、元件的明细表以及 BOM 等。

（7）输出可行的夹具设计结果。反馈夹具设计结果，若可行，则存入公共数据库，否则应重新进行设计。

综上所述，夹具设计过程软件，就是控制按上述夹具设计顺序进行设计的软件，在其控制下，有序地完成夹具设计与管理工作。

（三）夹具设计应用软件的开发

开发针对夹具设计的应用软件，是进行计算机辅助夹具设计、实现夹具设计自动化的一项基础性工作,如图 3-75 所示。将应用软件分为程序库、资料库和图形库三部分。

1. 程序库

程序库是夹具设计全部计算程序的集合,所有借助计算机进行的设计工作都是通过程序来实现的。有了程序库,夹具设计人员只需按所要解决的问题选择菜单,根据提示进行输入,计算机便能按程序库中所存储的相关程序进行运算,无需设计人员操作程序的细节,提高了设计效率,便于应用。

1) 程序库的内容

(1) 用于定位元件的设计计算和定位精度分析计算的程序。如定位元件的类型及其几何尺寸分析计算、定位误差的分析计算等都可按一定的程序调用相应的理论计算公式、经验公式、数据、图表等来进行计算。

(2) 用于夹紧元件、装置的设计计算和夹紧力的计算程序。如典型的夹紧装置,如斜楔、螺旋、偏心、杠杆铰链等夹紧机构夹紧力的计算方法,以及复合夹紧、浮动夹紧、定心夹紧、联动夹紧的计算方法等。

(3) 用于夹具其他元件、装置的设计计算程序。如对刀、导向装置、分度装置、连接元件等。

(4) 用于夹具体、夹具总体刚度的有限元分析程序。如夹具体、总体的结构刚度,以及精密、薄壁零件(如液性塑料套筒等)变形等的分析计算。

(5) 用于典型夹具设计的计算程序。如钻模、镗模、芯轴、弹性定心夹具、气动夹具、液压夹具、气液联动夹具、电动夹具、真空夹具、磁力夹具等的计算。

(6) 用于组合夹具、成组夹具等设计的计算程序。如组装和调整精度、刚度的设计计算、各元件尺寸的分析计算等。

2) 定位误差的计算

工艺装备的设计与制造是工艺管理数字化系统中重要的组成部分,工艺装备的设计制造周期占生产技术准备周期的 60%,从工作量来看约占 80%,制造费用约占成本的 10%~15%,其中工艺装备的准备阶段中要以 70%~80% 的时间用于工夹具(主要指机床夹具)的设计,所以夹具直接影响到新产品的研制周期与生产周期。而在夹具设计中定位误差计算是极为重要的一个环节,它关系到零件的加工精度以及夹具结构的合理性。采用夹具装夹造成工件加工表面误差的原因可分为如下三个方面:工件装夹误差,以 $\delta_{装夹}$ 表示,它又包括定位误差 $\delta_{定位}$ 和夹紧误差 $\delta_{夹紧}$;夹具的对定误差 $\delta_{对定}$,它又包括对刀误差 $\delta_{对刀}$ 和夹具位置误差 $\delta_{夹位}$;加工过程误差 $\delta_{过程}$。为得到合格零件,要求应满足加工误差不等式 $\delta_{装夹} + \delta_{对定} + \delta_{过程} \leq T$,$T$ 为零件的工序公差。通常对某一定位方案,经分析计算其可能产生的定位误差,只要满足加工误差不等式的要求,即认为此定位方案能满足工序加工精度要求。

3）定位误差计算的数学模型

"一面双孔"定位是一种典型的组合定位系统，即指工件以一个平面及轴心线垂直该平面的两个孔进行定位的系统。由于该定位结构具有简单方便、精度高、夹具敞开性好、便于基准统一和标准化程度高等优点，因此在机械加工与装配的过程中是一种应用相当广泛的定位方式。

2. 资料库

1）资料库的作用和内容

（1）资料库的作用。存储夹具设计用的数据，提供夹具结构设计、设计分析计算，如存储夹具设计过程中产生各种交互信息，作为暂存性的数据，以便进行进一步的设计工作。

（2）资料库的内容：

① 设计分析计算用资料。包括夹具设计的基本计算公式、常数、经验数据、公差配合等；典型结构形式的设计计算和分析所用的方法、公式、常数、经验数据等。

② 结构设计用资料。包括各种夹具标准元件结构规格尺寸；通用夹具结构尺寸和性能规格；各类机床夹具的规格尺寸；组合夹具标准元件结构规格尺寸等。

2）资料库的建造

资料库的数据主要是表格，对于表格类的数据，可采用关系数据库结构，把数据的逻辑结构归结为满足一定条件的二维关系，即形成二维表的形式，每个关系为一个二维数表，相当于一个文件。表中一行为一个关系元组，相当于记录值；每一列为关系的一个属性，相当于（数据）项。相关的项组成一个记录，若干同类记录的集合构成数据文件，数据文件的集合就是数据库。传统夹具手册中的表格，大多是二维表的形式，很适合关系数据库的逻辑结构形式。对于非二维数表形式的数据，如公式、线图等，可处理为二维数表形式进行存取。在资料库中，主要是表格类的数据，为了能清楚表明标准元件、通用夹具的结构规格尺寸，应有相关的图形。

3. 图形库

1）图形库的作用和内容

（1）图形库的作用。

夹具图形库是指以一定形式表示的用于夹具设计的子图形的集合，相当于夹具设计手册中元件、装置以及完整夹具的结构图形。设计夹具时，首先考虑用通用夹具、标准夹具，因此要参阅有关结构图形。当要设计专用夹具时，要参阅一些典型夹具结构、标准元件等。因此，图形库的建立可大大提高夹具的设计效率和质量。

(2) 图形库的内容。

① 标准、非标准元件和组件的图形如定位件、夹紧件、对刀和导向件等的图形;夹具体等非标准元件图形。

② 典型夹具结构图形如通用夹具、标准夹具、各类机床夹具、非标准夹具等的结构图形。

③ 夹具设计用的通用机械零件的图形如螺钉、垫圈、销钉等。

④ 夹具设计用各种标准符号、框格等图形,如表面粗糙度标注符号、形位公差符号和标注框格及定位、夹紧符号等。

2) 图形库的建造

图形生成与变换图形的生成有两种方法:

(1) 参数法。它是由一组几何形状相似的零件组构成一个复合件,包含全组所有几何要素,并给定其组成参数及其参数变化范围。输入设计值便可得到所需的形状和尺寸。

参数法的特点是:特别适于相似性强的图形生成;图形生成效率高;便于实现设计计算和绘图过程自动化和集成;生成的图形不便修改。

(2) 生成法。它是在被系统定义和处理的几何元素的基础上生成图形,在二维造型系统中,其基本元素是直线、圆弧、二次曲线等线段;在三维实体造型系统中,其基本元素是立方体、圆柱、圆锥、球等体素。零件的图形是通过分解成基本几何元素,再按顺序组合连接而形成。因此,各基本元素应有各自的子程序,通过菜单或专用描述语言的调用而形成所需的图形。

生成法的特点是:能生成任意复杂的图形,适用于创新设计;对设计人员要求高、操作时间长。

为了提高图形生成效率,应注意:多采用图形变换功能;形状、尺寸的数字化;绘图基本元素的统一及合理调用和图形的简化描述等。

夹具图形库的基本结构如图 3-76 所示。

◆ 典型结构图形;

◆ 标准、非标准元件图形;

◆ 夹具专用标准符号、框格等图形。

夹具设计不仅需要夹具专用图形库,而且还要有关机械零件设计的图形。因此,要注意选用通用产品计算机辅助设计软件,如 Pro/ENGINEER、UGII、AutoCAD、I-DEAS 等的支持。

(四) 夹具元件图形的编目与检索

在夹具装配图的自动化设计中,要频繁查阅夹具元件图形,因此,夹具元件图形的编目和检索就非常重要,它直接影响夹具装配图的质量和生成效率。

在 AutoCAD 环境下,常用的编目方法是用菜单编目,设计人员可以从屏幕

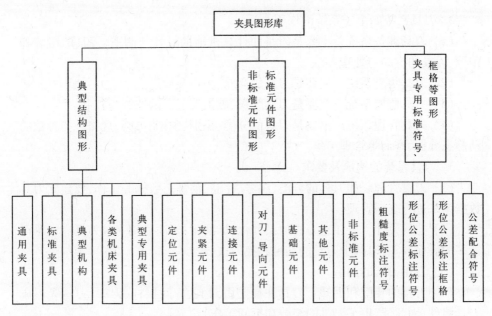

图 3-76 夹具图形库的基本结构

菜单区或图形输入板上的菜单区按菜单调出所需的图形,直观方便,简单易行,但占用存储空间大,图形多时会影响检索速度。在编目时,应根据成组技术原理,将夹具结构元件进行分类成组,即要设计一个编目系统来完成这一工作。

三、辅助制造中的刀具系统

在计算机辅助制造系统中,应建立刀具系统,以保证生产的顺利进行。刀具系统有四个子系统,即刀具准备系统、刀具物流系统、刀具监控系统和刀具管理系统。

(一) 刀具系统概述

在自动化加工中,刀具准备工作非常复杂,往往成为加工中的关键,直接影响加工质量、生产率和经济性。

1. 建立刀具系统的必要性

刀具系统由需求、设计、制造、使用、管理等部分组成,属于生产准备工作范畴,建立刀具系统的目的有:

(1) 保证提供足够的刀具,包括通用标准、专用刀具,以满足加工需要;

(2) 用最少的刀具种类和数量来满足加工要求,减少刀具的库存;

(3) 对零件加工全过程提供刀具支持,如刀具磨损破损的补充、刀具尺寸的调整、刀具的刃磨等。

因此,有必要让刀具系统来完成加工前的刀具准备,加工中的刀具使用,以及加工后的刀具处理等工作。

2. 刀具系统四个子系统的作用

(1) 刀具准备系统。主要是刀具的计算机辅助设计与制造、刀具的组装和预调、刀具的拆卸与处理等。

(2) 刀具物流系统。主要是刀具的存储、交换和运送。

(3) 刀具监控系统。主要是刀具磨损、破损等工况的监测与控制。

(4) 刀具管理系统。主要是刀具的分类、识别、预调、刃磨、规格性能参数的动静态数据、查询等管理工作。

3. 刀具系统的构成及要求

(1) 刀具管理。如刀具的分类、编号、存储、动静态数据等工作,要建立刀具数据库来进行统一管理。

(2) 刀具设计。要注意刀具的系列化、标准化;要注意用一种刀具完成尽可能多的表面加工,以减少刀具的品种和换刀次数。

(3) 专用刀具的制造。

(4) 刀具的装配和拆卸。刀具往往是由刀头、中间接杆、刀夹、刀柄等形成刀具组件,因此,产生了刀具的组装和拆卸工作。

(5) 刀具尺寸预调,要预先在预调仪上调整好刀具的直径、长度等尺寸。

(6) 刀具的存储、交换和运送。包括刀具在中央刀库和机床刀库的储存,刀库间、刀库与主轴间的刀具交换,刀库间的刀具运送等。

(7) 刀具工况监控,主要监控刀具的磨损、破损状态。

(8) 刀具刃磨。

(二) 刀具计算机辅助设计与制造

1. 刀具组件的设计内容

(1) 组件总体设计应尽量选用标准件,应尽量减少中间接杆数,提高组装刚度和精度,降低刀具成本。应绘出刀具组件装配图和 BOM 表。

(2) 特殊刀具和元件设计,对非标准刀具和元件要进行专门设计。

(3) 刀具组件装配工作台的设计,其结构应便于装配、调整,并与刀具预调仪配套。

(4) 刀具识别设计考虑刀具组件的识别方式,设计相应的识别标志。

2. 刀具组件的设计方法

计算机辅助刀具组件设计时,可在计算机系统、数据库和网络环境支持下,通过应用软件来进行。

(1) 应用软件的组成:应用软件由程序库、资料库和图形库构成。

(2) 应用软件的特点是:标准件、元件的品种、规格数量多,所以建库工作量大。

(3) 程序库的内容包括：

① 组件的总体设计，包括元件选择，强度、刚度、精度的计算，非标准元件的设计计算等；

② 非标准刀具的设计，计算程序是指刀具本身，由于刀具类型不同，设计计算程序的差别很大。

3. 刀具组件的装配和预调

4. 刀具组件的拆卸与处理

1) 刀具组件的拆卸

刀具组件使用完毕后，如未超出其耐用度，则可继续使用；若已接近或超出耐用度，则应卸下。这时可将刀具组件拆成元件，刀具送去刃磨。当刀具库里的刀具不很充足时，有些刀具使用完毕后，还要重组他用，也要进行拆卸。因此，设计刀具组件时，不仅要考虑刀具的装配，而且还要考虑便于拆卸。

2) 刀具组件的处理

刀具组件拆卸后的处理通常包括：

① 清洗元件：去除报废刀具，补充新刀具。

② 刃磨刃具：若需重新组装，则应装配、预调、入库待用；若无需重组，则将元件入库备用。

（三）刀具的储存、交换和运送

1. 刀具的储存

1) 刀库的类型

(1) 中央刀库，它为多台数控机床、加工中心或整个柔性制造系统提供刀具。它有格架式和鼓轮式等多种形式。

中央刀库的特点：便于集中管理；若各机床刀库的刀座尺寸相同，则刀具可以通用，从而减少了刀具存储量；刀具运送距离长，刀具交换不方便。

(2) 分布式刀库，在每台加工中心旁设置一个落地刀库，可以与机床刀库交换刀具，解决机床刀库容量不足的问题。

分布式刀库特点：提供刀具给机床方便，刀具运送路程短；每个刀库的容量不大。

(3) 机床刀库，这种刀库直接安装在机床上，刀具容量一般为 8~80 把。其类型有盘式、链式、格式刀库。

2) 刀库容量的选择

对于一般加工，容量在 8~32 把刀具即可满足要求。小型加工中心的刀库容量为 8~32 把；中型加工中心为 48~64 把；大型加工中心为 80 把左右。当机床刀库满足不了需要时，可采用分布式刀库或中央刀库予以支持。

2. 刀具的交换和运送

1) 加工中心的刀具交换和运送

机床刀库与主轴之间的换刀、分布式刀库与机床刀库之间的换刀,多是通过换刀机械手来完成的,而其间刀具的运送多由刀库本身的盘式、链式等结构来实现。常用的机械手有单臂单回转式、单臂回转双机械手式和单臂往复交叉双机械手式等。加工中心上的刀具交换和运送都是由机床设计者统筹考虑的。

2) 中央刀库与机床刀库间的刀具交换和运送

通常是由机器人、机械手、运输小车等来完成。运输小车有有轨和无轨(自动导引)两种。刀具运送小车通常与运送工件、夹具等通用。为了有效实现刀具的交换和运送,在运送小车、机床上通常还应做一些专用设备。

(四) 刀具的使用和管理

1. 刀具的分类与编码

刀具的编码已有国家标准,当国标不能满足要求时,可以进行专门的编码,内容包括:

(1) 刀具类型整体刀具的大分类,如车刀、铣刀、钻头等;

(2) 刀具规格指正常刀具、大刀具、特大刀具等,主要考虑所占刀库的刀位数来确定;

(3) 几何形状如车刀的刀片形状、钻头的柄部形状等;

(4) 尺寸参数如几何角度、车刀刀杆尺寸、铣刀刀杆尺寸等;

(5) 刀具耐用度以秒计;

(6) 刀具直径和长度的补偿值;

(7) 刀具材料包括切削部分和刀杆、刀柄等部分的材料;

(8) 刀具编号每把刀具应有唯一的识别码,多把刀具应有各自的编号;

(9) 姊妹刀号考虑成套刀具的编号;

(10) 刀具在机床刀库中的刀位号。

当前,比较有代表性的刀具分类编码系统是一种混合式结构,编码的前一部分由单码结构组成,表示刀具的分类:后一部分由复合码组成,表示该类刀具的基本特征与基本参数,并采用柔性码位。这样,既有单码结构的确定性,又有复合码结构的柔性。

2. 刀具工作流程

在制造自动化系统中,刀具的管理工作由刀具管理站统一进行,其站负责新刀供应、旧刀刃磨、刀具组装、尺寸预调、刀具运送等准备工作。然后送到中央刀库或机床刀库,进入工作状态。刀具用完后,进行拆卸清洗,清除报废刀具,重磨可用刀具,准备再次使用。

除了在自动化系统中所使用的刀具外,生产中往往有一些非标准复杂刃形刀具,如齿轮滚刀、蜗轮滚刀、花键拉刀等,采用刀具 CAD 系统也具有十分重要的意义。

在制造自动化系统中,刀具的工作流程如图 3-77 所示。

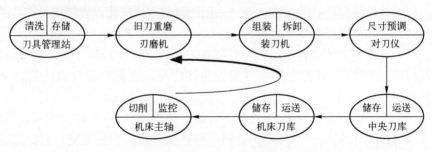

图 3-77 刀具工作流程

第八节 首件鉴定工作的设计

一、首件鉴定的概念

（一）首件鉴定的目的

在首件鉴定过程中,并不是单纯完成对首件产品的鉴定,而是通过对首件产品的审查,考核承制方生产过程和能够代表首件生产的产品进行全面的检查及审查,以证实规定的过程、设备及人员等要求能持续地生产出符合设计要求的产品。

（二）首件鉴定的依据

承制方在装备研制过程中,应实施首件鉴定的依据是:

(1)《武器装备质量管理条例》第二十七条。

(2) GJB 907A《产品质量评审》中 3.1.a 条规定,产品应通过设计评审、工艺评审及首件鉴定。

(3) GJB 2366A《试制过程的质量控制》中 4.7 条规定,试制过程应组织工艺评审、首件鉴定和产品质量评审,必要时,可以分级、分阶段进行。

(4) GJB 3920A《装备转厂、复产鉴定质量监督要求》中 5.3.5 条规定,军事代表应督促承制单位按照 GJB 908A 的规定进行首件鉴定;第 6 条还规定,开展承制单位资格审查、生产准备和试生产过程质量监督及复产鉴定审查工作。

(5) GJB 9001B《质量管理体系要求》的 7.3.8 条新产品试制中 c)款规定,适用时,在试制过程中进行首件鉴定。

（三）首件鉴定的一般要求

(1) 承制方应建立首件鉴定的程序,明确职责,对试制或批量生产中首次制造的零、部、组件进行全面的检查和试验,以证实规定的过程、设备和人员等要求能持续地制造出符合设计要求的产品。

（2）首件鉴定产品的生产过程所采用的制造方法应能代表随后批产品的生产制造方法并在受控条件下进行。

（3）首件鉴定的内容应包括与产品有关的所有特性及其过程的要求,对组件进行首件鉴定时,其配套的零件及分组件应是经首件鉴定合格的零件及分组件。

（4）首件鉴定不合格时,应查明不合格产生的原因,采取相应的纠正措施,并重新进行首件鉴定,或对鉴定不合格的项目重新进行首件鉴定。首件鉴定不合格的零件或组件不能批量投产。

（5）组织应向供方传递有关首件鉴定的要求。

二、首件鉴定的范围、内容和要求

（一）首件鉴定的范围

承制单位应对能代表首批生产的产品进行首件鉴定。首件鉴定的范围应包括：

（1）试制产品。

（2）在生产(工艺)定型前试生产中首次生产的新的零(部、组)件,但不包括标准件、借用件。

（3）在批生产中产品或生产过程发生了重大变更之后首次加工的零(部、组)件,如：

① 产品设计图样中有关关键和重要特性以及影响产品的配合、形状和功能的重大更改；

② 生产过程(工艺)方法、数控加工软件,工装或材料方面的重大更改；

③ 产品转厂生产；

④ 停产两年以上(含两年)等。

（4）顾客在合同中要求进行首件鉴定的项目。

（二）首件鉴定的内容

1. 总则

在首件鉴定过程中,承制单位应对生产过程和能够代表首件生产的产品进行全面的检验及审查,以证实规定的过程、设备及人员等要求能持续地生产出符合设计要求的产品。

2. 生产过程的检验和审查

对生产过程的检验和审查的内容应包括：

（1）生产过程的运作与其策划结果的一致性。按规定的生产过程的作业文件(如工艺规程、工作指令等)进行作业,并采用过程流程卡(工艺路线卡)对过程的运作进行控制。

(2) 对特殊过程确认的检查。当生产过程中含有特殊过程时,检查其特殊过程用于生产之前已进行了确认,过程参数获得了批准。

(3) 器材合格。生产过程中使用的器材经进货检验且有合格证明文件,对于组合件,具有其零(部、组)件合格状态及可追溯性标识的配套表。

(4) 生产条件处于受控状态。为生产过程所提供的资源和信息,涉及基础设施、工作环境、人员资格以及文件和记录均处于受控状态。

(5) 生产过程文实不符的现象已解决。当生产过程及其资源条件与生产作业文件(如工艺规程、工作指令等)不一致时,应按规定办理更改、偏离或例外转序的批准手续,并进行记录。

3. 产品的检验和审查

对产品的检验和审查的内容应包括:

(1) 产品特性的符合性。产品的质量特性是否符合生产图样的要求。

(2) 不合格项目重新鉴定的结果。当有的质量特性不符合要求时,对不合格项目应重新进行首件鉴定,确定是否符合要求。

(3) 对于毛坯(如锻件、铸件)首件鉴定的内容还应包括用户的试加工合格的结论意见。

（三） 首件鉴定的要求

(1) 承制单位不应使用试制阶段不同于预期的正常生产过程方法制造的那些试制产品进行首件鉴定。

(2) 试制过程需进行首件鉴定时,可以按照本章的要求进行。

三、首件鉴定的程序

（一） 首件鉴定范围的确定

承制单位应根据首件鉴定范围的要求,来确定需进行首件鉴定的零(部、组)件,并编制《首件鉴定目录》,具体列出鉴定的零(部、组)件号、版次、名称等。范围的确定一般有以下三种情况:

(1) 对于采用相同的生产过程和方法且具有相同特性的产品的首件鉴定可选择有代表性的产品进行;

(2) 在首件鉴定的范围中需进行首件鉴定的项目,首件鉴定目录由工艺技术部门编制后经质量部门会签;

(3) 对于顾客在合同中要求进行首件鉴定的项目,首件鉴定目录由质量部门编制,经顾客会签。

（二） 标识及要求

组织应对首件鉴定过程中生产过程和产品的有关文件进行标识,确保对首

件鉴定的零(部、组)件的可追溯性。适用时,标识的范围应包括:

(1) 生产过程使用的作业文件(如工艺规程、工作指令等)上作"首件鉴定"的标识;

(2) 随零(部、组)件周转的过程流程卡上作"首件"标识;

(3) 首件零(部、组)件作"首件"标识或挂"首件"标签;

(4) 产品检验记录上作"首件"标识;

(5) 数控加工的计算机软件源代码文档上作"首件"标识。

(三) 生产过程的检验

承制单位应根据首件鉴定目录安排首件生产过程的检验,在首件生产过程中按"生产过程的检验和审查"的要求实施检验。

(四) 产品的检验

承制单位应按"产品的检验和审查"的要求对产品进行检验,确保检验原始记录完整,并按检验原始记录填写首件鉴定检验报告。

(五) 重新首件鉴定

首件鉴定不合格时,组织应查明不合格的原因,采取相应的纠正措施,并按"生产过程的检验"和"产品的检验"的要求重新进行首件鉴定或针对不合格项目重新进行首件鉴定,记录最终产品检验的结果。

(六) 对生产过程和产品检验结果的审查

1. 总则

承制单位应按"首件鉴定的内容"的要求,对生产过程和产品检验的结果进行全面的审查。

2. 审核人员

对生产过程和产品检验结果审查的组织工作应由其首件鉴定目录编制部门负责,参加审查的人员应包括首件鉴定目录会鉴的部门代表。

当首件鉴定作为生产(工艺)定型的一部分时,应邀请顾客代表参加对首件的生产过程和产品检验结果的审查。

3. 审查的依据和凭证

对生产过程检验结果的审查应依据其生产过程的作业文件(如工艺规程、工作指令等)对受检的过程流程卡首件生产过程原始记录(参见 GJB 908A 的附录 A),特殊过程的作业文件、器材合格证明文件或零(组)件配套表等进行审查。

对产品检验结果的审查应依据其产品图样对首件鉴定检验报告进行审查。当发现有不合格项目时,应审查重新鉴定后的产品检验记录和重新首件鉴定的检验报告。

4. 审查报告

对生产过程和产品检验结果审查后应形成审查报告(参见 GJB 908A 的附录 D),并作为审查合格与否的结论。

(七) 对生产过程作业文件的确认

首件鉴定合格后,组织应对其使用的生产过程作业文件(如工艺规程、工作指令,数控加工的计算机软件源代码文档等)进行确认,并加盖"鉴定合格"的标识。

首件鉴定合格后,组织才能批量投产。

四、首件鉴定的记录

承制单位应保持首件鉴定的记录和文档,其中包括:

(一) 首件生产过程原始记录(表3-22)

表3-22 首件生产过程原始记录

产品型号	零(组)件号	版次	零(组)件名称		
工艺文件编号/版次/日期			流程卡编号(批次号)		
序号	存在问题		处理意见	检验人员	日期

(二) 首件鉴定目录(表3-23)

表3-23 首件鉴定目录

生产单位:					产品型号:		
序 号	零(组)件号	版 次	关、重件标识	零组件名称	备 注		

(续)

生产单位:				产品型号:		
序 号	零(组)件号	版 次	关、重件标识	零组件名称	备 注

编制:　　　　　　　　　　　　　　　　审核:
会签:　　　　　　　　　　　　　　　　批准:

（三）首件鉴定检验报告（表3-24）

表3-24　首件鉴定检验报告

产品型号	零(组件)件号	版次	零(组)件名称	零(组)件可追溯性编号
设计特性			检验和试验	
序 号	图样要求	特性标识	测量结果	测量设备	检验、试验人员	备 注

检验和测试结论:

编制:　　　　　　　　　　　　　　　　批准:

（四）首件生产过程流程卡（表3-25）

表3-25　首件生产过程流程卡

项目代号		产品编号		产品名称	
图样编号		更改（版次）		件　　数	
工序	操作者	图样尺寸/检测指标	检验结果	检验人员	处理意见

（五）首件鉴定审查报告（表3-26）

表3-26　首件鉴定审查报告

产品型号	零(组)件号	版　次	零(组)件名称	零(组)件序号
首件鉴定检验报告编号				

项　目	序　号	鉴定内容	鉴定结果	备　注
生产过程检验	1	生产过程按要求运作		
	2	特殊过程事先经过确认		
	3	器材合格		
	4	生产条件处于受控状态		
	5	生产过程文实不符的现象已解决		
产品检验	1	产品质量特性的符合性		
	2	不合格项目重新鉴定的符合性		
鉴定结论				
审查人员			批准	

五、首件鉴定质量控制

首件鉴定除了按 GJB 908A《首件鉴定》的相关要求实施鉴定外,首件鉴定的质量控制还应考虑以下方面的详细内容:

(一) 编制首件目录

编制首件鉴定目录时,应考虑以下因素:

(1) 首件鉴定应在选定的,对质量、进度或成本有重要影响的零(部、组)件上实施;

(2) 首件鉴定项目至少应包括关键件、重要件、含有关键工序的零(部、组)件;

(3) 标准件和借用件不列于首件鉴定的范围;

(4) 首件鉴定项目由工艺技术部门编制,应有质量部门会签;若首件鉴定作为生产(工艺)定型的一个组成部分,或作为合同指定的项目,使用方代表应参加会签。

(二) 首件的生产

生产计划部门根据首件鉴定目录应先投产首件,后批量投产。允许首件相对于同批产品领先工序加工。

(三) 首件生产质量控制要求

(1) 需下道工序验收才能验收的上道工序,要经下道工序验收合格后,再继续投产。

(2) 鉴定合格的首件零件,应装在首件装配件上。

(3) 首件鉴定记录至少应包括。

① 零(部、组)件图号;

② 名称;

③ 图样和技术文件的有效版本;

④ 检验设备和计量器具的名称、编号;

⑤ 检测结果;

⑥ 鉴定结果和鉴定人员签字。

(4) 当首件产品未被通过鉴定时,在确保首件鉴定记录完整的前提下,允许用后续产品递补,重新进行首件鉴定。

(5) 若要进行生产(工艺)定型,首件鉴定应作为生产(工艺)定型的一个组成部分。

（四） 国家军用标准对首件鉴定范围的规定（表3-27）

表3-27 国家军用标准对首件鉴定范围的规定

标准 \ 阶段状态	产品技术状态管理				
	工程研制阶段		设计定型阶段	生产定型阶段和批生产	
	设计	试制与试验	小批试生产	重大更改	重大工艺更改
907A		√			
908A		√	√	√	√
1405A			√		
9001B					
3920A		√			

（五） 首件鉴定质量控制内容

（1）首件的文件应正确、完整、协调和有效；

（2）首件应符合设计要求；

（3）选用的器材应符合规定的要求；

（4）选用的加工设备、试验设备、检测设备、工艺装备和计量器具应符合规定的要求，处于正常状态；

（5）首件生产环境应符合生产的要求；

（6）首件生产线上应有随产品周转的流转卡，并符合 GJB 726A《产品标识和可追溯性要求》5.6.4 条的要求；

（7）首件质量记录应完整；

（8）首件质量与其质量原始记录应文实相符；

（9）首件操作者和检验人员上岗应具有考核合格的资格。

第九节 工艺质量检验工作设计

产品质量特性是在产品实现过程中形成的，其符合性是由原材料构成产品的各零、部件的质量决定的。也是与产品实现过程的技术能力、人员能力、设备能力、环境情况有关，肯定地说产品质量是在生产过程中形成的，人、机、料、法、环是形成产品质量状态的直接因素。所以检验人员应就 4M1E 进行全面监控，即要对产品实现过程的操作人员资格进行监督验证，对设备状态进行审验核查，对文件的有效性进行核查，对工艺参数进行监控，对检测器具状态进行查证，只有经过这些方面的确认后才能对产品实施检验，既是判定工艺质量过程控制情况,也是判定产品过程的质量状态,因此产品实现过程的工艺质量检验工作是产品质量检验的核心。

一、工艺质量检验程序及一般要求

(一) 检验准备工作

1. 明确检验对象及质量要求的技术准备

(1)熟悉检验对象的设计图样和工艺规程,掌握技术要求、检验指导卡以及相关标准等。

(2)熟悉检验对象的检测方法、测试设备,熟练计量器具的使用并符合文件规定,做到操作准确到位,必要时可演练操作,并通过验证确认无误后才能进行正式检验。

2. 实施检验前的工作准备

(1)认真查核和验证已完工工序的质量状态和完成情况。如对生产过程流转卡上的内容是否均按规定的内容填写完整、清楚;合格品、返修(返工)品、废品是否填写清楚、准确,必要时应验证前工序首件检验的结果,以预防本工序的超差。

(2)核对工艺规程、检验指导卡等,是否正确有效。

(3)核查技术文件要求的工具、夹具、量具、设施及检验样件、检验样板,均应处于合格状态。

(4)检验记录(表格)的准备。工序检验的首件检验单(二检卡)、巡检记录、成品检验中的成检记录,各种相关的检测委托单(如计量送检单、理化委托检验、探伤送检委托单等)、工艺过程质量证明单及不合格品的相关单据等。

(二) 测试

按规定的检验方法、手段对工艺过程的工序件的质量进行定性、定量的观察、测量、试验,并得到准确有效的数值或结果。

这是检验程序中的关键环节,如果数值或结果不准确,那将会对被检特性的符合性作出错误的判断。观察测试结果的准确性是很重要的,这与检验技术密切相关。

(三) 记录

对测试的环境条件、数值和观察得到的技术质量状态,用规定的格式进行记载和描述,并作为客观证据存档。

检验记录既是工序件的质量证据,又是进行产品质量追溯不可缺少的重要证据和线索。所以对工序件质量检验记录要真实、完整、清晰,不能随意更改,确需更改要签章,以表示对更改的责任。最终记载检验日期、签章等。

（四） 比较和判定

1. 比较

是将测试得到的质量特性实际值与质量要求进行比较、确定是否符合质量要求。

2. 判定

根据比较的结果,对产品的合格与否作出科学判断。

3. 关系

"比较"是判定的基础、依据,"判定"是比较的继续、结果。因此"判定"必须作到科学、准确。

4. 比较与判定中的注意事项

（1）当实测值非常接近或等于极限尺寸时,应变换检测方法或更换检验员进行验证复查。只有当验证的数据满足质量要求时,才能对其检测结果作出质量状态的判定。

（2）等于极限值的检测结果,在实际工作中往往是不合格品,这主要是测量误差或人为因素造成的。所以出现这种情况,在"判定"时一定要慎重,要验证质量特性实测数据的真实性、准确性。

（3）在对一批工序件进行抽检时,其抽检质量特性的实测值离散度太大,甚至出现超差件,这时应加大抽检比例或全检,防止不合格品被接收。

（4）在工序的巡检或末件检验中,发现超差品时,这时应从末件（或巡检的不合格件）往前追溯检测,直到出现合格件。防止不合格件流入下工序。

（5）在检测中如对测试设备、计量器具出现不正常现象或怀疑时,应及时送检定部门,按计量传递标准进行校准鉴定,排除计量器具的原因后,并再重新检验确认。如计量器具不合格时,则应更换成合格器具检测,并向前进行追溯性检测,直到出现合格件。以防止不合格品放行转序或入库及交付出厂。

（五） 确认和处置

检验员对判定的结果进行确认并盖章,对产品的"接收"或"拒收"按规定程序进行处置。具体做法是：

（1）对合格品(批)作出标识或存放在合格区,办理手续,作出"放行"转序、入库或交付的处置。

（2）对不合格品(批)作出不合格品标识,隔离存放,并按不合格品的管理程序规定,办理拒收单,交授权人员进行处理。只有让步接收获准后才能办理放行手续；当作出返工、返修处理时均应按相应程序办理,并进行检验；当作出报废处理时应立即按报废程序办理报废手续,并送废品箱(库)隔离。

（六） 检验报告

检验报告一般分两类：

一类随产品转序,入库或交付的产品质量报告,以作为验证证据,如质量证明单等。

二类为质量信息报告,报相关单位,以作为质量改进依据。因此报告要及时、真实、准确、可信,不隐瞒质量问题及缺陷。

二、进货检验及程序

进货是指形成产品所必须使用的,并由合格供应厂制造供应的器材,包括:原材料、成附件、元器件、毛坯件、辅助材料等。进货均须符合订货合同和技术协议书的要求,器材检验就是依据合同(或技术协议书)的质量要求及入厂复验规范的要求,检查供货单位所供器材是否合格,以保证验收合格器材入库、发放,防止不合格器材进入生产过程。这就是进货检验,也称器材检验,它是保证产品质量的第一关。

(一) 入厂复验方式及选择

1. 查验方式

对大型、复杂的成件、附件,可采用查验方式检查验收。其检查的具体内容及步骤是:

(1) 合格的质量证明文件(或履历本),提供必要的质量信息,型号或技术文件标准号,保管期限等;

(2) 相关的理化性能报告;

(3) 相关的性能指标的验试报告;

(4) 包装完好,无破损;

(5) 产品外观符合要求,铅封完整无缺。

2. 检测方式

对有些外购器材不但要查验书面质量文件,而且对所验器材的形状,几何尺寸,理化性能等进行复验后,才能完成入厂复验工作。如原材料,毛坯等质量状况波动较大,每个批号间的性能存在较大差异,所以必须采用物理、化学、探伤、试验等手段进行复验检查,只有合格后才能验收,其检查的具体内容及步骤是:

(1) 查验方式中包括的内容;

(2) 按验收文件需要检测的几何尺寸外形;

(3) 按要求需要进行的物理、化学、金相等指标测试;

(4) 按要求需进行无损探伤对器材的缺陷进行检查;

(5) 按要求需进行的性能测试。

3. 筛选方式

筛选是一种通过质量检验剔除不合格或有早期失效征兆的产品的方式。一般用于电子元器件。通常使用测电阻、电压、相关参数、温度循环、高温储存、热冲击、振动、高功率老化、粗细检漏等方法对电子元器件的缺陷进行筛选。

（二） 入厂复验程序

（1）准备好并掌握入厂复验器材的质量要求及文件,即检验验收规程。明确规定的复验内容,检验记录及测试器具。

（2）查验供应厂商是否是合格供应厂商。

（3）查验供应产品的质量证明文件。

（4）外观检查。

（5）按检验要求规定作出必要的检测和试验。

① 对关键器材按规定做100%检查；

② 对理化性能测试按文件规定检查；

③ 电子元器件做100%筛选检查。

（6）依据检查结果对照检验依据作出合格与不合格的判断结论。

（7）对检验结论按程序办理相应的验收或拒收手续：

① 经检验验收合格的器材,按器材检验制度办理入库手续,并将有关验收质量记录,器材质量证明文件整理归档；

② 对不合格器材,按规定作明显标识隔离,向供货单位提出不合格报告,或拒收单,由采购部门办理不合格审查手续或负责退货等工作。

（三） 器材保管、发放的检验

合格器材入库以后,如保管环境不符合要求,可能使合格器材变为不合格器材,如腐蚀、变质、变形、老化、机械损伤、混料、混件、超过保存期、超油封期等,这些不合格器材一旦投产将会造成重大损失或严重后果。所以器材检验应对入库器材的保管和发放均要严格把关,预防不合格件的产生和投产。

1. 器材保管中的检验

（1）器材存放的环境必须满足文件规定,如温度、湿度、防腐蚀、防霉变、防变形或其他特殊要求等,做到安全可靠,确保存放完好。

（2）器材按性质、类别、型号、规格、炉（批）号分类保管存放,按规定要求作明显标识,严防混放。对易燃易爆,剧毒器材严格按规定分库隔离保管。

（3）对有油封、冷藏、防潮湿等要求的器材应按要求定期检查,并采取防护措施。

（4）对有库存保管期要求的器材,应定期检查,对超期或到期器材应及时报告并隔离,办理相关的处理手续。

2. 器材发放的检验

器材发放是投入生产前的最后一关,应避免错发、乱发,否则后果不堪设想,因此发放时的检验更要慎之又慎。

(1) 查验领料手续,领料票是主制单位根据生产计划下达的任务,按工艺规程办理的领料单,所以领料单上必须写明型号、牌号、供货状态、规格、数量及依据的文件号,并有签字和审批。

(2) 器材的质量证明文件和标识应一致,完整无损,与领料单的领用信息一致无误。

(3) 油封期、保管期、贮存期等应符合要求。

(4) 发放应作到先入先发,这对油封期、贮存期等要求的实现有利。

(5) 标识清楚明显,按批发放。如多批发放时应注明每批数量,并作好标识。做到一卡一批以防混发,有利于质量分析和追溯,尤其对需传递炉批号的原材料,毛坯等更应一卡一批进行发放投产。

(6) 对代用器材必须持有效的代料手续才能发料。

(7) 开具器材出库合格证,按表格要求的内容填写清楚、完整,并与领料单、工艺规程、技术要求及发放器材进行核查,做到文文相符,文实相符,最终签章发出。

(四) 不合格器材处理方法

经入厂复验发现的不合格器材,一般不得验收入库,可根据不同情况酌情处置,办理好各种手续:

(1) 外包装破损严重,不宜开箱检查,应通过采购部门进行处理或与供应厂商联系,说明情况,按共同协商后的一致意见进行复验或拒收。

(2) 不合格器材,首先隔离,同时办理拒收单,交采购部门办理不合格品审理单,交技术质量部门进行审理同意,必要时交用户代表同意后方可作出让步接收入库。否则应按审理意见办理报废手续或退货手续。

(3) 对明显不合格的退货器材或经处理退货的器材,可直接办理退货手续交采购部门办理。

(五) 紧急放行

紧急放行是在生产周期长,交付产品时间紧的情况下,所采用的行政应急措施。当采购的器材因种种原因耽误了供货期,而且质量证明文件又无法随产品一同到厂,由于生产急需投料,在复验周期长的情况下,可办理紧急放行手续。一般叫"平行作业单",即由总设计师、总工艺师、总冶金师、总质量师系统有关负责人审批同意,才能发料放行。此时,检验应作好记录并按审批意见办理善后事宜。紧急放行应注意两点:

(1) 要承担不合格风险所造成的损失。

(2) 要按审批中"合格证或复验结果未到前不得入库(或交付)"的意见办理。紧急放行一般在型号研制的新产品试制状态(工程研制阶段的正样机试制状态)出现较多。

三、外协含外包产品的验收检验及程序

《武器装备质量管理条例》规定,武器装备研制、生产单位应当对其外购、外协产品的质量负责,对采购过程实施严格控制,对供应单位的质量保证能力进行评定和跟踪,并编制合格供应单位名录。未经检验合格的外购、外协产品,不得投入使用。正确选用符合技术文件和整机系统要求的外购、外协产品,是承制单位的责任。本条验收检验及程序也适用于配套产品的验收检验。

(一) 外协含外包产品检验的一般要求

严格地说,外协含外包产品也是属于进货检验的范畴。它们之间的区别在于,外包产品的工艺设计供方负责;外协产品的技术、工艺等设计全部由承制方负责。按相关法规和标准规定,一般应做到以下方面:

(1) 当供方的产品出厂时,应按最终产品出厂的要求,用检验文件即检验规程检验合格后,交付给承制单位。

(2) 按照GJB/Z 16《军工产品质量管理要求与评定导则》中4.6.4.2的要求,为保持验收外协(含外包产品)产品的检测方法与验收标准的质量控制手段,供方产品出厂用检验规程应提供一份给承制方改编成验收规程,验收供方交付的产品,其目的是做到与供方单位的检测方法与检验标准的质量保证手段一致。

(二) 外协含外包产品的检验

(1) 验证外协含外包产品的质量证明文件(履历本和合格证)、检验记录是否满足相关标准及技术协议书规定的要求。

(2) 依据验收规范的要求或供方产品的检验规程,改编或编制外协(含外包)产品的验收规程。

(3) 按程序对入厂(所)外协含外包产品进行验收检验,未经验收检验合格的外协含外包产品不得投产。必要时,可在协作单位的现场实施验证。

(三) 对顾客提供产品的检验

顾客提供产品(含产品、零部件、工具和设备)的检验一般包括:

(1) 验证产品质量证明文件及外观质量,对其进行标识、保护和维护,并保持记录。

(2) 顾客提供的产品使用(加工)前应进行检验,符合规定的要求后方可投入使用(加工)。组织应爱护顾客提供的产品,当发生产品丢失、损坏或不适用的情况,应及时通报顾客。

四、工序检验及程序

产品质量是在产品实现过程中的各个阶段或状态的工序及工步中形成的,

对各具体阶段或状态的原材料,零部件,整机装配过程的质量进行检验称工序检验。根据产品分六个层次的具体情况,工序是比较复杂的,本节重点讲述机械加工工序,对于外协(含外包)、配套产品等有关的工序另行详细介绍,本节不再赘述。

（一）工序检验的目的

1. 防止出现成批不合格品

开工前工序检验员应按预防职能的要求,对本工序能力实施监督控制,确保设备、工艺装备完好。对操作工人资格验证,查验工艺文件,质量要求准确无误,检验器具合格,这样才能保证工序有能力符合生产加工要求,进而保证加工质量符合规定要求。

2. 避免不合格品流入下道工序

对于已发现的不合格品应立即作好标识,隔离,办理工序不合格品处理手续。并在"流程卡"及工序记录上作好记录。

（1）当具有明显报废特征的不合格品交检验室主任处理,办理废票,入废品库(箱);

（2）当超差特性能在后工序予以挽救,不影响最终符合性质量时,可由工艺技术人员签字处理,并对后工序下达临时工艺卡进行补充加工;

（3）当超差特性影响最终符合性质量时,可先由授权人员在工序记录本上签署意见,待成检时办理拒收单,按不合格品处理程序进行。

（二）工序检验的要求

1. 根据工序检验的目的,提出如下内容及要求

（1）检验人员必须依据工艺文件及工艺规程的要求,编制随件流转卡(或随工流程卡),也可依据工艺规程的要求,编制检验规程进行工序检验;

（2）对生产现场实施监督控制,生产现场必须具备技术文件规定的人员资格,设备齐全完好,原材料合格,各种文件,验收标准完整,文文相符,环境符合规定要求,清洁整齐,温、湿度等符合要求;

（3）作好工序检验前的准备工作,尤其对检验依据作详细的研究了解,避免出现错、漏检;

（4）认真作好首件检验和巡检工作,作到一丝不苟,避免因责任心不强而出现的错、漏检;

（5）认真作好工序检验记录,如首件检验单,流程卡(或流转卡),巡检记录,工序记录本等;

（6）对不合格品作好标识,并隔离,只有在得到允许转序的有效指令后,才能放行;

（7）严格执行批次管理要求,绝对不允许混批、混号,并认真把关,监控。

2. 做到五清六分批

(1) 五清:数量清、批次清、炉批号清、原始记录清、质量状态清;

(2) 六分批:分批投料、分批加工、分批转工序、分批入库、分批组装、分批出厂。

(三) 首件检验

首件检验是指对开工的首件加工质量进行验证和确认,它是防止出现成批超差的工序预先控制的手段。首件检验在长期习惯中叫"首件二检",即"自检、专检"制度。首件检查是对生产开始时和工序要素发生变化后的首件产品质量进行的一种检验。一般适用于逐件加工形式,在下列情况下均需作首件检查:

(1) 每个班开始加工,且该班加工同一产品三件以上的首件;

(2) 生产中变换操作者的首件;

(3) 生产中变换或重调设备,工艺装备时的首件;

(4) 工艺方法发生改变的首件。

首件检验不合格时,应暂时停止加工,及时查明原因,采取纠正措施,再重新进行首件加工及首件检验,直到合格、确定为检验合格的首件,并作好标识,方可继续本工序的生产。

对关键、重要特性则需进行百分之百的检验。

(四) 巡回检查

巡回检查也叫巡检,是检验人员依据检验制度的规定或工艺文件的要求,或是根据生产中的质量关键因素与生产现场情况对正在加工的产品进行的质量检查。其目的是预防工序中因某些因素而产生不合格品,如刀具磨损、工夹具松动、工人疲劳等。巡检的方法有:按百分比抽样检查,一般在检验制度中规定为5%~30%;按间隔时间定时检查三件;按顺序数量、定量分段检查三件。

五、特种检验(无损探伤检验)程序及要求

特种检验(含无损探伤检验)严格讲,也是工序检验的一种形式。随着科学技术的发展,特种检验方法越来越多,方法越来越先进,适用范围越来越广,对检验人员、环境的要求和操作程序也不尽一致,无法详细赘述,现仅就广泛使用的无损探伤检验简要叙述。

(一) 检验人员的要求

(1) 凡从事无损探伤人员应按规定进行培训,考试,资格鉴定,并取得无损探伤资格等级证,并定期复查和复证考试;

(2) 每年进行一次视力检查,要求在1.0以上。

(二) 环境要求

操作现场应具备与探伤方法相适应的设施,各种仪器仪表,通风除尘装置及

规定的环境要求。做到操作现场清洁,整齐,摆放有序,待检件与已检件分区存放。

(三) 设施要求

使用中的无损探伤设备,材料及槽液,都必须按相应的无损探伤说明书的规定进行定期校准,开工前要进行校验,只有验证合格后才能进行探伤检验工作。

(四) 文件的要求

(1) 设计图样,工艺规程应明确规定探伤方法和探伤工序及工步;

(2) 探伤说明书、图表及探伤指导卡均是经审核批准的有效文件。

(五) 基本操作程序及要求

(1) 按要求准备好探伤文件和对探伤设备,槽液,材料的状态进行检查,确保探伤方法,环境,设施满足探伤要求。

(2) 检验被探伤件的探伤工序及工步是否与工艺规程及流程卡(或流转卡)相符。

(3) 接收探伤件时,目视外观检查零件表面质量状况应符合探伤说明书的规定,以保证探伤结果的可靠性。

(4) 对探伤件进行记录登记,如零件号、名称、材料牌号、炉(批)号、顺序号、数量、探伤方法,探伤标准等。

(5) 严格按探伤指导卡进行探伤检查。严格执行Ⅰ级探伤人员只允许进行基本操作,只有Ⅱ级及以上探伤人员有权进行检验及判定的规定。

(6) 按规定对零件做好合格品,不合格品的探伤标识,对不合格品进行隔离,按不合格品处理程序办理拒收单,交授权人员进行处理。对报废件做永久性标识,防止误用。按要求填写流程卡(或流转卡),并签字或盖章。

(7) 探伤结果判定后,应详细记录不合格数量、顺序号,不合格特性的定性或定量的描述,如对发现缺陷的性质、大小、多少、位置、形状等,必要时用简图进行记录,并发出探伤检验报告。

六、固定项目提交检验及要求

在装备研制、生产的过程中,固定项目的提交检验,是军事代表对产品的关键件(特性)、重要件(特性)、关键工序、生产过程中质量不稳定的项目以及装配后不易检验的项目,实施的一种例行试验检验。

固定项目提交检验与控制技术状态更改和审签技术资料、机动检查和了解质量动态一样,都是军事代表实施装备研制、生产过程质量监督的基本方式。从产品实现的角度看,也是产品实现过程中的工艺质量检验。

(一) 零部件检验的范围

《中国人民解放军驻厂军事代表条例》规定,军事代表在生产过程中对军事装备零部件的检验范围一般是：
（1）关键件、重要件；
（2）质量不稳定的项目；
（3）装配后不易检验的项目。

（二） 零部件检验的要求

（1）检验项目由军事代表室和工厂双方协商确定，并根据产品质量变化情况适时进行调整；
（2）军事代表对检验合格的零部件，应当在提交单上签字；
（3）对不合格的零部件，应当在提交单上注明意见；
（4）如有意见分歧，不能取得一致意见时，应联合上报各自主管部门处理；
（5）生产是否继续进行，由工厂决定。

（三） 固定项目提交检验的注意事项

（1）固定提交检验的具体项目，由军事代表提出，与工厂协商确定后，共同下达给有关单位，并根据产品质量的变化情况适时进行调整（一般情况下，每年调整一次）。
（2）固定项目提交检验在工厂检验合格后进行，由检验部门办理提交手续。
（3）军事代表应认真审查检验资料和其他现场记录，独立进行检验，不宜重复检验的项目，可与工厂联合检验，确认合格后，在提交单或随件单上签字。

七、最终产品（成品）检验及程序

最终产品（成品）的检验是指对完工的零件，装配的部（组）件，交付的整机等最终产品的检验，是工艺过程的最终把关，也是产品质量保证的出门关口。

（一） 检验的目的及条件

1. 检验的目的

最终产品（成品）的检验的目的是为了保证不合格品不入库，不交付出厂。是维护企业形象和信誉的最终把关，也是维护用户利益和要求的不可或缺的关键一环。

2. 检验应具备的条件

（1）检验前的所有工序都已完成，并通过各项质量检验；
（2）有明确的检验依据；
（3）在过程中发现的所有质量问题均已按程序和规定处理完毕，并有书面处理证据；
（4）产品的标识清楚，质量信息、质量记录齐全；
（5）产品的检验设施、方法、环境均符合文件要求。

（二）零、部件检验及要求

指对完成工艺规程所有工序并满足零件技术状态要求的成品件所进行的检验。具体要求如下：

（1）凡进入成检的完工零件必须满足"成品检验应具备的条件"的要求；

（2）检验图表应详细，被检特性标识有序，检验时按顺序检测和记录；

（3）对工序中遗留质量问题和成品检验中发现的质量问题均须办理拒收单，按不合格品处理程序执行；

（4）对计量器具维护保养，做到合格使用；

（5）加强检测技术，尤其是平台测量技术的基本功训练，做到检测尽可能靠近"真值"；

（6）责任心强，原则性强，在符合性质量判定时不受外来干扰，做到公正、科学、诚信。

（三）装配检验及要求

装配检验是对已完工入库零件配套装配的组件、部件及整机的总装配质量进行的检验。具体要求为：

（1）检查配套单的正确性及有效性；

（2）按配套单检查配套件的批次号及顺序号，以及所带质量证明文件，填写应符合要求，签字应齐全，对质量问题进行查验应已处理完毕，如有遗留问题，必须隔离，等待处理；

（3）不允许非配套件及不合格件进入装配现场；

（4）认真执行多余物控制措施，防止多余物进入装配件内；

（5）严格执行小零件管理制度，装配领用件，更换件必须按程序履行领用手续，不允许私自补充小零件；

（6）收集、整理所装件的质量证明文件，做好入库或转序的质量文件传递及存档工作。

（四）成品交付检验及要求

交付检验是对产品交付前按合同及技术协议书要求，进行产品层次的零部件、整机外观、性能（功能）、安全性、互换性、环境例行试验、可靠性验收试验等试验检验：

1. 外观检查

检查交付产品的质量证明文件应齐全、状态清楚、记录签字有效；检查产品外观形状，所见部分的外观完好、无机械损伤、漆层、颜色符合规定，无缺少零件，连接件及锁紧防松装置正确可靠。

2. 交付产品的性能测试

对于大型复杂的产品如航空发动机每台均应进行交付试车，考核整机功能的发挥,录取各种工作状态的性能,全面验收整机的综合质量状态,确保交付后安全可靠地使用。这种交付试验(试车)要求检验对产品的质量状态清楚,如实向用户代表通报。并向用户代表提交合格产品,严禁不合格产品提交验收。

3. 环境例行试验检验

环境例行试验检验是产品规范中质量一致性检验的项目之一,它是对小批试生产或批生产完成批进行的抽样交付试验,以确定其小批试生产或批生产是否符合有关标准中产品交付的要求。

环境例行试验检验是由使用方组织,精心安排,承制方积极配合,按环境例行试验大纲的要求,认真实施,监控记录,避免人为差错事故的发生,确保交付真实的制造质量。根据相关法规规定,环境例行试验未完成前,最终产品只能交付批次数的一半。由此,这种试验不论是对承制方还是使用方均非常重要。

4. 油封或包装检验与要求

(1) 油封包装是确保交付产品安全可靠地运输和贮存必需环节,检验应认真进行监控,其检验前必须做到:

① 产品的质量证明文件齐全,内容规范,如发动机等设备的履历本,应填写清楚、完整,应有检验负责人,质量负责人,用户总代表签字才能装箱发运;

② 油封和防潮、防霉变措施应按技术质量要求进行;

③ 装箱单内规定的装箱整机,随机备件及测试设备,数量符合规定;

④ 随机文件资料,如技术说明书,使用维护说明书,电器原理及线路图等按规定配置;

⑤ 外包装的防护标识完整、正确;

⑥ 对检验合格的包装箱、装箱交付产品实施封印。

(2) 包装检验一般应包括下列内容:

① 应制定产品包装箱和包装的检验规程,按检验规程分别进行检验;

② 产品的包装材料,包装箱应符合规定的要求;

③ 检验人员按装箱单核对装箱产品的型号、图号、名称、规格和数量以及质量证明文件并齐全,产品的封存及外观应符合规定的要求;

④ 产品装箱质量,包装箱识别标志及易燃、易爆、易挥发、有毒以及放射性等产品的特殊处理应符合相关的规定;

⑤ 经检验合格的包装产品应在包装箱开启处加盖检验合格封记。

第四章　装备研制工艺和工艺标准化评审

《武器装备质量管理条例》规定,武器装备研制、生产单位应当严格执行设计评审、工艺评审和产品质量评审制度。工艺评审是承制方及早发现和纠正工艺设计中缺陷的一种自我完善的工程管理方法,在不改变技术责任制前提下,为批准工艺设计提供决策性的咨询。

第一节　装备研制工艺评审综述

装备研制工艺评审综述主要是描述工艺评审的概念和工艺评审的一般要求。

一、工艺评审的概念

武器装备研制的工艺评审,规定了对军用产品工艺评审的一般要求,评审内容、组织管理和评审程序。描述了军用产品研制过程不同层次产品工艺评审的目的、依据和内容。装备的试验、修理以及生产过程重大工艺更改的工艺评审亦可参照执行。

工艺评审含两个方面的内容。一是工艺工作本身内容的评审;二是工艺设计工作的工艺文件的评审。重点包括工艺总方案、工艺说明书等指令性文件,关键件、重要件、关键工序的工艺文件,特种工艺文件,采用的新工艺、新技术、新材料和新设备,批量生产的工序能力等文件。若采用工艺设计评审,还应规定评审项目、评审顺序、评审内容及合格判据。

二、工艺评审的一般要求

（一）建立评审制度

对新产品的工艺设计,承制方应根据产品的层次和产品研制程序,建立分级、分阶段(状态)的工艺评审制度。

（二）设置评审点

承制方应针对新产品的研制阶段,确定产品工艺设计状态,设置评审点,并列入型号研制计划网络图,组织分级、分阶段的工艺评审。未按规定要求进行工艺评审或评审未通过,则工作不得转入下一阶段或状态。

（三）参加评审的部门

承制方的每一工艺评审,应吸收影响被评审阶段质量的所有职能部门代表参加,需要时,可邀请使用方或其代表及其他专家参加;在各项工艺设计文件付诸实施前,对工艺设计的正确性、先进性、经济性、可行性、可检验性进行分析、审查和评议。

(四) 工艺评审的依据

工艺评审的依据包括产品设计资料、研制总要求、合同及技术协议书和有关的法规、标准、规范、技术管理文件和质量体系程序,以及上一阶段或状态的评审结论报告。

(五) 工艺评审的重点对象

工艺评审的重点对象是工艺总方案、工艺说明书等指令性工艺文件、关键件、重要件、关键工序的工艺规程和特殊过程的工艺文件以及采用新工艺、新技术、新材料、新设备的评审等。

(六) 评审记录

工艺评审的结果应形成文件,并具有可追溯性。

三、工艺优化与工艺评审

工艺优化与工艺评审规定了装备工艺优化和评审的任务、基本原则、工作框架及主要内容;本章节以机械产品研制、生产过程的工艺优化和评审为主编制,同时也考虑其他专业的做法,供参考。

(一) 工艺优化与评审的目的

工艺优化与评审的目的是尽早发现工艺设计存在的薄弱环节或工艺设计缺陷,及时纠正并加以改进,从而有效地提高产品质量、降低成本、缩短生产周期,减少生产过程中的环境污染、人体危害,降低安全风险。

(二) 工艺优化与评审的主要依据

(1) 研制总要求及技术协议书和合同要求;
(2) 产品生产图样和技术文件;
(3) 有关法规、标准、规范、技术管理文件和质量保证文件;
(4) 工艺技术水平及企业生产能力。

(三) 工艺优化的基本原则

(1) 工艺优化应综合考虑生产质量、时间、成本、柔性、安全、环保等因素,提高生产系统的运行效率、生产变化的适应性和工艺绿色性;
(2) 工艺优化由工艺设计人员在新产品工艺设计(或工艺改进设计)过程中进行;
(3) 工艺评审点一般设置在各研制(或改进)阶段工艺设计完成后,产品生产开始前;
(4) 承制单位应根据产品的特点和研制程序建立分级、分阶段的工艺优化与评审制度；

（5）针对具体产品确定优化项目、评审内容和要求，未按规定要求进行工艺评审或评审未通过时，研制工作不得转入下一阶段（或状态）；

（6）在研制过程中出现对产品质量、研制任务和成本目标有重大影响的工艺技术问题，可进行专项工艺优化与评审。

（四）工艺优化的重点内容

工艺优化的重点内容一般应包括：

（1）工艺流程优化；

（2）工艺布局优化；

（3）工艺参数优化；

（4）工艺定额优化等。

（五）工艺评审的重点内容

工艺评审的重点内容一般应包括：

（1）新产品研制到批量生产各阶段（或工艺改进）工艺方案评审；

（2）大型复杂工装及非标设备的设计方案评审；

（3）关键件、重要件、关键工序及特殊工序工艺设计评审；

（4）新工艺、新技术应用评审；

（5）批量生产工序能力评审；

（6）研制或生产过程中关键工艺问题专项评审等。

（7）产品各阶段的工艺设计文件，如：工艺总方案，工艺说明书，关键件、重要件、关键工序的工艺文件，特殊过程工艺文件和采用新工艺、新技术、新材料、新设备的评审，其评审内容在第四章第二节中详细描述。

（六）工艺优化流程图

工艺优化流程见图4-1。

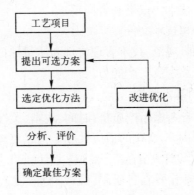

图4-1　工艺优化流程

(七) 工艺优化与评审工作框架图（图4-2）

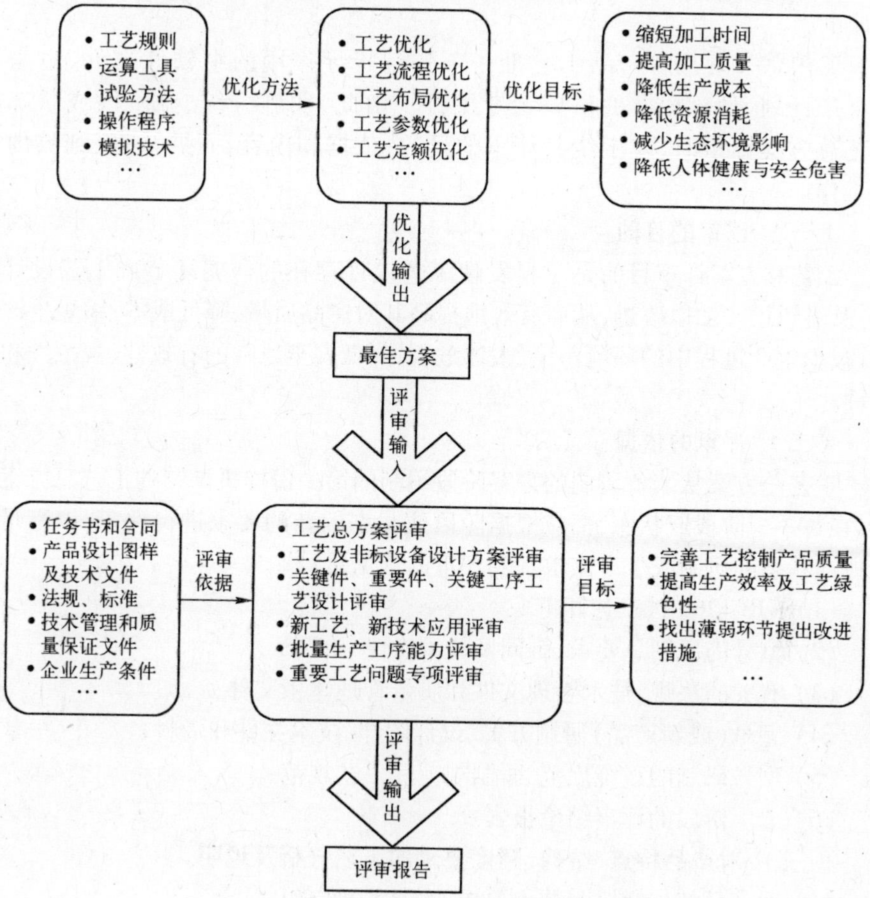

图4-2 工艺优化与评审工作框架图

第二节 工艺文件的评审

GJB 1269A《工艺评审》规定，承制方应针对具体产品确定产品的工艺设计的阶段，设置评审点，并列入型号研制计划网络图，组织分级、分阶段或状态的工艺评审，实际上是针对工艺文件的评审。标准中还明确规定，未按规定要求进行工艺评审或评审未通过，则工作不得转入下一阶段。评审的文件一般有以下五种类型：

一、工艺总方案的评审

工艺总方案评审是工艺评审的重点项目之一，在装备研制的每一个阶段或状态,应对编制的工艺总方案应实施动态管理,即进行研制阶段或状态过程的工艺评审。

工艺总方案是对产品工艺准备工作起指导作用的纲领性文件,也是制定生产计划、估算成本的重要参考文件。由此,实施分级、分阶段或状态的工艺总方案评审时,应围绕其评审的目的、依据和内容,开展认真、细致的审查工作。

(一) 评审的目的

工艺总方案评审目的是尽早发现工艺设计存在的薄弱环节或工艺设计缺陷,及时纠正并加以改进,从而有效地提高其对产品质量、降低成本、缩短生产周期、减少生产过程中的环境污染、人体危害、降低安全风险的有效性、规范性和操作性。

(二) 评审的依据

工艺总方案从装备研制的方案阶段编制的第一份样机试制的工艺总方案伊始,在每一个阶段或状态,都应根据阶段或状态的新的要求进行评审,以满足该阶段或状态的研制或生产需求。其评审的依据是:

(1) GJB 1269A《工艺评审》;
(2) 型号的研制总要求、合同及技术协议书;
(3) 有关的法规、技术管理文件和质量管理体系文件;
(4) 型号(或新产品)研制方案、设计图样、技术文件和资料;
(5) 型号研制的系统规范、研制规范和工艺规范;
(6) 上一阶段的评审结论报告。

(三) 对产品特点、结构、精度要求的工艺分析及说明

(1) 对产品特点、结构、技术要求的分析应准确;
(2) 对产品结构工艺性分析应恰当,并有工艺性分析报告。

(四) 满足产品设计要求和保证质量的分析

(1) 工艺原则和措施满足设计要求、保证产品满足质量要求;主要工艺方法应保证产品的制造质量,应具有相应的保障条件;
(2) 互换协调原则应保证产品的精度和互换性,满足设计要求;
(3) 对关键件、重要件的加工要求应有可靠的技术措施,确定的工艺关键项目应恰当,应有切实可行的工艺措施;
(4) 采用新工艺、新技术的项目应恰当,实施途径应可行;
(5) 主要检测、试验项目应保证产品的性能和可靠性,检测、试验的实施方案应可行。

(五) 工艺薄弱环节的技术措施

(1) 工艺薄弱环节的确定应恰当;

（2）所确定的技术措施应合理、可行。

（六）工艺装备、试验设备、检测仪器选择的正确性、合理性及专用工艺装备系数的确定

（1）所选择的工艺设备、试验设备、检测仪器应能保证产品制造精度；

（2）须增添的主要设备应确有必要，且有实现的可能；

（3）专用工艺装备系数的确定和配置原则应合理。

（七）材料消耗工艺定额的确定及控制的原则

（1）应符合产品设计要求，应与工艺方法相适应；

（2）应与研制阶段及生产批量相适应。

（八）工艺总方案的正确性、先进性、经济性、可靠性和可检验性

（1）应符合上级下达的研制总要求及技术协议书或产品订购、协作合同；

（2）应与研制、生产产品的生产类型、规模以及研制、生产周期相适应；

（3）应与承制方的生产条件和工艺水平相适应；

（4）应符合职业安全卫生、环境保护方面的政策、法规，并能切实做到；

（5）应能起到纲领性工艺文件的作用，应能做到生产布局合理、技术措施可行、组织分工严密、制造成本低廉。

（九）工艺文件的完整、正确、统一、协调

（1）工艺文件的编制原则和分工要求应合理、可行；

（2）工艺文件的种类、数量应完整、统一、协调，应满足生产和管理需要。

（十）工艺总方案评审的内容

在装备研制的每一个阶段或状态，对工艺总方案的评审内容是不一样的，承制方可根据装备研制的不同阶段或状态，选取或满足相应的内容，在工程研制阶段的设计状态，进行工艺评审，主要评审设计的可生产性。以下是装备研制在设计定型（或鉴定）之前应完成的工作内容。

（1）对产品的特点、结构、特性要求的工艺分析及说明；

（2）满足产品设计要求和保证制造质量的分析；

（3）对产品制造分工路线的说明；

（4）工艺薄弱环节及技术措施计划；

（5）对工艺装备、试验和检测设备，以及产品数控加工和检测计算机软件的选择、鉴定原则和方案；

（6）材料消耗定额的确定及控制原则；

（7）制造过程中产品技术状态的控制要求；

（8）产品研制的工艺准备周期和网络计划，以及实施过程的费用预算和分配原则；

(9) 对工艺总方案的正确性、先进性、可行性、可检验性、经济性和制造能力的评价；

(10) 工艺(文件、要素、装备、术语、符号等)标准化程度的说明；

(11) 工艺总方案的动态管理情况(应根据研制阶段和生产阶段的工作进展情况适时修订、完善，以能在工程项目的寿命周期内连续使用)。

二、工艺说明书的评审

（一）工艺说明书评审的含义

工艺说明书是对加工环节和加工对象的制造技术与要求的统一规定，评审其在规定的范围内是否具有通用性。

（二）工艺说明书的用途

工艺说明书的用途是指导工艺工作的文件之一，也是编制工艺规程和工艺卡片的依据。

（三）工艺说明书的分类

工艺说明书通常是按工艺类型来分的，如：焊接说明书、热表处理说明书、平衡说明书、探伤说明书、铆接说明书、试验或测试说明书等。

（四）工艺说明书的评审内容

(1) 产品制造过程的工艺流程、工艺参数和工艺控制要求的正确性、合理性、可行性；

(2) 对资源、环境条件目前尚不能适应工艺说明书要求的情况，所采取的相应措施的可行性、有效性；

(3) 对从事操作、检验人员的资格控制要求；

(4) 文件的完整、正确、统一、协调性；

(5) 文件及其更改是否严格履行审批程序，更改是否经过充分试验、验证。

三、关键件、重要件、关键工序的工艺文件评审

（一）关重件、关键工序质量控制的一般要求

(1) 承制方应结合产品特点，制定并实施关键件、重要件的质量控制程序；

(2) 在产品实现过程中，应对关键件、重要件进行标识，确保关键件、重要件的可追溯性；

(3) 为保证对关键件、重要件的质量控制持续有效，承制方内部审核是应对关键件、重要件的质量控制进行审核并记录；

(4) 承制方应做好关键件、重要件的记录并及时归档，其保存期限应与产品寿命周期相适应；

（二）关重件、关键工序工艺文件评审的依据

按照 GJB 190《特性分类》、GJB 467A《生产提供过程质量控制》、GJB 909A《关键件和重要件的质量控制》和《武器装备质量管理条例》规定，对关重件、关键工序工艺文件进行编制，并对其进行首件鉴定，其依据内容是：

（1）武器装备研制、生产单位应当对产品的关键件或者关键特性、重要件或者重要特性、关键工序、特种工艺编制质量控制文件；

（2）对关键件、重要件进行首件鉴定；

（3）设计评审时应对特性分析报告和关键件、重要件项目明细表进行评审，并保持记录。

（三）关键工序确定的正确性及关键工序文件的完整性

1. 关键工序确定的正确性

（1）应是设计文件规定的某些关键特性、重要特性所形成的工序；

（2）应是生产周期长，原材料稀缺昂贵，出废品后经济损失较大的工序；

（3）应是工艺有严格要求，加工难度大的工序；

（4）应是质量不稳定的工序；

（5）应是关键、重要的外购器材及外购件的入厂检验工序。

2. 关键工序文件的完整性

（1）关键工序明细表，表中应有关键工序号、工序名称、控制内容、内控标准等；

（2）关键工序的工艺规程应编有质量控制要求和方法，编制"关键工序质量控制卡"或"关键工序作业指导书"；

（3）工艺主管部门应会同质量部门选择或设计关键工序所需控制图（表）、工序检测数据记录表；

（4）若关键工序所控制的产品质量特性有内控标准时，应将其纳入关键工序关键工艺规程及质量控制文件中；

（5）对关键工序的工艺规程进行工艺评审时，应将关键工序的质量控制程序列为工艺评审的重要内容；

（6）关键工序的工艺规程应保持稳定，企业应制定严格的关键工序修改程序，确需修改时，应严格按照程序执行；

（7）关键工序明细表、关键工序工艺规程和"关键工序质量控制卡"或"关键工序作业指导书"应履行签署手续，应有质量会签。

（四）关键件、重要件、关键工序的工艺规程的标记及工序控制点的设置

（1）关键件、重要件、关键工序的工艺规程应按有关标准的规定进行标记。

(2) 工序控制点应按关键特性、重要特性进行设置,并按 GJB 726A《产品标识和可追溯性要求》的规定进行标记。

（五） 关键工序的工艺方法、检测要求的合理性和可行性

1. 关键工序的工艺方法的合理性和可行性

(1) 关键工序的工艺方法,要能保证实现关键特性、重要特性及其工艺技术的要求;

(2) 关键工序的加工工艺流程,应科学合理,易于保证加工质量,提高生产效率;

(3) 关键工序的加工工艺内容应细化,有必要编制工序图或工步图,便于工人操作和质量控制。

2. 关键工序的检测要求的合理性和可行性

(1) 关键工序的检测要求应满足关键特性、重要特性的要求;

(2) 关键工序的检测项目、参数、器具的确定应恰当、可行;

(3) 关键工序的检测方法应满足检测要求,便于操作。

（六） 关键工序的技术措施

(1) 关键工序的技术难点应有明确的技术措施;

(2) 关键工序的技术措施内容,应能保证实现关键特性、重要特性的要求;

(3) 关键工序的技术措施应可行,与相关文件应协调一致。

（七） 关键工序的质量控制

(1) 关键工序是否按有关标准规定编制了工序质量控制文件;

(2) 编制的工序质量控制文件内容应完整齐全,文件要规定控制项目、内容及方法,工序质量控制文件应纳入到关键工艺规程中;

(3) 保留关键过程质量记录,保持产品质量可追溯性;

(4) 投入或转入关键工序的原材料、毛坯、元器件、零部件及重要的辅助材料等,应具有复检(或筛选)合格证明文件或合格标识;

(5) 需要外包(外协)时,应对外协工序提出质量控制措施或签订技术协议书,并按规定的技术与质量协议对产品进行验收;

(6) 首件实行自检、专检,并对产品特性作实测记录;

(7) 设立关键工序质量控制点,重点控制某些特性或因素;

(8) 关键工序应定人员、定工序、定设备。

（八） 关重件、关键工序工艺文件评审的内容

(1) 关键工序确定的正确性及关键工序目录的完整性;

(2) 关键件、重要件、关键工序的工艺文件是否有明显的标识,以及质量控制点设置的合理性;

(3) 关键件、重要件、关键工序的工艺流程和方法以及质量控制项目及要求

的合理性、可行性；

（4）关键工序技术难点攻关措施的可行性、有效性；

（5）关键件、重要件、关键工序工艺文件的更改是否经过验证并严格履行审批程序。

（九）关重件、关键工序质量控制范例

为了督促企业切实做好关键件、重要件、关键工序质量控制工作，不断增强质量管理体系运行的有效性。根据装备研制过程中发现以及相关经验做法，本书试述对关键件、重要件、关键工序质量控制的流程及要求的认识，供参考。

1. 关键件、重要件、关键工序质量控制的依据

承制单位应按照下述标准结合产品特点与实际，制定并实施关键过程质量控制办法，确保关键过程受控。关键件、重要件、关键工序质量控制的标准依据主要有：

GJB 190 《特性分析》

GJB 467A 《生产提供过程质量控制》

GJB 909A 《关键件和重要件的质量控制》

2. 关键件、重要件、关键工序质量控制流程（图4-3）

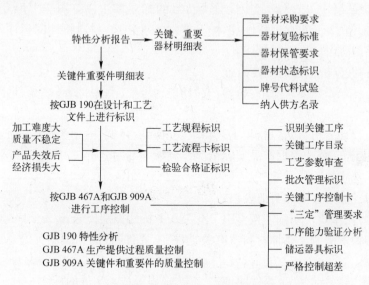

图4-3 关键件、重要件、关键工序质量控制流程

关键工序一般由两方面确定，一方面是设计开发策划时，对产品进行特性分析（一般有特性分析报告），确定含有关键（重要）特性的单元件即关键

(重要)件,而形成关键(重要)特性的过程为关键过程。另一方面,在设计开发过程中的工艺策划时,承制单位应根据产品生产过程中的复杂程序、基础设施、生产设备、环境、人员、测试等情况制定出哪些是加工难度大、质量不稳定、容易造成重大经济损失的过程,即关键过程。这些由工艺确定关键工序,可根据情况适时进行调整。有些企业重视前者,忽略后者,在工艺控制方面频频发生问题;有些企业在如何确定关键件(特性)方面理解错误,从产品在飞机上使用的频次来确定是否为关键件(特性),而不是将产品在使用过程的作用来确定是否有关键件(特性),一般在作战系统、防卫系统、救生系统方面的产品易出现这类问题。还有的企业认为,不是复杂产品不用进行特性分析,因此就没有关键件(特性),所以就没有关键工序,这样的情况比较普遍。应该讲,无论是发动机、弹射座椅还是螺丝、操纵钢索,凡是武器装备都应进行特性分析。

3. 特性分析报告、关重件明细表与技术文件标识

承制单位在进行产品设计和开发时,应按 GJB 190 的要求进行产品特性分析并形成各种汇总表和规范性技术状态基线文件。即形成产品特性分析报告、关键件和重要件明细表、技术状态项汇总表、工序检验和最终产品检验项目汇总表和材料规范、工艺规范、检验规范、试验规范、安全规范、调试规范等规范性技术状态基线文件。以及规定特性分类符号的标注方法,如:图样上尺寸公差特性、形位公差、表面粗糙度特性、图样上技术要求特性、材料特性的标注等;还需规定文字内容设计文件的标注。

1) 特性分析报告的主要内容

(1) 技术指标要求分析:包括产品功能、持续工作时间、环境条件、维修性、失效等;

(2) 设计分析:包括材料、工艺要求、互换性、协调性、耐久性(寿命)、失效、安全、裕度等。鼓励根据产品实际情况作更加详细的分析。

(3) 选定检验单元

2) 关键件、重要件明细表

关键件、重要件明细表按 GJB 190 中 6.1 特性类别代号,6.2 顺序号,6.3 补充代号的要求编制。当原材料含有关键件、重要件特性时,编制关键、重要原材料明细表。

3) 图样、关键件、重要件明细表,工艺规程等技术文件的标注

图样、工艺规程、随件流程卡等技术资料上的关键件、重要件标识与标注,按 GJB 190 中 7 特性分类符号的标注要求进行。图样标识见表 4-1 工艺文件标识样式。

表 4-1 关键件、重要件明细表

序号	零件名称	尺寸公式差特性	加工要求
G1	轴	上、下极限偏差均为关键特性 $\Phi 10\pm0.05$(G1)	
Z101	轴	上、下极限偏差均为重要特性 $\phi 25^{+0.01}_{-0.03}$ (Z101)	
+G1	轴	上极限偏差为关键特性，下极限偏差为一般特性 $\phi 18^{-0.014}_{-0.024}$ (+G1)	
G2	装配	上极限偏差为关键特性、下极限偏差为重要特性，均在装配前复检 $60^{-0.01(+G1B)}_{-0.05(-Z101B)}$	

4. 确定关键工序

承制单位应依据关键件、重要件明细表，加工难度大，质量不稳定，产品失效后经济损失大等因素，识别并确定关键工序，编制关键工序目录（表 4-2），并对关键工序进行质量控制。

表 4-2 关键工序目录

序 号	关键要素	加工部门	工序号	工序名称	零、部、组件号	名 称

编制：　　　　　　校对：　　　　　审核：

会签：　　　　　　批准：

5. 关键工序质量控制

1）使用方对关键工序的监督

使用方应针对产品功能和安全性及生产质量稳定等情况,参照承制单位编制的关键件(特性)重要件(特性)项目明细表和关键工序目录,编制关键件、重要件和关键工序质量监控清册(表4-3、表4-4)组织内部评审,经军事代表机构审批后执行。

表4-3　关键件、重要件质量监控清册

件　号		名　称	
零件类别		生产部门	
配套关系		技术准备	
关键(重要)特性			

此处应配有零件直观图、配套关系图或关键(重要)特性控制示意图,图片应采用数码照片,截取设计图等形式。

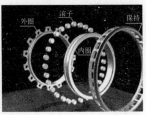

表4-4　关键工序质量监控清册

序　号	关键要素	加工部门	工序号	工作名称	零、部、组件号	名　称

列入监控清册的项目,使用方应采用固定项目提交检验的方式对关键件、重要件和关键工序进行100%的检查;对未列入监控清册的关键件(特性)、重要件(特性),采用纳入质量管理体系日常监督的方式进行检查,做到全面受控。

2)承制单位应对关键工序做好以下质量控制

(1)对所有关键工序实施"三定"管理,并针对承担的产品特性,编制"三定"管理卡(自定);

(2)应对关键工序使用的各类技术文件和资料中的工艺参数进行审查,确保文文一致,标识准确;

(3) 在关键件、重要件的随件流程卡上填写批次管理标识;

(4) 建立关键工序控制点,使用专门的控制卡(参见表4-5),记录关键特性实现情况;

表4-5 关键工序质量控制卡(参考)

工序名	自动焊接		批次号	08-05-02	控制点编号	2	设备名称	波峰焊机
序号	作业名称	作业流程	工序质量控制要求					
			控制项目	控制界限	测量方法	检查频次	责任者	备注
15	预热		温度	80~90	水银柱温度计接触测量	4次/日	操作工	波峰焊工序的操作工必须接受每年24小时业务技术培训,经考核合格持证上岗。
	发泡		助焊剂比重	WS-1013 0.805~0.825/cm³	比重计	1次/日	操作工	
	波峰焊		锡缸温度 焊剂成分	245℃ Sn62%~63.5%	热电偶 常规理化分析	4次/日 1次/日	操作工 理化	
	检验		焊接速度	Cu∠0.3% 50cm/min	秒表测定	1次/日	操作工	
			焊接疵点率	≤300PPM	目测	每日抽20块,分4次抽样	检验员	

(5) 对关键工序能力进行验证分析,确定工序能力满足产品实现的需要,并形成关键工序能力验证分析报告;

(6) 对关键件、重要件储运器具进行标识;

(7) 按GJB 3206A《技术状态管理》的要求和GJB 571A《不合格品管理》的要求,严格控制关键件、重要件超差;

(8) 关键件、重要件、关键工序外包时,按外包过程进行监督检查;

(9) 其他控制内容按GJB 467A《生产提供过程质量控制》的要求实施。

四、特殊过程工艺文件的评审

为了增强对特殊过程工艺文件评审的有效性,首先应对特殊过程和特殊过程确认的正确性进行分析,切实做好特殊过程确认工作,不断增强质量管理体系运行的有效性。根据审核发现以及相关经验做法,试述对特殊过程确认的认识,供参考。

(一) 特殊过程的含义

生产和服务提供过程的确认是 GJB 9001B - 2009 标准明示的要求。标准 7.5.2 要求:"当生产和服务提供过程的输出不能由后续的监视或测量加以验证,使问题在产品使用后或服务交付后才显现时,组织应对任何这样的过程实施确认。确认应证实这些过程实现所策划的结果的能力"。我们习惯于将这样的过程称之为特殊过程。

何谓"确认"? GJB 9001B - 2009 标准附录 D 术语和定义中明确:确认是指,通过提供客观证据对特定的预期用途或应用要求已得到满足的认定。

在确认的定义中又包含两个术语,即客观证据、要求。"客观证据"的定义是"支持事物存在或其真实性的数据"。客观证据可通过观察、测量、试验或其他手段获得。而"要求"的定义是"明示的、通常隐含的或必须履行的需求或期望"。这里的"通常隐含"是指组织、顾客和其他相关方的惯例或一般做法,所考虑的需求或期望是不言而喻的。而特定要求可使用修饰词表示,如产品要求、质量管理要求、顾客要求。规定要求是经明示的要求,如在文件中阐明。要求可由不同的相关方提出。

对特殊过程的理解,已经废止的 ISO 9001:1994 4.9 条的提法比较好理解,它将特殊过程表述为:"当过程的结果不能通过其后产品的检验和试验完全验证时,如加工缺陷仅在使用后才能暴露出来,这些过程应由具备资格的操作者完成和/或要求进行连续的过程参数监视和控制,以确保满足规定要求。"

需要说明的是,在 ISO 9000 族中唯一作为审核准则的 ISO 9001:2000 及 GJB 9001A-2000 均没有直接使用"特殊过程"这一说法,GJB 9001B - 2009 在 D.4 有关过程和产品的术语 D.4.1 过程的注 3 中明确:对形成的产品(D.4.2)是否合格(D.6.1)不易或不能经济地进行验证的过程,通常称之为"特殊过程"。

而这样的过程在武器装备的承制单位内有很多种,按类别主要有以下方面:

1. 锻造

锻造一般分为自由锻和模锻。根据所用锻压设备的不同,自由锻分为锤上自由锻和水压机上自由锻;模锻则分为锤上模锻、液压机模锻、曲柄压力机模锻、螺旋压力机模锻。

具体锻造方法有:电镦、挤压、辊锻、辗压、环轧、径向精锻、精密模锻、多向模锻、超塑性等温模锻、高压高速成形、β 锻造、粉末锻造、温锻、超声振动锻造、静液挤压等。

2. 铸造

铸造按铸型所用材料或造型、浇注方法的不同分为:

砂型铸造、陶瓷型铸造、石膏型铸造、石墨型铸造、磁型铸造、复砂造型、金属型铸造、熔模铸造、压力铸造(包括真空压铸、无气孔压铸、双冲头压铸、卡尔压铸法)、离心铸造、连续铸造、真空吸铸、实型铸造、细孔铸造、模压铸造、挤压铸造、顺序结晶铸造、低压铸造、凝壳铸造、定向凝固、半固态金属铸造等。

3. 热处理

金属材料的热处理通常分为整体热处理和表面热处理。包括正火、退火(包括完全退火、不完全退火、球化退火、等温退火、双重退火、再结晶退火、去应力退火、石墨化退火、光亮退火)、淬火(包括单液淬火、双液淬火、等温淬火、分级淬火、预冷淬火)、渗碳(包括真空渗碳、调频渗碳、离子渗碳、电解渗碳、碳氮共渗)、渗氮或氮化(包括离子氮化、软氮化、加钛氮化、压力氮化)、渗金属(包括渗铝、渗铬、渗硅、渗铌、铝铬共渗)、固溶处理、回火、时效硬化、调质处理、冷处理、化学热处理、真空热处理、激光热处理等。

4. 金属腐蚀及防护工艺

镀锌、镀镍、镀铬、镀锡、镀铜、镀银、合金电镀、无氰电镀、真空电镀、塑料电镀、磷化、氧化、阳极化、钝化处理、电泳涂层、火焰喷镀、等离子喷镀、爆炸枪喷镀、三极溅射碳化钛、化学镀、化学复层、化学抛光、电抛光、喷砂处理等。

5. 焊接

按照金属材料在所处的状态和热源特征分类如图 4-4 所示。

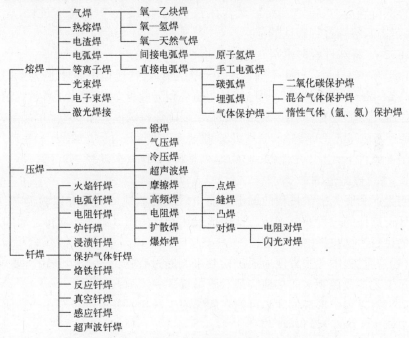

图 4-4　焊接分类图

6. 橡胶类

橡胶的硫化、注塑、胶接，复合材料粘接、复合材料固化等过程。

7. 成形工艺

滚弯成形、型辊成形、接弯成形、拉伸压延成形、机上铸模成形、落锤成形、加热成形、超塑成形、爆炸成形、时效成形、喷丸成形、液电成形、电磁成形、超低温预成形、模内淬火成形等。

8. 特种加工

放电加工（包括电火花、线电极切割、电火花共轭加工、导电磨、阳极机械加工）、电化学加工（包括电解型面、电解打孔、电解车削、电解抛光、电解磨削、电解珩磨）、激光加工（包括激光打孔、激光切割）、超声加工（包括超声打孔、超声切割、超声研磨）、电子束加工（包括电子束打孔）、离子加工（包括等离子切割、离子溅射腐蚀）、化学加工（包括化学铣切和机械化学研磨）。

当然，武器装备生产过程中的"特殊过程"远不止这些。即使是同样的一个过程，不同的承制单位可能其结果不一致。承制单位甲由于资源能力充分，能够对经特殊过程加工后的产品质量特性进行测量，则该过程对承制单位甲而言就可能不是特殊过程。而承制单位乙因资源能力不足，对经过特殊过程加工的产品质量特性，只能通过"不经济的""破坏性的"等方式进行检验验证产品质量，则该过程对承制单位乙而言，就是特殊过程。因此，对生产和服务提供的某一过程是否能被确定为"特殊过程"，就存在一个识别问题。识别特殊过程，确定其存在，是搞好特殊过程确认的前提。

（二）特殊过程的识别

由于许多特殊过程存在不确定性，组织在进行特殊过程识别时，既要考虑自身已经具备的资源保证能力，即：因已经具备监视和测量能力，不需将某些过程纳入特殊过程加以管理，避免其不经济性。同时，又要确保特殊过程加工产品的质量，将那些不能经济地测量产品参数的产品实现过程，确定为特殊过程并加以严格控制。

当前条件下，组织识别某一过程是否是特殊过程，应注意三点：

1. 注意覆盖范围

当生产和服务提供过程的输出不能由后续的监视或测量加以验证时，组织应对任何这样的过程实施确认。这包括仅在产品使用或服务已交付之后问题才显现的过程。这包括：

（1）在过程中无法方便地通过检验来判断过程产品是否达到输出要求，只能通过工艺参数控制来间接地实现对质量特性的控制；

（2）对过程中形成的缺陷可能在后续的生产和服务提供乃至在产品使用后才能显露出来的质量特性；

（3）不可重复的过程和具有昂贵价值的产品，不能经济地进行测试；

(4) 顾客有特殊要求；

(5) 如果不对过程实施确认，可能导致严重后果。

2. 注意确认范围

如，某一产品生产线里可能存在一个具有特殊过程特征的工序，这时应确定是仅对工序进行确认还是对生产线进行确认。还如，某一热处理车间有 N 台热处理炉，其相互间又不构成上下工序时，应将每台热处理炉作为一个独立的工序，逐个进行确认，这样做可以降低因设备维修、人员更换时再确认的成本。

3. 注意产品覆盖

标准中只要求对特殊过程进行确认，并没有要求对所有加工的产品进行逐一的确认。因航空产品不同于其他地面装备，对产品的寿命、可靠性、安全性要求高，组织在识别特殊过程时必须考虑这一因素。

识别后，为便于管理，组织应编制特殊过程目录。

（三） 特殊过程确认的意义

对装备研制的产品实现过程的特殊过程进行确认，其根本目的在于确保产品质量。由于武器装备尤其是航空产品不同于其他地面装备，对其耐久性、可靠性、安全性要求很高，大量构件需要经过特殊过程的加工处理，对特殊过程控制有较高的要求。近几年，由于对特殊过程质量控制不到位，相继发生了某型飞机平尾大梁因焊接质量控制原因导致裂纹、某厂生产的标准件因表面处理质量控制原因导致托板螺帽裂纹、某厂因随意更改产品加工工艺导致救生系统配套产品裂纹、某承制单位因工艺控制原因导致生产的螺旋桨起泡、裂纹……从对这些问题的解决过程不难看出，这些问题既给承制单位造成了巨大的经济和财产损失，也给装备带来了质量安全隐患，一旦在空中出现问题，将直接影响飞行安全。外商在航空军工企业进行转包生产时，对特殊过程质量监督是十分严格的。相比之下，显出我们在这方面的差距之大。开展特殊过程确认是一种预防性工作，只有认真、扎实地做好特殊过程确认，规范特殊过程生产，才能为确保产品质量奠定基础。

（四） 制定特殊过程确认计划

编制特殊过程确认计划时，一是可根据产品的重要程度选定特定的产品，结合生产情况制定特殊过程确认计划；二是针对关键件、重要件制定专门的确认计划；三是根据实施首件鉴定的需要制定的确认计划。确认计划中应确定实施人、检查人以及完成的时间等。因为对特殊过程确认不可能由一个部门或一个人来完成，它所涉及的部门有工艺、检验、设备、人事、材料和生产现场等，需明确各部门所负职责，将影响特殊过程的因素全部进行确认。

（五） 制定特殊过程确认准则

为确保特殊过程确认的有效性，制定科学合理的确认准则就显得非常重要。为此，标准中要求"确认应证实这些过程实现所策划的结果的能力"。组织应对

这些过程做出安排,适用时包括:
(1) 为过程的评审和批准所规定的准则;
(2) 设备的认可和人员资格的鉴定;
(3) 使用特定的方法和程序;
(4) 记录的要求;
(5) 再确认。

特殊过程确认什么,标准中提出了上述要求,就是确认人、机、料、法、环、测(5M1E)的能力,任何产品的特殊过程都必须严格控制。但因不同产品的技术要求不同,故可采取不同的控制方式,控制程度可以有区别。不同特殊过程及不同产品,可有不同的确认侧重点,但都应证实这些过程具有满足设计图样、工艺文件要求的能力,能够稳定地生产出合格产品。关键件、重要件应对人、机、料、法、环、测(5M1E)各因素的能力进行分析评定,各项内容均符合要求后予以确认。其他产品可按相关图样技术要求及工艺要求,对人、机、料、法、环、测(5M1E)各因素进行控制、验证,并保存相应记录以备查。

例如:飞机冷气瓶的焊接和技术要求低的、一般物质存放架焊接确认的要求是不一样的。在确认飞机冷气瓶焊接过程时,必须对人、机、料、法、环、测(5M1E)6个因素全部进行确认,并且要保存确认记录。确认存放架焊接时,只需对人员和焊接设备进行确认。因为,人员和设备保证了,就可以满足对该过程的控制要求。

(六) 特殊过程确认的内容及要求

特殊过程中人、机、料、法、环、测(5M1E)各因素的确认内容及要求如表4-6所列。

表4-6 因素确认

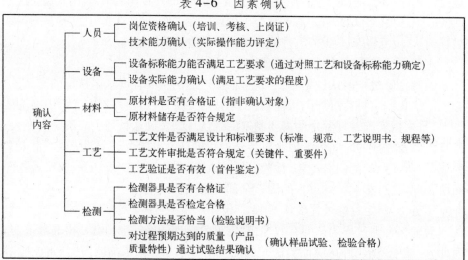

1. 对人员的确认

操作人员应经过培训、考核并持证上岗。工种级别符合工艺文件要求,熟悉工艺技术要求并具有保证产品质量的操作、控制能力。如表4-7所列的人员能力确认,将人员能力确认内容分为两部分,即岗位资格确认和技术能力确认。其内容分别为:

1)岗位资格确认内容

(1)操作人员是否经过培训;

(2)考核并持证上岗;

(3)工种级别是否符合工艺文件要求。

2)技术能力确认内容

(1)操作者对实施操作的工艺过程是否熟悉;

(2)重要工艺参数是否清楚;

(3)对过程能否实施有效控制;

(4)技术能力必须通过现场操作以及检验人员对产品检验合格后方能通过确认。

这样,可以避免只确认岗位资格而忽视了人员技能是否满足要求的不足,从而使特殊过程对人员的要求得到了保证。

确认时要考核人员在工艺操作中应掌握的技能,如手工焊工控制熔化池能力、浇铸工和锻造工肉眼判断金属温度的能力等,对他们的确认,仅仅有培训考核记录是不够的,还要看是否对其相应技能考核。例如:某单位的缝焊工序,工艺中焊接温度有控制要求,温度过高,焊接金属晶粒过大,对性能有影响;焊接温度过低,金属没有熔透,焊接不牢固。缝焊温度由操作者凭经验识别金属颜色控制。查对人员确认,企业进行了培训、考核,并合格,其中未对人员温度识别能力进行考核,现场让操作者识别温度,与红外线测温仪对比,相差100℃多,已大于工艺规定的公差值,确认则不充分。因此,对人员确认,不仅考核是否了解工艺,也要对其应掌握的技能考核。

对人员的确认还要考虑同一特殊过程、同工种多人确认问题。从理论上讲,从事特殊过程生产的人员,都要对其所从事的特殊过程进行确认。但在实际操作上难度很大,很难做到逐人逐产品全部进行确认。在实际监督过程中,一般而言,只要是从事特殊过程的人员具备符合国家对人员资格的能力要求和独立上岗资格,并列入确认人员名册,就可认为这些人员的确认过程有效。这样的原则也应在确认准则中规定或明确。

表4-7 人员能力确认表

产品名称			产品图号		类别	
确认内容	1. 岗位资格确认(包括操作者,检验人员)					
	姓 名	培训日期	培训内容	考试成绩	上岗证编号	
	2. 技术能力确认(包括操作者、检验人员)					
	姓 名	产品名称	使用设备	操作内容	能力等级	
结论:						

2. 对设备的确认

确认生产设备、工装是否齐全、配套;是否管理规范、状态良好;其能力和精度是否符合工艺及产品要求。通常分三个步骤进行:

(1) 对焊机绝缘情况以及电流、电压表是否检定合格并在有效期内等设备基本状态进行确认,符合要求时方可进行以下内容;

(2) 按照表4-8 逐项列出工艺对某一型号设备的要求,与设备技术资料中的相应功能进行对比,以确认设备标称能力是否满足工艺要求;

(3) 对设备实际能力进行确认,例如:在某工艺中允许三台 YM-500KR 二氧化碳焊机用于相同设备的焊接作业,我们根据设备标称能力确认表中涉及的项目,按表4-9 对三台焊机分别进行确认。

表 4-8 设备标称能力确认表

产品名称			产品图号		类别	
设备(工装)名称				设备(工装)标称型号		
确认内容	序号		工艺要求		设备(工装)标称能力	

结论：

表 4-9 YM-500KR 焊机实际能力确认表

序号	设备编号	电源电压 AC380 ±10% 50Hz	额定输入容量 31.9kVA	CO_2气体流量 10~20 L/min	最高空载电压 66V	输出电压 DC16-45V	输入电流 DC60-500A	额定负载持续率 0.6	送丝速度 50~120 cm/min	确认时间	加工产品	备注

进行设备确认时，还应考虑以下四个方面：一是能够达到工艺要求的能力，如保证达到的温度、电流、电压等，是否能够达到；二是在规定的参数范围中参数是否稳定，如，工艺要求 800±200℃，但往上调即刻达到 900℃，往下又达到 700℃，温度能保证，但不稳定，如烧煤的煅烧炉温度稳定性较差，中频加

热炉温度稳定性好些;三是确认测量设备的准确性,显示仪表的精度在规定范围内,如仪表显示 800℃,但实际仅有 700℃ 或达到 900℃,这样就不行,并且仪表精度应与工艺要求精度相适应,一般仪表显示误差值 E≤1/3 工艺公差值 T;四是多台同类型设备的确认。如某承制单位同规格、同型号、不同编号的完好热处理炉共三台,同时或分别都能用于产品的热处理。对于这样的设备,不能简单地只对其中的一台设备进行确认,并代表了其他两个热处理炉的确认,而应对三台热处理炉分别进行确认。即使三台设备生产的是同一型号的产品也应分别对其进行确认。

3. 对使用材料的确认

特殊过程所用原材料和辅助材料应符合相关标准,并有合格证明。有入厂复验要求的原材料,除有合格证外,还需检验部门检验合格后方可使用。另外,还需对材料的储存是否符合要求进行确认,确保原材料不失效,并将确认结果填入表 4-10。

表 4-10 原材料确认表

材料名称	确认内容				
	牌号	入厂复验	合格证明	储存状态	说明

4. 对方法和程序的确认

一般是通过首件鉴定或对工艺文件的确认来对方法和程序的确认。要求所选用的工艺方法科学、合理、具体,其中包括工艺路线、工艺参数(压力、速度、温度、湿度、黏度、浓度、时间、电流和电压等),并便于实施,能确保实现图样技术要求;审批程序应符合有关规定。

对于工艺方法的确认,一般由检验部门的技术和检验人员、车间工艺人员和操作者代表共同进行,先由操作者按工艺要求施工,两级主管工艺人员现场跟踪,完工后由检查人员对产品进行检验,并出具检验报告,以明确该工艺方法是否可行。另外,由于工艺文件往往会被修订,所以不但要确认工艺文件最初版本的审批程序是否符合规定,还要确认修订工艺文件的通知的审批程序是否符合规定,并将上述确认结果填入表 4-11。

表4-11 工艺文件(方法)的确认

产品名称		产品图号		类别	
工艺文件名称		工艺编号			
确认内容	1. 工艺文件的编制是否符合设计及标准要求:				
	2. 工艺文件审批是否符合规定:				
	3. 工艺验证是否有效:				

（1）工艺文件的编制是否符合设计及标准要求；

（2）工艺文件审批是否符合规定；

（3）工艺验证是否有效。

有些单位在长期实践中对特殊过程确认有其特定方法,比如:有的对点焊工序定期做剥离试验,对焊缝做浸煤油试验、气密试验、水压强度试验,对表面处理做盐雾试验,对油漆做划格试验等,这些都是特定的确认方法,可规定在确认准则中。

5. 对过程参数的确认

这一部分实际是对工艺文件确认的一个方面。过程参数的监测方法、手段及记录的项目、方式等应合理、有效,结果应符合工艺要求。产品最终质量特性的检测、试验方法、手段应合理、有效,结果应符合图样和技术要求。例如:对焊接过程,我们确定的工艺控制要求有:焊前准备、施焊、焊后热处理、焊缝检验;各工序的预热温度、焊缝形式、被焊工件厚度、焊条、焊丝直径、焊接速度、焊后处理温度、时间等应加以控制,并做好记录;产品最终质量特性应有检验结果或报告。其中,检测手段能力确认结果填入表4-12。

表 4-12 检测手段能力确认表

产品名称		产品图号		类别	
检测工具名称		检测工具编号			
确认内容	1. 检测器具是否有合格证：				
	2. 是否按规定进行了定期检定：				
	3. 检验方法是否恰当：				
	4. 相关记录填写是否符合规定：				

（1）检测器具是否有合格证；

（2）是否按规定进行了定期检定；

（3）检验方法是否恰当；

（4）相关记录填写是否符合规定；

对工艺参数的确认，有些单位应用"三次设计"方法中的"参数设计和容差设计"。三次设计是"线外质量控制"中对产品的系统设计、参数设计、容差设计的基本要求，主要是用于设计过程控制中，这里可以借鉴其理论用于工序控制（线内控制）。首先是"参数设计"，对工艺保证中关键的因素找出来，哪些是影响敏感的因素，哪些是影响敏感小的工序，工序的特性值 $y = f(A, B, C)$，即 y 的质量由 A、B、C 三个参数决定。确定 A, B, C 参数波动时对 y 的影响程度，找出影响大的关键因素，并参数优化；找出一组数据 AO, BO, CO，使得 $y = f(AO, BO, CO)$ 最优。其次是"容差设计"，找出参数的最佳值及最佳变差，首先确定最佳值和最佳波动值，$y = f(AO \pm \triangle AO, BO \pm \triangle BO, CO \pm \triangle CO)$，最后找出最佳参数值 AO, BO, CO 及最佳变差值 $\triangle AO$、$\triangle BO$、$\triangle CO$ 就是工艺参数确认的结果，按照这些参数及变差控制，对工序质量保证效果最好。

6. 对工作环境的确认

对工作场地的环境条件应从两个方面进行控制。一是作业环境（包括场地大小、温度、湿度、清洁度等)应满足工艺及产品质量控制要求。二是产品生产过程中的环境因素及危险因素(包括噪声、温度、湿度、粉尘、烟尘以及防护等)应满足环境/职业健康安全管理体系的相关要求。

上述因素确认合格后,证明人、机、料、法、环、测(5M1E)可满足该特殊过程的控制要求。

此外,对多品种项目的确认。由于组成大型航空武器装备的零部件成千上万,采用特殊过程的工艺也十分复杂,即便是辅机厂生产的产品一般也是品种多、项目杂。按照空军标 KJB 9001 的要求,确认要覆盖全部产品,这在实际生产实施过程中,每一种零件都进行特殊过程确认是很难实现的。所以,承制单位应在特殊过程的识别、策划中,对零件结构形式、所用材料、工艺过程、工作部位、受力大小、经济性等因素综合分析,以文件形式确定选取的原则或准则。因此本书还推荐以下成功的做法。

(1) 典型确认。对采用相同的材料、工艺参数,工作位置接近,承力状态、生产成本差别不多的产品,可选取其中的一种代表此类产品进行确认。例如:某型航空发动机进口导向叶片、一至三级风扇叶片和静子叶片,均采用同一种金属原材料;采用相同的锻造工艺;工作位置接近;生产成本差别不多;则可选取其中一种叶片如一级风扇叶片,并代表其他叶片进行叶片锻造工艺的确认。对于该例,特殊过程确认项目可表述为:选取某型航空发动机一级风扇叶片进行锻造工艺确认,代表该型发动机进口导向叶片、一至三级压气机风扇叶片和静子叶片锻造工艺。该准则将七种叶片的锻造工艺确认简化为了一种,提高了确认效率。

采用典型确认方式时,应填写表4-13并记录被代表的产品或材料名称。

表4-13 对产品的确认记录表

典型产品名称		典型产品图号		类别	
工艺文件名称			工艺文件编号		
确认内容	1. 被代表确认产品(材料)的名称及型号:				
	2. 被代表产品的工艺文件的编制是否符合设计及标准要求:				
	3. 被代表产品的工艺文件审批是否符合规定:				
	4. 被代表产品的工艺检验是否有效:				

(2) 单独确认。对于材料、工艺技术、工作环境、承力状态差异较大的产品或零件,如需确认,只能单独进行。不能因产品的结构相同,尺寸形态相近而相互代替。例如典型确认中某发动机Ⅱ级涡轮叶片虽然也采用了锻造工艺,但由于所用材料、工艺参数、工作环境与发动机进口导向叶片、一至三级风扇叶片和静子叶片差异较大,就不能用一级风扇叶片锻造工艺确认结果来代表,而应另行增加确认项目条款。

选取典型零件制订特殊过程确认项目存在一定质量风险。可通过连续批量生产的质量稳定性来不断调整确认项目。

(3) 成熟工艺的确认。实施 GJB 9001A 之前,承制单位已进行了了多年航空军工产品的生产,其产品已在部队使用多年,生产过程对该产品所采用的特殊过程或特种工艺经使用证明是质量可靠的,对这些老产品的成熟的特殊过程可不再逐一进行确认,或可按承制单位确认准则中规定的周期及再确认准则进行确认。但是,当成熟工艺应用于新产品时,还应重新进行确认。

(七) 确认后的问题处理

对于特殊过程确认中发现的问题,一般采取以下方式处理:

(1) 对确认中发现的问题应分析原因,实施纠正或纠正措施后重新组织确认;

(2) 对确认中发现的潜在问题应分析原因,区别不同情况后采取预防措施;

(3) 对确认后引发的过程更改(包括文件更改)必须进行验证。

(八) 特殊过程再确认的时机及确认方式

GJB 9001B – 2009 标准 7.5.2e) 和 GJB 9001C – 2017 标准 8.5.1f) 明确要求特殊过程再确认。那么为什么要对特殊过程进行再确认呢?因为,要保证特殊过程的受控,就必须保持特殊过程中的人、机、料、法、环、测(5M1E)各因素受控。但是各因素并不是一成不变的,这些因素一旦处于失控状态,就有可能造成整个过程的不受控。所以,必须对特殊过程进行再确认。那么再确认的时机如何把握呢?一是根据不同情况,对已确认的过程定期进行再确认。这是因为该过程运行一段时间后,可能产生偏差,从而引发意想不到的问题,所以应按合理的周期进行再确认。二是当过程有关因素发生变化时,也应进行再确认。即在对人员、工艺要求、设备、环境、材料等进行调整(如材料变更、产品参数变更、设备更换或大修等)后,需对过程实施再确认。这种情况下,是仅对变化的因素单独进行再确认,还是对全部内容进行再确认,应做周密策划,绝不能为怕麻烦而简化再确认的内容,影响产品质量。对于生产地面产品,且对寿命、可靠性、安全性没有要求的一般产品,可采取对变化因素单独确认方式。比如人员变化了,那么只需对新的人员能力进行再确认;设备变更了,只需对变更的设备能力进行确认,以此类推。

(九) 特殊过程的类别与引用标准

航空军工企业在进行特殊过程确认时,根据被确认过程的类别,其被确认的工艺文件必须引用以下标准的要求(最低要求)。

GJB 480A-95　　金属镀覆和化学覆盖工艺质量控制要求
GJB 481-88　　　焊接质量控制要求
GJB 509B-2008　 热处理工艺质量控制
GJB 904A-99　　 锻造工艺质量控制要求
GJB 905-90　　 熔模铸造工艺质量控制

表4-14　特殊过程能力认可评定表

组织评定单位：　　　　　　　　　　　　　　评定时间：

产品名称						
特殊过程类别						
评审内容	项目	名称	记录	结论	评审人员	说明
	人员资格					
	设备能力					
	工艺方法					
	检测手段					
	原材料控制					
	环境情况					
最终结论：						
				记录人：		日期：

（十） 特殊过程工艺文件评审的一般要求

（1）关键过程应编制关键过程明细表和关键过程控制文件。

（2）有特殊要求的生产提供过程的人员,应按国家、行业和用户的要求持证上岗,包括:

① 关键过程和特殊过程的岗位人员(含无损检测人员);

② 关键和特种设备使用人员;

③ 检验人员。

（3）特殊过程应进行确认并有监测记录。

（十一） 关键过程控制的质量要求

关键过程的质量控制应满足下列项目:

（1）对关键过程进行标识;

（2）对关键和重要特性实行百分之百检验;

（3）对首件产品,按规定进行首件二检,记录实测数据并做出首件标识;

（4）适用时,应用统计技术进行关键过程的质量控制。

（十二） 特殊过程控制的质量要求

在正式用于生产之前,应对特殊过程进行确认,以证实其实现所策划的结果的能力。特殊过程应满足下列要求:

（1）确认过程参数并对其控制方法和环境条件做出明确规定,对过程参数变更、设备变更或间断生产,需要时,应按有关规定,重新进行特殊过程的确认;

（2）使用的机器设备、仪器仪表、工作介质和环境条件必须定期进行检定,并确保状态标识醒目;

（3）辅助材料具有合格证明,必要时,进行入厂复验;

（4）特殊过程的质量记录应内容完整、有效且状态受控;

（5）适用时,应按照顾客要求在特殊过程使用前进行鉴定和批准。

（十三） 特殊过程工艺文件的评审内容

（1）特殊过程工艺文件与工艺说明书、质量体系程序的协调一致性;

（2）关键和特殊过程的控制情况;

（3）特殊过程工艺试验和检测的项目、要求及方法的正确性;

（4）特殊过程技术难点攻关措施的可行性、有效性;

（5）特殊过程工艺参数的更改是否经过充分试验、验证,并严格履行审批。

五、采用新工艺、新技术、新材料、新设备的评审

（一）采用新工艺、新技术应用的工艺评审要求

（1）采用新工艺、新技术的必要性、经济性、绿色性和创新性，新材料加工方法的可行性，以及所选用新设备的适用性；

（2）所采用的新工艺、新技术、新设备是否经过鉴定合格，有合格证据；

（3）新工艺、新技术、新材料、新设备采用前，是否经过检测、试验、验证，表明符合规定要求，有完整的原始记录；

（4）是否有采用新工艺、新技术、新材料、新设备的措施计划和质量控制要求；

（5）对操作、检验人员的资格控制要求。

（二）新工艺、新技术应用的工艺评审内容

（1）采用新工艺、新技术的必要性、经济性；

（2）采用的新工艺、新技术国内外概况；

（3）产品的特殊技术要求；

（4）现有生产条件和工艺技术水平；

（5）新工艺、新技术的经济性分析。

（三）新工艺、新技术应用的可行性

（1）工艺总方案对新工艺、新技术的要求；

（2）新工艺、新技术的试用、验证情况分析，质量稳定性分析及鉴定结论；

（3）新工艺、新技术的工艺文件应完整，配套检验方法和手段；

（4）新材料的工艺性分析，新设备的适应性分析；

（5）新工艺、新技术、新材料、新设备对劳动安全和环境保护法律法规的符合性。

（四）新工艺、新技术实施计划及措施

（1）实施计划应符合总工艺方案的要求；

（2）质量控制措施符合质量控制体系的要求；

（3）制定操作、检验人员培训计划；

（4）其他实施计划。

第三节 外购器材的工艺管理及评价

一、外购器材工艺管理及评审综述

（一）外购器材概述

外购器材是形成产品所直接使用的、非本承制单位自制的器材，称是外购器材。外购器材包括外购的原材料、元器件、零部（组）件、配套设备（含软件及软件承载平台）以及其他外协件等。

（二）外购器材的工艺管理及质量要求

(1)《武器装备质量管理条例》规定，武器装备研制、生产单位交付的武器装备及其配套的设备、备件和技术资料应当经检验合格；军事代表应当按照合同和验收技术要求对交付的武器装备及其配套的设备、备件和技术资料进行检验、验收，并监督新型武器装备使用和维修技术培训的实施。

(2) 在装备的研制过程中，承制单位必须要加强对原材料、元器件的工艺质量控制。建立健全以型号质量管理为主线的原材料、元器件入厂复验制度（编制型号的原材料、元器件入厂复验项目表）；加强元器件筛选的控制和管理，按型号编制应力筛选大纲，明确分类（电气元件、电气器件、机电元件、其他元器件）、分级（元器件级、板级和单元级）的筛选要求。

(3) 加强产品的入厂复验和复试。主机单位要严格按照技术协议书或合同以及入厂验收规范的要求（设计文件要求），编制验收规程（质量控制文件），会同使用方或军代表室制定入厂复验项目表及检验验收规程，开展产品入厂复验或装机前单台复试检查。辅机单位也应建立外协产品入厂复验制度，设计编制验收规范，质量人员编制检验规程，并严格实施入厂复验工作。

（三）承制单位与供方单位的质量保证

1. 系统（整机）单位外购应具备的条件或向配套、外包或外协单位提供产品的技术，质量要求和有关文件资料

(1) 产品用途及使用条件说明；

(2) 产品标准体系；

(3) 质量特性；

(4) 复验标准即验收规范、试验规范和测试规范的相关要求；

(5) 更改审批程序；

(6) 有关技术状态更改的通知。

2. 供方及协作配套单位向系统（整机）单位提供有关文件、资料和质量保证

(1) 提供产品质量保证大纲；

(2) 满足技术协议书要求的产品合格的证明文件,即履历本或产品合格证;

(3) 关键器材代用和关键特性超差资料;

(4) 有关技术状态更改通知单;

(5) 最终产品的检验文件,即检验规程;

(6) 技术服务,包括"四随"工具、备件、设备和产品使用维护说明书等资料以及主机厂、所和部队的现场服务。

二、外购器材的工艺质量控制要求

(一) 重视外购新研制器材的工艺质量控制

承制单位应当制定相应的工艺质量控制程序和质量责任制度,重点控制技术协议书的签订、技术协调、匹配试验、复验鉴定、装机使用等环节。

1. 概述

新研制的器材,是经过预先研制的鉴定,可以转入装备研制阶段的器材。这类器材缺乏适用性的验证,风险较大,因而要采取较严格的工艺质量控制程序,主要控制环节:

(1) 技术协议书是制约性文件。供需双方签订技术协议书时,应详细列出新器材的技术要求和质量标准,试制、试验、试用的程序和记录,以及各方应负的质量责任。

(2) 供需双方在新器材试制、试验、试用过程中,按照技术协议书的规定,进行技术协调、试加工、匹配试验、装机使用,确认已满足设计、工艺文件要求后,方可进行定型或鉴定。

(3) 承制单位对复验鉴定、试加工、匹配试验、装机使用结论的正确性负责。

2. 实施要求

承制单位制定并执行选用新研制器材的质量控制程序。选用新研制的器材时,应当经过充分论证和审批。

3. 评定要点

(1) 是否制定和执行了选用新研制器材的质量控制程序;

(2) 质量控制程序对重点环节的控制是否有效。

(二) 合格器材供应单位名单是选用、采购的依据

1. 概述

凡列入名单的供应单位,都必须具备保证提供合格器材的资格。承制单位应充分利用各种途径来选择合格的供应单位。确定这种资格的途径是:

(1) 对供应单位进行质量保证能力的考察、审查;

（2）适时评价和审查供应单位质量控制的有效性；

（3）供应单位实际具有的能力和可能提供的质量证明；

（4）供应单位的质量历史与信誉等。

列入合格器材供应单位名单的供应单位，只能表明这个单位在当时能够制造出满足质量要求的器材；一旦当这个单位的质量保证能力下降，而且不能满足最低的质量要求时，即应对名单进行调整。

当某个供应单位提供的器材不能满足最低质量保证要求，而又没有别的供应单位可供选择时，在此迫不得已的情况下，承制单位可作为"例外"处理，暂时通过改制，筛选等不经济的手段来满足使用要求。但这种单位不允许编入合格器材供应单位的名单。

2. 实施要求

（1）制定合格器材供应单位评价标准和程序，明确规定评价依据，合格标准，考核内容、组织、方法和表格，审批责任与权限。

（2）合格器材供应单位名单，应按用于不同的产品品种分别编制。将评价、审批合格的供应单位编入合格器材供应单位名单，纳入成套技术资料的管理范围。

（3）控制器材的采购，只限在合格器材供应单位名单中优选供应单位。当必须从未取得合格资格的供应单位采购器材时，应单独履行审批手续，并加严进厂复验控制。

（4）根据供应单位的质量动态和器材进厂检验情况，及时修正合格器材供应单位名单，予以删除或增补。

3. 评定要点

（1）是否建立和执行了合格器材供应单位评价标准和程序，要求是否严密、合理；

（2）是否按承制产品品种分别编有合格器材供应单位名单，它是否已纳入成套技术资料管理范围；

（3）合格器材供应单位名单是否对选用、采购器材发挥了控制作用；

（4）合格器材供应单位名单是否保持了现行有效性。

（三）器材未经复验合格，不准投入使用

1. 概述

承制单位对外购器材进行接收复验，是有效控制器材质量所必不可少的。复验工作按验收规范的要求，质量部门编制验收规程，并经工艺部门会签。验收规程的内容应包括：

（1）复验项目；

（2）技术要求；

(3) 检验、试验方法；
(4) 验收标准等。

对复验合格、待验或复验不合格的器材,承制单位必须建立和采用有效的方法加以鉴别。待验器材应单独设置保管区域,防止未经复验而投入使用。复验不合格的器材要及时隔离,标记"禁用"。复验合格的器材,必须标明并保持合格标志。

经派驻供应单位代表验收的器材,承制单位仍需进行必要的进厂复验,防止发生意外差错。

2. 实施要求

（1）承制单位必须建立和执行外购器材进厂复验制度。

（2）对外购器材进行复验时,应具有：

① 供应单位的试验报告和合格证明文件；

② 复验的技术要求或产品规范；

③ 器材质量历史情况等资料。

（3）器材复验的检测方法与验收标准,应与供应单位保持一致。

（4）待验、复验合格、不合格的器材,必须采取有效的控制方法,分别存放,并打上不同的标记,严防待验与复验不合格的器材投入使用。

（5）当采用代用器材时,必须办理偏离申请、审批手续。

3. 评定要点

（1）是否对所有外购器材建立并执行了进厂复验制度；

（2）各种器材是否编有不同的复验技术文件,即验收规程；

（3）对器材复验,入库、发放的控制方法是否有效；

（4）代用器材是否履行审批手续。

三、外购器材的保管制度

（一） 概述

保管好外购器材,是承制单位供应部门的质量职责。建立严格的外购器材保管制度,对器材入库、保管、发放的每个环节进行有效的控制,是保证投入使用的器材都能满足技术文件和整机、系统要求的重要手段。

（二） 实施要求

（1）承制单位的外购器材保管制度,必须满足器材的质量保证要求,包括以下内容：

① 经验收合格的器材,按物资管理制度办理入库手续；未经质量验收和不合格的器材,不得入库。

② 存放器材的仓库或场地,其环境条件必须满足器材的安全可靠、不变质

和其他特殊要求,确保器材性能完好。

③ 对需要油封、充氮等保护处理的器材,应按规定进行保护处理并定期检查。

④ 易老化和有保管期要求的器材,按规定期限及时从仓库剔出、隔离、报废或听候处理。

⑤ 器材发放应有完备的领发手续,本着先进先发的原则,按批(炉)号发放,严防发生混料事故。

⑥ 当零件对材料有批(炉)号的追溯性要求时,材料下料前应先移植批(炉)号,并经检验人员认可。

⑦ 器材出库须经检验人员现场核准,并带有合格标记或证件。

(2) 定期评价器材保管制度执行情况及其效果。

(三) 评定要点

(1) 器材保管制度能否满足质量保证要求;

(2) 是否对器材保管的有效性定期进行检查;

(3) 有无错混料记录和纠正措施。

四、外购器材的保管人员的资格考核

(一) 概述

器材保管人员的素质,直接关系到外购器材质量有无可靠保证。器材保管人员要取得合格资格,须先经过专业培训,除熟悉器材保管制度的规定和一般保管知识外,还应掌握所管器材的物理、化学特性及其对环境条件的特殊要求,熟悉器材符号标记,熟练掌握在各种情况下出现差错的防范措施与处置方法等。否则,不能从事器材保管工作。

(二) 实施要求

(1) 建立器材保管人员培训、考核制度及各类保管人员应知应会标准。

(2) 器材保管人员必须经考核合格,取得资格证书后,方能上岗工作。

(3) 保管人员资格证书应写明保管器材的类别,保管岗位与指定的器材类别相一致。保管人员调换工作岗位,应补充进行相应的专业培训,考核合格后方能调到新的岗位。

(4) 明确规定器材保管人员的职责。

(三) 评定要点

(1) 对器材保管人员是否执行培训、考核制度;

(2) 器材保管人员是否持证上岗;

(3) 器材保管人员是否正确履行职责。

第四节　工艺评审的组织管理

一、管理职责

工艺评审工作由承制方技术负责人全面负责,由评审归口管理部门组织实施。

二、评审组的组成

(1) 评审组设组长一人,副组长一至二人,成员若干人。
(2) 评审组组长由有关技术负责人或专家担任。
(3) 评审组的成员:
① 有关技术负责人或专家;
② 影响被评审阶段质量的所有职能部门代表;
③ 邀请的使用方或其代表。

三、评审组的职责

(1) 接受评审工作任务;
(2) 制定并实施评审工作计划;
(3) 安排评审日程、召开评审会;
(4) 按照 GJB 1269A 第 4、第 5 章的要求进行审查、评议;
(5) 总结评审中提出的问题和建议,写出工艺评审报告。

第五节　工艺评审的评审程序

一、准备工作

(1) 申请工艺评审的单位写出《工艺设计工作总结》。
(2) 由工艺项目负责人提出《工艺评审申请报告》,经工艺评审归口管理部门审查后,报技术负责人批准。
(3) 申请报告经技术负责人批准后,由工艺评审归口管理部门组织评审组。
(4) 工艺项目负责人提前向评审组提供评审依据和工艺设计的有关资料和文件。

(5) 评审组成员按照评审工作计划准备意见。

二、组织评审

(1) 工艺项目负责人在评审时介绍《工艺设计工作总结》,并对有关工艺文件进行说明。

(2) 评审组成员根据 GJB 1269A《工艺评审》中 4.5 条的评审依据和 5.1 条的有关评审内容进行工艺评审。

(3) 评审采取汇报、审议、答辩、分析和现场抽样跟踪的方式,找出工艺设计上的缺陷,对存在问题提出改进建议。

(4) 评审组组长在集中评审意见的基础上,提出存在的主要问题及改进建议,从技术和质量保证的角度对该项工艺设计作出评价,并作出可否付诸实施的评审结论。

(5) 指定专人整理、保存评审记录,编制《工艺评审报告》。

(6) 评审组成员对《工艺评审报告》的评审结论有不同意见时,应写在保留意见栏内并签字。

三、结论处置

(1) 承制方的工艺部门认真分析《工艺评审报告》提出的主要问题及改进建议,制订措施,完善工艺设计,经技术负责人审批后组织实施。

(2) 工艺项目负责人对评审意见如不予采纳时,应阐明理由,经技术负责人审批,记录在案。

(3) 质量部门应对评审结论的处置意见和审批后的措施实施情况进行跟踪管理。

四、工艺评审文件资料的管理

各阶段及状态的工艺评审活动形成的工艺评审申请报告和工艺评审报告的格式文件资料供参考,其记录应作为质量记录按规定归档和保存。

(一) 编制工艺评审申请报告

1. 工艺评审申请报告的封面格式(图 4-5)
2. 工艺评审申请报告首页格式(表 4-15)
3. 工艺评审申请报告续页格式(表 4-16)

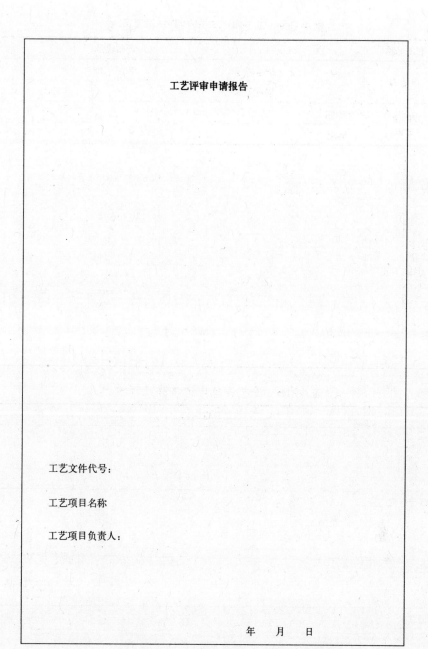

图 4-5 工艺评审申请报告的封面格式

表4-15 工艺评审申请报告首页格式

产品名称				产品代号	
申请人		技术职务		单 位	
		技术职称			
申请评审	时间				
	地点				
建议参加单位及人员					

表4-16 工艺评审申请报告续页格式

申请评审内容
归口管理部门意见   签名： 年 月 日
审批意见   技术负责人签名： 年 月 日

(二) 工艺评审报告格式
1. 工艺评审报告封面(图4-6)

工艺评审报告

工艺文件代号:

工艺项目名称:

年　月　日

图4-6　工艺评审报告封面

2. 工艺评审报告首页(表4-17)

表4-17　工艺评审报告首页

产品名称		产品代号	
评审地点		评审日期	
评审主要内容:			

3. 工艺评审报告续页(表4-18)

表4-18 工艺评审报告续页

存在主要问题及改进建议		
		评审组长签名： 年 月 日
保留 意见		签名： 年 月 日
工艺项 目负责 人意见		签名： 年 月 日

工艺评审报告续页(续页)

评审组	姓 名	技术职务及职称	工作单位	签 名
组 长				
副组长				
组 员				

评审后工艺部门的意见及改进措施

工艺部门负责人签名：

年 月 日

评审后质量部门的意见：

质量部门负责人签名：

年 月 日

审批意见：

技术负责人签名：

年 月 日

第六节　工艺标准化评审

一、工艺标准化评审概述

（一）工艺标准化评审目的

工艺标准化评审是武器装备研制在工艺管理的指导性技术文件，也是装备研制的工艺管理工作中的重要活动之一。指导性技术文件规定了标准化评审工作的一般要求、评审点设置、评审内容、评审程序和评审管理等活动，即在新产品研制过程中，为了评价新产品的目标和要求以及是否达到这些目标和要求，对工艺标准化工作进行的全面和系统的检查，并符合 GJB/Z 106A《工艺标准化大纲编制指南》的规定，使研制和生产的装备满足研制总要求及技术说明书的要求。

（二）工艺标准化评审分类

GJB/Z 113《标准化评审》规定，根据新产品研制标准化工作任务和范围的不同，标准化评审分两大类：设计标准化评审；工艺标准化评审。每大类即工艺标准化评审又可划分为三种：工艺标准化方案评审；工艺标准化实施评审和工艺标准化最终评审。

（三）工艺标准化评审依据

(1) GJB 1269A《工艺评审》；

(2) GJB 1310A《设计评审》；

(3) GJB/Z 106A《工艺标准化大纲编制指南》；

(4) GJB/Z 113《标准化评审》；

(5) GJB/Z 114A《产品标准化大纲编制指南》；

(6) 国防科学技术工业委员会 2004 年 176 号《武器装备研制生产标准化工作规定》。

（四）工艺标准化评审设置

工艺标准化评审点设置应按下列内容实施：

(1) 工艺标准化评审点原则上应按研制阶段（状态），分别设置工艺标准化方案评审点、工艺标准化实施评审点和工艺标准化最终评审点；

(2) 对不同层次产品或相同层次且功能相似的产品的同一种评审点，在保证评审质量和效果的前提下，凡能合并评审的应尽量合并设置工艺标准化评审点；

(3) 当工艺标准化评审与设计评审或工艺评审统一组织评审时，可按照设计评审或工艺评审要求设置统一的评审点。

（五） 工艺标准化评审时机

一般情况下,各种工艺标准化评审的时机为：

(1) 工艺标准化方案评审在新产品编制正式工艺文件前进行；

(2) 工艺标准化实施评审在新产品工艺文件实施过程中分阶段（状态）进行；

(3) 工艺标准化最终评审在新产品生产（工艺）定型阶段进行。

二、工艺标准化评审的内容

（一） 工艺标准化方案评审的内容

工艺标准化方案评审是对新产品制造标准化工作目标、实施方案和计划、措施的检查。评审的主要内容是：

(1) 检查型号《工艺标准化综合要求》是否满足设计文件和工艺总方案的要求并与型号《标准化大纲》协调一致；

(2) 检查型号《工艺标准化综合要求》的内容是否正确、合理、完整、可行,并符合 GJB/Z 106A《工艺标准化大纲编制指南》的要求。

（二） 工艺标准化实施评审的内容

工艺标准化实施评审是对新产品制造过程中贯彻执行型号《工艺标准化综合要求》的检查。评审的主要内容是：

按型号《工艺标准化综合要求》的规定,逐项检查其实施情况。

（三） 工艺标准化最终评审的内容

工艺标准化最终评审是对新产品制造贯彻执行《武器装备研制生产标准化工作规定》和型号《工艺标准化综合要求》的最终检查,评审结论是确认新产品是否具备批量生产的条件之一。评审的主要内容是：

(1) 检查新产品是否按型号《工艺标准化综合要求》的规定实现工艺标准化目标并完成各项任务；

(2) 检查历次评审遗留的工艺标准化问题是否已经解决。

三、工艺标准化评审程序

（一） 工艺标准化评审申请

工艺标准化评审应在相应阶段（状态）工艺标准化工作基本完成后由新产品项目技术负责人提出申请,申请时应提交"工艺标准化评审申请报告"和"工艺标准化工作报告"。

(1) "工艺标准化评审申请报告"格式参见 GJB/Z 113 附录 A（参考件）。

(2)"工艺标准化工作报告"一般包括以下内容:

① 概述;

② 执行《武器装备研制生产标准化工作规定》的情况;

③ 型号《标准化大纲》或型号《工艺标准化综合要求》的基本情况或实施情况;

④ 取得的成绩和效益分析;

⑤ 存在的问题及解决措施;

⑥ 结论和建议。

(二) 审批申请报告

"工艺标准化评审申请报告"应经研制单位工艺标准化职能部门和上层次设计师或相应技术负责人审查,由研制单位行政主管领导批准。

(三) 工艺标准化评审会

(1)标准化评审会由评审组主持,由评审组成员参加。

(2)评审会的主要议题和任务是:

① 听取新产品项目技术负责人作"工艺标准化工作报告";

② 审议"工艺标准化工作报告"及有关资料和实物;

③ 检查上次评审中遗留问题的解决情况;

④ 讨论、通过工艺标准化评审结论;

⑤ 填写"标准化评审报告",其格式见 GJB/Z 113 附录 B(参考件)。

(3)新产品项目技术负责人应出席评审会,除作"工艺标准化工作报告"外,还应提供有关资料和实物,并回答评审组提问。

(四) 审批评审报告

"工艺标准化评审报告"一般应由研制单位行政主管领导审批,如评审中产生重大分歧意见还应报上级行政主管领导审批。

四、工艺标准化评审的管理

(一) 工艺标准化评审管理

工艺标准化评审的管理由研制单位负责,相应的标准化职能部门应做好监督指导和服务工作。

(二) 标准化评审计划

工艺标准化评审计划由新产品项目技术负责人提出,经标准化职能部门会签,由行政主管领导审批后,纳入研制计划。

(三) 工艺标准化评审组组长

工艺标准化评审组成员由研制单位聘请,并保持相对稳定。工艺标准化评审组设组长 1 人,必要时亦可设副组长 1～2 人,评审组组长一般由上层次设计师或相应的技术负责人担任。

(四) 工艺标准化评审组人员组成

工艺标准化评审组由下列人员组成:

(1) 使用方和(或)任务提出单位代表;
(2) 研制同类产品的专家;
(3) 同级和上级标准化职能部门的代表;
(4) 有关职能部门的代表。

(五) 技术负责人职责

新产品项目技术负责人应研究评审组提出的意见和建议,制定措施,组织实施。

(六) 工艺标准化职能部门职责

工艺标准化职能部门应对评审后提出的改进措施的实施情况进行监督检查。

(七) 评审应注意的问题

(1) 当不同层次产品或相同层次且功能相似产品合并进行工艺标准化评审时,可只写一份"工艺标准化评审申请报告",由一个评审组评审,形成一份"工艺标准化评审报告"。

(2) 当工艺标准化评审与设计评审或工艺评审统一组织评审时,应按 GJB 1310A 或 GJB 1269A 规定并结合本指导性技术文件规定组织评审,工艺标准化评审内容应符合 GJB/Z 113《标准化评审》5.2.2 条的要求,工艺标准化评审的意见和结论写入相应的评审报告中。

五、产品研制阶段工艺标准化工作项目一览表

(一) 工程研制阶段工艺标准化工作一览表(表 4-19)

表 4-19 工程研制阶段工艺标准化工作一览表

研制阶段	主要任务	工 作 项 目
工程研制阶段	制定工艺标准化综合要求及其支持性文件并组织实施	a. 制定工艺标准化综合要求; b. 编制工艺、工装标准体系表; c. 编制工艺、工装标准选用范围(目录); d. 制定有关工艺文件、工装设计文件的标准化要求; e. 提出制(修)订标准的项目和计划建议; f. 组织制定新的型号专用工艺、工装标准; g. 开展工装"三化"设计工作; h. 开展对工艺文件、工装设计文件的标准化检查; i. 收集资料,做好贯彻标准的技术和物质准备; j. 做好阶段工艺标准化工作总结和评审。

（二）设计定型阶段工艺标准化工作一览表（表4-20）

表4-20 设计定型阶段工艺标准化工作一览表

研制阶段	主要任务	工作项目
设计定型阶段	配合设计定型，为制定工艺标准化大纲做准备	a. 全面检查工艺、工装标准的实施情况； b. 配合设计定型，对图样和技术文件中有关工艺、标准的生产可行性进行检查并提出意见； c. 对工艺标准化综合要求进行总结和评审，为转化为工艺标准化大纲做准备。

（三）生产（工艺）定型阶段工艺标准化工作一览表（表4-21）

表4-21 生产（工艺）定型阶段工艺标准化工作一览表

研制阶段	主要任务	工作项目
生产（工艺）定型阶段	制定并实施工艺标准化大纲，做好工艺定型标准化工作	a. 以工艺标准化综合要求为基础，进一步修改和补充，形成工艺标准化大纲； b. 修订工艺、工装标准选用范围（目录）； c. 提出工艺定型标准化方案和相关标准化要求； d. 对定型工艺文件和工装设计文件进行标准化检查； e. 继续开展工装"三化"设计工作； f. 协调和处理工艺定型出现的标准化问题； g. 全面检查工艺、工装标准的实施情况，编制生产（工艺）定型标准化审查报告； h. 总结生产（工艺）定型标准化工作并做好评审。

第五章 工艺定额及其管理

第一节 工时定额的确定

一、一次性定额

根据工艺工作管理办法的规定,工艺部门只负责一次性时间定额。即在新产品投产前,工时定额由工艺部门负责计算编制填写于工艺规程中。新产品正式投产后,由企业的劳动工资部门负责接管;执行过程中的定额修改,也由劳动工资部门负责,大的修改也要由劳动监督部门组织工艺等有关部门修改。

劳动定额是社会主义工业企业管理的一项重要基础工作。在工业企业的各项技术经济定额中,劳动定额占有重要的地位。劳动定额是指在一定生产技术组织条件下,在充分利用机器设备和工具,合理地组织劳动和有效地运用先进经验的基础上,为完成一定产品或完成一定工作所规定的时间消耗。

正确的工时定额,有利于调动广大群众的积极性,促进生产潜力的发挥和劳动生产率的提高。劳动定额有两种形式:一是时间定额,是最基础的资料;另一个是产量定额,它是在时间定额的基础上制定出来的。确切的定义:前者指在一定生产技术组织条件下,生产一件合格零件的时间消耗;后者指在一定生产技术组织条件下,单位时间内应完成的产品数量。

正确地制定和贯彻劳动定额,是提高企业的科学管理,提高劳动生产率,取得更大经济效益的重要手段。

二、工时定额的作用

(一) 劳动定额是企业计划工作和经济核算的基础

企业在编制生产计划、劳动和成本计算时,没有劳动定额企业计划工作和经济核算就不能正确地编制出来。在企业计划部门,编制企业生产计划时,就需要利用劳动定额来核算计划任务和工作量,平衡劳动力和设备负荷。发现薄弱环节,采取必要的组织技术措施,使生产计划建立在先进、可靠的基础上。企业在编制定额和确定劳动计划时都要以劳动定额为基础,并且要在"节劳挖潜"提高劳动生产率的基础上,保证国家计划的完成。因此,不难看出,定额是不是先进合理,它的正确程度如何,直接影响企业的计划质量,影响着计划能不能正确地指导生产。

企业的成本计划和经济核算工作是与劳动定额直接发生关系的。不论是产品成本计划的编制或实际成本的核算,通常都是根据工时定额来分摊工资支出及其综合性的费用。在制定新产品价格时,也要以定额为依据。工时定额的偏高或偏低均会直接影响产品成本和价格的高低。不断降低产品工时定额,对于降低产品的成本和增加企业的经济效益有着重要意义。

(二) 劳动定额是合理组织劳动,正确组织生产的重要依据

为了保持生产过程的连续性,必须根据预先规定的劳动定额进行合理的劳动组织。社会主义的生产,已经不是过去那种个体的作坊生产方式,而是必须有组织的进行,以便把个人的活动在时间上和空间上协调起来。要把产品生产过程组织协调起来,取得多快好省的经济效果,就需要预先知道并规定出生产过程各个阶段的必要劳动时间消耗量,这就是劳动定额。生产发展了,劳动定额变化了,也要及时调整劳动组织。

(三) 劳动定额是调动开展竞争,提高劳动生产率的重要手段

通过贯彻执行先进合理的劳动定额,就能把企业的指标变成每个工人的指标,让每个人明确自己的工作任务和努力目标,从而通过对工人完成定额情况的检查,正确衡量工人的工作效率和贡献大小。所以,劳动定额是精心组织群众干劲,克服"干多干少一个样""干好干坏一个样""干与不干一个样"的必要手段。有力调动广大群众的积极性和创造性,为国家多做贡献;同时可以更好地发动群众开展社会主义劳动竞赛。根据定额的完成情况,鼓励先进,促进后进,使先进更先进,后进赶先进,有了定额还可以促使工人群众为研制新装备钻研技术,学习先进操作经验,从而提高劳动生产率,加速生产的不断发展。

(四) 劳动定额是贯彻执行"各尽所能,按劳分配"原则的尺度

"各尽所能,按劳分配"是社会主义的分配原则。劳动定额是贯彻执行"各尽所能,按劳分配"原则,正确反映劳动数量和质量的一个尺度,劳动定额完成好坏直接反映了贡献大小,是工人升级定级的依据之一。如实行计件工资制也必须有数量和质量指标。劳动定额不仅是直接反映劳动数量的指标,而且反映质量指标,废品率亦必须用定额换算。由此可见,劳动定额是正确组织工资、奖励工作,贯彻社会主义分配原则的重要尺度。

综上所述,企业劳动定额工作的主要任务就是以不断提高劳动生产率为前提,建立和健全劳动定额制度,制定先进合理的劳动定额,并认真贯彻执行,适时地加以修改。要运用现代科学技术成就,总结先进合理的操作方法,不断推广先进经验。

三、工时定额的组成

为了科学地制定出先进合理的劳动定额,必须对工人在生产中发生的全部工时消耗,进行科学分析与研究,确定哪些工时消耗是必须的,哪些工时消耗是不必要的。对于必须的工时消耗,可以根据其消耗的规律性,正确地制定定额。对于不是必须消耗的部分则要认真研究,采取措施,减少或消灭这部分工时,以利于提高工时利用率。

(一) 时间定额的计算

时间定额中的基本时间可以根据切削用量和行程长度来计算,其余组成部分的时间,可取自根据经验而来的统计资料。

在制定时间定额时要防止两种偏向,一种是时间定额定得过紧,影响工人的主动性和积极性;另一种是定得过松,反而失去了它应有的指导生产和促进生产的作用。因此制定时间定额应该具有平均先进水平。

完成一个零件的一个工序的时间,称为单位时间,它是由下列环节组成:

(1) 基本时间($T_{基本}$)——是指直接改变工件的尺寸形状和表面质量所消耗的时间。对于切削加工来说,单位时间是切去多余金属所耗费的机动时间(包括刀具的切入和切出时间在内)。

(2) 辅助时间($T_{辅助}$)——指在各个工序中为了保证完成基本工艺工作需要做的辅助动作所耗的时间。所谓辅助动作包括:装卸工件,开动和停止机床,改变切削用量,测量工件,手动进刀和退刀等动作。

(3) 工作地点服务时间($T_{服务}$)——基本时间和辅助时间的总和,称为操作时间。

指工人在工作班次时间内,照管工作地点及保持工作状态所耗费的时间,一般按操作时间的 2%~7% 来计算。

(4) 休息和自然需要时间($T_{休息}$)——用于照顾工人休息和生理上需要所耗费的时间,一般按操作时间的 2% 计算。

目前有的企业为保证工人健康,中间设有工间操(或中间休息吸烟时间),故目前一般给 2%~4%。

因此,单件时间:$T_{单件} = T_{基本} + T_{辅助} + T_{服务} + T_{休息}$

在成批生产中,还需要考虑准备终结时间 $T_{准结}$。准备终结时间是成批生产中每当加工一批零件的开始和终了时,需要一定时间做下列工作:在加工一批零件的开始时需要熟悉工艺文件,领取毛坯材料,安装刀具和夹具,调整机床和刀具等,在加工一批零件终了时,需要卸下和归还工艺装备,发送成品等。故在成批生产时,如果一批零件 n,准备终结时间为 $T_{准结}$,则每个零件所分摊到的准备终结时间为 $T_{准结}/n$。将这一时间加到单件时间中,即得到成批生产的单件工时定额：

$$T_{定额} = T_{单件} + \frac{T_{准终}}{n} = T_{基本} + T_{辅助} + T_{服务} + T_{休息} + \frac{T_{准终}}{n}$$

在大量生产中，每个工作地点完成固定的一个工序，所以在单位工时定额中设有准备终结时间。

$$T_{定额} = T_{单件}$$

（二）对制定定额的基本要求

在尊重科学，依靠群众的基础上，快、准、全地制定出先进合理的定额，这是对定额制定的基本要求。

所谓"快"——迅速及时，"准"——先进合理，"全"——完整齐全。"快"是时间上的要求，就是方法简便，工作量少，迅速制定出定额，及时满足生产需要；"准"是质量上的要求，就是要使定额水平先进合理，在不同产品，不同车间（工种）之间保持平衡，定额能起促进作用；"全"是制定范围上的要求，就是要做到凡是需要和可能制定定额的产品、工种、车间都有定额，充分适应生产管理的需要。这三者之间"准"是关键。"准"还是"不准"，要通过生产实践来检验，凡符合生产实际，能调动群众的积极性，并满足生产和管理上需要的定额，就是好的定额。由于生产类型不同，对定额准确程度要求也不相同。

在大批量生产的企业中，由于产品比较固定，生产条件比较稳定，易于掌握定额的水平，这样对定额准确程度要求应当高些。在单件小批生产条件下，产品品种多，变化大，工作重复性小，往往采用经验估计法或统计分析法和类推比较法来制定。

（三）工时定额的制定方法

据对不同类型企业的调查，目前劳动定额的制定方法归纳起来有四种：经验估工法，统计分析法，类推比较法和技术定额法。

1. 经验估工法

是由定额人员、技术人员和老工人结合起来，根据产品的设计图样，工艺规程或实物，考虑所使用的设备、工装、原材料及其他生产技术组织条件，凭生产实践经验，估计工时消耗而得出定额的方法。

这种方法的优点是简便、工作量小，易于掌握，也有一定的群众基础。缺点是容易受到参加制定人员主观因素和局限性的影响，容易出现定额偏高或偏低，定额水平也不易平衡，一般它只适用于单件生产。

2. 统计分析法

这种方法是利用过去积累的实际消耗工时和定额完成情况的记录统计资料经过分析，整理并结合现实生产技术组织条件用来制定定额的方法。它以占有比较大量的统计资料为依据,所以称统计分析法。

凡是生产条件比较正常,产品比较稳定,原始记录和统计工作比较健全的情况下,以及一般中小批生产都可以采用这种方法。

这种方法可能由于过去工时记录和统计资料的不正确而带来某些虚假因素,从而影响定额的制定质量。因此采用此法时要全面考虑,必要工序采用计算法来验证修正。

3. 类推比较法

这种方法是以现有的产品定额资料为依据,经过对比分析,推算出另一种产品、零件或工序的定额的方法。用来对比的两种产品零件必须是相似或同类型、同系列,如缺乏可比性就不能采用这种方法来制定定额。

在新产品试制工作中较多地采用这种方法。其要以同类老产品的定额或工时统计资料,经过比较分析,就能确定新产品的定额。

这种方法的优点是工作量不大,能满足定额中快和全的要求,只要选用依据恰当,对比分析细致,也易于达到先进水平;缺点则是受到同类零件可比性限制,不能普遍采用,往往需要和其他方法结合起来使用。

4. 技术定额法

技术定额法,又可分为分析研究法和时间计算法两种。

(1) 分析研究法,工时定额各个组成部分的时间,是用测时和工作写实来确定,由于在新产品投产前不能将定额填入工艺规程,而是靠以后的实践来确定,故目前这种方法已被弃用。

(2) 时间计算法,目前在大量大批生产中广泛采用的科学方法,前面已经做了叙述。

第二节 装备研制材料定额概述

一、什么是定额?

定额是在一定的生产技术条件下,一定的时间内,生产经营活动中,有关人力、物力、财力利用及消耗所应遵守或达到的数量和质量标准。

二、工艺定额的组成?

工艺定额是在一定生产条件下,生产单位产品或零件所需消耗的材料总重量。在武器装备研制过程中,工艺定额由材料消耗工艺定额(材料定额)和劳动消耗工艺定额(劳动定额)组成。

三、装备研制对工艺定额的要求

（一）编制工艺定额文件

构成产品的主要材料和产品生产过程中所需的辅助材料均应编制消耗工艺定额文件。编制材料消耗工艺定额应在保证产品质量及工艺要求的前提下，充分考虑经济合理地使用材料，最大限度地提高材料利用率，降低材料消耗。

材料消耗工艺定额（材料定额）的编制，内容一般为定额的范围、依据、基本要求、工艺定额的编制方法和程序及附件等要求。

（二）制定劳动定额

凡能计算考核工作量的工种和岗位均应制定劳动定额。劳动消耗工艺定额（劳动定额）的编制，内容一般为材料消耗工艺定额的范围、形式、依据、基本要求、定额的方法和程序及修定等要求。

第三节 材料消耗工艺定额的编制（材料定额）

一、材料消耗工艺定额编制范围

构成产品的主要材料和产品生产过程中所需的辅助材料，均应编制消耗工艺定额。

二、材料消耗工艺定额编制原则

编制材料消耗工艺定额应在保证产品质量及工艺要求的前题下，充分考虑经济合理地使用材料，最大限度地提高材料利用率，降低材料消耗。

三、材料消耗工艺定额编制依据

材料消耗工艺定额编制的依据通常包括：
（1）产品零部件明细表和产品图样；
（2）零件工艺规程；
（3）有关材料标准、手册和下料标准及相应规范。

四、材料消耗工艺定额编制方法

（一）技术计算法

根据产品零件结构和工艺要求，用理论计算的方法求出零件的净重和制造过程中的工艺性损耗。

（二） 实际测定法

用实际称量的方法确定每个产品零件的材料消耗工艺定额。

（三） 经验统计分析法

根据类似产品零件材料实际消耗统计资料,经过分析对比,确定零件的材料消耗工艺定额。

五、产品材料消耗工艺定额的程序(用技术计算法编制)

（一） 型材、管材、板材、机械加工件和锻件材料消耗工艺定额编制

(1) 根据产品零部件明细表或产品图样中的零件净重或工艺规程中的毛坯尺寸计算零件的毛坯质量;

(2) 确定各类零件单件材料消耗工艺定额;

(3) 计算零件材料利用率(K):K = (零件净重/零件材料消耗工艺定额) ×100%;

(4) 填写产品材料消耗工艺定额明细表;

(5) 汇总单台产品各个品种、规格的材料消耗工艺定额;

(6) 计算单台产品材料利用率;

(7) 填写单台产品材料消耗工艺定额汇总表;

(8) 审核、批准。

（二） 铸件材料消耗工艺定额编制

(1) 计算铸件毛重;

(2) 计算浇、冒口系统重;

(3) 计算金属切削率:铸件金属切削率 = (铸件毛重 - 净重)/毛重 ×100%;

(4) 填写铸件材料消耗工艺定额明细表;

(5) 审核、批准。

（三） 每吨合格铸件金属炉料消耗工艺定额编制

(1) 确定金属炉料技术经济指标;

(2) 确定每吨合格铸件所需某种金属炉料消耗工艺定额:金属炉料消耗工艺定额 = 配料比/铸件成品率;

(3) 填写金属炉料消耗工艺定额明细表;

(4) 审核、批准。

六、材料消耗工艺定额的修改

材料消耗工艺定额经批准实施后,一般不得随意修改,若由于产品设计、工艺改变或材料质量等方面的原因,确需改变材料消耗工艺定额时,应由工艺部门

填写工艺文件更改通知单,经有关部门签字和批准后方可修改。

第四节 劳动消耗工艺定额的制定(劳动定额)

一、劳动定额的制定范围

凡能计算考核工作量的工种和岗位均应制定劳动定额。

二、劳动定额的形式

(一) 时间定额(工时定额)

时间定额(工时定额)的组成,可参见 JB/T 9169.6—1998《工艺管理导则工艺定额编制》附录 C。

(二) 产量定额

单位时间内完成的合格品数量。

三、制定劳动定额的基本原则

制定劳动定额应依据的基本原则:
(1) 根据企业生产产品的规范,使大多数职工经过努力都可以达到;
(2) 部分先进职工可以超过;
(3) 少数职工经过努力可以达到或接近平均先进水平。

四、制定劳动定额的依据

制定劳动定额的依据:
(1) 生产类型;
(2) 企业的生产技术水平;
(3) 定额标准或有关资料。

五、劳动定额的制定方法

(一) 经验估计法

由定额员、工艺人员和工人相结合,通过总结过去的经验并参考有关的技术资料,直接估计出劳动工时定额。

(二) 统计分析法

对企业过去一段时间内,生产类似零件(或产品)所实际消耗的工时原始记录,进行统计分析,并结合当前具体生产条件,确定该零件(或产品)的劳动定额。

（三）类推比较法

以同类产品的零件或工序的劳动定额为依据,经过对比分析,推算出该零件或工序的劳动定额。

（四）技术测定法

通过对实际操作时间的测定和分析,确定劳动定额。

（五）标准时间法

通过方法和时间研究,确定在标准状况下完成一项工作所需的时间。

注:标准时间即一个合格工人(具有正常的体力和智力,在劳动技术方面受过良好训练,并具有一定熟练程度的工人)在标准的作业方法和条件下,以正常的作业速度完成某一工作所需的时间。

（六）劳动定额的修订

(1) 随着企业生产条件的不断改善,劳动定额应定期进行修订,以保持定额的平均先进水平。

(2) 在批量生产中,发生下列情况之一时,应及时修改劳动定额:

① 产品设计结构修改；

② 工艺方法修改；

③ 原材料或毛坯改变；

④ 设备或工艺装备改变；

⑤ 生产组织形式改变；

⑥ 生产条件改变等。

第五节　型材、管材、板材、机械加工件和锻件材料消耗工艺定额确定的方法

一、选料法

根据材料目录中给定的材料范围及企业历年进料尺寸的规律,结合具体产品情况,选定一个最经济合理的材料尺寸,然后根据零件毛坯和下料切口尺寸,在选定尺寸的材料上排列,将最后剩余的残料(不能再利用的)分摊到零件的材料消耗工艺定额中,即得出：

零件材料消耗工艺定额 = 毛坯重 + 下料切口重 + (残料重/每料件数)

这种方法适用于成批生产的产品。

二、下料利用率法

先按材料规格,定出组距,经过综合套裁下料的优化或实际测定,求出各种

材料规格组距的下料利用率,然后用下料利用率计算零件消耗工艺定额。具体计算方法如下:

下料利用率=(一批零件毛重之和/获得该批毛坯的材料消耗总量)×100%

零件材料消耗工艺定额=零件毛重/下料利用率

三、下料残料率法

先按材料规格,定出组距,经过综合套裁下料的优化或实际测定,求出各种材料规格组距的下料残料率,然后用下料残料率计算零件材料消耗工艺定额。具体计算方法如下:

下料残料率=(获得一批零件毛坯后剩下的残料重量之和/获得该批零件毛坯所消耗的材料总重量)×100%

零件材料消耗工艺定额=(零件毛坯重量+一个下料切口重量)/(1-下料残料率)

四、材料综合利用率法

当同一规格的某种材料可用一种产品的多种零件或用于多种产品的零件上时,可采用更广泛的套裁,在这种情况下利用综合利用率法计算零件材料消耗工艺定额较合理,具体计算方法如下:

材料综合利用率=(一批零件净重之和/该批零件消耗材料总重量)×100%

零件材料消耗工艺定额=零件净重/材料综合利用率

第六节 各种计算公式

一、铸件成品率计算法

铸件成品率=(产品铸件重量/金属炉料重量)×100%

二、可回收率计算法

可回收率=(回炉料重量/金属炉料重量)×100%

三、不可回收率计算法

不可回收率=(金属炉料重量-成品铸件重量-回炉料重量)/金属炉料重量×100%

四、炉耗率计算法

炉耗率 =（金属炉料重量 – 金属液重量）/金属炉料重量 × 100%

五、金属液收得率计算法

金属液收得率 =（金属液重量/金属炉料重量）× 100%

六、金属炉料与焦炭化计算法

金属炉料与焦炭化 = 金属炉料重量/焦炭重量

第六章　装备研制生产现场的工艺管理

第一节　装备研制生产现场工艺管理综论

现代工业企业是一个复杂的制造系统(设计、验证、生产、测试、试验和检验等),整个生产过程始终贯穿着工艺活动,企业产品的生产是在生产现场即车间内进行的,车间是企业的基本生产单位。因此,加强生产现场及车间的工艺管理,是实现产品设计、保证产品质量、发展生产、降低消耗、提高生产率的重要手段。本章重点讨论装备研制生产现场的工序管理、生产现场的定置管理、生产现场的工艺纪律管理等问题。

一、生产现场工艺管理的概念

生产现场的工艺管理必须了解生产现场的工艺管理的目标、基本任务和管理的基本要求,掌握生产现场的工艺管理的主要内容,以及生产现场的工艺服务及工艺服务任务和工艺服务方法;策划好车间工艺布局与物流管理。生产现场工艺管理的主要内容主要体现在对生产现场工艺管理的目标制定、生产现场工艺管理主要内容及要求、工序质量控制和生产现场的定置管理。

二、生产现场工艺管理及目标

（一）生产现场的管理
生产现场是生产零部件和装配产品的场所。生产现场工艺管理是通过计划、组织、控制和协调等方法,对生产现场人、机器、物料、方法、测量、能源、信息和环境等因素进行合理配置和有效控制。

（二）生产现场的管理目标
生产现场的管理目标:
(1) 确保产品质量;
(2) 提高生产效率;
(3) 减少材料和能源消耗;
(4) 降低生产成本;

（5）改善生产环境，实现安全生产。

三、生产现场工艺管理内容及要求

（一）人员要求

（1）现场与生产相关的工作人员应经过岗位技能培训，合格后方可上岗工作。

（2）重要设备(精密、大型、贵重等)操作人员及特殊工种(焊工、电工、无损检测等)人员应经过企业、地方资质部门的严格考试，并取得相应证书后才能上岗操作。

（二）工艺设备、工艺装备管理

（1）生产过程中使用的设备、工艺装备应保持既定精度和良好的工作状态，满足工艺技术要求。

（2）生产过程中使用的量具、检具与仪器仪表应定期检验或校验，保证精度合格，量值统一。

（三）物料管理

（1）生产产品用的物料(包括原材料、辅料、毛坯、半成品、外协件、外购件、外包件和自制件等)都必须经过质量检验部门检验，且符合有关设计和工艺要求后方可使用。

（2）对产品质量有重要影响的物料应做好标记，并对其储存、运输和使用过程进行追踪，以保证产品质量的可追踪性。

（四）工艺文件管理

（1）工艺文件应正确、完整、统一、清晰；

（2）使用的工艺文件的完整性应符合相关标准的规定；

（3）使用的所有工艺文件应为有效版本，并符合有关标准和规定；

（4）工艺文件更改应符合文件管理程序和相关工艺管理要求，并及时修改相关的技术文件；

（5）变更工艺文件的新版本时，旧文件应做标记并收回；

（6）建立现场工艺技术档案，做好各种技术数据的记录和管理。

（五）工序质量控制

工序过程应稳定保持产品质量的一致性，对关键工序应重点控制。生产现场关键工序质量控制应设置质量控制点，质量控制点的设置原则和工作内容以及特殊工序质量控制应符合 GJB 467A《生产提供过程质量控制》的规定。

（六）工艺定额控制

依据工艺定额控制现场材料消耗和劳动消耗，对由于改进产品结构、采用新材料和新工艺、工艺优化或定额不合理等原因产生的定额与实际不符等问题，及时反馈给定额编制部门,适时调整工时定额和材料消耗定额。

(七) 现场环境管理

(1) 工作场地的环境条件应符合工艺技术要求及相关标准规定,保证产品生产所需的温度、湿度、清洁度、防静电、电磁干扰等要求;

(2) 对现场物品进行定置管理;

(3) 工作现场应干净、整洁、安全,符合 6S 管理的规定;

(4) 现场安全、环境保护及职业健康措施应符合相关标准的要求。

(八) 现场改进

应用 IE 技术优化工艺流程,改进操作方法,改善工作环境,整顿生产现场秩序,并加以标准化,有效消除各种浪费,提高质量、生产效率和经济效益。改进的主要内容有:

(1) 人员配置;

(2) 工艺装备;

(3) 工艺流程和工艺布局;

(4) 工作程序和方法;

(5) 现场环境等。

(九) 现场检测

(1) 指导和监督工艺流程的正确实施,发现工艺问题,应及时反馈给相关责任部门和责任人,并及时修改或调整工艺文件;

(2) 生产过程中应严格按照工艺文件,对影响产品的主要工艺要素和工艺参数进行监视和测量,并做好记录;

(3) 对新技术、新材料和新设备的使用进行监视,发现问题及时反馈给有关部门,更改相关设计和工艺文件;

(4) 在产品加工、装配完成之后,按生产图样或标准对产品的精度和性能进行检测,以保证产品的性能和质量。

第二节 装备研制生产现场的工序管理

一、工序质量控制点设置原则

(一) 对产品四要素的影响

对产品精度、性能、安全、寿命等有重要影响的部位或环节。

(二) 工艺的特殊要求

工艺上有特殊要求,对下道工序的加工、装配有重大影响的部位或环节。

（三）质量信息反馈的质量问题

内、外部质量信息反馈中出现质量问题较多的薄弱环节。

（四）采用三新后的加工

采用新技术、新工艺、新材料加工的部位或环节。

二、工序质量控制点的主要工作

《武器装备质量管理条例》规定，武器装备研制、生产单位应当对产品的关键件或者关键特性、重要件或者重要特性、关键工序、特种工艺编制质量控制文件，并实施有效控制。

（一）对生产车间技术质量的管理

1. 车间技术质量管理的主要任务

（1）推广应用新工艺、新技术、新材料，不断提高生产技术水平、确保产品质量；

（2）合理组织车间各项技术工作，抓好生产技术准备、建立良好的生产技术工作秩序，确保生产的正常进行；

（3）推行现代化管理，及时为生产提供先进、正确、适用的技术文件；

（4）建立车间技术责任制，健全车间技术管理制度；

（5）教育职工遵守工艺纪律，严格按照产品图样、工艺规程组织生产；

（6）广泛开展技术革新、技术比武、合理化建议、职工培训活动，提高技术人员和工人的素质；

（7）加强安全教育、制定安全操作规程、确保安全生产、加强文明生产教育、保证生产现场文明整洁。

2. 车间技术管理的主要内容

（1）做好工艺准备和技术资料的编制工作，其内容是：

① 产品图样的工艺性审查；

② 编制工艺规程；

③ 提出工艺装备派工和材料消耗定额；

④ 提出新品技术难点和技术关键；

⑤ 提出攻关措施意见等。

（2）开展车间日常技术管理工作，其内容是：

① 组织车间消化领会工艺文件；

② 教育职工遵守工艺纪律；

③ 组织开展工艺纪律检查；

④ 复查完善车间编制的工艺规程及相关工艺文件；

⑤ 完善工艺装备、开展设备保养，做好文明生产等。

(3) 组织开展技术革新活动,其内容是:
① 改进生产工艺和操作方法;
② 改进现有设备和工艺装备;
③ 减少能源和原材料消耗;
④ 开展综合利用;
⑤ 改善劳动条件;
⑥ 提高生产效率等。

(二) 工序质量控制点工作内容

(1) 工艺部门编制工序质量控制点明细表和涉及质量控制的有关文件,经质量部门会签;

(2) 复杂工序绘制"工序控制点流程图",明确标出建立控制点的工序、质量特性、质量要求、检验方式、测量工具等;

(3) 分析或测定工序能力,当工序能力不足时应及时采取措施加以调整,工序能力指数的计算和判定应符合 JB/T 3736.7 的规定;

(4) 分析工序质量缺陷因素,验证工序质量保证能力,编制工序质量分析表;

(5) 根据工序质量分析表,对质量影响因素进行整改;

(6) 根据需要设置工序控制图,常用控制图的形式参见 GB/T 4091;

(7) 对工序质量控制点进行验收,做好工序质量的信息反馈及处理;

(8) 工序经过重点控制后,经过一段时间的验证,证实工序质量控制点的产品质量和工序能力满足要求,可提出书面申请,获批后该工序质量控制点可予以撤销。

(三) 对现场技术质量问题的处理

1. 处理现场技术质量问题的意义

在新品研制直至批生产的全过程中,及时处理车间生产现场的工艺技术质量问题是确保产品质量、迅速转入批生产的重要环节和基本保证。工厂必须加强这方面的组织领导,工艺技术人员必须服务于现场,搞好与工人、检验人员的"三结合",为新品试制或批量生产,及时有效地解决一切现场的技术质量问题,以确保新品研制或生产的顺利进行。

2. 处理现场技术问题的分工

处理现场技术问题由工艺技术部门负责组织,要充分发挥车间和业务主管科处两级工艺人员的作用。

1) 车间技术室负责处理的工艺技术质量问题

(1) 工艺方法和工序的更改;

(2) 工艺规程临时超越;

(3) 解释产品图样资料工艺文件的有关涵义并对解释负责;

(4) 解决工艺不协调带来加工困难,但本车间内下道工序又可以弥补的问题;

(5) 解决车间内部生产中发生的工艺技术问题。

2) 工艺管理部门处理的工艺技术质量问题

(1) 涉及比较重要的一时查不清的工艺协调中的问题;

(2) 工艺装备制造、返修和使用中发生的技术问题;

(3) 有关工艺方法的重大更改;

(4) 跨部门、跨车间之间的技术协调;

(5) 组织有关部门、车间解决较大的工艺技术问题,包括改进方案的实施。

3. 处理现场技术质量问题应注意的事项

(1) 准确查清工艺技术问题产生的原因是处理好现场技术问题的关键。一般现场问题由车间技术副主任组织本车间有关技术员、工人、检验员进行分析和调查研究,分清原因后制定改进措施,予以解决。较大或重大工艺技术问题由工艺技术部门组织分析查对。

(2) 处理现场技术问题应做好原始记录,不断总结经验以提高处理技术问题的质量和效率,处理现场技术问题应按规定办理相应的手续。

三、生产提供过程质量控制

GJB 467A《生产提供过程质量控制》规定了装备研制生产提供过程质量控制的要求,更强调了生产过程中工艺质量控制的内容,加强了工序质量控制即重要节点控制与管理,生产提供的重要节点适用于研制、生产、试验和维修单位生产提供过程的质量控制,不适用于军用软件产品生产提供过程的质量控制。承担装备研制生产的单位务必按照下列内容根据生产提供的重要节点实施质量控制。

(一) 生产提供过程的一般要求

为了使生产提供过程质量控制达到预期的效果,武器装备研制生产的承制单位,必须做好以下几个方面的工作:

(1) 应根据产品的特点,对生产提供过程进行策划,确定其受控条件,并根据策划结果和受控条件,编制质量控制文件。尤其对复杂产品,编制关键过程和特殊过程的工序控制文件。

(2) 应确定生产提供过程质量控制的范围、内容、组织形式、方法、程序、重点和所需资源,并应根据标准的要求,实施生产提供过程质量控制,确保生产提供过程在受控条件下进行。

(3) 应采用适宜的方法,对生产提供过程及其产品进行监视和测量,并依据监视和测量结果对生产提供过程进行分析和改进,以提高生产提供过程的有效性。

(4) 应将生产提供过程质量控制的信息纳入质量信息管理系统,确保信息传递完整、有效,信息记录清晰、正确,信息输出正确、完整和协调,并用于质量改进。

(二) 生产提供过程质量控制要求

1. 生产准备状态检查

生产准备状态检查应按照 GJB 1710A《试制和生产准备状态检查》5.2 条的要求进行检查,并应有检查报告,符合要求并经批准后,方可进行生产。

2. 过程控制

1) 要求

组织应对影响生产提供过程及其产品质量的文件、人员、设备和工装、器材、方法和环境因素进行控制,确保其处于受控状态。

2) 文件

生产现场使用的有关文件,包括技术文件和图样、工艺规程及随件流转卡、数控加工程序、作业指导书、质量控制文件等,应是现行有效版本,并做到正确、完整、协调、统一、清晰、文实相符。

3) 人员

生产提供过程配备的相关人员应经过岗位必备知识和技能、质量管理基础知识的培训与考核。

有特殊要求的生产提供过程的人员,应按国家、行业和用户的要求持证上岗,包括:

(1) 关键过程和特殊过程的岗位人员(含无损检测人员);

(2) 关键和特种设备使用人员;

(3) 检验人员。

4) 设备和工装

生产提供过程使用的设备(包括监视和测量装置)和工装应符合有关文件的要求,并处于受控状态,包括:

(1) 设备应具有合格证明文件和标志,并按规定的要求和周期定检合格。

(2) 设备安装、调试或修理合格后,应进行试用或鉴定,经确认合格后,方可投入使用。

(3) 按规定的要求和周期对设备进行保养和维护,并有设备的完好标识。

(4) 生产提供过程中使用的数控加工程序,在其首次使用前或更改后,应按照有关规定进行确认或重新确认。

(5) 当产品特性需要由设备和工装精度保证时,应定期检测其精度,确保设备和工装精度满足需要。

（6）标准工装必须经鉴定合格后,方可作为制造或验收产品的依据。

5）器材

生产提供过程中使用的器材应具有合格证明文件,不合格的器材不能投入生产。

对于外购器材,应按照 GJB 939《外购器材的质量管理》的要求实施质量控制。

6）方法

生产提供过程采用的加工、检验、测量和试验方法应符合有关规定的要求,并确保其处于受控状态。

7）环境

影响产品达到符合性要求所需的工作环境,如温度、湿度、照明、清洁度、防静电等,应符合相关技术文件、标准的规定。

（三）关键过程控制

关键过程除需满足上述其他条款规定的相关质量控制要求外,还应满足下列要求：

（1）对关键过程进行标识；

（2）对关键和重要特性实行百分之百检验；

（3）对首件产品,按规定进行首件二检,记录实测数据并做出首件标识；

（4）根据产品的特点,应用统计技术进行关键过程的质量控制。

（四）特殊过程控制

在正式用于生产之前,应对特殊过程进行确认,以证实其实现所策划的结果的能力。

特殊过程除需满足上述其他条款规定的相关质量控制要求外,还应满足下列要求：

（1）确认过程参数并对其控制方法和环境条件做出明确规定,对过程参数变更、设备变更或间断生产,需要时,应按有关规定,重新进行特殊过程的确认；

（2）使用的机器设备、仪器仪表、工作介质和环境条件必须定期进行检定,并确保状态标识醒目；

（3）辅助材料具有合格证明,依据双方技术协议书的要求,进行入厂复验；

（4）特殊过程的质量记录,应做到内容完整、有效且状态受控；

（5）适用时,应按照顾客要求在特殊过程使用前进行鉴定和批准。

（五）过程控制点设置

对需要重点监视和测量的过程参数和产品特性,应设置过程控制点,明确控制的项目和要求、方法、类型、工具和图表,检测的频次和方法以及实施控制的人员。

（六）首件鉴定

装备研制的工程研制阶段，在设计、试制与试验状态和装备的生产过程中，适用时，应按照 GJB 908A《首件鉴定》的要求进行首件鉴定。

（七）技术状态管理

生产提供过程的技术状态管理，应按照 GJB 3206A《技术状态管理》的要求，实施生产提供过程的技术状态控制、纪实和审核。

（八）批次管理

生产提供过程成批产品的批次管理，应按照 GJB 1330《军工产品批次管理的质量控制要求》的要求，实施生产提供过程成批产品的批次管理。

（九）多余物控制

生产提供过程的多余物控制，应按照 GJB 5296 的要求实施。

（十）不合格品控制

生产提供过程的不合格品标识、隔离、评价和处理，应按照 GJB 571A《不合格品管理》的要求和程序进行，避免不合格品的重复出现，并防止不合格品的非预期的使用或交付。

（十一）产品标识和可追溯性

生产提供过程产品的标识，应根据其特点和生产提供过程的需要，按照 GJB 726A《产品标识和可追溯性要求》的要求进行，并确保产品的可追溯性要求得到满足。

（十二）产品防护

在产品的标识、搬运、包装、贮存和保护等过程中，应针对产品的符合性提供防护。产品防护按照 GJB 6387《武器装备研制项目专用规范编写规定》、GJB 1181《军用装备包装、装卸、贮存和运输通用大纲》的要求实施外，适用时还包括下列措施：

（1）清洁；

（2）预防、检查排除多余物；

（3）安全警示的标记和标签；

（4）贮存期的控制和存货周转；

（5）敏感产品和危险材料的特殊搬运。

（十三）监视和测量

1. 过程的监视和测量

承制单位应根据产品特点和生产提供过程的需要，采用适宜的方法进行监视和测量，以证实生产提供过程实现所策划的结果的能力。

适用时，过程的监视和测量可采用过程审核或评审、统计技术的应用、过程的验证和确认(如,首件鉴定和特殊过程确认)等方法。

2. 产品的监视和测量

承制单位应根据策划程序,对中间产品和最终产品的特性进行监视和测量,以验证产品要求已得到满足。对产品特性的监视和测量,应在生产提供过程的适当阶段进行,并应包括下列内容:

(1) 规定的所有活动已完成,并符合相应的要求;
(2) 产品标识清晰,数量正确;
(3) 产品特性符合有关技术文件的要求;
(4) 不合格品已按照不合格品控制程序处理完毕,并处于受控状态;
(5) 所有相关文件的原始记录清晰、完整、有效。

3. 顾客的监督

当顾客要求见证生产提供过程或验证产品特性时,有关人员应按规定做好相应的准备工作。对顾客在过程监视或产品特性的验证时发现的不符合,经确认后,应采取纠正和纠正措施。需要时,重新提交顾客,以便对不符合要求的项目的纠正情况进行再验证。

(十四) 分析和改进

1. 分析

承制单位应利用对生产提供过程及其产品的监视与测量结果和其他相关的质量信息,应用统计分析等方法,对生产提供过程及产品进行质量分析,以证实生产提供过程的有效性,并发现实施质量改进的机会和重点。用于评价生产提供过程有效性的指标可包括:

(1) 产品合格率;
(2) 废品率;
(3) 返工率;
(4) 返修率;
(5) 一次交验合格率;
(6) 过程能力指数;
(7) 质量损失率;
(8) 顾客满意度。

2. 改进

承制单位应利用质量分析的结果,确定关键问题和产生问题的根本原因,制定纠正和预防措施,以便持续改进生产提供过程的有效性和产品质量。

3. 改进效果的评价和确认

承制单位应通过对下列情况的评价,确认改进效果:

(1) 生产提供过程的受控条件满足规定要求的程度;

(2) 影响生产提供过程及其产品质量的文件、人员、设备和工装、器材、方法和环境因素是否处于受控状态;

(3) 过程参数和产品特性满足规定要求的程度;

(4) 过程控制点处于受控状态;

(5) 产生不合格或潜在不合格的原因是否已经消除;

(6) 生产提供过程的有效性和产品质量是否明显改善。

如果评价发现改进没有取得明显效果时,应当重新进行原因分析并采取相应改进措施,直至取得明显效果。

四、装备研制生产的批次管理

(一) 批次凭证管理

1. 批次凭证的建立

在下列文件中必须具有批次的栏目,并相应记录批量、质量状况、责任者、检验者等。

(1) 器材验收保管发放单据;

(2) 特种工艺的质量记录;

(3) 产品制造过程中的随工流通卡(或随件流转卡);

(4) 产品装配、调试记录;

(5) 材料代用和不合格品处理单据;

(6) 产品出厂的质量证明文件;

(7) 备件出厂的质量证明文件;

(8) 其他有关文件。

2. 批次凭证的填写

(1) 批次凭证的填写字迹和印章要准确、清楚、易认,符合归档要求;

(2) 批次凭证中批次内容填写不完整、不明确时,不得转入下道工序;

(3) 批次凭证中有关批次内容变更时,应严格履行更改手续,并归档备查。

3. 批次凭证的传递

(1) 随工流通卡等需流动的批次凭证,应随该批产品传递;

(2) 从外购器材进厂验收到成品出厂,全过程的各环节的批次凭证,应相互衔接,准确传递。

4. 批次凭证的保管

(1) 各种批次凭证应及时进行整理,并妥善保管;

(2) 需要归档的批次凭证应按产品、批次号归档备查;

(3) 归档的批次凭证的保证期,应不低于产品的使用寿命期;

(4) 发生全批报废时,其批次凭证应妥善保管;

(5) 批次凭证的处理须履行审批手续。

（二） 外购器材的批次管理

1. 采购要求

(1) 主要外购器材应具有批号(或炉号)标志和该批次的质量证明文件；

(2) 同种器材在采购时应尽量减少供应单位和批号(或炉号)的数量；

2. 验收要求

(1) 外购器材应具有批号(或炉号)标志；

(2) 外购器材上的批次标志和质量证明文件应相符；

(3) 根据产品规范(或技术条件)要求,应按批次进行复验。

3. 库存要求

(1) 按批入库、按批建账、按批建卡,必须做到账、卡相符；

(2) 按批号(或炉号)和产品规范要求,分批进行保管,严防混批,有批次标志的卡片必须置于醒目的位置上；

(3) 按批发放,先入库先发放；

(4) 在库存或生产过程中发现不合格器材,应注明批号,并按 GJB 571A《不合格品管理》的规定进行处理。

（三） 加工批次管理

1. 批次的确定

根据生产任务及产品规范(生产技术条件),确定生产批次。

2. 投料要求

(1) 按批投料,每批一般应采用同批号(或炉号)器材；

(2) 器材要有明显的批号(或炉号)标志,如果须切割或分离应作标志转移,并有记载。

3. 加工要求

(1) 产品或零部件必须按批加工,在规定的部位,打印明显的批次标志,并在批次凭证中记录；

(2) 凡无法在其表面打印标志的产品和零部件,应采用适当的方式,以明确其批次,并在批次凭证中记录；

(3) 在一个批的产品加工期间,要保持加工人员、设备及加工工艺的稳定性；

(4) 出现不合格品时必须当批及时处理完毕,对于不能跟批的返修品,要重新建立凭证,安排后续加工；

(5) 产品或零部件必须按批周转,批与批之间应严格控制和区分,严防混批。

（四）装配的批次管理

（1）构成产品的各组装件,应有批次凭证和标志；

（2）组装件批次标志应与产品装配配套文件相符；

（3）产品装配时,应采用同批组装件进行组装,若不能时,应办理转批手续后采用技术状态相同的相邻批次的组装件；

（4）在装配过程中出现废品时,应凭废品单到库房补领,并在有关凭证上及时更改批次号；

（5）装配完工的产品,应有明显的批次标志。

（五）检验的批次管理

（1）产品或零部件必须按批进行检验；

（2）批次凭证上批号、数量应与实物相符；

（3）不合格品按批隔离,及时处理；

（4）产品或零部件检验后应按批做好凭证记录。

（六）保管的批次管理

（1）产品或零部件应按批保管,批次要有明显的标志；

（2）产品或零部件应按批发放,先入库先发放；

（3）产品或零部件收发时,应按批做好有关凭证记录。

（七）交验的批次管理

（1）产品的履历本或合格证上必须有产品的批次号；

（2）按批提交订货方代表验收；

（3）单独订货的备件,应有该备件的批次标志。

（八）包装、运输、贮存的批次管理

（1）按产品的批次进行包装,严禁混批；

（2）产品包装物上按有关规定应作明显的批次标志；

（3）产品要按批运输,如若干批同时运输时,应有隔离措施；

（4）产品贮存应按批次存放,并有明显的批次标志。

第三节 装备研制生产现场定置管理

一、定置管理的目的

通过工艺路线分析和方法研究,对生产现场中人与物的结合状态加以改善,使之尽可能处于紧密结合状态,以清除或减少人的无效劳动和避免生产中的不安全因素,从而降低资源消耗、提高产品质量和生产效率。

二、定置管理的目标

（1）建立规范安全的生产秩序，稳定和提高生产质量；
（2）创造良好的生产环境，清除事故隐患，提高生产效率；
（3）优化工艺流程，减少生产中的运输环节，避免物料积压，减少物料消耗，提高生产效率；
（4）优化工艺布局，充分利用生产空间和场地，扩大生产能力；
（5）建立物流信息，严格作业计划标准，实现均衡生产。

三、定置管理的范围

（1）生产现场的区域管理，如合格品区、待检区、返修品区、废品区、安全消防区、高压变电区、物流通道等；
（2）设备、工艺装备的定置管理；
（3）工具及工具箱内物品的定置管理；
（4）工件和原材料的定置管理；
（5）化学品、危险品、废弃物的定置管理；
（6）安全设施的定置管理；
（7）工序质量控制点的定置管理；
（8）操作者定置管理；
（9）其他事项的定置管理。

四、定置管理的程序

（一）任务分析

（1）分析现场的生产环境、机器设备、工艺流程；
（2）分析可采取的先进的工艺和加工方法；
（3）确定工艺路线和操作程序。

（二）生产现场人、物与场地状态分析

生产现场人、物与场地状态分析，见表6-1。

表6-1 生产现场人、物与场地状态分析

需代号	标　志	颜色	结合状态特征	含意及物品种类
A	⊘Φa	草绿色	紧密结合状态	正在加工或刚加工完的工件，如正在加工、试验的产品，正在装配的零部件，在用的量具、模具、工具等。

(续)

需代号	标　志	颜色	结合状态特征	含意及物品种类
B	$R=a/2$ 图形	天蓝色	松弛结合状态	暂存放于生产现场不能马上进行加工或转运到下工序的工件,如计划内投料的毛坯、待装配的外购件、重复使用的工艺装备、运输工具等。
C	倒三角形 a	橙黄色	相对固定状态	非加工对象,如设备、工艺装备、生产中所用的辅助材料等。
D	方形 a	乳白色	废弃状态	各种废弃物品,如废料、废品、铁屑、垃圾及与生产无关的物品。

第四节　装备研制生产现场工艺纪律管理

工艺纪律是企业在产品生产过程中,为维护工艺的严肃性,保证工艺贯彻执行,建立稳定的生产秩序,确保产品的加工质量和安全生产而制定的某些具有约束性的规定。工艺纪律是保证企业有秩序地进行生产活动的重要的厂规、企规之一。

一、工艺纪律控制的要求

（一）工艺纪律技术文件的要求

1. 技术文件的种类

技术文件的质量是工艺纪律检查和管理的一项重要内容。根据装备研制的特点,与工艺纪律有关的技术文件种类包括：

1) 产品图样和技术标准

为了使工艺纪律检查和管理的内容重点突出,设计部门应确定关键件和重要件,编制关键件和重要件明细表,并在产品图样上用规定的符号标出,作为工艺纪律检查和管理的重点。

2) 工艺文件

工艺文件包括产品设计工艺性分析资料、工艺总方案、工艺标准化综合要求、工艺路线卡(或分车间零件明细表)、工艺过程卡、关键件加工或成品装配工艺流程图、工序质量表、工序操作卡(或作业指导书)、典型零件工序操作卡、工艺守则、自检表、工艺装备明细表、材料和工时定额表等。这些文件有的供计划调度和管理工作用,有的供操作人员操作和检验产品用。

2. 对技术文件的要求

承制单位使用的技术文件(包括图样、技术标准和工艺文件)应达到正确、完整、统一。具体内容说明:

1) 正确

(1) 图样、技术标准和工艺文件应符合有关标准规定;

(2) 图面、尺寸精度、尺寸链、形位公差及其标注方法等,应正确、清晰;

(3) 工艺流程安排合理;

(4) 工艺规程切实可行,能指导生产和操作,保证产品加工质量稳定。

2) 完整

(1) 技术文件的种类应齐全,企业生产类型不同,应具备的技术文件种类也不相同,应符合本系统相关标准的规定;

(2) 一种文件的内容应完整,如:一张产品图样或一张工艺卡片,图面内容完整符合要求,编制、审核、批准签字手续齐全,应填写的栏目均已填齐;

3) 统一

(1) 对技术文件应按制度规定的审批程序办理修改手续,并及时修改,保证各种技术文件的蓝图与底图统一;

(2) 各部门与车间的技术文件应统一;

(3) 产品图样、技术标准与工艺文件相关的技术要求统一;工艺文件与工艺装备图应统一;

(二) 工艺纪律对设备和工艺装备的技术状态要求

设备和工艺装备技术状况的好坏,直接影响产品质量。因而,他们也是严格贯彻工艺纪律的重要内容。检查工艺纪律对设备和工艺装备的要求:

(1) 设备型号或工艺装备编号应符合工艺文件规定;

(2) 所有生产设备和工艺装备均应保持精度和良好的技术状态,以满足生产技术要求;

（3）量具、检具与仪表应坚持周期检定，保证量值统一、精度合格；

（4）不合格的工、夹、模、量、辅、检具等，不得在生产中流通；

（5）调整好的处于使用状态下的工、夹、模、量、辅、检具等，不得任意拆卸、移动。

（三）工艺纪律对材料、在制品的要求

1. 材料、规格符合工艺要求

在制品包括已投产的材料、毛坯、半成品和成品件。它们是贯彻工艺、形成产品过程中的加工对象。

2. 防止装卸、搬运和转序中损坏在制品的要求

（1）关键件、大型零件，应规定运送路线、搬运工具及装卸方法；

（2）所有材料、毛坯、半成品等应逐序在线贮备定额，作为在制品限额，并规定存放区；特殊形状的零件，还应按文件规定码放方法存放。

3. 当材料和在制品不合格时，如需代用或回用，必须按有关制度规定办理代用或回用手续

（四）工艺纪律对环境文明卫生的要求

（1）设备清洁无油污、锈蚀，设备附件齐全，擦洗干净，并按定置区规定存放；设备无渗漏油或有防止渗漏油污染环境的措施；

（2）工艺装备清洁，无切削、无锈蚀，按定置区规定点存放；

（3）通道有标志并畅通，生产现场无油污，积水和工业垃圾等；

（4）工位器具齐全适用，在制品不落地、不相撞；

（5）生产现场在制品数量不超过限额，码放整齐，按定置区规定点存放；

（6）工具箱内外整洁。

（五）工艺纪律对操作者的要求

操作者处于贯彻工艺、遵守工艺纪律、保证稳定生产的支配地位（起支配作用的工艺因素）。操作者的工艺纪律是一项尤为重要的内容。工艺纪律对操作者的要求：

（1）操作者的技术等级应符合工艺文件的规定，实际技术水平与评定的技术等级相吻合，确已达到本工序对操作者的技术要求。

（2）单件小批和成批轮番生产，关键和重要的工艺实行定人、定机、定工种；大批大量生产，全部工序实行定人、定机、定工种；精、大、稀设备的操作者，应经考试合格并获得设备操作证。

（3）特殊工序的操作者，如：锅炉、压力容器的焊工和无损检测人员等，应经过专门培训，并经考试合格，具备工艺操作证，在证书有效期内，才可以从事证书规定的生产操作。

（4）操作者应熟记工艺文件内容，掌握该工序所加工工件的工艺要求，装夹

方法、加工工步、操作要点、检测方法等,以及工序控制的有关要求,坚持"三按"(按图样操作、按技术标准和按工艺文件)操作。

(5) 生产前认真做好准备工作,生产中集中精力,不得擅离工作岗位,保持图样、工艺文件整洁,对加工零部件和量检具应按定置规定点存放,防止磕碰、划伤与锈蚀,保持工作地清洁。

(6) 对技术文件中规定的有关时间、温度、压力、真空度、清洁度、电流、电压、材料配方等工艺参数,严格贯彻执行,并做好记录,实行质量跟踪。

(六) 工艺纪律对检验的要求

(1) 正确性:检验人员应努力做到不错漏检,以减少不合格的在制品或成品件流入下一工序。

(2) 及时性:实行首检和专检,及时发现生产中可能发生的违纪问题,保证工艺的贯彻。加工完成后的在制品,应及时检验、及时转序,避免在制品积压,影响定置管理。

(3) 不损坏在制品:防止在检验过程中,损坏在制品,特别是工艺基准,造成废品或影响下工序的加工。

(4) 质量跟踪:要建立质量跟踪卡,做好记录,发现质量问题,能及时找到并剔除不合格品。

(5) 不合格品管理:对不合格品应及时标识并抽出,不准将不合格品混入合格品内。

(七) 均衡生产

均衡生产也是工艺纪律的一项重要内容。企业生产部门应按工艺流程合理安排作业计划,加强生产准备和调度工作,实现均衡生产。从要求可知,工艺纪律所涉及的内容,不仅与操作者有关,同时也与管理者,尤其是领导者关系重大。

二、工艺纪律控制的内容

(一) 产品图样、技术文件

按照产品图样、技术文件编制工艺技术文件,做到文文相符。生产现场使用的工艺规程和有关技术文件及图样图面清晰,首件"二检"合格证及流水卡片齐全,填写完整符合要求。

(二) 组织生产、操作和检验

按照工艺文件组织生产、操作和检验。加工步骤、检验方法、标准样件、参数选择、工装设备、仪器、通用工具等均符合有关规定,做到文实相符。

(三) 工装、仪器、设备和非标准设备

生产现场使用的工装、设备、非标准设备和仪器满足加工质量要求,已按规

定定期检查,各种溶液必须按期化验,并有合格证方可投产。

(四) 操作人员的考核
生产工人熟悉工艺规程和有关技术文件,能正确使用工装和设备。

(五) 关键工序人员的考核
关键工序操作人员已进行认真考查,合格后操作;特种工序操作人员已考核并取得上岗证操作。

(六) 贯彻各项制度的情况
认真贯彻工艺更改制度和工艺规程超越制度,认真贯彻设备维修制度;返修零件如不能按原工艺规程进行加工补救时,需办理临时工艺规程经过审批同意后,方可返修。

(七) 批次管理的情况
在制品应按批次进行管理,超差待处理品应有标记,废品应进行隔离。

(八) 工艺改进和革新项目
工艺改进和技术革新项目先通过工艺试验取得成功,并鉴定后,方可纳入工艺规程投入批生产。

(九) 质量档案和标准样件
质量档案必须齐全并已妥善保管,标准样件也已妥善保管和使用。

(十) 现场文明生产的情况
搞好现场文明生产,做到安全整洁,做好零组件工位器具的配置,防止零件磕、碰、划伤和变形,避免加工件直接着地堆放,严格执行防锈制度。

(十一) 零部组件周转、入库情况
零部组件周转、入库已按规定进行油封,并带有流水卡片和有关质量证明单。

三、工艺纪律检查的实施

(一) 自觉遵守工艺纪律
各类人员必须自觉遵守工艺纪律,认真贯彻生产、技术、质量管理制度。

(二) 工艺文件符合性要求
工艺人员要确保工艺资料的文文相符,工艺部门负责文文相符的检查,确保工艺文件完整、正确、协调、有效;平时由工艺部门的主管工艺人员负责抽查,每季度工艺部门组织进行定期检查,每年进行一次大检查。

(三) 质量检验人员的要求
质量检验人员负责文实相符的检查,把文实不符的情况属于工艺原因的及时向工艺部门反映,对长期文实不符而又影响产品质量的,工艺人员要尽快设法解决;确属工艺不合理的要及时修订工艺文件,长期拖沓不予解决的,工艺员要

承担不执行工艺纪律的责任。

（四）严格贯彻工艺规程

班、组长及时纠正和制止工人违反工艺纪律的操作行为。生产工人必须严格按工艺规程的规定实施生产操作，如确有困难或问题时应与车间工艺员协商，办理工艺规程临时超越单，经批准再实施加工。

（五）教育和培训

要加强对职工工艺纪律方面的教育和培训，并结合车间的实际情况进行讲评和奖惩。

第五节　装备研制生产现场工艺技术管理

工艺技术管理是开展工艺技术工作的有效方法和可靠保证。它通过一整套必要的规定、制度或标准规定了工艺技术工作各个方面的内容，指导工艺技术工作全面、有序、有效地运行。对确保工艺技术工作的管理，提高各级工艺人员的素质，推广和实施现代科学技术和先进的生产现场工艺管理方法，有着十分重要的意义。

一、工艺技术管理概述

工艺技术管理是工艺工作的尤为重要部分，工艺技术管理工作在装备工艺管理以及制造工程中占主导地位，如承制单位缺乏深入的工艺基础研究，工艺技术储备不足，或对先进制造技术和先进管理方法的应用不广泛，先进稳定的新工艺应用缓慢，工艺技术总体生产效率不高，产品质量一致性差，适应快速研制的柔性生产能力不足，批生产工装系数低，工艺规程设计跟不上或不适应多品种生产的特点，使得工艺设计、工艺准备工作滞后于产品制造等问题不解决，势必会在装备研制的生产准备、制造技术、质量保证和经济效益等方面产生决定性的影响。

（一）工艺技术管理的基本要求

（1）工艺技术管理是通过一整套必要的条例、规章、制度、标准来规定工艺管理工作各个方面的内容、要求和方法。因此首先必须保证工艺管理制度的全面和完整，使每项工艺管理工作有章可循、有法可依。

（2）承制单位的工艺技术管理的各项制度是在满足国标、国军标、行标等标准要求的前提下，考虑企业自身的特点和发展要求予以制定的，具有一定的严肃性。工艺技术管理制度一经批准，必须认真予以贯彻执行。

（3）承制单位的工艺技术管理的各项制度应注意连续性，减少不必要的更改和变动，以利于工艺管理的延续性和工艺技术工作的可追溯性。

（二）工艺技术管理的基本任务

（1）工艺技术人员参加新产品试制的总体规划及技术方案的的制定、评审。

（2）参加新产品的技术论证，对产品设计图样、资料进行工艺性审查。

（3）为新产品的研制和批生产做好工艺技术准备工作，成套提供各种工艺技术资料，组织完成新产品各阶段（状态）的工艺管理工作。

（4）分析研究工厂工艺技术方面的薄弱环节，提出有关技术改造方案和技术组织措施计划。

（5）开展工艺科研试验工作，研究解决新产品研制和小批试生产中的技术关键和技术难点。

（6）研究并推广国内外的新工艺、新技术、新材料，努力提高工艺、工装、理化测试的技术水平，积极推行现代化管理技术。

（7）研究、引进国内外先进的工艺标准，编制工厂基础性工艺文件。

（8）培训考核工艺技术人员，不断提高工艺技术人员的工作能力和业务水平。

（三）工艺技术管理的依据

（1）GJB 467A《生产提供过程质量控制》；

（2）GJB 1032《电子产品环境应力筛选方法》；

（3）GJB 1269A《工艺评审》；

（4）GJB 1330《军工产品批次管理的质量控制要求》；

（5）GJB 2366A《试制过程的质量控制》；

（6）GJB 3363《生产性分析》；

（7）GJB/Z 106A《工艺标准化大纲编制指南》。

二、工艺技术管理的重点范围

工艺技术管理的范围主要由工艺准备管理，工艺过程管理，综合工艺管理和现场工艺技术管理等组成。

（一）工艺准备管理

工艺准备管理包括工艺总方案的编制及产品图样的工艺性审查等。

（二）工艺过程管理

工艺过程管理包括：

（1）工艺文件管理；

（2）工艺更改管理；

（3）工艺超越管理；

（4）工装设计管理；

（5）非标准设备研制和设计及管理；

(6) 工艺质量评审；

(7) 首件鉴定及管理；

(8) 生产定型（或工艺定型）及管理；

(9) 工艺科研（研制）试验管理等。

（三）综合工艺管理

综合工艺管理包括：

(1) 工艺分工管理；

(2) 材料定额管理；

(3) 平面布置设计的管理；

(4) 工艺技术管理制度的制定等。

（四）现场工艺技术管理

生产现场的工艺技术管理，包括：

(1) 车间技术管理；

(2) 生产现场问题的解决；

(3) 工艺纪律检查等。

三、装备研制阶段工艺技术管理

工艺技术管理工作的研制阶段，同新产品研制阶段划分一样，分常规武器研制、战略武器研制和人造卫星研制阶段。方便起见，仅以常规武器研制程序为例，按五个阶段的模式开展以下问题的讨论。

（一）论证或方案阶段工艺技术管理

型号研制的论证和方案阶段：这两个阶段是从新产品论证阶段后期辅机与主机签订技术协议书后评审，到方案阶段制定工艺总方案之前，经过参加总体技术方案评审、设计图样的工艺性审查并形成审查报告，到试制工艺总方案和试制图样的评审，完成原理样机或模型样机出来。

（二）工程研制阶段工艺技术管理

型号研制在工程研制阶段：从试制图样和生产图样，完成工艺标准化综合要求的文件起，研制产品经过组装、调整、试车、试验等设计状态，到主要性能基本达到设计指标；从样机试制与研制试验，到产品基本达到研制总要求及技术协议书的要求为止。

（三）设计定型（或设计鉴定）阶段工艺技术管理

该阶段从样机具备设计定型状态后，一是试制与小批试生产交叉的产品开始投入小批试生产，待设计定型（或设计鉴定）审定批复后，在生产定型阶段初交付部队试用；定型批产品通过定型试验申请、定型试验地面考核、定型试验试飞基地和部队考核、定型会议审查，到设计定型（或设计鉴定）审定批复。

（四）生产定型（或生产鉴定）阶段工艺技术管理

该阶段从小批试生产产品的试用，解决试用的问题、工艺鉴定、生产定型试验申请、生产定型试验考核，通过对小批试生产产品的质量跟踪，确保小批试生产的产品批生产投入质量稳定，一致性好，到生产定型会议审查、生产定型（或生产鉴定）审定批复。

（五）生产定型（或生产鉴定）批复后工艺技术管理

批生产：生产定型批复后，型号研制工作结束。产品进入了批量生产的状态，应巩固生产定型的成果，使生产水平达到或超过各项经济技术指标的要求。

四、装备研制的生产性分析

生产性分析工作应贯穿于武器装备研制工作的全过程，每个阶段的分析重点不同，这种分析应是由粗到细不断深化反复迭代的过程。在各研制阶段技术审查中，应提供产品设计的生产性分析资料，包括承制方取得良好生产性的措施，准备采用的生产方法、制造工艺与技术设备、材料等。

生产性分析的目的就是保证武器装备研制过程中，承制单位不仅能设计出具有良好生产性的产品，而且会形成适用于生产该产品的工艺和工装，使产品达到最佳的经济效果，以便降低产品成本，缩短研制周期，提高产品质量，节约原材料，提高劳动生产率，改善操作人员的工作条件。

本节主要从生产性分析的目标、生产性分析准则、生产性分析的主要内容、生产性分析的技术资料、生产性对产品设计的要求、生产性对生产规划要素的要求、生产性分析的有用技术、生产性分析机构、生产性分析细目等九个方面讨论装备研制的生产性，各阶段的生产性分析考虑的主要内容即某一个阶段（或状态）的生产性分析的具体内容在第七章中表述，在此不一一赘述。

（一）生产性分析的目标

在武器装备研制过程中，通过对多种结构、工艺、材料方案的比较、权衡及量化分析，在满足产品性能的前提下力图使第 1 条诸因素达到最大（高）程度；同时使第 2 条诸因素达到最小（低）程度。

1. 应达到最大（高）程度的因素

(1) 设计简化；

(2) 使用经济的材料；

(3) 使用经济的制造技术；

(4) 材料和结构件的标准化；

(5) 投产前设计合理性程度；

(6) 工艺方法的可重复性；

（7）产品的可检查性；

（8）允许使用的材料和工艺方法。

2. 应达到最小（低）程度的因素

（1）采购时间；

（2）切屑、碎片和浪费；

（3）使用关键材料；

（4）能源消耗；

（5）专门的生产试验；

（6）专门的试验系统；

（7）关键工艺的使用；

（8）污染；

（9）生产人员的技艺水平；

（10）单件成本；

（11）生产中的设计更改；

（12）受限制使用的产品和工艺；

（13）使用未取得生产权的专利产品；

（14）没有备选方案的单一材料和单一工艺。

（二）生产性分析准则

承制单位应依据设计特征建立一个可操作的生产性分析准则，形成文件，并随研制工作进展而不断更新，该准则应包括下列内容：

（1）承制单位现有的和规划中的生产条件对产品设计的限制；

（2）互换性措施；

（3）材料选择限制；

（4）备选方案的选择原则和程序；

（5）工装（含专用工装）选择原则；

（6）新的或独特的工艺；

（7）装配顺序和便于装配程度；

（8）制造与试验软件；

（9）试验和检验仪器方案；

（10）规定生产率下所使用的工作方法；

（11）生产量和生产率；

（12）成本；

（13）进度。

（三）生产性分析的主要内容

生产性分析主要考虑以下内容：

(1) 产品结构、系统设计合理,装配可达性好、连接方便、设计补偿充分、适用于小批试生产要求;

(2) 图样尺寸齐全、协调,制造精度选择合理、经济;

(3) 互换性良好;

(4) 同类型零组件尺寸、规格、形状满足标准化、系列化、组合化(模块化)要求;

(5) 产品结构继承性好;

(6) 电子产品调试规程和仪器的合理性;

(7) 承制单位现有设备的加工能力与产品匹配;

(8) 新结构、新材料、新工艺选用与承制单位技术水平相适应。

(四) 生产性分析的技术资料

在武器装备研制过程中,应对下列技术资料进行生产性分析:

(1) 专用规范,包括系统规范、研制规范、产品规范、工艺规范、材料规范和软件规范等;

(2) 图样,包括整机及零、部、组件结构图、安装图、随机工具图、地面设备图及各类工装图等;

(3) 各类工艺文件资料;

(4) 各类技术资料的更改文件;

(5) 论证、设计、制造、试验等方面与生产性有关的其他技术文件。

(五) 生产性对产品设计的要求

在满足产品性能要求的前提下,产品设计应考虑下列诸方面对产品生产性的影响。

1. 设计简化

(1) 应力求使产品设计简单化、产品的几何形状尽可能简单,加工要求合理,尽可能做到在通用设备上能够加工、检验;

(2) 尽量减少产品的品种规格,提高产品标准化、系列化、组合化(模块化)水平;

(3) 提高产品的继承性,尽量利用已批生产产品的零部件;

(4) 在可能的条件下优先选用无切削或少切削的加工工艺,如精锻、精铸、粉末冶金、冷挤压等;

(5) 采用有利于降低装配费用的设计,如减少装配件中的零件数量或把一个零件的功能合并到另一个构件中去等;

(6) 尽量采用设计制造一体化技术。

2. 材料选择

(1) 材料选择除依据其物理的、机械的和化学性能外,还应考虑材料的成形性、切削性及连接性，以及热处理、表面处理等因素；

（2）材料应有稳定的、充足的供应，避免或控制使用关键材料；

（3）尽量选用标准材料品种和规格；

（4）设计上应规定代用材料；

（5）优先选用低成本材料。

3. 设计灵活性

在产品研制过程中，设计师应与材料工程师、制造工程师紧密合作，以便使该项设计能够提供尽可能多的备选材料和备选工艺方法，以期获得良好的生产性。

4. 公差要求

（1）应按产品的结构特点，承制单位现有的和规划中的生产条件，规定合理的制造公差；

（2）公差确定应与所选材料和加工工艺相符。

5. 技术数据的准确性

图样、专用规范（原称技术规范）所提供的数据应是有效的、准确的、清晰的、协调的、解释唯一的。

（六）生产性对生产规划要素的要求

承制单位在制定生产规划时，应考虑到下列要素对产品生产性的影响。

1. 生产率和产量

（1）生产率和产量对产品生产性有重大影响，准确地确定生产率和产量是进行产品生产性分析的前提；

（2）应考虑到制造该产品所采用的生产方法（如高速率生产，低速率生产），设计的产品必须在构形、尺寸、公差、材料诸方面与所采用生产方法相符。

2. 专用工艺装备

应按产品性能、结构特点、工艺方法、生产量和生产方法、质量保证及成本因素选择工装的品种和数量，尽量减少专用工装品种和数量。

3. 设备

（1）通用和专用设备的品种、规格、数量、加工能力、排列方式；

（2）需外协的设备。

4. 人力资源

各类专业人员的数量、素质、从事产品生产的经验、专业培训状况等。

5. 材料供应状况

材料的交付期能否与生产计划的要求相吻合。

（七）生产性分析的有用技术

1. 成本估算

将工作任务分解为若干作业，计算每一作业所需工时及产品原材料消耗，估算产品生产成本。

2. 网络技术

按照 GJB 3363《生产性分析》的要求，构造网络图，确定每项作业的进度日程，寻找关键路线，实现时间、资源的优化配置。

3. 公差分析

分析产品公差，寻找不降低产品质量而又能减少产品成本的合理加工精度。

4. 盈亏分析

通过确定各种工艺方法下产品成本与产量关系，求得盈亏平衡点，确定经济的工艺过程。

5. 价值工程

通过选择产品、功能分析、信息收集、备选方案开发、备选方案成本分析、试验与验证等有组织的活动，以最低的总成本实现必要的功能。

6. 模拟技术

按建立的模型及编制的程序，在计算机上模拟零件加工、试验及网络运行。

（八）生产性分析机构

在武器装备研制过程中，承制单位应建立负责组织生产性分析的职能机构，负责组织产品设计的生产性分析工作。根据武器装备研制的特点，该机构可以有不同的形式。为保证武器装备研制过程中生产性分析工作的连续性，该机构应是相对稳定的。

1. 生产性分析机构的构成

生产性分析机构应由设计、工艺、制造、材料、质量、管理等方面的专家构成。

2. 生产性分析机构的责任

该机构在方案阶段，应参与重大技术问题讨论。在工程研制阶段，负责审查相关技术资料的完整性、正确性、合理性及协调性，对产品进行生产性分析，提出修改建议，并按规定程序在技术资料上签字。在定型阶段，参与改进产品生产性、降低生产成本的工艺改进及备选材料、替代工艺计划的实施。

（九）生产性分析细目

承制单位在进行产品生产性分析时，应依据产品结构特点及现有的和规划中的生产条件，编制生产性分析细目，参照该细目内容实施检查。下面的分析细目可以作为生产性分析时的一般指导。

1. 设计方面
(1) 有没有考虑过备选设计方案？是否选择了最简单、最方便的生产方案？
(2) 这项设计是否超过目前制造技术水平？
(3) 能否使用经济工艺方法？
(4) 是否已有现成的设计？
(5) 是否规定使用专利产品,专利工艺？
(6) 是偏于先进的,还是偏于保守的设计？
(7) 如重新设计能否取消某些东西？
(8) 是否有多余运动或动力浪费？
(9) 这项设计能否进一步简化？
(10) 能否使用较简单的制造工艺？
(11) 能否将差别较小的几个零件改为同一个零件？
(12) 能否较大程度地应用权衡方案？
(13) 有无较低成本的零件可以完成同样的功能？
(14) 可以使用其他装备设计的零件吗？
(15) 能否减轻重量？
(16) 是否有类似的而成本较低的设计？
(17) 能否使这项设计获得更多的功能？
(18) 对设计和功能而言,质量保证措施是否适当？

2. 标准和规范
(1) 这项设计能否较大程度地标准化？
(2) 能否使用标准的切削工具？
(3) 能否找到标准件作为备选的制造产品？
(4) 可以取消或放松某些规范要求吗？
(5) 能否较大程度地使用标准的硬件？
(6) 能否较大程度地使用标准的量具？
(7) 是否使用了非标准螺纹？
(8) 能否较大程度地使用库存产品？
(9) 包装规范能否放宽？
(10) 标准、规范与计划的产品环境相符吗？

3. 图样
(1) 图样上尺寸是否适当、完整？
(2) 公差是否现实、可生产,是否比功能要求严格？
(3) 公差是否与多种制造工艺相符？
(4) 表面粗糙度是否可以达到,是否比功能要求严格？

(5) 零件的结构要素,如圆弧、圆角、倒角、弯曲半径、下陷、螺距、齿距、紧固件孔径、切削半径与锪窝等,是否标准化、典型化、规范化、通用化?

(6) 螺栓、螺母、螺钉、铆钉的拧紧力矩要求是否合适?

(7) 布线间隙、工具间隙、构件间隙、连接接头间隙是否符合要求?

(8) 是否正确地引用所有必须的规范?

(9) 胶黏剂、密封剂、复合材料、树脂、油漆、塑料、橡胶等非金属材料是否适当?

(10) 是否有防止电化腐蚀和腐蚀流体聚集的措施?

(11) 焊缝是否最少,容易接近?焊缝符号是否正确?

(12) 对造成氢脆、应力腐蚀等设计问题或类似情况,是否可以避免?

(13) 润滑液是否合适?

(14) 污染控制是否合适?

(15) 有寿命限制的材料是否已经标识?它们可以无困难地更换吗?

(16) 是否有防无线电频率干扰的屏蔽措施?是否提供了电的和静电的连接通路?

(17) 是否有备用的插头、接头?

(18) 图样上是否已适当地标识出最大载荷、压力、热、非飞行产品、彩色标记、功率及危害性?

(19) 所有可能的构形方案是否都标识了?

4. 材料

(1) 是否选择了超出设计要求的材料?

(2) 是否能在需求的时间内获得全部材料?

(3) 特殊规格的材料和备选材料是否已经确定?来源是否可靠,并与有关的机构进行了协调?

(4) 设计规范(系统规范、研制规范、产品规范和工艺规范等规范的统称)是否过分严格禁止使用新的备选材料?

(5) 设计上是否规定了需大量机械加工或用专用的生产工艺才能得到的特殊形状?

(6) 规定的材料是否难以或不可能经济地制造出来?

(7) 规定的材料是否与要求的生产数量相符?

(8) 设计上是否有充分的灵活性,以便可以使用多种工艺方法和多种材料,而又不降低最终产品的功能?

(9) 能否使用较小规格的材料?

(10) 能否减少材料的品种?

(11) 能否使用较便宜的材料?

(12) 能否使用另一种容易加工的材料?
(13) 能否避免使用关键材料?
(14) 在所有可能部位,是否规定了备选材料?
(15) 所有材料和备选材料是否都与计划使用的制造工艺相符?

5. 制造工艺

(1) 设计是否包含不必要的机械加工要求?
(2) 关于金属件的结构要素,如平面度、圆角半径、铸造类型等是否有合适规范?
(3) 在锻造、铸造、机械加工和其他制造工艺中,是否有不必要的困难?
(4) 设计规范是否过分地束缚生产人员于某一工艺过程?
(5) 零件能否经济组装?
(6) 制造是否有定位与夹紧措施?
(7) 生产上是否需要昂贵的专用工装和设备?
(8) 是否规定了最经济的生产方法?
(9) 制造和搬运过程中,是否有专用的搬运装置或方法,以保护关键的和敏感的产品?
(10) 专用的技艺、设备、设施是否有标识,并与有关单位协调一致?
(11) 不使用专用设备和工具,零件是否容易拆卸、分解、重新组装或安装?
(12) 这项设计是否与车间正常的生产流程相符?
(13) 是否考虑了生产过程中测量困难?
(14) 设备和工装清单是否齐全?
(15) 专用设备是否齐备?
(16) 能否使用较简单的工艺?
(17) 是否使用了尺寸奇特的孔和半径?
(18) 假如采用一次成型工艺,是否规定了备选工艺?
(19) 能否使用紧固件代替攻丝?
(20) 是否可以去掉一些机械加工表面?
(21) 是否禁止使用经济的速度和进给量进行最后表面加工?
(22) 被采用的工艺过程与生产数量的要求相符吗?
(23) 在设计约束范围内,是否有备选工艺?
(24) 是否采用了新的工艺并经过验证?
(25) 工人和技术人员是否需要专门的技术培训?

6. 连接方法

(1) 在连接过程中,是否容易接近所有零件?

(2) 在装配和进行其他连接操作时,是否会因空间狭窄或其他原因造成连接困难或根本不可能?

(3) 是否能将两个或多个零件合并为一个零件?

(4) 能否使用新研制的或另一种紧固件加快装配进度?

(5) 能否把装配硬件规格的数量减至最少?

(6) 能否更改设计以改善零件的装配与分解?

(7) 能否更改设计以改善安装和维护?

(8) 当规定采用热连接时,是否考虑热影响区?

7. 涂覆材料和方法

(1) 防护涂层规定得是否合适?

(2) 从材料、防护措施、制造和装配等观点,是否考虑了防腐蚀问题?

(3) 特殊的表面防护要求是否标识?解决方法是否已确定?

(4) 能否取消特殊的涂层和表面处理?

(5) 能否采用预涂复材料?

8. 热处理和清洗工艺

(1) 规定的材料是否容易切削?

(2) 热处理后是否规定了切削工艺?

(3) 包括热处理、清洗工艺及它们与其他生产领域关系在内的生产各方面是否已经评审过了?

(4) 热处理规定合适吗?

(5) 安排的工艺路线与制造要求(如直线度、平面度等)是否一致?

9. 安全

(1) 设计中是否规定了静电接地要求?

(2) 对易燃、易爆产品是否采取了必要的安全性防护措施?

(3) 加工诸如镁合金、铜铍合金等材料,是否考虑必要的安全措施?

(4) 设计中是否规定了防无线电频率干扰要求?

(5) 对放射性污染是否有防护措施?

10. 环境要求

(1) 对满足湿、热和其他特殊环境要求是否有适当的措施?

(2) 适当的加热、冷却是否被标识并执行了?

11. 检验和试验

(1) 检验和试验要求是否适当?

(2) 是否规定了超出实际要求的特殊检验设备?

(3) 能否用切实可行的方法检验产品?

(4) 预防高拒收率的情况或条件是否已标识?是否开始采取某些补救

措施?

(5) 是否提供了必要的样机和模型?

(6) 专用的和标准的试验和检验设备是否到位、检定、校准、经过验证并与图样要求相符?

(7) 标准的和专用的量具是否齐备?

(8) 是否执行了无损检验方法?

(9) 按实用程序对功能产品检查、检验、试验和验证是否到位、检定、校准、经过验证并与图样要求相符?

(10) 是否需要非标准化试验设备?

第七章 装备研制与生产工艺控制

武器装备的研制是分别按照《常规武器装备研制程序》《战略武器装备研制程序》和《人造卫星研制程序》开展研制工作,并根据研制程序进行分阶段管理和决策。在每一研制阶段结束前或重要节点,使用方和承制方按合同或技术协议书工作说明的要求,根据有关国家军用标准开展评审和审查工作,以确定该阶段的研制工作是否达到了合同及技术协议书的要求。只有达到要求后方可进入下一研制阶段(或状态)。

装备研制过程工艺控制与管理工作是装备研制工作的重要组成部分,装备研制过程工艺控制与管理以实现武器装备系统作战效能和作战适用性为主要研制目标,通过反复进行经费、性能、结构和试验验证之间的权衡,逐步确定优化的设计方案和工艺方案。

第一节 装备研制与生产工艺控制综述

产品设计得再先进,依靠什么办法做出来?质量的优劣靠什么来保证?产品成本的高低靠什么来实现?一句话——要靠工艺技术和工艺管理。

我国拥有许多承担装备研制、具有现代化先进水平的制造行业,形成了一个较完整的质量管理体系,从仿制进入了独立设计,从自行设计和制造一般产品,进而能够自行设计和制造高大精尖的产品,而且打入了国际市场。这一切,都标志着我国制造业正迅速地奔向世界先进水平。

一、装备研制与生产工艺控制的必要性

在商品经济条件下,竞争的规律与商品生产的基本规律都遵循着一个特定的规律——价值规律。商品的价值决定于社会必要劳动时间和采取的手段,而这种时间的长短和手段的高低是由商品生产的工艺技术及管理的优劣所决定的。也就是工业企业的竞争能力和盈利性,在设计先进的条件下,取决于是否有目标地应用合理的生产技术来经济地制造产品。为此,产品的性能、功能、寿命、使用保障能力、外观、生产率、成本将成为决定产品的竞争能力。显然,这种竞争能力在同等功能性能的条件下,应当就是质量好、寿命长、效率高、成本低、造型美观、制造简单、使用简单、维修方便。

二、装备研制与生产工艺控制的依据

装备研制过程的工艺控制与管理,需认真贯彻《武器装备质量管理条例》关于工艺控制与管理的规定,首先是坚决执行军用标准以及其他满足武器装备质量要求的国家标准、行业标准和企业标准;鼓励采用适用的国际标准和国外先进标准;依照计量法律、法规和其他有关规定,实施计量保障和监督,确保武器装备和检测设备的量值准确和计量单位统一。在产品的研制及工艺管理方面,依据《武器装备质量管理条例》和相关法规及标准的要求,实施工艺策划、工艺设计、工艺评审、生产和产品改进工作,具体的依据内容是:

(1) 承制单位对设计方案采用的新技术、新材料、新工艺应当进行充分的论证、试验和鉴定,并按照规定履行审批手续。

(2) 承制单位应当对武器装备的研制、生产过程严格实施技术状态管理。更改技术状态应当按照规定履行审批手续;对可能影响武器装备性能和合同要求的技术状态的更改,应当充分论证和验证,并经原审批部门批准。

(3) 承制单位应当严格执行设计评审、工艺评审和产品质量评审制度。

(4) 承制单位应当实行图样和技术资料的校对、审核、批准的审签制度,工艺和质量会签制度以及标准化审查制度。

(5) 承制单位应当对产品的关键件或者关键特性、重要件或者重要特性、关键工序、特种工艺编制质量控制文件,并对关键件、重要件进行首件鉴定。

(6) 承制单位应当对产品的工艺设计,根据管理级别和产品研制程序,建立分级、分阶段的工艺评审制度。

(7) 承制单位应针对具体产品确定产品的工艺设计阶段(一般设方案阶段、工程研制阶段含设计和试制与试验状态、设计定型阶段或生产定型阶段),设置评审点,并列入型号研制计划网络图,组织分级、分阶段的工艺评审。未按规定要求进行工艺评审或评审未通过,则工作不得转入下一阶段。

(8) 工艺评审的重点对象是工艺总方案、工艺说明书、工艺标准化综合要求或工艺标准化大纲等指令性工艺文件,关键件、重要件、关键工序的工艺规程和特殊过程的工艺文件。

(9) 承制方的每一工艺评审,应吸收影响被评审阶段质量的所有职能部门代表参加,需要时,可邀请使用方或其代表及其他专家参加;在各项工艺设计文件付诸实施前,对工艺设计的正确性、先进性、经济性、可行性、可检验性进行分析、审查和评议。

三、装备研制与生产工艺控制的基本要求

武器装备研制应以实现武器装备系统作战效能和作战适应性为主要研制目

标,反复进行经费、性能和进度之间的权衡,逐步确定优化的设计方案。在这个过程当中,工艺控制与管理应遵循以下要求:

(1) 根据确认、批复的工艺规范和设计方案、图样的要求,开展工艺工作的顶层策划;

(2) 应及早开展工艺设计,拟定工艺总方案等工艺文件;

(3) 按照GJB 1269A《工艺评审》规定,进行工艺评审,保证工艺设计的正确性、可行性、先进性、经济性和可检验性;

(4) 按照新产品设计文件的要求,遵照GJB 3206A《技术状态管理》的规定,实施工艺文件的技术状态更改;

(5) 按照《武器装备质量管理条例》的要求,进行武器装备研制的工艺质量控制;

(6) 按照GJB/Z 171《武器装备研制项目风险管理指南》的要求,进行工艺工作风险分析和控制,降低工艺工作研制和生产风险;

(7) 按照GJB 906《成套技术资料质量管理要求》、GJB/Z 106A《工艺标准化大纲编制指南》的规定,满足规定的战术技术指标和保证批量生产、使用维修必需的标识和说明研制产品定型状态的、完整的产品图样和技术文件,并具有可追溯性。

四、装备研制与生产工艺控制的风险分析

装备研制工艺管理过程风险分析的实质就是装备研制过程的试制、小批试生产和批生产的生产性分析,随着生产性分析的深入以及相关措施的逐步落实,装备研制过程的的各种风险应逐步减少。

生产性分析工作是贯穿于武器装备研制、生产工作的全过程,每个阶段或状态的分析重点不同,这种分析应是由粗到细不断深化反复迭代的过程。在各研制阶段的评审、技术审查中,应提供产品设计的生产性分析资料,包括承制方取得良好生产性的措施,准备采用的生产方法、制造工艺与技术设备、材料等。各阶段或状态的生产性分析考虑的主要内容如下,供参考。

(一) 论证阶段

本阶段生产性分析工作是进行初期的生产性评估,应利用过去的生产经验及规划中的生产条件,进行生产可行性分析及生产能力评估。

(二) 方案阶段

本阶段生产性分析包括但不限于下列方面。

1. 材料

(1)设计所需材料(包括备选材料)供应情况;

(2)材料标准化程度;

(3) 材料交付周期。

2. 制造方法

(1) 规划中的制造技术研究项目可否实现；

(2) 生产可行性风险分析完成状况；

(3) 关键工艺验证计划的确切性；

(4) 工装验证计划的确切性；

(5) 试验设备验证计划的确切性；

(6) 规划中的制造工艺是否可行。

3. 设计过程

(1) 结构件和材料标准化程度；

(2) 新结构、新材料、新工艺应用状况；

(3) 关键结构设计合理性证明程度；

(4) 生产性权衡研究成果在设计中的反映情况；

(5) 关键材料类型和数量状况；

(6) 制造和装配限制情况；

(7) 利用现存的和新的工艺资源的验证情况；

(8) 管理部门的设置及其运作状况。

（三） 工程研制阶段

本阶段生产性分析工作是围绕顺利地转入小批试生产状态所做的工作，其项目包括：

(1) 标识所有硬件的关键特性；

(2) 减少生产流程时间；

(3) 减少材料和工时费用；

(4) 确定最佳进度要求；

(5) 改善检验和试验程序；

(6) 减少专用生产工装和试验设备。

在工程研制阶段装备研制风险是从文件到实物及装备的转换，这一阶段需进行的工作是大量的，涉及到设计、材料、工艺、标准等各方面，具体的分析评定可参照第六章第五节的内容四、装备研制的生产性分析中的(九)生产性分析细目，进行风险分析或针对技术资料进行分析评定，提出认可、不认可或需要修改的意见或提出相关措施。

（四） 定型阶段

1. 定型阶段

经过定型试验后，若需对生产图样和产品规范进行较大更改，则需重新进行生产性分析。

2. 小批试生产状态

小批试生产期间的生产性分析包括下列内容：

（1）对生产过程和方法进行分析，进一步减少制造成本，缩短生产周期和提高产品质量；

（2）应用备选的材料；

（3）研究降低成本的工艺设计更改；

（4）评价改善生产性的技术状态更改建议；

（5）应用新的制造技术。

五、装备研制与 GJB 9001C-2017《质量管理体系要求》对工艺管理的要求

GJB 9001C-2017《质量管理体系要求》标准中的工艺管理相关内容

标准条款	标准内容概述	内容理解提要
4.3	确定质量管理体系的边界和适用性	只有硬件产品开发、研制和专项工程才开展工艺工作
4.4	a）确定这些过程所需的输入和期望的输出	依据工艺规范编制型号工艺总方案以及工艺管理过程、工艺设计过程、关键性生产工艺考核、工艺鉴定、产品和生产条件考核、生产定型、定型后转产过程
	b）确定这些过程的顺序和相互作用	与研制、生产工作的接口和迭代关系
	c）确定准则和方法，确保过程的有效运行和控制	策划工艺管理、设计工作采用的方法和工具
5.3	TM 确保组织相关岗位的职责权限得到分配沟通理解	明确工艺工作是随研制工作必须开展的工作
7.1.2	配备人员，实施质量管理体系，并运行和控制其过程	工艺管理机构应任命总工艺师，设置型号工艺工程师
7.1.6	确定必要的知识，以运行过程，并获得合格产品	组织通用工艺规范和型号工艺规范以及专用工艺规程
7.2	a）确定人员所需具备的能力；b）基于适当的教育培训或经验，确保胜任的；	工艺师应具备参与型号研制和组织工艺管理的能力
8.2.2	a）产品和服务的要求得到规定	工艺要求的确定和细化
8.2.3	d）适用于产品和服务的法律法规要求	工艺相关的法规和标准，重点是行业标准；分阶段的工艺评审
8.3.2	a）设计和开发活动的性质、持续时间和复杂程度	装备必考虑工艺性，从长远出发、从战备、作战、转产扩产的角度出发
	b）所需的过程阶段，包括适用的设计和开发评审	策划型号工艺工作程序，绘制工艺一级网络图
	c）所需的设计和开发验证、确认活动	策划工艺验证、评审和鉴定工作

(续)

标准条款	标准内容概述	内容理解提要
	d) 设计和开发过程涉及的职责和权限	工艺师参与、把关、否决技术设计的权利
8.3.3	b) 来源于以前类似设计和开发活动的信息	组织层面的通用工艺规范,同 7.1.6
	c) 法律法规要求;	工艺相关的设计标准和法规,重点是型号工艺要求、行业工艺要求和禁用工艺要求
	d) 组织承诺实施的标准或行业规范	组织自己的工艺要求、品牌要求,如总结工艺过程资产、限制或提高新工艺的比例等等
	e) 由产品和服务性质所导致的潜在的失效后果	工艺 FMCEA 分析等
8.3.4	b) 实施评审活动,以评价设计和开发的结果满足要求的能力	方案阶段工艺规范的设计评审、工艺总方案的工艺评审,工程研制阶段工程设计状态的工艺评审和试验准备状态检查,试制与试验状态的工艺评审、首件鉴定和生产准备状态检查
	c) 实施验证活动,以确保设计和开发输出满足输入的要求	新工艺技术鉴定、工艺评审、试制准备状态检查、首件鉴定、工艺鉴定等
8.4.3	组织应确保在与外部供方沟通之前所确定的要求是充分和适宜的	对供方的工艺要求,尤其是外协方的工艺控制
8.5.1	受控条件下进行生产	受控条件设计出来,工艺规范中明确工艺规程、流程卡详细,内容涵盖人机料法环测
	f) 特殊过程的确认和再确认	有准则、有规定,注意非特种工艺的特殊过程
	g) 采取措施防止人为错误	软件控制、自动控制,工序末自确认,对上道工序检查
8.5.2	整个过程中按照监视和测量要求识别输出状态。应控制输出的唯一性标识。	检验规范明确监测指标及要求。工艺规程中包含检验规程和检验工序。设计和保留唯一性产品标识。有精密装配集成要求的,同时记录实测值。
8.5.4	在生产期间对输出进行必要的防护,以确保符合要求。	包装箱检验,保护和防护,加工、装配、装卸、搬运过程的防护
8.5.6	对生产更改进行评审和控制,以确保持续地符合要求。	生产过程更改重点就是工艺技术状态的更改,注重工艺技术状态更改与其他技术状态文件更改的关联
8.7.1	适用于在产品交付之后,发现的不合格产品和服务。	返修:依据返修规范编制的修理规程、修理流程卡、修理检验规程、修理试验规程和修理验收规程等。
8.6	组织应在适当阶段实施策划的安排,以验证产品和服务的要求已得到满足	验收工艺文件,这是确保后续批量稳定性的重要验收手段。关注让步放行,尤其是鉴定批的让步。
7.1.3	注 b) 工艺设备	工艺装备以及工艺设备
7.1.6	应将相关法律法规、标准作为必备知识,应用和更新	机械、电子、航空、航天、国标均有相关工艺标准,应选取使用
7.5.2d)	技术文件和图样的审查、工艺和质量会签,标准化检查	工艺性审查、工艺标准化审查、工艺会签,还有哪些应策划
7.5.3.1	c) 技术文件和图样协调一致、现行有效	图样、工艺规范与工艺规程、流程卡、记录协调一致,版本控制有效

(续)

标准条款	标准内容概述	内容理解提要
	d) 记录完整可追溯;e) 文件和记录按规定归档	试制和生产过程质量记录卡要详细策划;工艺文件归档几份,如何归档应策划
7.5.3.2	e) 防止作废文件的非预期使用	设计技术状态更改、工艺技术状态更改、研试技术状态更改后要同步更改受影响的文件
	文件和记录的保留期限,应满足要求,与寿命周期适应	工艺文件的年限应根据产品总服役期确定,质量记录与该批产品寿命周期适应
8.3.2 r)	对采用的新技术、新器材、新工艺进行论证、试验、鉴定和评价	方案阶段前的新工艺论证、试验和技术鉴定;工程研制阶段后对该新工艺的工艺鉴定
8.3.3 g)	工艺要求	型号工艺规范要求,工艺总方案的要求,对工艺标准化的要求
8.4.3 i)	供方生产线、工艺、设备变化的信息要求	定期报备、验收报备、适当批准等要求
8.4.3 j)	供方生产和保持成文信息的控制要求	流程卡、记录、标识和可追溯性、批次管理要求
8.3.7	试制准备状态检查、工艺评审、首件鉴定等	GJB 1710、GJB 1269、GJB 908、GJB 907、GJB 467、GJB 2366 等标准的要求
8.3.5 g)	设计输出包括工艺总方案、工艺规程	分阶段的输出,方案阶段包括依据型号工艺规范的要求,形成工艺性分析报告、型号工艺规范、工艺总方案;工程研制阶段包括工艺标准化综合要求、工艺路线表、工艺规程、作业指导书、流转卡等
8.5.1	j) 获得适宜的原材料和辅助材料	WBS 词典中设计,工艺规范中明确,工艺规程、流程卡和质量记录中体现
	k) 确认和审批生产和服务使用的计算机软件	首次使用确认,变化后确认,首检等方式
	l) 控制温度、湿度、清洁度、静电防护等环境条件	硬件设施建设到位,工艺规范规定清晰,流程卡和质量记录实际记录
	m) 关于预防、探测和排除多余物的规定	定置管理、限额发料、记录准确等,制定多余物检验工序,如设置产品"封盖"检验的强制检验工序
	n) 以清除实用的方式规定技艺评定准则	技艺评定尽可能少,过程尽可能量化、确认
	o) 首件两检,首件标记,保留实测信息	批量产品,有预防作用的检验,实测、关注刀具寿命和加工数量
	p) 器材代用,关键重要特性的器材代用征得顾客同意	代料过程,注重偏离控制,含元器件采购。关注鉴定批的让步放行。
8.5.2	a) 按批建立记录,数量质量操作者检验者,保存	按批建立流程卡一式两份,工艺一份,质量一份
	b) c) 批次标记和原始信息一致,能追溯交付前信息	质量记录、履历本、产品本身的标记应可追溯至原始信息

(续)

标准条款	标准内容概述	内容理解提要
8.5.6	审批生产更改,包括对外部供方的更改	视情况而定,专用、定制、新设计开发一般可以控制
8.5.7	识别关键过程,编制关键过程明细表	工艺特性分析和过程控制特性分析,明细表的会签
	a) 关键过程标识	工艺规范规定其要求,在工艺流程、工艺规程和流程卡上标识
	b) 设置控制点,有效监测	关键过程应设置检验工序
	c) 百分之百检验	实测实记过程参数
	d) 运用统计技术,确保过程能力满足要求	工序能力分析
	e) 可追溯性要求的记录	关键过程必须具有可追溯性

注1:宋体字部分为 GB/T 19001-2016《质量管理体系要求》的内容,楷体字部分为 GJB 9001C-2017《质量管理体系要求》增加的专用条款。
注2:提要内容,是对标准要求的直接理解要点,重点强调了一些实际工作中容易出现问题的环节。
注3:由于篇幅限制,只概述了标准内容,并没有原文引用标准条款。

第二节 方案阶段工艺控制的主要工作

方案阶段的工艺工作项目及程序,是根据相关法规、军用标准的规定列出,有些项目的具体内容已在相关章节叙述,本章节仅是走工艺工作程序,列出本阶段主要工作项目,只对未论述过的项目的内容才作详细表述。

一、方案阶段工艺工作项目

本阶段工艺工作项目包括但不限于下列方面:
(1) 新产品工艺性分析和结构审查;
(2) 新产品工艺性分析报告;
(3) 编制工艺总方案文件;
(4) 工艺管理风险分析报告;
(5) 材料消耗定额的确定及控制原则;
(6) 编制工艺工作的网络图;
(7) 实施工艺总方案评审。

二、新产品工艺性分析和结构审查

为确定装备研制的总体技术方案或设计方案的设计是否达到规定目标的适

宜性、充分性和有效性所进行的设计评审,是装备研制过程决策的关键时刻,全面、系统地检查设计输出是否满足设计输入的要求,设计评审能影响设计决策,但不代替设计决策。然而,在设计评审之前,进行研制产品的方案设计工艺性分析和结构审查是十分必要的,它是工艺设计前期详细了解、系统检查设计输出是否满足设计输入的要求,发现设计中存在的缺陷和薄弱环节,提出改进措施建议的关键时刻。工艺设计的早期介入,首先是落实了相关法规、标准的要求,同时也加速了产品设计的成熟,降低了产品试制和小批试生产决策的风险。

(一) 方案设计的工艺性分析

在武器装备研制的论证或方案阶段,型号工艺技术人员应协助型号设计部门,依据型号研制总要求及技术协议书的要求,制定设计方案或总体技术方案,并对产品方案设计的工艺合理性和可行性进行分析。主要内容有:

(1) 与同类或相似产品比较,对产品(或零部件)的通用化、系列化和组合化(模块化)程度进行分析;

(2) 关键件、重要件可制造性分析;

(3) 关键件、重要件制造成本和制造周期分析;

(4) 产品可装配性和可拆卸性分析;

(5) 采用新材料的工艺性分析;

(6) 采用新工艺技术的可行性分析;

(7) 整机产品制造周期及工艺成本分析;

(8) 工艺节能、环保,安全要求分析;

(9) 产品的可维修性、可回收利用性分析等。

(二) 产品结构工艺性审查

产品结构工艺性审查是开展工艺设计工作的基础和必须工作。是产品研制的工艺准备周期和网络计划的组成部分,应纳入工艺管理工作,并从时间、经费、工作条件等方面予以保证。同时,依据GJB 1269A《工艺评审》项目评审内容,对新研制型号的"特点、结构、特性要求的工艺分析及说明"的情况报告及相关文件进行评审,证明该型号的工艺设计工作已经开始。

产品结构工艺性审查的主要方面有:审查对象、审查目的、工艺性分类、评定因素、审查内容和审查方式及要求。

1. 结构工艺性审查的对象

(1) 所有新设计的产品和改进设计的产品,在设计过程中均应进行工艺性审查;

(2) 外来产品图样,在小批试生产前须进行工艺性审查。

2. 结构工艺性审查目的

使产品在满足质量和用户要求的前提下符合工艺性要求,在现有生产条件下能用比较经济、合理的方法将其制造出来,并降低制造过程中对环境的负面影响,提高资源利用率,改善劳动条件,减少对操作者的危害,且便于使用、维修和回收。

3. 结构工艺性分类

工艺性分为生产工艺性、使用工艺性两类。

4. 评定因素

评定产品的结构工艺性主要考虑如下几个因素:

(1) 产品的种类及复杂程度;

(2) 产品产量或生产类型;

(3) 生产效率和经济性;

(4) 现有的生产、使用、维修、回收条件。

5. 审查内容

为了保证所设计的产品具有良好的工艺性,在产品研制的各个阶段(状态)均应进行工艺性审查。按照《常规武器装备研制程序》规定,内容审查主要集中在方案阶段和工程研制阶段两个研制状态中,在方案研制阶段审查的内容有:

(1) 从制造观点分析结构方案的合理性;

(2) 分析结构的继承性;

(3) 分析结构的标准化、模块化、通用化、系列化程度;

(4) 分析产品各组成部分是否便于装配、调整和维修;

(5) 分析产品报废后各组成部分是否便于回收再利用;

(6) 分析主要材料选用是否合理;

(7) 主要件在本企业或外协加工的可能性。

第三节　工程研制阶段工艺控制

《常规武器装备研制程序》规定,对辅机或设备而言,在装备研制的工程研制阶段应有两种研制状态,如 GJB 2993《武器装备研制项目管理》5.5 工程研制阶段的管理的主要任务是进行设计和试制与试验,这两个状态研制的样机称初样机和正样机。下面分别介绍这两个状态工艺控制与管理工作。

一、工程研制阶段工艺工作项目

本阶段工艺工作项目包括但不限于下列方面:

(一) 设计状态工艺工作项目

根据 GJB 2993《武器装备研制项目管理》5.5.1 设计状态的工作内容要求,完成初样机的设计。工艺部门除了协助设计部门完成相关设计工作外,在工艺控制与管理工作中还应完成下列工作项目：

(1) 试制图样的工艺性审查，并完成工艺评审。

(2) 样品试验件的制造及文件编制。

(3) 制定试生产计划。

(4) 策划试制生产线(确定人员、物力并计算试制批成本)。

(5) 保障项目的设计、试验和鉴定工作。

(6) 试制准备状态检查，并完成检查报告。

(7) 按照有关国家军用标准进行关键(详细)设计审查以确定：

① 系统预期的性能能否达到；

② 技术关键是否已经解决；

③ 各类风险是否确已降低到可以接收的水平；

④ 新产品试制是否已做好准备；

⑤ 在关键(详细)设计审查通过后，方可转入试制与试验状态。

(二) 试制与试验状态工艺工作项目

根据 GJB 2993《武器装备研制项目管理》5.5.2 试制与试验状态的工作要求，完成正样机的试制、验证试验以及考核鉴定工作。工艺部门除了协助设计部门完成相关设计工作外，在工程研制阶段的试制与试验状态，工艺部门在工艺控制与管理工作方面还应完成下列工作内容：

(1) 生产图样的工艺性审查；

(2) 零件制造、部件安装、总装和调试工作；

(3) 开展工装的设计、生产、安装和调试工作；

(4) 开展工艺试验、配合研制试验工作(如静力、动力、疲劳试验，各工程专门试验，系统软件测试，地面模拟试验等)；

(5) 配合开展装备的验证试验工作；

(6) 正样机首件鉴定；

(7) 试制质量控制；

(8) 组织并参加生产准备状态检查，形成检查意见；

(9) 完成工程研制阶段生产性分析报告。

二、完成设计状态试制图样的工艺性审查

"设计"状态在工程研制阶段的前期，设计部门的设计方案经评审通过后，在设计状态应完成试制图样的设计工作，与此同时，工艺部门应对试制图样进行工艺性审查和初步的生产性分析，主要内容有下列方面：

(一) 试制图样的工艺性审查

(1) 分析产品各组成部件进行平行装配和检查的可行性；

（2）分析总装配的可行性；

（3）分析装配时避免切削加工或减少切削加工的可行性；

（4）分析高精度复杂零件在本企业制造的可行性；

（5）分析主要参数的可检查性和主要装配精度的合理性；

（6）分析特殊零件外协加工的可行性。

（二）完成初步的生产性分析

1. 材料

（1）设计所需材料（包括备选材料）供应情况；

（2）材料标准化程度；

（3）材料交付周期。

2. 制造方法

（1）规划中的制造技术研究项目可否实现；

（2）生产可行性风险分析完成状况；

（3）关键工艺验证计划的确切性；

（4）工装验证计划的确切性；

（5）试验设备验证计划的确切性；

（6）规划中的制造工艺是否可行。

3. 设计过程

（1）结构件和材料标准化程度；

（2）新结构、新材料、新工艺应用状况；

（3）关键结构设计合理性证明程度；

（4）生产性权衡研究成果在设计中的反映情况；

（5）关键材料类型和数量状况；

（6）制造和装配限制情况；

（7）利用现存的和新的工艺资源的验证情况；

（8）管理部门的设置及其运作状况。

三、实施试制准备状态检查

工程研制阶段"设计"状态工作结束后，工艺管理部门应组织相关人员，按照 GJB 1710A《试制和生产准备状态检查》5.1 试制准备状态检查的内容与要求，进行试制准备状态检查，检查合格后形成检查报告，并作为工程研制阶段"设计"状态转入工程研制阶段"试制与试验"状态的评审依据。

（一）设计文件检查

（1）设计文件和有关目录应列出清单，其正确性、完整性应符合有关规定和产品试制要求。

(2) 设计文件应经过三级审签(校对、审核、批准),并按规定完成工艺性审查、标准化审查和质量会签。

(3) 对复杂产品应进行特性分类,编制关键件(特性)、重要件(特性)项目明细表,并在产品技术文件和图样上作出相应的标识。

(4) 设计文件的更改应符合相应的规定。

(二) 试制计划检查

(1) 应制定试制计划,并经过审批。

(2) 试制产品的数量、进度和质量应符合最终产品交付及合同要求。

(三) 生产设施与环境检查

(1) 产品试制过程中必要的技术措施(包括基础设施、工作环境等)应能满足产品试制的要求。

(2) 生产设备处于完好状态,能满足产品质量要求,专用设备应经过检定合格。对新增加的设备要按规定进行试运行,经检定合格后方可使用。

(3) 生产设施与工作现场的布置,应能保证试制过程的安全以及产品与工艺对环境的要求。

(四) 人员配备检查

(1) 应确保负责配合现场生产的设计、工艺等技术人员和管理人员具备相应的资格,在数量上和技术水平上符合现场工作的要求。

(2) 应按产品生产的过程及各工序和工种的要求,配备足够数量、具有相应技术水平的操作、检验和辅助等人员。各类操作和检验人员应熟悉本岗位的生产图样、技术要求和工艺文件,并经培训、考核,按规定持有资格证书。

(五) 工艺准备检查

(1) 应制定了试制产品的工艺总方案并经过评审。

(2) 工艺文件配套齐全,能满足产品试制要求,并按规定进行了校对、审核、批准的三级审签。并进行了质量会签和标准化审查。

(3) 关键件、重要件、关键过程、特殊过程均已识别,有明确的质量控制要求,并纳入相应的工艺文件。

(4) 产品试制所必要的工艺装备,已经过检验或试用检定,并具有合格证明。

(5) 检验、测量和试验设备应配备齐全,能满足产品试制要求,并在检定有效期内。

(6) 采用的新技术,新工艺和新材料,已进行了技术鉴定并符合设计要求。

(7) 产品试制、检验和试验过程中所使用的计算机软件产品应经过鉴定,并能满足使用要求。

（六） 采购产品检查

（1）采购文件的内容应符合有关要求,并已列出采购产品的清单。对采购产品的质量、供货数量和到货期已作出明确规定,且按规定进行了审批。

（2）外购、外协(含自制生产)产品应有明确的质量控制要求,对供方的质量保证能力进行了评价,并根据评价的结果编制了合格供方名录,作为选择、采购产品的依据。

（3）对采购产品的验证、贮存和发放应有明确的质量控制要求,并实施了有效的控制。

（4）对采用的新产品,应按规定进行了验证、鉴定,并能满足产品的技术要求。

（5）采购清单所列产品应订购落实。到货产品应按规定进行入厂(所)复验。对未到货的产品应有措施保证不会影响生产。凡使用代用品的产品,应经过设计确认并办理了审批手续。

（七） 质量控制检查

（1）产品质量计划(质量保证大纲)的内容应能体现产品的特点,能满足研制合同及技术协议书要求,并制定了相应的质量控制程序、方法、要求和措施。

（2）应在识别关键过程和特殊过程的基础上制定了专用的质量控制程序,并确保这些过程得到有效的控制。

（3）已制定技术状态管理程序,能保证产品在试制过程中对技术状态的更改得到有效控制。

（4）已制定不合格品控制程序,能确保对试制过程中出现的不合格品作出标识并得到有效的控制。

（5）试制所用的质量记录表格已准备齐全。

四、加强试制过程质量控制

新产品的试制过程是装备形成的基础,承制单位在新产品试制过程中需做大量的工艺准备工作,产品的试制与装备研制的各部门都有直接或间接的质量要求的关系,但形成产品的主导作用部门仍然是工艺管理部门。在试制产品形成过程中,工艺部门要严格遵照设计部门的图样和技术文件,形成工艺管理的规范性、操作性的文件,从材料的外购到产品的最终检验,处处环环都应实施质量控制,为下一状态的正样机研制打好质量基础。具体的质量控制步骤是：

（一） 试制质量控制的一般要求

（1）承制单位应使质量管理体系持续有效地运行,保证试制过程中质量责任的落实；

（2）承制单位应对产品试制过程进行策划,编制新产品质量保证大纲,以保

证产品在受控条件下生产;

（3）承制单位应对其所选择的外包或外协过程实施质量控制;

（4）承制单位应对其采购的外购器材（原材料、元器件、标准件、机电产品等）实施质量控制;

（5）生产的工艺文件编制项目和内容应满足设计文件的要求,并应保证相互协调和文文相符;

（6）试制过程中应严格技术状态控制,技术状态更改应按规定程序实施;

（7）试制过程应组织工艺评审、首件鉴定和产品质量评审,必要时可以分级、分阶段进行;

（8）试制中采用的新工艺、新器材、新技术,应经过充分论证、试验和鉴定;

（9）承制单位应对试制过程中的生产用软件进行有效控制,对软件产品的制作过程实施质量控制;

（10）产品试制前应按 GJB 1710A 的规定进行试制前准备状态检查;

（11）在试制过程中,设计单位（或部门）应负责处理试制生产过程中发生的与设计相关的各类问题。

（二） 试制过程策划及产品质量保证大纲

（1）承制单位应依据产品特性和要求,对产品产出的整个试制生产过程进行策划,并形成相关文件。

（2）试制过程需策划的内容如下:

① 需实现的产品设计技术指标、试制生产计划及要达到的质量目标;

② 产品试制过程及过程所需的文件和资源,如生产准备、外包、制造、调试、试验、检验、交付等过程及设计文件、工艺文件、相关标准和法规,以及所需的人员、工装、设备等;

③ 试制过程质量控制的要求,如对工艺评审、首件鉴定、质量控制点设置、外购器材、生产用软件、生产环境条件、监视、检验和试验活动、不合格品审理、产品质量评审、交付等的质量控制要求;

④ 试制过程的输出保障,如放行条件、防护措施、产品标识、产品合格证等;

⑤ 能证实产品试制过程及其产品满足设计技术指标要求所需的记录。

（3）试制单位应依据试制过程策划中对试制过程质量控制的要求编制产品质量保证大纲,并贯彻实施。

（4）产品质量保证大纲应提出过程受控项目、内容、条件、质量控制点等,产品质量保证大纲的编制应符合 GJB 1406A 的规定。

（三） 外购器材（原材料、元器件、标准件、机电产品等）的质量控制

1. 控制要求

试制产品用原材料、元器件、标准件、机电产品等外购器材的质量控制应按

GJB 939 的规定。

2. 外购器材的采购、复验及代用的质量控制

（1）试制单位应确保采购的外购器材符合规定的采购文件要求，采购文件要求应包括对采购产品的技术要求和对采购产品进行控制的要求。

（2）试制单位应经考察评定，选择生产质量受控、产品性能稳定、信守合同或有良好合作经历的单位，作为外购器材合格供方。

（3）采购的外购器材应根据规定的要求进行复验（或验证），如因试制急需来不及完成复验（或验证）而放行使用时，应严格履行审批手续，在该项器材上做出标识，并作好记录。一旦发现不符合规定要求应立即追回和更换。产品最终检验前，应有明确的旁证复验（或验证）合格结论。

（4）试制产品外购器材的代用，应按代用的相关规定办理审批手续。

3. 电子元器件的质量控制

（1）试制单位应依据设计要求制定的采购目录组织采购，超采购目录范围的电子元器件，应按规定进行审批。

（2）对采购的电子元器件，到货后应及时完成到货复验。

（3）确定为关键件、重要件及功能复杂、不具备复验或筛选条件的元器件，应委派具备资质的验收人员下厂，所验收。

（4）当试制产品对元器件的筛选要求高于元器件生产厂的筛选技术条件或需要时，试制单位应提出进行补充筛选或二次筛选的要求，并按要求进行筛选。

（5）根据元器件质量控制要求对元器件实施破坏性物理分析（DPA）。

（6）电子元器件在补充筛选中出现的致命失效或参数严重超差以及在装联、调试、试验等试制过程中出现的失效，当失效原因不明或不确定时，应作失效分析，失效分析应由有关单位认可的具备失效分析资格的机构实施。

（7）进口电子元器件应参照国内同类产品进行复验、筛选、测试；对确无检测手段的进口电子元器件，应按产品质量控制要求，办理相应审批手续。

（四）外包过程的质量控制

（1）承制单位应对试制中的外包过程进行识别和认定。通过考察评价，选择生产能力能满足产品要求、有生产资质、质量信誉好的供方，作为实施外包过程的单位。

（2）外包合同中应含有质量控制的条款。质量控制的条款通常应包括：质量控制措施要求、执行标准要求、工艺质量控制要求、产品验收标准和方法、接口关系要求和文件资料要求等。合同中的质量保证要求应按 GJB 2102 的规定。

（3）承制单位应视产品特点和控制程度，依据试制过程策划和产品质量保证大纲的要求，对外包过程实施监督检查，并参与和实施对外包产品最终的验收、评审。

（五） 软件的质量控制

1. 软件的质量控制

试制过程中的生产用软件和软件产品制作的质量保证应按 GJB 2786A、GJB 439A、GJB 438B 和 GJB 1268A 的规定。

2. 试制过程中生产用软件的质量控制

（1）试制过程中使用的生产软件,如数控加工的软件以及试制产品在调试、试验过程中使用的产品配套用软件,应是从软件产品库或受控库中取出的有效版本软件；

（2）试制过程中使用的生产软件,在用于试制前,应通过对样件进行试加工或模拟试加工的验证和首件的确认,并履行批准手续；

（3）试制过程中使用的生产软件,其更改应填写软件修改报告单,修改之前需经审批；

（4）试制过程在网络环境下使用的生产软件,应始终处于有效版本查杀病毒软件的监控之中。

3. 软件产品制作过程的质量控制

（1）软件产品的开发应按 GJB 2786A、GJB 439A、GJB 438B 和 GJB 1268A 的规定；

（2）用于光盘、芯片等介质软件产品制作用的母盘应是通过合法审批手续,从产品库中取出的与软件文档技术状态一致的有效版本；

（3）用于制作的设备应是经过检定合格并在检定合格有效期内的专用设备；

（4）用于制作的介质应为经入厂、所验收后的合格品；

（5）制作人员应是经过专业培训的专职人员；

（6）应编制软件产品生产操作规程,质检部门应对软件产品制作过程实施监制,必要时通知顾客代表参加监制；

（7）经制作形成的软件产品应进行标识,标识的内容应包括:编制单位(或部门)、软件产品的代号、编号、版本号及生产日期等；

（8）应实施对软件产品的检验和确认,未经检验和确认合格的软件产品不应交付；

（9）对软件产品的检验和确认通常可通过对介质软件产品和软件配置项技术状态及标识的检查、软件的运行显示、将软件产品与母盘进行比对以及模拟运行等手段来实施。

（六） 试制过程的工艺质量控制

（1）工艺人员应在产品的方案阶段就参加产品方案论证和方案设计,根据通过评审的设计方案,提出工艺建议、技改措施,保证设计方案的实现。

(2) 试制过程使用的有关设计文件,应经工艺审查并会签,工艺审查应对产品的可加工性进行确认。

(3) 编制工艺总方案时应充分考虑试制的特点,依据产品设计输出文件、产品类型、规模、生产加工条件和工艺技术水平,提出工艺技术准备工作的具体要求和措施,作为编制工艺文件的依据。

(4) 工艺文件的编制应做到完整、正确、协调、统一。对检验、试验项目、方法、条件、过程检验测试点和记录要求有明确的表述,具有可操作性。

(5) 工艺人员应根据试制过程中存在的工艺技术难点,设立攻关和试验项目,开展工艺攻关和工艺试验,经评审、鉴定后应用于试制过程,保证产品满足设计要求。

(6) 工艺文件应与产品设计文件相一致,经批准的工艺文件,需更改时,应办理更改手续。

(7) 关键工序的工艺文件应有明显的标识,并符合相关标准要求;

(8) 关键工艺工装设备、仪器(含自制件)及重要的工序工装设备经过评审后方可使用。

(七) 试制准备的质量控制

(1) 试制前应按 GJB 1710A 的规定进行试制准备状态检查,检查的内容应包括:设计文件、工艺文件和相关技术文件的正确性和完整性。

(2) 电子元器件及其他外购器材质量的符合性和检验状态:生产条件、安全生产环境要求、工艺装备、设备的鉴定和完好状况。

(3) 人员培训和特殊岗位人员资质有效性。

(4) 生产流程和质量控制措施。

(5) 检查中发现的问题应得到落实解决,符合要求并经批准后方可进行试制。

(八) 试制条件的质量控制

(1) 现场使用的设计文件、工艺文件、质量控制文件和生产用软件应协调一致,并现行有效。

(2) 试制用的生产设备、工装、测试设备等均应满足试制生产要求,并处于合格状态。

(3) 试制用元器件、原材料、标准件、机电产品等外购器材应有明确的复验合格结论。

(4) 当设计、工艺对温度、湿度、洁净度等环境条件有要求时,应在要求范围内进行操作,同时记录环境条件的实测数据。

(5) 试制过程对多余物的控制应按 GJB 5296 的规定。

(6) 参加试制的人员应经过培训,检验人员、特种工艺操作人员上岗应持有考核合格证书。

（九）工序的质量控制

1. 控制要求

试制过程应按 GJB 467A 的规定实施工序质量控制，并应结合产品对关键工序、特殊过程和工序控制点制定控制程序。

2. 关键工序

（1）对已确定的关键过程进行汇总，编制关键工序明细表。

（2）对关键过程场所、关键过程工艺文件和关键过程随工流程卡进行"关键工序"字样标识。

（3）制定并执行关键工序工艺规程，对关键过程实施控制，内容包括：

① 选择合理的加工方法和程序，规定工艺参数、使用的工装、设备、测试内容、指标及检验方法，复杂部位应绘制工艺简图；

② 设置质量控制点，对过程参数和产品关键或重要特性进行监视和控制；

③ 对首件产品进行自检和专检，并作实测记录；

④ 依据技术文件要求，检验关键或重要特性，并作实测记录；

⑤ 适用时采用统计技术，对产品质量特性趋势进行分析；

⑥ 填写质量记录，如"关键工序质量控制卡"，确保其可追溯性。

3. 特殊过程

（1）对认定的特殊过程，应对其过程实现所策划的能力进行确认，要对过程的结果进行鉴定或合格评定。

（2）对特殊过程控制作出安排并进行控制，控制的内容包括：

① 过程确认规定需确认的具体项目、内容和要求以及审查和批准的程序，并作为可生产的准则；

② 设备的认可和人员资格鉴定；

③ 使用特定的方法和程序；

④ 记录的要求；

⑤ 设备、人员、过程方法、接收准则变更时再确认的要求。

（3）对特殊过程的控制要求应纳入该过程的工艺文件中，作为对过程控制的依据。

（十）工艺评审

试制过程中应按 GJB 1269A 的规定进行分级、分阶段工艺评审，并实施跟踪管理。

（十一）首件鉴定

1. 首件鉴定的要求

试制过程的首件鉴定应按 GJB 908A 的规定。

2. 首件鉴定的范围

（1）试制生产零部（组）件的首件；

（2）设计文件重大更改后制造的首件；

（3）工艺规程重大更改后对产品的符合性产生影响的首件；

（4）合同要求指定的项目。

3. 首件鉴定的实施要求

（1）编制首件鉴定目录，选定对质量、进度或成本有重要影响的零部（组）件首件，至少应包括关键件（特性）、重要件（特性）、含有关键工序的零部（组）件首件；

（2）检验首件符合设计要求的程度；

（3）检查首件技术文件的正确性、协调性和完整性；

（4）检查选用电子元器件及其他外购器材是否符合规定要求；

（5）加工、试验、检测设备、工艺装备、环境、人员、质量记录等方面是否符合规定要求；

（6）首件鉴定应由设计、工艺、检验、质量、计量、加工等部门人员参加，必要时可邀请顾客代表参加；

（7）首件鉴定合格后，应由鉴定小组填写"首件鉴定报告"；首件鉴定不合格时，查清原因，制定纠正措施，重新生产、鉴定；

（8）对首件鉴定合格的产品应作出标记，质检部门签发"首件鉴定合格证"或在合格证上作出"首件"标识。

（十二）产品标识和可追溯性

（1）试制产品的标识和可追溯性管理应按 GJB 726A 的规定执行；

（2）在试制过程中，应使用适宜的方法识别产品；针对监视和测量的要求识别产品的状态；

（3）实施批次管理的试制产品，应有明确的阶段标识和批次标识，并应完整、正确，具有可追溯性；

（4）不同试制状态，不同批次的零部（组）件借用时，应办理转批手续并在合格证上或在相关记录上注明阶段或状态和批次标识。

（十三）技术状态更改控制和实施

（1）试制过程中的设计更改和工艺更改，应办理更改单并履行审查和批准手续。当需要实施设计和工艺临时性偏离许可时，应办理技术通知单或偏离申请单等其他类似的临时变更单。代料应按规定办理代料手续。

（2）设计更改和工艺更改应有完整的记录。重大更改的记录应包括论证、评审、试验、审批、执行更改和后效验证等内容。

（3）严格贯彻已批准的技术状态更改文件。在制品、半成品、成品（包括已交付出厂、所的成品）（下同）的技术状态应符合批准的更改文件。其要求如下：

① 现场使用的设计文件、工艺文件均应符合更改文件的要求，保证技术资料现行有效；

② 保持工艺文件与设计文件更改的一致性，做到文文一致；

③ 严格更改文件类别控制，按照更改文件校对在制品、半成品、成品的技术状态，达到文实相符；

④ 更改涉及到供应或配套的器件时，应核查更改订货单，并通知相关单位。

（4）严格控制试制过程中技术状态的变更，凡涉及到产品功能特性及相关影响较大的重要的设计更改或重大的工艺更改，应先由设计或工艺提出更改申请，并按照充分论证、各方认可、试验验证、审批完备、落实到位的原则实施。

（十四）技术资料管理

（1）试制过程使用的设计文件，应按照规定进行校对、审核、批准、工艺和质量会签、标准化审查；

（2）试制过程使用的工艺文件，应按照规定进行校对、审核、批准、质量会签和标准化审查；

（3）应制定技术文件和记录的标记、收集、编目、发放、归档、贮存、保管、收回和处理以及技术文件更改修订的程序，并贯彻实施；

（4）应建立完整的技术质量档案，对试制中的设计文件、工艺技术资料和各种技术论证、分析、计算、评审、试验报告以及协调和更改记录，均应及时整理，按工程项目分类、归档。

（十五）检验、计量和试验设备的质量控制

（1）检验、计量和试验设备在试制过程中应做到：

① 检验、计量和试验设备应保证量值统一、准确、可靠，按照规定的检定程序和周期进行检定，检定合格的应做出"合格"标记，超过检定周期的或检定不合格的应做出"限用"或"禁用"标记；

② 当发现检验、计量和试验设备失控或失准时，应当分析由此造成的影响范围，并对已检验和试验产品结果的有效性进行评定和追溯，做好记录；

③ 检验、计量和试验设备应在规定环境条件下使用，应保证在搬运、维护和贮存期间，其准确度和适用性完好；

④ 试制过程使用的检验、计量和试验设备，包括借用或使用单位提供的，都应按要求进行严格的检定和维护，保证计量标准统一和测量能力满足要求。

（2）试制单位对试制生产和检验共用的工艺装备和测试设备在用作检验前，应加以校准并作好记录。

（3）用于监视和测量的计算机软件，应在初次使用前进行确认。

（十六）检验和试验的质量控制

（1）应根据设计文件、工艺文件、研制总要求及技术协议书或合同要求，对外购器材(原材料、元器件、标准件、机电产品等)、半成品、成品进行质量检验和试验。

(2) 试制过程应对首件产品进行自检和专检。对首件应作出标记,首件检验合格后方可继续试制。

(3) 工序的检验和试验要求如下:

① 经工序检验和试验的产品及工序应做标识和记录;

② 产品在未完成检验和试验前或检验和试验不合格时,不应转入下道工序;

③ 试制中的例外放行转序,应得到有关授权人员的批准,应有可靠的追回程序,并在工序流程卡上作好记录,但产品最终检验前应进行工序检验和试验,并有合格结论;

④ 试制产品的关键件(特性)、重要件(特性)应按 GJB 909A 的规定及时填写质量跟踪记录,依据技术文件要求,检验关键特性或重要特性,并记录实测数据。

(4) 最终产品的检验要求如下:

① 应经过工序检验和试验合格,记录和报告完整;

② 应编制最终产品的检验文件,并符合 GJB 1442A 的规定;

③ 应符合设计文件、工艺文件、技术协议书或合同要求。

(5) 检验和试验应建立并保持记录,产品检验记录和报告应做到完整、准确、清晰,并及时归档。

(十七) 不合格品管理

(1) 试制单位应按 GJB 571A 的规定制定并实施试制产品不合格品管理程序文件,对已发现不合格品进行标识、记录和隔离,对不合格品进行评定、决定处置的措施,以及对不合格品处置有关职责和权限作出规定。

(2) 试制单位应建立不合格品审理系统,并保证其独立行使职权。参与不合格品审理的人员需经资格确认,并征得顾客同意,由最高管理者授权。

(3) 不合格品的处理程序如下:

① 试制过程中发现不合格品时,检验人员应立即对其作出明显标记或挂不合格标签,填写相应的有关单据,并按规定程序上报,同时将不合格品放在指定隔离区;

② 不合格品审理机构按规定程序对不合格品进行处置,作降级、让步使用处理时,应经设计单位(部门)同意认可;

③ 作好不合格品处理记录,作降级使用或报废处理的不合格品应予以隔离保存。

(十八) 纠正措施实施

(1) 产品在试制过程中发生造成性能指标下降或重大经济损失或批次性和重复性的质量问题,应按要求采取纠正措施;

（2）属于技术原因发生的质量问题，应按"定位准确、机理清楚、问题复现、措施有效、举一反三"的原则，采取纠正措施；

（3）属于管理原因发生的质量问题，应按"过程清楚、责任明确、措施落实、严肃处理、完善规章"的原则，采取纠正措施；

（4）责任单位对纠正措施应验证实施后的效果，并将有效的措施纳入有关文件；

（5）必要时应对纠正措施的实施进行评审。

（十九）产品质量评审

（1）试制过程的产品质量评审应按 GJB 907A 的规定；

（2）试制产品应按试制过程质量策划的要求进行产品质量评审。

（二十）产品防护

（1）根据产品特性、设计文件、研制总要求及技术协议书或合同要求，按 GJB 1443 和 GJB 6387 及有关规定制定产品防护控制程序；

（2）对产品实施的防护措施一般包括包装、标识、搬运、贮存和保护。

（二十一）产品交付

（1）产品交付前，试制单位检验机构、厂（所）长或其授权人应确认产品质量符合要求，检验、试验结果符合技术文件和验收标准；

（2）产品交付时应做到：

① 已按试制过程质量策划的要求，通过了产品质量评审；

② 有按规定签署的产品合格证明文件和有关检验和试验结果的记录；

③ 试制产品必须技术资料齐全；

④ 附件、备件、专用工具及设备等应符合合同或技术协议书要求；

⑤ 产品包装、标识和铅封应符合技术文件和合同要求；

⑥ 接收部门验收后应履行交接手续并签字。

五、生产图样的工艺性审查

按照 GJB 2993《武器装备研制项目管理》规定，设计图样包含试制图样和生产图样，装备研制进入工程研制阶段的试制与试验状态伊始，就应该对生产的图样进行认真审查，以减少正样机研制的风险。

方案阶段和工程研制阶段的设计状态的工艺性审查（或分析）一般采用会审方式进行。对结构复杂的重要产品或试制与试验状态的生产图样，主管工艺人员应从制定设计方案开始就经常参加有关研究该产品设计工作的各种会议和有关活动，以便随时对其结构工艺性提出意见和建议。审查主要掌握两个方面的内容：

（一）图样工艺性审查的要求

对工程研制阶段的试制与试验状态的工艺性审查应由产品主管工艺人员和

各专业工艺人员分头进行。其要求是:
(1) 进行工艺性审查的生产图样应有设计、审核人员签字。
(2) 审查者在审查时对发现的工艺性问题应填写《产品结构工艺性审查记录》。
(3) 全套设计图样审查完后,并无修改意见的,审查者应在"工艺"栏内签字;对有较大修改意见的,暂不签字,把图样和工艺性审查记录一起交给设计部门。
(4) 设计者根据工艺性审查记录上的意见和建议进行修改设计,修改后对工艺未签字的图样再返回到工艺部门复查签字。
(5) 若设计人员与工艺人员意见有分歧时,由双方协商解决,若协商中仍有较大分歧意见,由双方上级技术负责人进行协调解决。

(二) 图样工艺性审查的内容

工程研制阶段的试制与试验状态的工艺性审查,除了保持设计状态的审查内容外,还应着重产品结构或形成过程的审查,其内容是:
(1) 各部件是否具有装配基准,是否便于装拆;
(2) 各大部件拆成平行装配的小部件的可行性;
(3) 各零部件报废后,进行回收再利用的可行性;
(4) 审查零件的铸造、锻造、冲压、焊接、热处理、切削加工、特种加工及装配等的工艺性;
(5) 审查零部件制造过程可能产生的有害环境影响或安全隐患,该影响或隐患能否避免或减小。

六、实施生产准备状态检查

工程研制阶段试制与试验状态工作结束后,应按照 GJB 1710A《试制和生产准备状态检查》5.2 生产准备状态检查的内容与要求,进行下列内容的检查:

(一) 设计文件检查

(1) 生产图样和主要设计、试验、验收、使用等有关技术文件,应完整、准确、协调、统一、清晰,并能满足生产的需要;
(2) 设计更改已按规定的程序,实施了严格的控制,并符合规定的要求。

(二) 生产计划与批次管理检查

(1) 生产计划的制定应做到全面、协调,能保证均衡生产,其生产进度应符合该批次最终产品交付的要求;
(2) 已制定了完善的批次管理程序,并对成品、在制品转批的管理作出了明确规定。

(三) 生产设施与环境检查

(1) 生产设施应按工艺准备的要求配套齐全,并保证安全;
(2) 生产设备应能符合产品小批试生产的要求,按规定保养、检修、检定,并

作出相应的标志;

（3）当生产工艺、设备使用和测量对温度、湿度、清洁度、振动、电磁场、噪声等环境有特殊要求时,其生产环境应能符合规定的要求,并有相应的控制手段和记录。

（四）人员配备检查

（1）应确保负责配合现场生产的设计、工艺等技术人员和管理人员具备相应的资格,在数量上和技术水平上符合现场工作的要求;

（2）应按产品生产的过程及各工序和工种的要求,配备足够数量、具有相应技术水平的操作、检验和辅助等人员,各类操作和检验人员应熟悉本岗位的生产图样、技术要求和工艺文件,并经培训、考核,按规定持有资格证书。

（五）工艺准备检查

（1）已制定了生产产品的工艺总方案并经过评审。

（2）关键工艺技术已得到解决,并纳入了工艺规程或其他有关文件。

（3）按规定的要求进行了工艺评审,对工艺总方案和关键件、重要件工艺文件以及特殊过程的工艺文件进行了评审。

（4）在产品研制的基础上,工艺规程、作业指导书等各种技术文件已经确定,能满足小批试生产的质量和数量的要求。

（5）生产现场的工艺布置、工位器具的配备,应按小批试生产的要求符合工序的性质和加工程序,并实施了定置管理。

（6）工艺装备、检验、测量和试验设备等,应按小批试生产配备齐全,其准确度和使用状态应能满足小批试生产的要求,并编制了检修、检定计划。对检验与生产共用的工艺装备、调试设备,应有控制程序保证能按规定进行检定或校准。

（7）关键过程的控制方法已确定并纳入了工艺规程。必要时,应采取统计技术进行控制,以减少加工中的变异。

（8）已制定特殊过程的质量控制程序和有关的工艺文件,能对其实施有效的控制。

（9）对产品制造、检验和试验所用的计算机软件,已经过鉴定,并确保能满足生产使用的要求。

（六）采购产品检查

（1）对提供采购产品的供方已进行质量保证能力和产品质量的评价,并编制了合格供方名录和采购产品优选目录;

（2）应在批准的合格供方名录和采购产品优选目录中选择供方和产品,并在质量、数量、交货期方面,能满足小批试生产的需求;

（3）应有完善的采购产品入厂(所)复验、筛选、检测的规范、规程及操作程序,且工作条件已经具备;

（4）应按规定的要求,实施了对采购产品入库、贮存、发放的控制,其采购产品的贮存条件应能满足规定的要求。

（七）产品质量控制检查

（1）产品质量计划(产品质量保证大纲)已经修订完善,并进行了评审;

（2）正样机首件鉴定工作已经完成,并有逐工序及最终检验合格结论,制造工艺应符合设计要求;

（3）应有规定的程序,能对产品生产的过程和产品质量实施有效的控制;

（4）应有规定的要求,对设计、工艺文件及材料、设备的技术状态,实行严格的控制;

（5）对识别的关键过程和特殊过程,已制定了专用质量控制程序,并能实施有效的控制;

（6）已制定适用于小批试生产的不合格品控制程序;

（7）对产品实现的过程应能实施监视和测量,并按制定的程序能实施有效的控制。

（八）组织和检查程序

1. 检查组组成

（1）组织应明确一名主管领导负责产品试制和生产准备状态检查工作并担任检查组组长,明确规定一个职能部门具体负责检查的计划、组织与协调等工作。

（2）检查组一般由设计、工艺、检验、质量管理、标准化、计划、生产、设备、计量、供应等部门有经验的专业技术人员和管理人员组成。合同要求时,可吸收顾客或其代表参加,并可担任检查组副组长。

2. 检查组成员职责

（1）检查组组长负责检查组的组织、计划,领导检查工作,审查检查单,提出检查报告。

（2）检查组成员按照分工,确定检查项目,编制检查单,实施检查。对试制和生产准备状态及其存在的风险作出客观的判断,并对检查结果作出准确的评价。

3. 检查程序

（1）受检查的部门在准备工作完成后,应向主管职能部门提出申请检查报告;

（2）组织检查组,审查申请报告并确定检查项目,将检查项目列入检查单,其格式参见 GJB 1710A 附录 A;

（3）检查组按计划和程序实施检查;

（4）检查组根据检查结果,填写检查报告,对产品生产准备状态作出综合评

价,其格式参见 GJB 1710A 附录 A;

(5) 对检查中提出的问题,由组织的负责人负责组织协调,并责成有关部门制定纠正措施,限期解决,主管职能部门负责实施后的跟踪检查;

(6) 检查合格或检查通过,检查报告由组织负责人批准后,方可开工生产。

(九) 生产准备状态检查报告汇总表

1. 生产准备状态检查报告封面(见表7-1)

表7-1 生产准备状态检查报告封面

生 产 准 备 状 态 检 查

报　　告

产品型号:＿＿＿＿＿＿＿＿＿＿

产品名称:＿＿＿＿＿＿＿＿＿＿

产品状态:＿＿＿＿＿＿＿＿＿＿

组　　织:＿＿＿＿＿＿＿＿＿＿

年　月　日

2. 生产准备状态检查单(见表7-2)

表7-2 生产准备状态检查单

生产准备状态检查单					
序号	检查项目及内容	检查结果		存在的问题	检查人签字
		合格	不合格		

3. 检查组结论表(见表7-3)

表7-3 检查组结论表

检查组结论
     检查组组长： 　　　年　月　日
对存在主要问题的改进措施建议
     检查组组长： 　　　年　月　日

4. 生产准备状态检查组成员表(见表7-4)

表 7-4　生产准备状态检查组成员

检查组成员				
序号	姓名	职务或职称	工作单位	签名

5. 负责人审批意见(见表7-5)

表7-5　负责人审批意见

组织负责人审批意见：
签字(盖章) 　年　月　日

第四节　设计定型阶段工艺控制

本阶段生产性分析工作是标识所有硬件的关键特性,减少生产流程时间,减少材料和工时费用,确定最佳进度要求,改善检验和试验程序,减少专用生产工装和试验设备,以便顺利地转入生产定型阶段的小批试生产状态。

经过设计定型试验,若需对设计图样和专用规范(指系统、研制、材料、工艺、软件和产品规范)进行较大更改,则必须从方案阶段开始重新分析,即需按 GJB 3363 中 5.4.2 条和 5.4.3 条的规定,重新进行生产性分析。

一、设计定型阶段工艺控制项目

(1) 定型试验更改后,重新进行生产性分析;
(2) 关键性生产工艺考核;
(3) 小批试生产生产性分析。

二、组织关键性生产工艺考核

为了促进新研制装备小批试生产能力的快速形成,根据国务院、中央军委《军工产品定型工作规定》和 GJB 1362A《军工产品定型程序和要求》,承制单位在新产品研制进入设计定型阶段时,应进行设计定型关键性生产工艺考核,并形成考核结论。其考核的内容如下:

(一) 开展关键性生产工艺考核的条件

只进行设计定型或设计定型后短期内不能进行生产定型的产品,在设计定型前应完成关键性生产工艺考核。单架(套、件)产品设计定型时可不进行关键性生产工艺考核。

(二) 应贯彻的标准和法规

在设计定型阶段关键性生产工艺考核中应执行以下标准和法规:

GJB 467A – 2008　生产提供过程质量控制

GJB 909A – 2005　关键件和重要件的质量控制

GJB 939 – 1990　外购器材的质量管理

GJB 1269A – 2000　工艺评审

GJB 1330 – 1991　军工产品批次管理的质量控制要求

GJB 1362A – 2007　军工产品定型程序和要求

GJB 1406A – 2005　产品质量保证大纲要求

GJB 1710A – 2004　试制和生产准备状态检查

GJB 2366A-2007　试制过程的质量控制
GJB 3273A-2017　研制阶段技术审查
GJB 3363-1998　生产性分析
GJB/Z 106A-2005　工艺标准化大纲编制指南
其他满足武器装备质量要求的国家标准、行业标准和企业标准
国务院、中央军委《军工产品定型工作规定》(国发〔2005〕32号)
国务院、中央军委《武器装备质量管理条例》

(三) 关键性生产工艺考核主要内容

1. 生产工艺

1) 工艺文件

(1) 工艺文件能适应小批试生产要求,使用的各类文件为现行有效版本,其内容已转化成适合操作的形式;

(2) 型号工艺总方案、工艺标准化综合要求、关键过程工艺规程经评审合格并符合工艺规范的要求,各种工艺文件应满足规范性、完整性、可操作性的要求,并符合有关规定和产品小批试生产要求。

2) 工艺装备

(1) 工艺装备图样完整齐全,文实相符;

(2) 工艺装备完成鉴定,并按期进行检定、校准,在有效期内使用。

(3) 小批试生产所需的工艺装备齐套,能保证工序加工质量,确保产品质量稳定。

3) 新工艺、新技术、新材料和新设备

(1) 采用的新工艺、新技术、新材料、新设备,经过检验、试验、验证,表明符合规定要求,有完整的原始记录;

(2) 新工艺、新技术、新设备通过鉴定,并有合格结论;

(3) 新工艺、新技术、新材料、新设备有质量控制措施和要求。

4) 互换性、替换性要求

(1) 明确互换性、替换性检查项目;

(2) 制定互换性、替换性检查大纲,并开展相关项目的互换性、替换性检查。

2. 关键过程和特殊过程

(1) 编制产品特性分析报告,关键件、重要件项目明细表,关键过程目录,关键件(特性)、重要件(特性)和关键过程检验规程等文件,并通过评审;

(2) 关键件、重要件、关键过程应在产品、设计图样、工艺文件上做出标识;

(3) 对关键过程加工的首件进行自检、专检;

(4) 对关键特性、重要特性进行百分之百检验,并按规定记录实测数据;

(5) 对关键特性、重要特性进行控制,并实测记录;

（6）编制特殊过程目录、确认准则和年度确认计划,对特殊过程进行控制,并实测记录。

3. 检验测量和试验设备

（1）对检验测量和试验设备进行汇总分析,并能及时更新增补,保证专用检验测试能力；

（2）检验测量和试验设备配套齐全,并编制设备目录；

（3）检验测量和试验设备按规定完成鉴定；

（4）检验测量和试验设备按规定完成周期检定；

（5）检验测量和试验设备完成校准计量,并在校准计量有效期内使用。

4. 配套成品、原材料和元器件

（1）制定配套成品、原材料和元器件质量控制措施；

（2）实行入厂复验和出入库管理制度,并编制有关规程,相关记录应完整清晰,能保证其可追溯性；

（3）原材料、元器件等采购数量、批次能满足产品批量生产数量、批次的要求；

（4）进口原材料、元器件经过试验考核,其使用比例是否符合国家和军队的有关规定；

（5）元器件按规定进行二次筛选。

5. 操作人员

（1）建立岗位培训考核机制,制定生产过程关键岗位清单；

（2）关键岗位、特殊工种人员应通过专门培训,取得相应技术等级资格,持证上岗；

（3）关键岗位实行留名制,并在需要时实行双岗制；

（4）操作人员在数量上应满足产品试生产的需要。

6. 生产环境

（1）制定生产环境管理控制制度；

（2）主要生产、检验和储存所要求的环境条件（包括温度、湿度、洁净度、防静电等要求）和控制满足规定要求；

（3）对生产、检验和储存等环境进行控制,形成控制和检查记录,确保生产、检验和储存等环境满足规定要求。

7. 外包质量控制

（1）建立外包质量管理制度,对外包方能力资质进行评价；

（2）编制产品合格外包方目录,并经军事代表机构会签；

（3）对外包过程进行控制、评审、批准,并经军事代表机构会签外包清单；

（4）编制外包产品入厂（所）验收规程,并实施验收。

三、实施小批试生产生产性分析

小批试生产期间的生产性分析包括下列内容：

（1）对生产过程和方法进行分析，进一步减少制造成本，缩短生产周期和提高产品质量；

（2）应用备选的材料；

（3）研究降低成本的工艺设计更改；

（4）评价改善生产性的技术状态更改的建议；

（5）应用新的制造技术。

第五节 生产定型阶段工艺控制

一、生产定型与工艺鉴定的关系

（一）生产定型的含义

以常规武器研制程序为例，生产定型是新产品从装备研制的论证、方案、工程研制、设计定型到生产定型阶段的最后一步，也是装备优质稳定批生产过程中的重要一步。生产定型阶段的产品生产定型是对即将批量生产的产品，鉴定其性能是否符合设计要求，并确定其验收条件；审查制造工艺、检测手段是否具备；能否稳定地保证制造质量；批生产线是否已经建立；质量管理体系是否已经健全；能否有效地对产品质量进行控制，以便决定能否连续、稳定地批生产。

（二）工艺鉴定的含义

工艺鉴定是生产定型的主要内容和重要组成部分。工艺鉴定就是要对锻铸件毛坯、工艺规程、工艺说明书、产品规范、工艺装备、非标准设备等逐项进行鉴定。鉴定工艺文件、鉴定工艺装备、鉴定零组件、软件、互换性等质量是工艺鉴定的中心工作，也是生产定型中的重点工作。本章节还是围绕工艺管理简谈工艺控制工作。

二、生产定型阶段工艺控制工作

（一）工艺鉴定工作

（二）工艺和生产条件考核

三、工艺鉴定的内容及要求

（一）工艺鉴定的要求

（1）按产品图样及产品规范要求编制的各类工艺文件，符合设计要求，做到文文相符。工艺文件中使用的术语应确切,加工余量规定合理,满足工程制图和有关图样管理要求。

(2) 工艺规程经小批试生产使用,能生产出符合产品图样、产品规范要求的零组件。工艺文件已经过修订和完善,满足完整、正确、协调、统一、有效。

(3) 主要材料和辅助材料定额达到完整协调。

(4) 工艺规程经过生产考验,做到文实相符,对全部的问题有明确的处理意见,并更改完善。

(5) 工艺规程选用的设备合理,并满足工艺要求。非标准设备均已鉴定合格能满足工艺要求,非标准设备的图样已修改完善。

(6) 工装经现场使用,能满足工艺规程要求。已经逐项鉴定并均有合格证,建立了工装定期送检制度并已贯彻实施。

(7) 标准样件已经选定,能满足设计和工艺要求,标准样件目录已整理完善。

(8) 经设计分析,产品特性形成的关键工序中的工艺方法、工艺参数、设备与工艺装备均实行了控制。关键工序目录已经编制完善。

(9) 工艺规程规定的检验、检测、试验方法可靠、合理,能保证产品工艺质量。

(10) 采用的新工艺、新技术、新材料已全部通过鉴定,并在小批试生产中考验,能满足产品质量要求。

(二) 工艺鉴定应注意的问题

(1) 工艺鉴定应根据产品零、组件工艺规程,逐个工序、逐个零组件进行检查,对没有问题的零组件、存在问题已经解决的零组件、存在某些问题但不影响工艺鉴定作为遗留问题解决的零组件填写《零组件生产(工艺)定型表》。

(2) 因各种原因不能鉴定的工序,应限期解决问题,必要时重新经生产考验后再作工序鉴定。

(3) 在零组件工序鉴定的基础上,对一些影响零组件鉴定的问题要分析研究,归类整理。努力创造条件,尽快予以解决。

(4) 零组件工艺鉴定一般分为"车间级"和"工厂级"两种,一般零组件的工艺鉴定为车间级,由车间生产定型小组负责审批;关键件、重要件的零组件工艺鉴定为工厂级,由工厂生产定型领导小组组织审批。

(5) 工艺技术部门在完成生产定型中的工艺鉴定后,要写出综合情况报告。内容包括:

① 工艺文件状况;

② 工艺装备配备和使用情况;

③ 关键技术解决情况;

④ 新工艺、新技术、新材料鉴定情况;

⑤ 锻、铸件毛坯情况,零组件生产(工艺)鉴定情况;

⑥ 工艺鉴定尚存在问题与解决措施等,报工厂生产定型领导小组,作为产品生产定型上报文件之一,申报上级机关(生产定型一般不允许有遗留问题)。

(6)《零组件生产(工艺)鉴定表》及综合情况报告由工厂档案部门归档,《工序鉴定检查表》由车间资料室保存。

四、组织工艺鉴定工作

(一) 工艺鉴定概述

工艺鉴定是生产定型工作的主要内容,按照成批生产的工艺文件,使用规定的工艺装备,生产出符合产品图样、产品规范规定的零、部、组件和整机,产品质量合格稳定,达到互换、替换性要求,是生产定型工作的主要目的。因此,鉴定工艺文件,鉴定工艺装备,鉴定零、部、组件是工艺鉴定的中心工作,所以工艺鉴定成为生产定型工作的主要内容之一。

工艺鉴定是一项大量的、细致的工作,在工程研制阶段的设计状态开始时就应进行工作,在设计定型前应完成工艺鉴定工作量的百分之七十。下面可以从生产定型的标准、条件和内容,看工艺鉴定的重要性和必要性。

(二) 生产定型的标准

(1) 飞机小批试生产中发现的、试用中暴露的和设计定型中遗留的设计问题已经解决,产品的设计文件完整、正确、统一、协调,可以满足批量生产的要求。

(2) 完成工艺鉴定工作,可以保证生产出符合产品图样和产品规范要求的产品。

(3) 小批试生产制造中存在的关键技术问题已经解决,产品达到互换、替换性要求。

(4) 选用的新成品,新材料(含锻、铸毛坯),已经鉴定,定点供应。新工艺、新技术已经鉴定。

(5) 批量生产的工艺布置(即生产设施)的调整已经完成。

(6) 建立健全了生产、技术、质量管理制度。

(7) 经过培训,人员的技术水平达到要求。

(三) 生产定型的条件

1. 产品设计工作应达到的要求

(1) 产品图样、产品规范等设计资料,经过小批试生产的进一步考验,暴露的问题已经解决。产品图样、产品规范等设计资料更趋完善,可以满足批量生产和使用要求。

(2) 在试用中暴露出来的设计技术问题(包括随机备件、设备、工具、文件)

已得到解决,并已更改了相应的设计(含工艺技术文件)技术文件。

(3) 设计定型时,经过批准允许遗留的设计问题,已经解决,产品图样、产品规范等设计资料问题已经处理完毕。

2. 设计定型飞机的试用

已经设计定型的飞机,经过试用部门的试用,提出的问题已经处理和解决。

3. 生产定型前应完成的试飞、试验工作

(1) 按批量生产定型试飞大纲,试验完全部科目并达到要求(仿制产品,生产定型前,不进行此项试飞)。

(2) 完成规定的强度、疲劳等试验项目。

(四) 工艺鉴定及生产定型的工作内容

1. 工艺鉴定

1) 工艺文件的鉴定

(1) 按照产品图样、产品规范的要求,编制的各类工艺文件,所引用的数据是正确的,规定的工艺容差是合理的,使用的词句是确切的。

(2) 各类工艺文件(含指令性工艺文件、生产性工艺文件、管理性工艺文件),经小批试生产的使用,能生产出符合产品图样、产品规范、交接状态等要求的产品,并达到完整、配套、正确、协调。底图更改完毕,在首页上加盖鉴定的印章。

(3) 工艺规程要进行试贯、填写试制原始记录表,对所记录的全部问题,都有明确的处理意见。工人、检验员、工艺员认为符合鉴定要求时,填写工艺规程鉴定合格证明文件,底图更改完毕,在工艺规程首页上加盖鉴定的印章。

(4) 在鉴定过程中,当工艺规程的工艺程序及工艺参数有重大更改时,应对更改部分重新组织试贯,直至鉴定合格。

2) 零、部、组件的鉴定(含锻、铸毛坯,不含标准件)

(1) 制造零、部、组件的用料,应与产品图样规定的材料相符合,代用材料必须经过规定的审批手续。

(2) 全机必须有《关键零件目录》。

(3) 关键零件在产品图样及工艺文件上有明显的标志。

(4) 按照工艺文件和工艺装备生产的零、部、组件,符合产品图样、产品规范和交换状态的要求,经过装配或加工鉴定合格,质量稳定,填写产品零件装配、毛坯加工合格证明文件。

(5) 制造单位按合格证明文件,对该项零、部、组件办理鉴定手续。

3) 工艺装备的鉴定

(1) 工艺装备鉴定的一般要求:

① 制造工艺装备所用的各类工(量)具、平台、仪器,以及划线钻孔台、型架

装配机等设备,必须符合规定的技术要求;

② 标准工艺装备和样板要成套制造,经协调、检查合格,才能用于工艺装备制造;

③ 工艺装备均须贯彻合格证明书制度和定期检修制度。

(2) 模线样板:

① 模线样板必须符合产品样和产品规范等工艺文件的要求;

② 零件样板,经过使用和零件装配鉴定合格后,填写定型样板清单;

③ 按定型样板清单,在零件样板工艺单上加盖鉴定的印章,在零件样板上作出鉴定的标志;

④ 夹具样板,必须等工艺装备鉴定合格后,填写夹具样板鉴定合格证明文件;

⑤ 按合格证明文件,在夹具样板工艺单上加盖鉴定印章,在夹具样板上作出鉴定的标志;

⑥ 模线经过全面复查,符合产品图样、产品规范及工艺文件对生产中提出的问题,已全部处理完毕,在模线上作出鉴定的标志。

(3) 标准工艺装备:

① 标准工艺装备,经过使用,发现的故障和不协调问题已经排除,用标准工艺装备协调制造的工艺装备已经鉴定合格,经过订货、设计、制造单位鉴定合格时,填写标准工艺装备鉴定合格证明文件,并在标准工艺装备合格证明书首页加盖鉴定的印章。

② 将底图更改完毕,在标准工艺装备图样上加盖鉴定的印章,在标准工艺装备上作出鉴定的标志。

(4) 生产用工艺装备:

① 工艺规程所规定的全部生产用工艺装备(含"00"批、"0"批、"1"批模具,夹具、型架、专用刀、量、工具、地面、试验、检验设备,专用样板等)必须配齐(生产量不大时,可以只配到"0"批)。经过小批试生产的试用,发现的故障和不协调问题已经解决,可以制造出符合工艺规程、产品图样和产品规范交接状态的产品,工艺装备图样完善齐全,工艺装备的工作部分与图样一致。经使用单位的工人、检验员、工艺员鉴定合格时,填写工艺装备鉴定合格证明文件。

② 底图更改完毕,在工艺装备图样上加盖鉴定的印章。在工艺装备合格证明书首页上加盖鉴定印章,在工艺装备上作出鉴定的标志。

(5) 标准实样:

① 以标准实样为依据制造零件的单位,接到零件使用单位的零件装配合格证明文件;

② 在标准实样的证明文件或清册上加盖鉴定的印章。

4）计算机软件的鉴定

（1）按照计算机软件生产的零件,符合产品图样、产品规范、软件规范和交接状态,经装配鉴定合格,质量稳定,填写产品零件装配合格证明文件；

（2）制造单位按合格证明文件,在该项零件的计算机软件上作出鉴定的标志；

（3）按照计算机软件绘制的模线、制造的工艺装备,当该模线、工艺装备已经鉴定合格时,在该模线、工艺装备的电子计算机软件上作出鉴定的标志；

（4）用计算机软件存贮的工艺技术资料,当工艺技术资料鉴定合格时,在该计算机软件上作出鉴定的标志。

5）新材料、新工艺、新技术的鉴定

（1）新材料、新工艺、新技术,按有关规定鉴定合格,确认质量稳定,并具备可靠的生产和检测手段,有配套的技术文件（技术说明书、工艺规程、技术要求等）。

（2）外购新材料（含锻、铸毛坯）已经鉴定,定点供应。

6）关键技术问题的解决

解决小批试生产制造中的关键技术,写出技术总结,并经过鉴定批准。

7）互换、替换性检查

按 HB/Z 99.7-87《飞机制造工艺工作导则 飞机零部件互换与替换工作条例》,进行规定项目的互换、替换性检查（改型机只检查更改部分）,达到规定的技术要求。

2. 新成品的鉴定

飞机选用的新成品,按有关规定完成鉴定和定点供应,达到质量稳定,满足飞机装配协调互换的要求,并有试用结论意见。

3. 计量和检测设施的鉴定

各种检查、检验手段,计量量值传递系统,经过定期鉴定和专门鉴定,保持规定的精度,并能满足成批生产的要求。

4. 工艺布置的调整及生产线的建立

批量生产的工艺布置（或调整）和技术改造已经基本完成,形成了批量生产线。

5. 技术培训

（1）专业技术人员和工人,经过培训,具有了专业技术知识和技能,掌握了新工艺、新技术,并能满足批生产的要求；

（2）特种工艺操作人员,应经过考核,取得资格合格证后,才能生产操作。

6. 管理制度的建立和健全

建立健全了生产、技术和质量等管理制度。特别是有严格的设计文件和工艺文件的管理和更改制度,保证设计、工艺、质量部门使用图样及工艺文件的现行有效性。

7. 生产定型的情况汇总统计及鉴定报告

生产定型的情况,应按照本章的工作内容,参照原始记录,进行综合分析和汇总统计,写出鉴定情况报告。

五、工艺和生产条件考核

工艺和生产条件考核工作是生产定型阶段非常重要的一项工作,此次考核虽然是定型机构组织考核,但承制单位在预考核结束后,应编制预考核报告,从考核的时间、地点、考核组织单位、人员、考核的部门、考核的内容和考核的方法等方面,概述工艺和生产条件考核工作组织开展的情况。

(一) 工艺考核情况

1. 工艺考核的内容

(1) 生产工艺流程;

(2) 工艺指令性文件;

(3) 工艺规程;

(4) 工艺装置;

(5) 关键工序及控制;

(6) 特殊过程及控制;

(7) 工艺文件执行、管理情况。

2. 工艺考核的要求

(1) 工艺流程是否合理、协调、完整;

(2) 工艺指令性文件是否正确、有效、统一、便于操作;

(3) 工艺规程是否完整、合理、有效、统一;

(4) 工艺装置设计是否正确,配套是否齐全,制造和保障是否稳定;

(5) 关键工序确定和关键工艺设计是否合理;

(6) 特殊过程确定是否正确,特种工艺设计是否合理;

(7) 工艺文件是否得到有效落实,管理(含评审、更改)是否规范。

3. 工艺考核的结论

对工艺文件能否指导承制单位组织批量生产给出考核结论。

(二) 生产条件考核情况

1. 生产条件考核的内容

(1) 人员配置、培训;

(2) 设备、设施;

(3) 外购器材;

(4) 技术状态管理；

(5) 试验、检测仪器及设备；

(6) 环境配置情况。

2. 生产条件考核的要求

(1) 人员配置、培训、考核等能否满足军工产品技术、生产、检验、试验及管理岗位需要。

(2) 生产厂房布局(设备、水、电、气等)、库房建设(含原材料、在制品、制成品等)、设备配备及加工能力、安全防火防爆等能否满足军工产品批量生产,管理是否受控。

(3) 外购器材采购文件制定是否完整、正确、统一,合格供方考察、评定、管理(含变更)是否符合要求,外购器材进厂复验、保管、使用、代用是否符合要求,外购器材质量问题的处理是否符合要求等。

(4) 设计定型以来产品图样、产品规范、软件版本的更改,以及偏离许可和让步使用是否履行了程序,控制是否有效,是否具有可追溯性。

(5) 试验、检测仪器及设备的配备、技术状态能否满足批量生产的需要,管理是否受控。

(6) 生产、检测、试验、储存场所的环境条件(如温度、湿度、洁净度、静电等)是否满足军工产品质量控制要求。

3. 生产条件考核的结论

对生产条件能否满足承制单位批量生产要求和达到核定的生产纲领给出结论。

第六节　装备研制工艺管理与控制案例

一、某型起动机液压离合器齿圈断裂故障

某型发动机冷运转时,涡轮启动机工作转速达到34500r/min,突然发出"嘭"的一声巨响,大量润滑油漏出/起动机自动停止运转。目视检查发现,起动机减速器壳体下部被击穿,齿圈约1/3线体外露并打断两根润滑油导管。分解检查发现,起动机的液压离合器上的齿圈断裂,连接齿圈的左壳体的六颗螺钉中有五颗螺钉断裂、一颗脱出。

故障分析中的金相结论是:螺钉和销钉皆为剪切断裂,齿圈断口的4/5为瞬断区,其余为疲劳扩展区,是大应力作用下销钉松动引起的早期疲劳断裂。

在技术检查中发现,按照生产图样的技术要求,齿圈和壳体固定时,其销钉与孔之间的配合应有4/1000的过融度,以防止高转速下的高微振动造成齿圈固

定的微松动而产生损伤振动造成齿圈的断裂故障。所以，要以特殊工艺方法和技术使齿圈上的孔和固定销钉间的装配紧度要达到 4/1000 的过融度，而当时并未采取工艺技术和方法来实现这个装配过程。

二、某型导弹发射架固定螺栓断裂故障

导弹发射架是固定在机翼上，用的是两颗 PF8E – 9111 螺栓。在使用中某架飞机挂弹飞行 35 小时 18 分共 38 个起落；另一架飞机挂弹飞行近一个月，螺栓发生断裂，断口均在螺纹根部收尾至螺杆光杆的过渡处，断裂是由局部氢脆而引发的。根据断口分析和螺栓装配、安装及使用中的情况，确定螺栓是"过定位"造成了应力集中，逐步形成氢脆点扩张而成的。

螺栓的氢脆断裂往往是装配和使用过程中的"过定位"造成的。所谓的"过定位"实际上就是多了一个甚至几个定位点，造成螺栓的"杠杆型"受力，产生应力集中点，而杠杆上应力集中点产生，必然导致杠杆中的氢原子向应力集中点转移、聚集，达到一定程度后"应力集中点"就会产生裂缝并不断扩展直至造成断裂。导弹发射架固定螺栓在安装过程中，没有与螺套进行"同心度"的测量和选配，所以造成了"过定位"问题，工作中容易发生断裂故障。

三、某型发动机四级涡轮盘爆裂故障情况

某型歼击机两次发生空中发动机爆燃造成机毁人亡的重大事故。后经认真、严密对故障现象进行分析和研究，确定是该型发动机第四级涡轮盘爆裂造成的。

实际该型发动机第四级涡轮盘是结构很简单的部件，只是在盘的中心板上有四个加工时的安装孔。但在发动机工作时，其盘板上会形成很强的膨胀应力，而盘板的原四个安装孔在盘板应力膨胀时，又起到能缓解部分应力的作用。

从一般航空机械结构原理讲，盘孔之所以能缓解部分膨胀应力，是孔的形成改变了应力的传递方向和聚集点，而盘孔上却承受着膨胀应力的极大载荷。因此，在盘的加工图上明确要求，盘孔的两端孔沿必须经过精细的抛光打磨，形成光洁的圆弧状。但在第四级涡轮盘形成的生产过程中，仅对盘孔的两端作了一般的抛光去毛刺、尖边的打磨，根本就未达到光洁的设计要求。正是这样，四级盘在工作中，孔边形成点状应力集中造成细微裂纹并不断扩展，直至在飞行中发生整个盘的爆裂故障。

参 考 文 献

[1] GB/T 324-2008 《焊缝符号表示法》.
[2] GB/T 3375-1994 《焊接术语》.
[3] GB/T 5185-2005 《焊接及相关工艺方法代号》.
[4] GB 6458-1986 《金属覆盖层 中性盐雾试验(NSS试验)》.
[5] GB 6459-1986 《金属覆盖层 醋酸盐雾试验(ASS试验)》.
[6] GB 6460-1986 《金属覆盖层 铜加速醋酸盐雾试验(CASS试验)》.
[7] GB/T 6463-2005 《金属和其他无机覆盖层 厚度测量方法评述》.
[8] GB 9450-1988 《钢件渗碳淬火有效硬化层深度测定方法》.
[9] GB 9452-1988 《热处理炉有效加热区测定方法》.
[10] GB 10066.1-1988 《电热设备的试验方法 通用部分》.
[11] GB 11354-1989 《钢铁零件渗氮层深度测定和金相组织检验》.
[12] GB 12609-1992 《电沉积金属覆盖层和有关精饰计数抽样检查程序》.
[13] GB/T 539-1995 《耐油橡胶石棉板》.
[14] GB/T 4091-2001 《常规控制图》.
[15] GB/T 4457.5-2013 《机械制图 剖面区域的表示法》.
[16] GB/T 4460-2013 《机械制图机构运动简图用图形符号》.
[17] GB/T 4863-2008 《机械制造工艺基本术语》.
[18] GB/T 7714-2005 《文后参考文献著录规则》.
[19] GB/T 12611-1990 《金属零(部)件镀覆前质量控制技术要求》.
[20] GB/T 17825.1-1999 《CAD文件管理 总则》.
[21] GB/T 17825.2-1999 《CAD文件管理 基本格式》.
[22] GB/T 17825.3-1999 《CAD文件管理 编号原则》.
[23] GB/T 17825.4-1999 《CAD文件管理 编制规则》.
[24] GB/T 17825.5-1999 《CAD文件管理 基本程序》.
[25] GB/T 17825.6-1999 《CAD文件管理 更改规则》.
[26] GB/T 17825.7-1999 《CAD文件管理 签署规则》.
[27] GB/T 17825.7-1999 《CAD文件管理 标准化审查》.
[28] GB/T 17825.9-1999 《CAD文件管理 完整性》.
[29] GB/T 17825.10-1999 《CAD文件管理 存储于维护》.
[30] GB/T 19000-2016 《质量管理体系 基础和术语》.
[31] GB/T 19001-2016 《质量管理体系 要求》.
[32] GB/T 24735-2009 《机械制造工艺文件编号方法》.
[33] GB/T 24736.1-2009 《工艺装备设计管理导则 第1部分:术语》.

[34] GB/T 24736.2-2009 《工艺装备设计管理导则 第2部分:工艺装备设计选择规则》.
[35] GB/T 24736.3-2009 《工艺装备设计管理导则 第3部分:工艺装备设计程序》.
[36] GB/T 24736.4-2009 《工艺装备设计管理导则 第4部分:工艺装备设计验证规则》.
[37] GB/T 24737.1-2012 《工艺管理导则 第1部分:总则》.
[38] GB/T 24737.2-2012 《工艺管理导则 第2部分:产品工艺工作程序》.
[39] GB/T 24737.3-2009 《工艺管理导则 第3部分:产品结构工艺性审查》.
[40] GB/T 24737.4-2012 《工艺管理导则 第4部分:工艺方案设计》.
[41] GB/T 24737.5-2009 《工艺管理导则 第5部分:工艺规程设计》.
[42] GB/T 24737.6-2012 《工艺管理导则 第6部分:工艺优化与工艺评审》.
[43] GB/T 24737.7-2009 《工艺管理导则 第7部分:工艺定额编制》.
[44] GB/T 24737.8-2012 《工艺管理导则 第8部分:工艺验证》.
[45] GB/T 24737.9-2012 《工艺管理导则 第9部分:生产现场工艺管理》.
[46] GB/T 24738-2009 《机械制造工艺文件完整性》.
[47] GB/T 24740-2009 《技术产品文件 机械加工定位、夹紧符号表示法》.
[48] GB/T 19678-05 《说明书的编制 构成、内容和表示方法》.
[49] GJB 0.1-2001 《军用标准文件编制工作导则 第1部分:军用标准和指导性技术文件编写规定》.
[50] GJB 0.2-2001 《军用标准文件编制工作导则 第2部分:军用规范编写规定》.
[51] GJB 0.3-2001 《军用标准文件编制工作导则 第3部分:出版印刷规定》.
[52] GJB 145A-1993 《防护包装规范》.
[53] GJB 150.1A-2009 《军用装备实验室环境试验方法 第1部分 通用要求》.
[54] GJB 151A-1997 《军用设备和分系统电磁发射和敏感度要求》.
[55] GJB 152A-1997 《军用设备和分系统电磁发射和敏感度测量》.
[56] GJB 179A-1996 《计数抽样检验程序及表》.
[57] GJB 181B-2012 《飞机供电特性》.
[58] GJB 190-1986 《特性分类》.
[59] GJB 227A-1996 《一般用途硅橡胶胶料规范》.
[60] GJB 250A-1996 《耐液压油燃油丁晴橡胶》.
[61] GJB 294-1987 《铝及铝合金熔焊技术条件》.
[62] GJB 368B-2009 《装备维修性工作通用要求》.
[63] GJB 408A-1995 《金属履盖和化学履盖工艺质量控制要求》.
[64] GJB 431-1988 《产品层次、产品互换性、样机及有关术语》.
[65] GJB 438B-2009 《军用软件开发文档通用要求》.
[66] GJB 439A-2013 《军用软件质量保证通用要求》.
[67] GJB 450A-2004 《装备可靠性工作通用要求》.
[68] GJB 451A-2005 《可靠性维修性保障性术语》.
[69] GJB 466-1988 《理化试验质量控制规范》.
[70] GJB 467A-2008 《生产提供过程质量控制》.
[71] GJB 480A-1995 《金属镀覆和化学覆盖工艺质量控制要求》.
[72] GJB 481-1988 《焊接质量控制要求》.
[73] GJB 509B-2008 《热处理工艺质量控制》.

[74] GJB 546B-2011 《电子元器件质量保证大纲》.
[75] GJB 571A-2005 《不合格品管理》.
[76] GJB 593-1998 《无损检测质量控制规范》.
[77] GJB 630A-1998 《飞机质量与可靠性信息分类和编码要求》.
[78] GJB 724-1989 《不锈钢电阻点焊和缝焊质量检验》.
[79] GJB 726A-2004 《产品标识和可追溯性要求》.
[80] GJB 813-1990 《可靠性模型的建立和可靠性预计》.
[81] GJB 832A-2005 《军用标准文件分类》.
[82] GJB 841-1990 《故障报告、分析和纠正措施系统》.
[83] GJB 897A-2004 《人-机-环境系统工程术语》.
[84] GJB 899A-2009 《可靠性鉴定和验收试验》.
[85] GJB 900A-2012 《装备安全性工作通用要求》.
[86] GJB 904A-1999 《锻造工艺质量控制要求》.
[87] GJB 905-1990 《熔模铸造工艺质量控制》.
[88] GJB 906-1990 《成套技术资料质量管理要求》.
[89] GJB 907A-2006 《产品质量评审》.
[90] GJB 908A-2008 《首件鉴定》.
[91] GJB 909A-2005 《关键件和重要件的质量控制》.
[92] GJB 939-1990 《外购器材的质量管理》.
[93] GJB 1032-1990 《电子产品环境应力筛选方法》.
[94] GJB 1091-1991 《军用软件需求分析》.
[95] GJB 1132-1991 《飞机地面保障设备通用规范》.
[96] GJB 1181-1991 《军用装备包装、装卸、贮存和运输通用大纲》.
[97] GJB 1182-1991 《防护包装和装箱等级》.
[98] GJB 1267-1991 《军用软件维护》.
[99] GJB 1268A-2004 《军用软件验收要求》.
[100] GJB 1269A-2000 《工艺评审》.
[101] GJB 1309-1991 《军工产品大型试验计量保证与监督要求》.
[102] GJB 1310A-2004 《设计评审》.
[103] GJB 1330-1991 《军工产品批次管理的质量控制要求》.
[104] GJB 1362A-2007 《军工产品定型程序和要求》.
[105] GJB 1364-1992 《装备费用-效能分析》.
[106] GJB 1371-1992 《装备保障性分析》.
[107] GJB 1378A-2007 《装备以可靠性为中心的维修分析》.
[108] GJB 1389A-2005 《系统电磁兼容性要求》.
[109] GJB 1404-1992 《器材供应单位质量保证能力评定》.
[110] GJB 1405A-2006 《装备质量管理术语》.
[111] GJB 1406A-2005 《产品质量保证大纲要求》.
[112] GJB 1407-1992 《可靠性增长试验》.
[113] GJB 1442A-2006 《检验工作要求》.

[114] GJB 1443-1992 《产品包装、装卸、运输、贮存的质量管理要求》.
[115] GJB 1452A-2004 《大型试验质量管理要求》.
[116] GJB 1573-1992 《核武器安全设计及评审准则》.
[117] GJB 1686A-2005 《装备质量信息管理通用要求》.
[118] GJB 1694-1993 《变形铝合金热处理规范》.
[119] GJB 1695-1993 《铸造铝合金热处理规范》.
[120] GJB 1710A-2004 《试制和生产准备状态检查》.
[121] GJB 1775-1993 《装备质量与可靠性信息分类和编码通用要求》.
[122] GJB 1886-1994 《标准溶液的配制及标定》.
[123] GJB 1909A-2009 《装备可靠性维修性保障性要求论证》.
[124] GJB 2028A-2007 《磁粉检测》.
[125] GJB 2041-1994 《军用软件接口设计要求》.
[126] GJB 2072-1994 《维修性试验与评定》.
[127] GJB 2100-1994 《飞机地面保障设备颜色要求》.
[128] GJB 2102-1994 《合同中质量保证要求》.
[129] GJB 2116A-2015 《武器装备研制项目工作分解结构》.
[130] GJB 2240-1994 《常规兵器定型试验术语》.
[131] GJB 2254-1994 《武器装备柔性制造系统术语》.
[132] GJB 2353-1995 《设备和零件的包装程序》.
[133] GJB 2366A-2007 《试制过程的质量控制》.
[134] GJB 2374-1995 《锂电池安全要求》.
[135] GJB 2434A-2004 《军用软件产品评价》.
[136] GJB 2472-1995 《铬鞣黄中高强度耐压密封革规范》.
[137] GJB 2488-1995 《飞机履历本编制要求》.
[138] GJB 2489-1995 《航空机载设备履历本及产品合格证编制要求》.
[139] GJB 2547A-2012 《装备测试性工作通用要求》.
[140] GJB 2635A-2008 《军用飞机腐蚀防护设计和控制要求》.
[141] GJB 2692A-2012 《飞行事故调查程序和技术要求》.
[142] GJB 2712A-2009 《装备计量保障中测量设备和测量过程的质量控制》.
[143] GJB 2715A-2009 《军事计量通用术语》.
[144] GJB 2725A-2001 《测试实验室和校准实验室通用要求》.
[145] GJB 2737-1996 《武器装备系统接口控制要求》.
[146] GJB 2742-1996 《工作说明编写要求》.
[147] GJB 2786A-2009 《军用软件开发通用要求》.
[148] GJB 2873-1997 《军事装备和设施的人机工程设计准则》.
[149] GJB 2891-1997 《大气数据测试系统静态压力检定规程》.
[150] GJB 2926-1997 《电磁兼容性测试实验室认可要求》.
[151] GJB 2961-1997 《修理级别分析》.
[152] GJB 2993-1997 《武器装备研制项目管理》.
[153] GJB 3206A-2010 《技术状态管理》.

[154] GJB 3207－1998 《军事装备和设施的人机工程要求》.
[155] GJB 3208－1998 《新机进场试飞移交验收要求》.
[156] GJB 3210－1998 《飞机坠撞安全性要求》.
[157] GJB 3273A－2017 《研制阶段技术审查》.
[158] GJB 3363－1998 《生产性分析》.
[159] GJB 3367A－2008 《飞机变速恒频发电系统通用规范》.
[160] GJB 3369－1998 《航空运输性要求》.
[161] GJB 3404－1998 《电子元器件选用管理要求》.
[162] GJB 3569－1999 《飞机地面保障设备配套目录编制要求》.
[163] GJB 3660－1999 《武器装备论证评审要求》.
[164] GJB 3669－1999 《常规兵器贮存试验规程》.
[165] GJB 3677A－2006 《装备检验验收程序》.
[166] GJB 3712－1999 《军用橡胶制品品标志、包装运输和贮存导则》.
[167] GJB 3732－1999 《航空武器装备战术技术指标论证规范》.
[168] GJB 3837－1999 《装备保障性分析记录》.
[169] GJB 3845－1999 《航空军工产品定型审查报告编写要求》.
[170] GJB 3870－1999 《武器装备使用过程质量信息反馈管理》.
[171] GJB 3872－1999 《装备综合保障通用要求》.
[172] GJB 3885A－2006 《装备研制过程质量监督要求》.
[173] GJB 3886A－2006 《军事代表对承制单位型号研制费使用监督要求》.
[174] GJB 3887A－2006 《军事代表参加装备定型工作程序》.
[175] GJB 3898A－2006 《军事代表参与装备采购招标工作要求》.
[176] GJB 3899A－2006 《大型复杂装备军事代表质量监督体系工作要求》.
[177] GJB 3900A－2006 《装备采购合同中质量保证要求的提出》.
[178] GJB 3916A－2006 《装备出厂检查、交接与发运质量工作要求》.
[179] GJB 3919A－2006 《封存生产线质量监督要求》.
[180] GJB 3920A－2006 《装备转厂、复产鉴定质量监督要求》.
[181] GJB 3967－2000 《军用飞机质量监督规范》.
[182] GJB 3968－2000 《军用飞机用户技术资料通用要求》.
[183] GJB 4050－2000 《武器装备维修器材保障通用要求》.
[184] GJB 4054－2000 《武器装备论证手册编写规则》.
[185] GJB 4072A－2006 《军用软件质量监督要求》.
[186] GJB 4239－2001 《装备环境工程通用要求》.
[187] GJB 4803－1997 《装备战场损伤评估与修复手册的编写要求》.
[188] GJB 5000A－2008 《军用软件研制能力成熟度模型》.
[189] GJB 5100－2002 《无人机用涡轮喷气和涡轮风扇发动机通用规范》.
[190] GJB 5109－2004 《装备计量保障通用要求检测和校准》.
[191] GJB 5159－2004 《军工产品定型电子文件要求》.
[192] GJB 5234－2004 《军用软件验证和确认》.
[193] GJB 5235－2004 《军用软件配置管理》.

[194] GJB 5283-2004 《武器装备发展战略论证通用要求》.
[195] GJB 5313-2004 《电磁辐射暴露限值和测量方法》.
[196] GJB 5423-2005 《质量管理体系的财务资源和财务测量》.
[197] GJB 5707-2006 《装备售后技术服务质量监督要求》.
[198] GJB 5708-2006 《装备质量监督通用要求》.
[199] GJB 5709-2006 《装备技术状态管理监督要求》.
[200] GJB 5710-2006 《装备生产过程质量监督要求》.
[201] GJB 5711-2006 《装备质量问题处理通用要求》.
[202] GJB 5712-2006 《装备试验质量监督要求》.
[203] GJB 5713-2006 《装备承制单位资格审查要求》.
[204] GJB 5714-2006 《外购器材质量监督要求》.
[205] GJB 5715-2006 《引进装备检验验收程序》.
[206] GJB 6117-2007 《装备环境工程术语》.
[207] GJB 6387-2008 《武器装备研制项目专用规范编写规定》.
[208] GJB 6388-2008 《装备综合保障计划编制要求》.
[209] GJB 6463-2008 《理化检测人员资格鉴定与认证》.
[210] GJB 9001A-2001 《质量管理体系要求》.
[211] GJB 9001B-2009 《质量管理体系要求》.
[212] GJB 9001C-2017 《质量管理体系要求》.
[213] GJB 9712A-2008 《无损检测人员资格鉴定与认证》.
[214] GJB/Z 16-1991 《军工产品质量管理要求与评定导则》.
[215] GJB/Z 17-1991 《军用装备电磁兼容性管理指南》.
[216] GJB/Z 23-1991 《可靠性和维修性工程报告编写一般要求》.
[217] GJB/Z 27-1992 《电子设备可靠性热设计手册》.
[218] GJB/Z 34-1993 《电子产品定量环境应力筛选指南》.
[219] GJB/Z 35-1993 《元器件降额准则》.
[220] GJB/Z 57-1994 《维修性分配与预计手册》.
[221] GJB/Z 69-1994 《军用标准的选用和剪裁导则》.
[222] GJB/Z 72-1995 《可靠性维修性评审指南》.
[223] GJB/Z 77-1995 《可靠性增长管理手册》.
[224] GJB/Z 89-1997 《电路容差分析指南》.
[225] GJB/Z 91-1997 《维修性设计技术手册》.
[226] GJB/Z 94-1997 《军用电气系统安全设计手册》.
[227] GJB/Z 99-1997 《系统安全工程手册》.
[228] GJB/Z 102A-2012 《军用软件安全性设计指南》.
[229] GJB/Z 105-1998 《电子产品防静电放电控制手册》.
[230] GJB/Z 106A-2005 《工艺标准化大纲编制指南》.
[231] GJB/Z 108A-2006 《电子设备非工作状态可靠性预计手册》.
[232] GJB/Z 113-1998 《标准化评审》.
[233] GJB/Z 114A-2005 《产品标准化大纲编制指南》.

[234] GJB/Z 115-1998 《GJB2786〈武器系统软件开发〉剪裁指南》.
[235] GJB/Z 122-1999 《机载电子设备设计准则》.
[236] GJB/Z 127A-2006 《装备质量管理统计方法应用指南》.
[237] GJB/Z 141-2004 《军用软件测试指南》.
[238] GJB/Z 142-2004 《军用软件安全性分析指南》.
[239] GJB/Z 145-2006 《维修性建模指南》.
[240] GJB/Z 147-2006 《装备综合保障评审指南》.
[241] GJB/Z 151-2007 《装备保障方案和保障计划编制指南》.
[242] GJB/Z 170-2013 《军工产品设计定型文件编制指南》.
[243] GJB/Z 171-2013 《武器装备研制项目风险管理指南》.
[244] GJB/Z 220-2005 《军工企业标准化工作导则》.
[245] GJB/Z 299C-2006 《电子设备可靠性预计手册》.
[246] GJB/Z 379A-1992 《质量管理手册编制指南》.
[247] GJB/Z 768A-1998 《故障树分析指南》.
[248] GJB/Z 1391-2006 《故障模式、影响及危害性分析指南》.
[249] GJB/Z 1687A-2006 《军工产品承制单位内部质量审核指南》.
[250] GJBz 20221-1994 《武器装备论证通用规范》(注：其中 GJBz 20221.3-1994 被 GJB 5283-2004 代替).
[251] GJBz 20517-1998 《武器装备寿命周期费用估算》.
[252] KJB 9001-2006 《航空军工产品承制单位质量管理体系要求》.
[253] HB 5013-1996 《热处理制件检验类别》.
[254] HB 5033-1977 《镀层和化学覆盖层的选择原则与厚度系列》.
[255] HB 5067-1985 《氢脆试验方法》.
[256] HB 5425-1989 《航空制件热处理炉有效加热区测定方法》.
[257] HB 5472-1991 《金属镀覆及化学覆盖工艺用水水质规范》.
[258] HB 5800-1999 《一般公差》.
[259] HB/Z 99.7-1987 《飞机制造工艺工作导则 飞机零部件互换与替换工作条例》.
[260] HB/Z 227-1992 《机载设备制造工艺工作导则》.
[261] JB/T 3736.7-1994 《质量管理中常用的统计工具 工序能力指数》.
[262] JB/T 5056.1-2006 《网络计划技术 术语 图形符号》.
[263] JB/T 5056.2-2006 《网络计划技术 网络图的绘制规程》.
[264] JB/T 9165.2-1998 《工艺规程格式》.
[265] JB/T 9169.6-1998 《工艺管理导则 工艺定额编制》.
[266]《武器装备质量管理条例》.国务院 中央军委第582号令.2010年11月1日.
[267]《中国人民解放军驻厂军事代表工作条例》.国务院 中央军委.1989年9月26日.
[268]《军工产品定型工作规定》.国务院 中央军委.国发〔2005〕32号.
[269]《军用软件产品定型管理办法》.国务院 中央军委军工产品定型委员会.〔2005〕军定字第62号.
[270]《武器装备研制设计师系统和行政指挥系统工作条例》.国务院、中央军委.1984年4月4日.
[271]《武器装备研制合同暂行办法》.国务院、中央军委.1987年1月22日.
[272]《中国人民解放军装备条例》.中华人民共和国中央军事委员会.2000年12月.〔2000〕军字第

96号.

[273]《中国人民解放军装备科研条例》.中华人民共和国中央军事委员会.2004年2月.[2004]军字第4号.

[274]《中国人民解放军装备采购条例》.中华人民共和国中央军事委员会.2002年10月.[2002]军字第50号.

[275]《中国人民解放军计量条例》.中华人民共和国中央军事委员会.2003年7月29日.

[276]《常规武器装备研制程序》《战略武器装备研制程序》《人造卫星研制程序》.总参谋部、国防科工委、国家计委、财政部.〔1995〕技综字第2709号.1995年8月28日.

[277]《军用软件质量管理规定》.总装备部.〔2005〕装字第4号.2005年8月31日.

[278]《全军驻厂军事代表继续教育通用教材》.总装备部.2001年10月.

[279]《关于进一步加强高新武器装备质量工作的若干要求》.总装备部 国防科工委.2005年.

[280]《武器装备研制生产标准化工作规定》.国防科工委.2004年2月19日.

[281]中国人民解放军空军装备技术部.空军航空工程辞典.北京:中国科学技术出版社.1998.

[282]王秀伦.现代工艺管理技术.北京:中国铁道出版社,2004.

[283]朱少军.工艺管理简单讲.广州:广东经济出版社,2006.

[284]刘舜尧,李燕,邓曦明.制造工程工艺基础.长沙:中南大学出版社,2002.

[285]隋秀凛.现代制造技术.北京:高等教育出版社,2003.